"十二五"普通高等教育本科国家级规划教材配套参考书

中级无机化学学习指导

（第二版）

主编　唐宗薰

高等教育出版社·北京

内容提要

本书为“十二五”普通高等教育本科国家级规划教材《中级无机化学》（第三版）（唐宗薰主编）的配套参考书。全书分为三个部分：第一部分与教材同步，对各章的要点、重点和难点问题给以进一步的说明。第二部分为习题选解，对教材中部分习题作出解答。第三部分为阅读材料，依据教材内容，将一些疑难问题以专题的形式进行较深入的讨论，内容涉及学科前沿的某些研究成果，为学有余力的学生提供更丰富的学习材料。

本书可作为高等学校化学类专业及其他相关专业中级无机化学课程的参考书，也可供讲授中级无机化学课程的教师和有关人员参考。

图书在版编目（CIP）数据

中级无机化学学习指导/唐宗薰主编.--2版.--北京：高等教育出版社，2022.7

ISBN 978-7-04-057753-2

Ⅰ.①中… Ⅱ.①唐… Ⅲ.①无机化学-高等学校-教学参考资料 Ⅳ.①O61

中国版本图书馆CIP数据核字（2022）第019765号

ZHONGJI WUJI HUAXUE XUEXI ZHIDAO

策划编辑 李 颖　　责任编辑 李 颖　　封面设计 贺雅馨　　版式设计 李彩丽
插图绘制 于 博　　责任校对 刘丽娴　　责任印制 刘思涵

出版发行	高等教育出版社	网　　址	http://www.hep.edu.cn
社　　址	北京市西城区德外大街4号		http://www.hep.com.cn
邮政编码	100120	网上订购	http://www.hepmall.com.cn
印　　刷	北京玥实印刷有限公司		http://www.hepmall.com
开　　本	787mm×1092mm 1/16		http://www.hepmall.cn
印　　张	20.75	版　　次	2010年5月第1版
字　　数	540千字		2022年7月第2版
购书热线	010-58581118	印　　次	2022年7月第1次印刷
咨询电话	400-810-0598	定　　价	39.00元

物 料 号　57753-00

第二版前言

本书为“十二五”普通高等教育本科国家级规划教材《中级无机化学》(第三版)(已由高等教育出版社出版)的配套学习辅导书。主教材在保持前两版教材的可读性、可讲授性和较完整资料性特色的前提下,根据学科发展,对部分内容进行了更新。与其配套的《中级无机化学学习指导》(第二版)的修订主要体现在:适当拓展某些活跃的无机化学新领域;增添了一些叙述化学所必需的理论和模型;增加了一些新化合物、新反应、新应用;适当补充或者拓展课后习题及其内涵;对某些语言表述进行调整;对某些符号、插图及数据进行审核、订正或者完善。

参加本书修订工作的有西北大学雷依波(第1章及对应习题解答和阅读材料Ⅰ),王文渊(第2、11和12章及对应习题解答和阅读材料Ⅱ),崔斌(第4、5和6章及对应习题解答和阅读材料Ⅴ),李珺、刘肖杰(第3章及对应习题解答)、刘萍(第7、8章及对应习题解答和阅读材料Ⅲ、Ⅳ),韩英锋(第9章及对应习题解答),李成博(第10章及对应习题解答)。最后由唐宗薰统稿。

本书的修订和出版得到了高等教育出版社的大力支持,尤其是李颖编辑对本书的修订工作提出了许多有益建议。使用本书第一版的众多师生提出了很多宝贵的修改意见。在此向他们表示诚挚的谢意。

由于编者水平所限,本书难免存在纰漏之处,恳请广大读者和同行批评指正。

本书编写组

2021年2月于西北大学

第一版前言

为了配合普通高等教育“十一五”国家级规划教材《中级无机化学》(第二版)(唐宗薰主编)的使用，使教师、学生能更准确地把握、更深刻地理解教材内容，特编写与之配套的教学参考书——《中级无机化学学习指导》，本书也可以作为其他版本中级无机化学教材的参考书。目的在于帮助学生明确要点，掌握重点和难点，理解中级无机化学涉及的基本概念、基础理论和一般规律。通过习题解答，培养学生掌握正确的解题思路，提高分析问题和解决问题的能力。

全书分为三个部分。

第一部分:要点、重点和难点问题讲解——依据《中级无机化学》教材的基本内容，对各章内容的要点、重点和难点问题给以进一步的说明，并适当加深、拓宽一些必要内容。

第二部分:习题选解——选择部分《中级无机化学》(第二版)教材的习题作出解答。

做习题是一个重要的学习环节，也可以说是课堂和课本所学知识的初步应用和实践。通过做习题，不仅能考查对知识的理解和运用，巩固书本知识，还能培养科学的思维方法。《中级无机化学》教材的习题都经过了认真筛选，希望读者每做一道题就有一道题的收获。

在教学过程中，我们发现有很多同学在做完习题后，总想对一对答案是否正确。想了解自己的解题思路是否明晰？有没有错误？如果有，错在哪儿？是不是巧解？对老师布置的习题，通过老师的批改，这些问题都可以得到解决;但对那些未被布置的习题，则显得有些茫然。因而希望能有本习题解答对照使用。一些使用本教材的教师也提出了这样的要求，认为习题解答可为培养学生的自学能力和进行自我检查提供方便，有助于提高教学效率。根据这些要求，我们编写了习题选解。当然，我们不希望这部分习题选解会成为一些学生不做习题、抄写答案的借口。

第三部分:阅读材料——依据教材内容，将一些疑难问题以专题的形式进行较深入的讨论。其中也涉及学科前沿的某些研究成果，为学有余力的学生提供更丰富的学习内容，也可以作为教师备课的参考资料。

在本书的编写过程中，得到了高等教育出版社的大力支持，提出了极为宝贵的编写意见。西北大学无机化学教研室的许多教师和化学系的学生在试用过程中对书中的不妥之处提出了修改意见。在此一并表示诚恳的谢意。

参加本书讨论、编写工作的有:李淑妮、崔斌、刘萍、王文亮、郝志峰、王飞利、张逢星、赵建社、李珺、李亚红、胡满成、岳红、关鲁雄、朱刚。由唐宗薰主编。

由于编者水平所限,错误和不当之处在所难免,恳请同行专家和使用本书的教师、同学们批评指正。

编　者

2009年10月于西北大学

目　录

第一部分　要点、重点和难点问题讲解

绪论　无机化学的昨天、今天和明天 …… 3

0.1　无机化学的发展沿革 …… 3
0.2　无机化学的现状和未来发展的可能方向 …… 4
0.3　现代无机化学发展的特点 …… 7

第1章　原子、分子及元素周期性 …… 8

1.1　屏蔽常数　电负性 …… 8
1.2　共价键分子的成键理论 …… 10
1.3　小分子的立体化学 …… 14
1.4　对称性 …… 17
1.5　单质的性质及其周期性递变规律 …… 21
1.6　周期反常现象 …… 25

第2章　酸碱和溶剂化学 …… 34

2.1　酸碱概念 …… 34
2.2　溶剂化学 …… 39
2.3　酸碱强度的量度 …… 43

第3章　无机化合物的制备和表征 …… 53

3.1　无机化合物的制备方法 …… 53
3.2　无机分离技术 …… 56
3.3　表征技术 …… 58

第4章　无机材料化学 …… 63

4.1　无机固体的合成 …… 63

4.2 无机固体的结构 …… 64
4.3 实际晶体 …… 69
4.4 无机功能材料举例 …… 71

第5章 氢 s区元素 …… 80

5.1 氢的化合物 …… 80
5.2 氢键 …… 80
5.3 金属液氨溶液 氨合电子及电子化合物 碱金属阴离子 …… 81
5.4 离子键形成中的能量 …… 82
5.5 冠醚配合物 …… 86
5.6 碱金属、碱土金属的有机金属化合物 …… 91

第6章 p区元素 …… 93

6.1 硼烷化学 …… 93
6.2 单质碳及其衍生物 …… 101
6.3 无机高分子物质 …… 106
6.4 有机金属化合物 …… 111

第7章 d区元素(Ⅰ)——配位化合物 …… 113

7.1 配合物的几何构型 …… 113
7.2 配合物的异构现象 …… 115
7.3 过渡元素配合物的成键理论 …… 117
7.4 过渡金属配合物的电子光谱 …… 129
7.5 过渡元素的磁性 …… 134
7.6 配合物的反应 …… 136

第8章 d区元素(Ⅱ)——元素化学 …… 148

8.1 d区元素和过渡元素 …… 148
8.2 d轨道的特征和过渡元素的价电子层结构 …… 149
8.3 第一过渡系元素的化学 …… 151
8.4 重过渡元素的化学 …… 157
8.5 ⅠB、ⅡB族重金属元素 …… 166
8.6 过渡元素的氧化还原性 …… 168

第9章 d区元素(Ⅲ)——有机金属化合物 簇合物 …… 172

9.1 有效原子序数规则 …… 172
9.2 金属羰基化合物 …… 174
9.3 金属类羰基配合物 …… 176

9.4 烷基配合物 …… 178
9.5 金属-卡宾和卡拜化合物 …… 178
9.6 不饱和链烃配合物 …… 179
9.7 金属环多烯化合物 …… 180
9.8 金属原子簇化合物 …… 183
9.9 应用有机金属化合物和簇合物的催化反应 …… 187

第10章 f区元素 …… 190

10.1 概述 …… 190
10.2 镧系元素的一些性质 …… 192
10.3 镧系元素性质递变的规律性 …… 197
10.4 镧系元素的配合物 …… 199
10.5 稀土材料 …… 200
10.6 锕系理论 …… 201
10.7 锕系元素的特点 …… 201
10.8 锕系元素的存在与制备 …… 203

第11章 无机元素的生物学效应 …… 205

11.1 生物分子 …… 205
11.2 细胞 …… 207
11.3 生命元素 …… 208
11.4 无机元素的生物学效应 …… 209

第12章 放射性和核化学 …… 215

12.1 放射性衰变过程——自发核反应 …… 215
12.2 放射性衰变动力学 …… 217
12.3 核的稳定性和放射性衰变类型的预测 …… 220
12.4 质量亏损和核结合能 …… 221
12.5 核裂变与核聚变 …… 222
12.6 超重元素的合成 …… 223

第二部分 习题选解

第1章 习题解答 …… 229

第2章 习题解答 …… 242

第 3 章 习题解答 …… 246

第 4 章 习题解答 …… 250

第 5 章 习题解答 …… 254

第 6 章 习题解答 …… 258

第 7 章 习题解答 …… 266

第 8 章 习题解答 …… 282

第 9 章 习题解答 …… 291

第 10 章 习题解答 …… 297

第 11 章 习题解答 …… 304

第 12 章 习题解答 …… 306

第三部分 阅读材料

Ⅰ 群论在无机化学中的应用 …… 315

Ⅱ 质子酸酸度的拓扑指数法确定及其酸、碱软硬标度的建立 …… 316

Ⅲ 配合物电对的电极电势 …… 317

Ⅳ 第一过渡系金属配合物的 d-d 跃迁光谱 …… 318

Ⅴ 超分子化学 …… 319

第一部分

要点、重点和难点问题讲解

绪论 无机化学的昨天、今天和明天

0.1 无机化学的发展沿革

在历史上,最初的化学就是无机化学。

1828 年德国化学家 Wöhler 由氰酸铵制得尿素:

$$NH_4OCN \longrightarrow NH_2CONH_2$$

动摇了有机物只是生命体产物的观点,有机化学应运而生。

为研究无机物和有机物的性质、结构和化学反应的一般规律,产生了新的化学分支——物理化学。物理化学通常以 1887 年德国出版《物理化学学报》杂志为其标志。

这个时期是无机化学建立和发展的时期,在这个时期无机化学家的主要贡献是:发现新元素,合成已知元素的新化合物,确立原子量的氧单位标度,Mendeleev 提出元素周期表,Werner 提出配位学说等。

大约从 1900 年到第二次世界大战期间,与突飞猛进的有机化学相比,无机化学的进展却是很缓慢的。无机化学家在这段时期没有重大的建树,缺乏全局性的工作,无机化学的研究显得冷冷清清。当时出版的无机化学的大全或教科书,几乎都是无机化学的实验资料库,是纯粹描述性的无机化学。无机化学专业的教育和培养也很薄弱,当时化学系的教学计划中,只在大学一年级开设无机化学课程,缺乏必要的循环,学生没有再提高的机会。教师在讲台上只能是"存在、制备、性质、用途"千篇一律,学生学起来枯燥乏味,认为无机化学就是"无理化学",多不感兴趣,因而有志于无机化学的人寥寥无几。这个时期,是无机化学处于门庭冷落的萧条时期。

第二次世界大战中,美国实施曼哈顿原子能计划工程,该工程是一项综合性工程,它涉及物理学和化学的各个领域,尤其向无机化学提出了更多的课题,它极大地"催化"了无机化学的发展,使无机化学步入了"复兴"时期:

原子反应堆的建立,促进了具有特殊性能的新无机材料的合成的研究;

同位素工厂的建设,促进了各种现代分析和分离方法的发展;

各种粒子加速器的建造,推动了超铀元素的合成。

随着原子能计划的实施及量子力学和物理测试手段在无机化学中的应用,无机化学的理论体系(如周期系理论、原子分子理论、配位化学理论、无机化学热力学、无机反应动力学)渐趋成熟。

第二次世界大战后,随着工农业生产的飞跃发展,无机化学不仅在原有的空间长足发展,而且还不断渗透到其他各学科而产生了新的边缘学科，如有机金属化合物化学、无机固体化学、物理无机化学、生物无机化学和无机生物化学等。无机化学从停滞萧条步入了一个“柳暗花明又一村”的黄金时期。

0.2 无机化学的现状和未来发展的可能方向

1. 有机金属化合物化学

有机金属化合物化学是现代无机化学中第一个活跃的领域，1827 年就制得了第一个有机金属化合物 Zeise 盐：

$$K_2[PtCl_4] + C_2H_4 \longrightarrow K[Pt(C_2H_4)Cl_3] + KCl$$

1952 年二茂铁的结构被测定。

近几十年此领域的发展十分迅速：发现了很多新反应，制备了许多新化合物，金属有机化学的发展促使各种有机合成新方法的建立，人们对催化过程有了进一步的了解。

有多人因在此领域内的贡献而获得诺贝尔化学奖。如 Ziegler 和 Natta 因发现烯烃的有机定向聚合反应催化剂而分享了 1963 年诺贝尔化学奖；Wilkinson 和 Fischer 由于在环戊二烯基过渡金属化合物即夹心化合物的研究方面作出的杰出贡献而荣获了 1973 年诺贝尔化学奖。

2. 配位化学

在 20 世纪，无机化学最活跃的领域是配位化学。

在配合物的结构方面：依赖物理测试手段已经能定量地搞清楚其结构的细节。

在成键理论方面：1893 年 Werner 提出主价和副价理论，1929 年 Bethe 提出晶体场理论，1930 年 Pauling 提出价键理论，对晶体场理论的修正是配位场理论，1935 年 van Vleck 用 MO 理论处理了配合物的化学键问题，利用晶体场-配位场理论、MO 理论可以对配合物的形成，以及配合物的整体电子结构如何决定配合物的磁学、光谱学的性质等理论问题作出说明。

在热力学方面：已能准确测定或计算配合物形成和转化的热力学数据。

在动力学方面：配合物形成和转化的动力学知识获得了迅速发展，利用经特别设计的配体去合成某种模型化合物(配合物)，用于研究配位反应的机理，确定反应的类型。

在新型配合物的合成方面：在 Werner 时代，几个已知的羰基化合物被看作化学珍奇。现在，金属羰基化合物及类羰基配体(如 N_2、NO^+、PR_3、SCN^-等)的金属配合物的研究已发展成为现代化学的一个重要分支。金属羰基化合物以及类似配合物的研究极大地推动了价键理论的发展，σ-π 协同成键方式丰富了配位成键的理论宝库。

3. 金属原子簇化合物化学

1946 年发现 Mo_6 和 Ta_6 的簇状结构，1963 年发现$[ReCl_4]^-$含有三角形的 Re_3 簇结构。

金属原子簇化合物大多具有优良的催化性能，有的还具有特殊的电学性质和磁学性质，如 $PbMo_6S_8$ 在强磁场中是良好的超导体，某些含硫有机配体的金属原子簇化合物有特殊的生物活性，是研究铁硫蛋白和固氮酶的模型物。

金属原子簇化合物中的化学键有其特殊性，研究表明金属不仅可以与配体成键，而且能与金属原子成键。

4. 生物无机化学

生物无机化学是最近几十年才发展起来的一门无机化学与生物化学之间的边缘学科，是近来自然科学中十分活跃的领域，其研究范围很广，包括应用无机化学的理论原理和实验方法研究生物体中无机金属离子的行为，阐明金属离子和生物大分子形成的配合物的结构与生物功能的关系，研究如何应用这些原理和规律为人类服务等。

金属离子在生命过程中扮演着重要的角色。例如，在血红素、维生素 B_{12}、辅酶、细胞色素 c、几十种之多的金属酶和蓝铜蛋白质等中的 Fe、Co、Cu 等过渡金属离子在各种生命过程中起着关键性的作用。又如，核糖核苷酸还原酶、甲烷单加氧酶、紫色酸性磷酸酶及催化硬脂酸转化为油酸的脱氢酶等均为重要的非血红素铁蛋白。而各种锰酶（含锰过氧化氢酶、含锰超氧化物歧化酶、含锰核糖核苷酸还原酶等）在生物体内催化行为中发挥着重要的作用。铁蛋白的活性中心一般都为氧桥联的双核铁结构。而锰酶多为由桥配体连接的锰的双核或多核配合物，其桥配体主要是 O^{2-}、$RCOO^-$ 及 RO^-，它们以多种形式形成单桥、双桥及三桥配合物。

值得一提的是无机生物固氮，现在已经知道固氮酶是由铁蛋白和钼铁蛋白构成的。在这些蛋白质中，Fe、S、Mo 是功能元素。Rees 等认为，N_2 分子是在蛋白质的三棱柱体空腔中与 Fe 原子形成六联 N_2 桥物种而活化并被还原的。

5. 无机固体化学

无机化学与作为现代文明的三大支柱（材料、能源、信息）之一的材料有密切关系，无机固体化学在材料科学研究中占有重要的地位。

例如，超导材料的研究离不开无机化学。1911 年 Onnes 发现 Hg 在 4.2 K 温度下具有零电阻的特性。从 1911 年开始算起的 75 年中，将临界温度逐渐提高到 23 K（平均每 10 年提高 2.5 K）。1986 年 Bednorz 和 Müller 发现镧、钡、铜的混合氧化物在 35 K 下显示超导性，这一发现开辟了陶瓷超导研究的新路径，使他们获得了 1987 年诺贝尔物理学奖。1988 年朱经武和吴茂昆发现类似的混合氧化物“一二三”化合物（$YBa_2Cu_3O_{7-x}$，$x \leqslant 0.1$）在 95 K 下显示超导性。该化合物属于有“缺陷”的钙钛矿型结构，钙钛矿结构中 Ti 的位置被 Cu 所占据，而 Ca 的位置换成了 Ba 和 Y，结构中一些氧原子从本应出现的位置上消失，正是这种“缺陷”结构使其具有超导性。

一类非常重要的无机非金属材料是高技术陶瓷材料，它包括功能陶瓷和结构陶瓷两大类。压电陶瓷是一种典型的功能陶瓷，它能将电能转换成机械能，或者将机械能转换成电能。用它做成的换能器、传感器已广泛用于超声、水声、电声等技术领域。如医生使用的超声波扫描仪的探头（用压电陶瓷做成）放在人体需要检查的部位，荧光屏上就会显示出人体内部的情况。

典型的结构陶瓷有氮化硅、碳化硅、增韧氧化锆等高温结构陶瓷。它们具有强度高、耐磨损、耐高温、耐腐蚀等优良性能，已被广泛用于制造机械部件，尤其是制造发动机耐热部件，包括燃烧室、活塞顶和汽缸套等，可以提高燃气温度和减少冷却系统，从而大幅度提高热机效率和降低燃料消耗，减小发动机体积和质量。

由于陶瓷的原料取之不尽，用之不竭，其性能又在许多方面优于钢材和有色金属合金，因此，目前各国无机化学家、材料科学家都在竞相研究开发这些高技术陶瓷材料。

6. 非金属无机化学

非金属无机化学中最突出的几个领域如下：

稀有气体化学　1962 年加拿大化学家 Bartlett 首次将强氧化剂 PtF_6 与 Xe 混合，两种气体立刻发生反应，生成 $Xe[PtF_6]$ 和 $[XeF][PtF_6]$。此后化学家们又相继制备出 XeF_4、XeF_2、XeF_6、XeO_3 和 XeO_4 等。Bartlett 的发现对同一领域和相近领域的研究工作产生了巨大的影响。

稀有气体化学的发现一开始就与氟化学相联系，它的发展又成为发展氟化学的驱动力。稀有气体氟化物作为新氟化试剂还使化学家得以制备某些新型化合物和原先不曾制得的高氧化态物种。

例如，人们长期困惑于不能制得含 BrO_4^- 的物种的事实，因为根据元素周期表判断该物种理应是存在的。这一多年的困惑终于在 1968 年得到了解决，化学家第一次制得含 BrO_4^- 化合物。其中，用作氧化剂的就是稀有气体氟化物 XeF_2：

$$NaBrO_3 + XeF_2 + H_2O = NaBrO_4 + 2HF + Xe$$

XeF_n 作为强氧化剂和氟化剂，在有机合成等方面得到实际应用。XeO_3 的氧化性用于铀、钚和镎裂变同位素的分离，还可用于制作微型炸药。$Na_4XeO_6 \cdot 8H_2O$ 溶解度较低的性质可用于定量测定 Na。还有报道说，氟化氙可用作聚合引发剂和交联试剂，也可用作优质激光材料等。

迄今制得的多为 Xe 的化合物。Kr 的化合物的制备就比较困难——目前只知 KrF_2 和 KrF_4，原子序数更小的稀有气体（He、Ne、Ar）的化合物至今还未制备成功。

Rn 的化合物似乎应该较易制得，如果能制备成功，就有可能用化学方法检查和除去矿井中的 Rn，也可用于消除民用住房中的 Rn，使人们免遭超剂量放射线的伤害。

硼烷化学　硼氢化合物在 1879 年即已发现，经 20 世纪初德国的 Stock 20 余年的研究已制备并鉴定出 B_2H_6、B_4H_{10}、B_5H_9、B_5H_{11}、B_6H_{10} 和 $B_{10}H_{14}$ 等硼氢化合物及它们的衍生物。

在 20 世纪 50~60 年代，由于航天事业的飞速发展，硼烷曾被寄希望于用来作为火箭燃料（基于硼烷与氧反应放出大量的热）。这种愿望推动着硼烷制备和合成工艺的发展，同时也促进了硼烷化学的基础研究工作。1957 年美国化学家 Lipscomb 通过对各种硼烷结构的系统研究，提出了在这些缺电子化合物中存在着三中心二电子共价键的多中心键的假设，并总结了各种硼烷构成多面体结构的规律，他因这一杰出工作而荣获 1976 年诺贝尔化学奖。

富勒烯化学　近年来，科学家们对碳元素的第三种同素异形体 C_{60} 的研究取得了重要的进展。

C_{60} 是一种由 60 个碳原子构成的分子。每个碳原子以 $sp^{2.28}$ 杂化方式（也有其他杂化形式的报道）与相邻的碳原子成键，剩余的 p 轨道在 C_{60} 球壳的外围和内腔形成球面大 π 键，构成由 12 个五元环和 20 个六元环组成的接近球面体的 32 面体结构，恰似足球，具有高度的美学对称性。具有这种结构的 C_{60} 分子表现出许多独特的功能，如分子特别稳定，可以抗辐射、抗化学腐蚀，特别容易接受和放出电子。C_{60} 分子是一个直径为 0.7 nm 的空心球，其内腔可以容纳直径为 0.5 nm 的其他原子。已经证明，富勒烯的笼中可以包含单个离子（如 K、Na、Cs、La、Ca、Ba、Sr 和 U 等）和多个离子（生成富勒烯的包合物 M_nC_{60}）。其中，掺钾 K_3C_{60} 在 −255 ℃ 为超导体。

除了 C_{60} 以外，具有这种封闭笼状结构的还有 C_{26}、C_{32}、C_{52}、C_{90} 等。

1996 年 Curt、Kroto 和 Smalley 因在 C_{60} 研究中的贡献而被授予诺贝尔化学奖。

7. 超分子化学

超分子化学是近年来在一些交叉学科中产生的边缘学科。从分子化学到超分子化学标志着化学的发展进入了一个新的历史阶段。所谓超分子化学，用诺贝尔化学奖得主法国化学家 Lehn

的话说，就是“超越分子概念的化学”，它是指两个以上的分子通过配位键、次级键、氢键、色散力和诱导力、π 相互作用、亲水和疏水溶剂作用力、离子间相互作用，进行识别和组装而形成的有序聚集体的化学，或两个以上的分子的高层次组装的化学。因此，超分子化学是研究两种以上的化学物种通过相互识别和自组装而缔结成为具有特定结构和功能的超分子体系的科学。Pedersen、Cram 和 Lehn 因在超分子化学方面的开拓性工作和杰出贡献共同分享了 1987 年诺贝尔化学奖。

超分子化学起源于有机化学中的大环化学，特别是冠醚、穴醚、环糊精、杯芳烃和富勒烯等化学。Cram 和 Lehn 基于这些大环化合物对无机离子的配位和识别作用，提出了主客体化学的概念。

分子识别、转换和传输是超分子物种的基本功能。生命的奥秘和神奇不是由于特殊的结合力、特殊的分子和分子体系，而是存在于特殊的组装（双分子膜、胶束、DNA 双螺旋等）之中。

将有机物种和无机物种巧妙地组合起来，可以获得具有特殊功能的分子体系——分子器件，因此，超分子化学还是信息科学和材料科学的基础。

可见，超分子化学不仅涉及无机化学、有机化学、物理化学、分析化学、高分子化学，而且还涉及材料科学、信息科学和生命科学。

0.3 现代无机化学发展的特点

现代无机化学具有如下三个特点：

1. 从宏观到微观

现代无机化学是既有翔实的实验资料又有坚实的理论基础的完全科学。

2. 从定性描述向定量化方向发展

现代无机化学特别是结构无机化学已普遍应用线性代数、群论、矢量分析、拓扑学、数学物理学等现代的数学理论和方法。并且应用电子计算机进行科学计算，对许多反映结构信息及物理化学性能的物理量进行数学处理。这种数学计算又与高灵敏度、高精确度和多功能的定量实验测定方法相结合，使对无机化合物性质和结构的研究达到了精确定量的水平。

3. 既分化又综合，出现许多边缘学科

一方面，现代无机化学在加速分化，另一方面，其衍生出的各分支学科相互综合、相互渗透，更进一步形成了许多新兴的边缘学科。

总之，现代无机化学既有理论又有事实，它把最新的量子力学成就作为自己阐述元素和化合物性质的理论基础，也力图用热力学、动力学的知识去揭示无机反应的方向和历程。无机化学家不再止于仅仅提供实验结果，而是也可以不遗余力地进行理论探索。他们擅长于实验合成，也胜任于对自己的实验发现作出理论说明。无机化学涉猎的范围很宽，元素周期表中的 100 多种元素以及除烃和烃衍生物以外的所有化合物都是无机化学的研究对象。因此，无机化学的研究任务异常繁重，但同时也说明它是一门丰富多彩、具有无限发展前途的学科。

第 1 章　原子、分子及元素周期性

1.1　屏蔽常数　电负性

1.1.1　屏蔽常数

1. Slater 屏蔽常数规则

将原子的电子分组:(1s);(2s,2p);(3s,3p);(3d);(4s,4p);(4d);(4f);(5s,5p);(5d);(5f)等。

位于某小组后面的各组电子,对该组的屏蔽常数 $\sigma=0$,近似地可以理解为外层的电子对内层的电子没有屏蔽作用;同组电子间的 $\sigma=0.35$ (1s 间的 $\sigma=0.30$);对于 ns 或 np 上的电子,($n-1$)层中电子的屏蔽常数 $\sigma=0.85$,小于($n-1$)的各层中电子的屏蔽常数 $\sigma=1.00$;对于 nd 或 nf 上的电子,位于它左边的各组电子对其屏蔽常数 $\sigma=1.00$。

2. 徐光宪改进的 Slater 屏蔽常数规则

主量子数大于 n 的各电子,其 $\sigma=0$;主量子数等于 n 的各电子,其 σ 见表 1.1.1。其中 np 指半充满和半充满前的 p 电子,np′指半充满后的 p 电子(即第 4、第 5、第 6 个 p 电子);主量子数等于($n-1$)的各电子,其 σ 见表 1.1.2;主量子数等于或小于($n-2$)的各电子,其 $\sigma=1.00$。

表 1.1.1　主量子数等于 n 的各电子的屏蔽常数 σ

被屏蔽电子 ($n\geq1$)	屏蔽电子				
	ns	np	np′	nd	nf
ns	0.30	0.25	0.23	0.00	0.00
np	0.35	0.31	0.29	0.00	0.00
np′	0.41	0.37	0.31	0.00	0.00
nd	1.00	1.00	1.00	0.35	0.00
nf	1.00	1.00	1.00	1.00	0.39

表 1.1.2　主量子数等于($n-1$)的各电子的屏蔽常数 σ

被屏蔽电子 ($n\geqslant 1$)	屏蔽电子			
	$(n-1)s^*$	$(n-1)p$	$(n-1)d$	$(n-1)f$
ns	1.00	0.90	0.93	0.86
np	1.00	0.97	0.98	0.90
nd	1.00	1.00	1.00	0.94
nf	1.00	1.00	1.00	1.00

* 1s 电子对 2s 电子的 $\sigma = 0.85$。

3. Clementi 和 Ruimondi 规则

Clementi 和 Ruimondi 使用氢到氪的自洽场波函数，对 Slater 的方法进行再次改进，得到了一套计算有效电荷的规则。其计算通式为

$$\sigma(1s) = 0.3(n_{1s} - 1) + 0.0072(n_{2s} + n_{2p}) + 0.0158(n_{3s} + n_{3p} + n_{3d} + n_{4s} + n_{4p})$$
$$\sigma(2s) = 1.7208 + 0.3601(n_{2s} - 1 + n_{2p}) + 0.2062(n_{3s} + n_{3p} + n_{3d} + n_{4s} + n_{4p})$$
$$\sigma(2p) = 2.5787 + 0.3326(n_{2p} - 1) - 0.0773(n_{3s}) - 0.161(n_{3p} + n_{4s}) - 0.0048(n_{3d}) + 0.0085(n_{4p})$$
$$\sigma(3s) = 8.4927 + 0.2501(n_{3s} - 1 + n_{3p}) + 0.3382(n_{3d}) + 0.0778(n_{4s}) + 0.1978(n_{4p})$$
$$\sigma(3p) = 9.3345 + 0.3803(n_{3p} - 1) + 0.3289(n_{3d}) + 0.0526(n_{4s}) + 0.1558(n_{4p})$$
$$\sigma(3d) = 13.5894 + 0.2693(n_{3d} - 1) - 0.1065(n_{4p})$$
$$\sigma(4s) = 15.505 + 0.8433(n_{3d}) + 0.0971(n_{4s} - 1) + 0.0687(n_{4p})$$
$$\sigma(4p) = 24.7782 + 0.2905(n_{4p} - 1)$$

其中，等号左边括号内的轨道表示被屏蔽的电子所处的轨道，等号右边括号内的符号（如 n_{2s}、n_{4p}、n_{3d}）表示占据在 nl 轨道的电子数为 n 个（如 n_{2s}、n_{4p}、n_{3d} 分别表示在 2s、4p、3d 轨道上的电子数分别有 n 个）所以，上述计算通式表明，按 Clementi 和 Ruimondi 的方法，对外层电子的影响也给予了考虑。

外层电子对内层电子有屏蔽作用，清楚地说明了外层电子对内层电子壳的穿透作用。

将 Slater 规则和徐光宪、Clementi 和 Ruimondi 改进的规则进行比较可见：在 Slater 规则中，将 s 电子和 p 电子分在同一组内，s 电子和 p 电子的屏蔽常数没有区别。而在徐光宪的改进规则中，不仅 s 电子和 p 电子的屏蔽常数不同，而且半充满和半充满前的 p 电子与半充满后的 p 电子的屏蔽常数也有差别。Slater 和徐光宪都没有考虑外层电子的影响，而 Clementi 和 Ruimondi 认为由于外层电子对内层电子壳的穿透作用从而产生外层电子对内层电子的屏蔽作用。

1.1.2　电负性

电负性 χ 表示原子形成阴、阳离子的倾向或化合物中原子对成键电子吸引能力的相对大小。显然，电负性并非单独原子的性质，它受原子在分子中所处环境的影响。

1. 原子的杂化状态

原子的杂化状态对电负性的影响是因为 s 电子的钻穿效应比较强，s 轨道的能量比较低，离原子核更近，占据在其上的电子受到原子核的吸引更强。所以杂化轨道中含 s 成分越多，原子的

电负性也就越大。例如,C 和 N 原子在 sp^3、sp^2 和 sp 杂化轨道中 s 成分分别为 25%、33%、50%,使用 Pauling 电负性定量标度,相应的电负性分别为 2.48、2.75、3.29 和 3.08、3.94、4.67。

一般文献中所列出的 C 的电负性为 2.55,N 的为 3.04,分别相当于 sp^3 杂化轨道中的电负性。当以 sp 杂化时,C 的电负性约接近于氧的(3.44),N 的电负性甚至比氟的(3.98)还要大。

2. 键联原子的诱导作用

一个原子的电负性可因受周围原子诱导作用的影响而发生变化。例如,CH_3I 中 C 的电负性就小于 CF_3I 中 C 的电负性。其原因在于,F(3.98)的电负性远大于 H(2.2),在 F 的诱导作用下,CF_3I 中 C 的电负性增加,甚至超过了碘的电负性。结果使得在两种化合物中 C—I 键的极性有着完全相反的方向:

在 $H_3C^{\delta+}—I^{\delta-}$ 中 C 原子带正电荷,而在 $F_3C^{\delta-}—I^{\delta+}$ 中 C 原子带负电荷。

考虑到如上述 CH_3 和 CF_3 基团的中心原子受其他原子影响而改变了电负性,从而提出了基团电负性的概念。例如,CH_3 和 CF_3 基团的电负性分别为 2.30 和 3.22。

3. 原子所带电荷

电负性与电荷的关系可用式 $\chi=a+b\delta$ 表示。式中 δ 为原子上所带的部分电荷。a、b 为两个参数:a 表示中性原子的电负性(中性原子 $\delta=0$);b 为电荷参数,表示电负性随电荷而改变的变化率。

1.2 共价键分子的成键理论

1.2.1 几种典型分子轨道

σ 轨道 原子轨道头对头方式重叠构成 σ 分子轨道。σ 分子轨道的电子云呈圆柱形对称分布于键轴,s 与 s、s 与 p、p_x 与 p_x 和 d_{z^2} 与 d_{z^2} 都可头对头构成 σ 重叠。

π 轨道 原子轨道以肩并肩方式重叠构成 π 分子轨道。π 分子轨道的电子云对称分布于通过分子键轴的平面,p_y 与 p_y、p_z 与 p_z、d_{xz} 与 d_{xz} 和 d_{yz} 与 d_{yz} 等都可肩并肩构成 π 重叠。

δ 轨道 对称性匹配的 d 轨道以面对面方式重叠构成 δ 分子轨道。δ 分子轨道的电子云分布于与键轴垂直的两个平面,$d_{x^2-y^2}$ 与 $d_{x^2-y^2}$、d_{xy} 与 d_{xy}、d_{xz} 与 d_{xz} 和 d_{yz} 与 d_{yz} 等都可面对面构成 δ 重叠。

1.2.2 几种简单分子的分子轨道能级图

1. 同核双原子分子

O_2 和 N_2 代表了第二周期同核双原子分子的两种类型。

F_2 的分子轨道属于 O_2 的分子轨道类型。这种类型的特点是 2s 和 2p 轨道能量差较大,不会产生 s-p 相互作用,此时 σ_{2p} 的能量低于 π_{2p}。而 Li_2、Be_2、B_2、C_2、N_2 都属于 N_2(图 1.1.1)的分子轨道类型,其特点是 2s 和 2p 轨道能量差较小,2s 和 2p 轨道产生了一定程度的相互作用,因而造

成 σ_{2p}($3\sigma_g$)的能量高于 π_{2p}($1\pi_u$)。

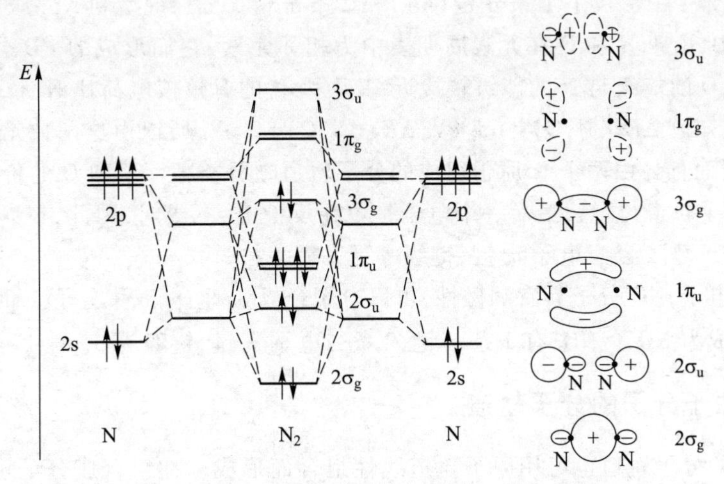

图 1.1.1　N_2 的分子轨道能级、形状和电子排布

2. 异核双原子分子

CO 和 NO 可作为异核双原子分子的代表。

CO(图 1.1.2)与 N_2 为等电子体,其结构应该相似。但是,C 原子和 O 原子的电负性差较大($\Delta\chi=1$)。在能量上,O 原子的 2s 轨道能量比 C 原子的 2s 轨道能量低 12.92 eV($1\ \mathrm{eV}=1.602\times10^{-19}\ \mathrm{J}$),而 C 原子的 2s 轨道能量比 O 原子的 2p 轨道能量仅低 3.54 eV。按照组成分子轨道能量必须相近的条件,显然不能使用对应原子轨道组成分子轨道。

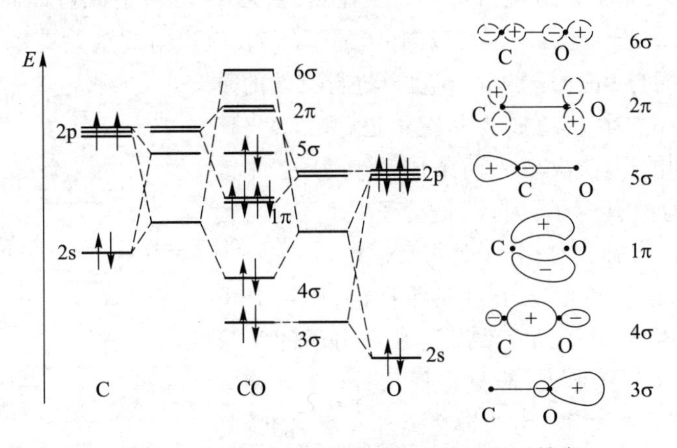

图 1.1.2　CO 的分子轨道能级、形状和电子排布

用原子轨道先杂化、再组合成键满意地解释了 CO 与 N_2 分子结构上的相似性。

C 原子的 2s 轨道和一条 2p 轨道进行 sp 不等性杂化,O 原子的 2s 轨道和 1 条 2p 轨道也进行 sp 不等性杂化,各形成了 2 条 sp 不等性杂化轨道;然后,这 4 条 sp 杂化轨道再组合成 4 条分子轨道:1 条成键的 4σ,1 条反键的 6σ,2 条非键的 3σ 和 5σ。C 原子和 O 原子各自未参与杂化的两条 p 轨道进行肩并肩重叠组合成 2 条成键的 π 分子轨道(1π)和 2 条反键的 π^* 分子轨道

(2π)。

结果,在 CO 分子中形成了 1 条 σ 键(4σ)和 2 条 π 键(1π),键型和 N_2 分子相同。

在 NO 分子中,由于 N 和 O 在元素周期表中为相邻元素,它们形成的 NO 分子,由于两原子的电负性差较小,O 的能级与 N 的能级较接近,其中因 O 的有效核电荷比 N 大,O 的原子轨道的能量低于 N,并已知道 $\Delta E_{2s}(N,O)=6.8\ eV$,$\Delta E_{2p}(N,O)=3\ eV$,所以由这两种元素的原子轨道可以组成分子轨道,而且与由两个 N 原子组成的分子轨道十分类似。N 和 O 的价电子总数为 5+6=11,依次填入分子轨道,显然,最后一个电子是填在反键上,不成对,因此,在 NO 分子中有一条 σ 键,1 条二电子 π 键,1 条三电子 π 键,键级等于 2.5。

因为有成单电子,NO 分子具有顺磁性,可以自聚合成为 N_2O_2 双聚分子。而且也可预料,NO 易失去一个电子成为 NO^+。NO^+有 1 条 σ 键,2 条二电子 π 键,键级为 3。

1.2.3 多原子分子的分子轨道

多原子分子的分子轨道也可用原子轨道线性组合而形成。在组合成分子轨道时,必须先将配体原子轨道进行组合得到配体"群轨道",然后将这些群轨道当作单个原子的原子轨道,使之与中心原子相同对称性的原子轨道组合得到成键和反键的分子轨道,其余对称性不匹配的轨道则成为非键轨道。

以 BeH_2 分子为例,根据价层电子对互斥理论可以推得 BeH_2 分子为直线形结构。按分子轨道理论的观点,参加组成分子轨道的原子轨道有两个 H 原子的 1s 轨道和 Be 原子的一条 2s 轨道、三条 2p 轨道,共六条轨道。按照建立多原子分子的分子轨道的方法,首先将两个 H 原子的 1s 轨道进行组合,组成为两条简并的 1s 群轨道,然后再将这两条 1s 群轨道当作单个原子的原子轨道与中心原子 Be 的原子轨道进行组合。很显然,两条 1s 群轨道既可以同 Be 原子的 2s 轨道头对头重叠组成 σ_s、σ_s^* 分子轨道,也可以同 Be 原子的 $2p_x$ 轨道组成重叠良好的 σ_x、σ_x^* 分子轨道,但两条 1s 群轨道不能与 Be 原子的 p_y、p_z 轨道进行有效的重叠,所以 Be 原子的 $2p_y$、$2p_z$ 轨道成为非键轨道(图 1.1.3)。BeH_2 分子有四个价电子,依次填入两条成键轨道,在非键轨道和反键轨道中均没有电子,因此,该分子是稳定的,键级为 2,而且电子都已自旋成对,分子具有反磁性。

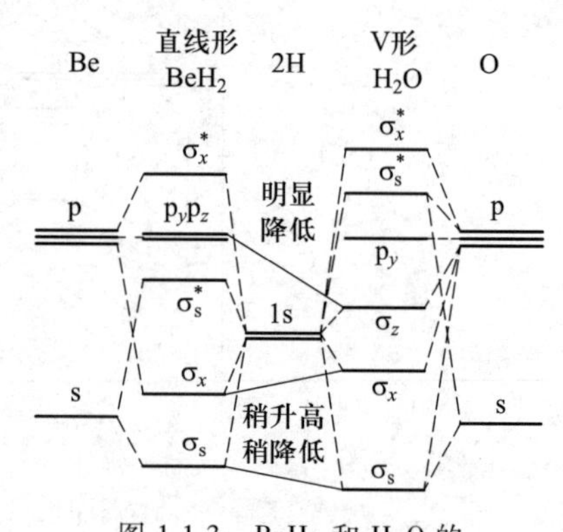

图 1.1.3 BeH_2 和 H_2O 的分子轨道能级图

再如 H_2O 分子,根据价层电子对互斥理论,H_2O 分子具有 V 形结构。从 BeH_2 分子的直线形到 H_2O 分子的 V 形的变化过程中:s-s-s 重叠加大,能量降低;s-p_x-s 重叠减弱,能量略有升高;s-p_z-s 重叠,由非键变为 σ 重叠,能量降低;p_y 仍保持非键。由此可得到水分子的分子轨道能级图(图 1.1.3)。

用类似的方法可得到 NH_3、CH_4 等的分子轨道能级图。

1.2.4 Walsh 方法

定性分子轨道理论在预测分子构型时,首先需估计出各种极限构型下有关分子轨道的能量,并作出有关分子轨道能量随某一键参数(键角、键长或二面角等)的变化曲线。这种变化曲线常称为相关图。最常见的相关图是轨道能量随键角的变化图,即 Walsh 图。

图 1.1.4 示出的是 AH_2 型分子的 Walsh 图。该 Walsh 图是由中心原子 A 的一条 s 轨道和三条 p 轨道同两个 H 原子的两条 1s 轨道,按照对称性匹配原则组成分子轨道而得到的。当直线形的 AH_2 分子弯曲时,分子的对称性发生变化,相应的分子轨道的对称性也发生变化,这时,$2\sigma_g$变成了 $1a_1$,$1\sigma_u$变成 $1b_2$,由于分子在弯曲时 $1b_2$ 的重叠减小,故能量升高,但对于 $1a_1$,Walsh 图上能量升高,与前面所讲由三条 s 轨道的直线形重叠到三条 s 轨道的 V 形重叠,重叠加强、能量降低相矛盾,这一点早在 1952 年就有人指出过。

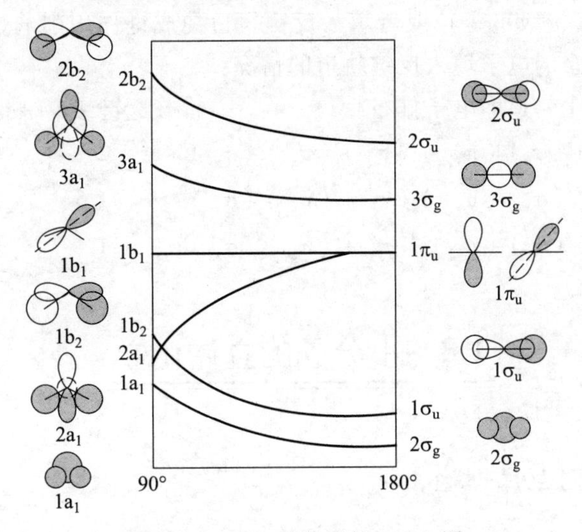

图 1.1.4 AH_2 型分子的 Walsh 图

分子是否发生弯曲的一个重要特征是 $2a_1$ 轨道是否被占据,如果 $2a_1$ 轨道被占据,总能量就会下降,分子为 V 形结构。

分子弯曲时,原来简并的 $1\pi_u$轨道发生了分裂,其中,p_y轨道仍保留为非键轨道,而 p_z轨道可与 H 原子的 s 轨道发生重叠变为 $2a_1$ 轨道。直线形分子的两条反键轨道在弯曲时,分别变为 $3a_1$ 和 $2b_2$ 轨道,能量均升高。

当分子含有 5~6 个价电子时,电子填入 $2a_1-1\pi_u$轨道,分子采取弯曲形时能量大大下降。由于 $1b_1-1\pi_u$轨道几乎不受键角的影响,但因 $2a_1-1\pi_u$轨道弯曲形能量降低得多,因而对于含 7~8 个价电子的分子采取弯曲形在能量上较为有利。水就是突出的例子,它有 8 个价电子,实验测定 H_2O 分子的键角为 104.5°。对于价电子总数多于 8 的分子,将在反键轨道中填入电子,根据 Walsh 图,显然,采取直线形在能量上较为有利。

如果用 X 代替 H,由于配体 X 的轨道增多,分子轨道的组成和轨道的能量随键角的关系变得比较复杂。一般地,价电子总数在 16 以下的 AX_2 分子多为直线形,价电子总数 17~20 的多为弯曲形,价电子总数 21~22 的多为直线形。

1.2.5 缺电子分子的分子轨道

缺电子分子是指分子中的电子数少于成键轨道所能容纳的电子数的分子。

如 B 的价轨道是一条 2s 轨道和三条 2p 轨道,但 B 本身只有 3 个价电子,不能给每条轨道都提供一个电子，这样的原子称为缺电子原子。在形成分子时，这些原子可由其他原子提供电子来填充，如 BH_4^-；但当原子自己成键或形成网状结构时，并未获得额外的电子，这时形成的分子就是缺电子的，如 B_2H_6。在 B_2H_6 分子中，形成了两条三中心二电子（3c-2e）键，而在如 $B_6H_6^{2-}$ 中，还含有闭式的三中心二电子硼桥键。多中心二电子键的形成使缺电子分子得到稳定。

1.2.6 富电子分子的分子轨道

在成键轨道已经填有电子的分子中，若再向体系中加入电子，新加入的电子或者填入非键轨道对成键不起加强作用（键级不变），或者填入反键轨道使成键作用削弱（键级减小）。在 O_2 分子中加入电子是属于多余的电子填入反键轨道的情况：

分子	分子轨道即电子排布	键级	键解离能/(kJ · mol^{-1})
O_2	$(\sigma_s)^2(\sigma_s^*)^2(\sigma_x)^2(\pi_{y,z})^4(\pi_y^*)^1(\pi_z^*)^1(\sigma_x^*)^0$	2	494
O_2^-	$(\sigma_s)^2(\sigma_s^*)^2(\sigma_x)^2(\pi_{y,z})^4(\pi_y^*)^2(\pi_z^*)^1(\sigma_x^*)^0$	1.5	395
O_2^{2-}	$(\sigma_s)^2(\sigma_s^*)^2(\sigma_x)^2(\pi_{y,z})^4(\pi_y^*)^2(\pi_z^*)^2(\sigma_x^*)^0$	1	126

1.3 小分子的立体化学

1.3.1 价层电子对互斥理论

价层电子对互斥理论（valence shell election pair repulsion，VSEPR）是一种预测分子几何形状的立体化学理论，它来源于价键理论和实验观察，但不属于任何一种化学键理论。该理论虽然假设简单，也无法定量，但能满意地解释很多化合物的几何构型。

价层电子对互斥理论的基本要点如下：

（1）AB_n型分子或基团中，如果中心原子 A 的价电子层不含 d 电子（或仅含 d^5 或 d^{10}时），则其几何构型完全由价层电子对的数目所决定。

（2）价层电子对（VP）包括成键电子对（BP）和孤电子对（LP），VP = BP + LP，其中：

BP（成键电子对）= σ 键电子对数（不计 π 电子对）= 中心原子周围的配位原子数

LP =（中心原子的价层电子 - 配位原子的单电子的总和±离子的电荷）/2

其中，负电荷取+，正电荷取-，若算得的结果为小数，则进为整数。

（3）由于价层电子对之间的库仑斥力和泡利斥力，使价层电子对之间的距离应保持最远。

（4）根据价层电子对的排布确定分子的空间构型：如果分子中不含孤电子对，则价层电子对的分布就是分子的形状；当有孤电子对时，分子的形状是指成键原子的空间几何排布，亦即成键电子对的空间排布。

（5）如果一个分子有几种可能的结构，则须确定哪种结构是最稳定的结构。

确定稳定结构的原则如下：

① 对仅含 BP、LP 的分子，其斥力顺序是 LP-LP > LP-BP > BP-BP。

② 对含有多重键的分子，则三-三 > 三-双 > 双-双 > 双-单 > 单-单。

若把①、②两条合起来，则对于含 BP、LP、双键和三键的分子时，则其斥力效应为

三-三 > 三-LP > LP-LP > 三-双 > LP-双 > 三-BP > 双-双 > LP-BP > 双-BP > BP-BP

即三键的斥力效应大于孤电子对，双键的斥力介于孤电子对和成键电子对之间。

③ 在 AB_n 型分子中，成键电子对间的斥力随配位原子 B 的电负性的增大而减小，随中心原子 A 的电负性的增大而增大。

④ 若分子中同时有几种键角，则只需考察键角最小的情况，如构型为三角双锥的分子中有 90°和 120°两种键角，只需考察 90°时的斥力即可。

⑤ 中心原子周围在最小角度的位置上斥力大的电子对数目越少其结构越稳定。

例 1　XeF_4，Xe 的价层电子数为 8，四个 F 各有 1 个单电子，BP = 4，LP = (8 - 4 × 1)/2 = 2，VP = 4 + 2 = 6，价层电子对在空间按八面体排布，分子有两种可能的排布方式：两对孤电子对分别处于对位和反位。

电子对间的最小角度为 90°，比较两种排布的斥力可见：前者比后者的最大排斥作用LP-LP 的个数少，所以前者是最为稳定的结构，因此，XeF_4 为平面正方形构型。

可见，在八面体构型中，孤电子对尽量排布在轴向位置。

例 2　XeF_2，BP = 2，LP = (8 - 2 × 1)/2 = 3，VP = 2 + 3 = 5，价层电子对在空间按三角双锥排布，分子有三种可能的排布方式：三对孤电子对均排在赤道平面；两对孤电子对排在赤道平面，一对排在轴向位置；一对孤电子对排在赤道平面，两对排在轴向位置。

电子对间的最小角度为 90°，比较三种排布的斥力可以得出结论，第一种排布的 LP-LP 排斥作用个数少，所以是最为稳定的结构，因此，XeF_2 为直线形构型。

例 3　$XeOF_3^+$，BP = 4，LP = (8 - 3 × 1 - 2 - 1)/2 = 1，VP = 4 + 1 = 5，其中 Xe 与 O 以双键键合。价层电子对在空间按三角双锥排布，分子有四种可能排布方式：孤电子对和双键均在轴向位置；孤电子对在轴向位置和双键在赤道平面；孤电子对在赤道平面和双键在轴向位置；孤电子对和双键均在赤道平面。

电子对间的最小角度为 90°，根据 LP、双键和 BP 电子的斥力顺序比较四种排布发现，第四种排布的 LP-双和 LP-BP 排斥作用个数少，所以第四种排布是最为稳定的结构，因此，$XeOF_3^+$ 为变形四面体构型。

从例 2、例 3 可以得出结论，在三角双锥构型中，孤电子对和多重键一般都排布在赤道平面上。

1.3.2　影响分子键角大小的因素

1. 中心原子的杂化类型与键角的关系

轨道最大重叠原理要求，有利的成键方向是杂化轨道的空间取向。

等性杂化轨道的类型与键角的关系如下：

杂化类型	sp	sp^2	sp^3	dsp^2	sp^3d（或 dsp^3）	sp^3d^2（或 d^2sp^3）
构　型	直线形	三角形	正四面体	正方形	三角双锥	正八面体
键　角	180°	120°	109°28′	90°	90°和 120°	90°

根据杂化轨道中所含原子轨道的成分可以计算两条杂化轨道间的夹角。

$$\cos\theta = -\frac{s}{1-s} = \frac{p-1}{p}$$

式中 s、p 分别代表杂化轨道中所含 s、p 原子轨道的成分。本公式适用于计算 s 或 p 成分相同的两条杂化轨道之间的夹角。

如果两条杂化轨道所含 s、p 成分不相同，如在不等性杂化中，孤电子对轨道与成键电子轨道之间的夹角可根据下式计算：

$$\cos\theta_{ij} = -\sqrt{\frac{s_i s_j}{(s_i-1)(s_j-1)}} = -\sqrt{\frac{(p_i-1)(p_j-1)}{p_i p_j}}$$

式中 s_i、s_j，p_i、p_j分别是不同轨道中 s、p 的成分。

例如，在水分子中，两条成键轨道中 s 成分占 20%，p 成分占 80%，则其间夹角可求：

$$\cos\theta = -0.20/(1-0.20) = (0.80-1)/0.80 = -0.25$$

$$\theta = 104.5°$$

两条孤电子对轨道中，s 成分占 30%，p 成分占 70%，则其间夹角可求：

$$\cos\theta = -0.30/(1-0.30) = (0.70-1)/0.70 = -0.4286$$

$$\theta = 115.4°$$

孤电子对轨道与成键电子轨道之间的夹角：

$$\cos\theta_{ij} = -\sqrt{\frac{0.2\times 0.3}{(0.2-1)(0.3-1)}} = -\sqrt{\frac{(0.8-1)(0.7-1)}{0.8\times 0.7}} = -0.3273$$

$$\theta_{ij} = 109.1°$$

可见，其夹角大小顺序为∠(LP-LP) > ∠(LP-BP) > ∠(BP-BP)。

2. 中心原子孤电子对的数目

中心原子孤电子对对键角的影响的解释：

(1) 孤电子对含 s 电子成分多，其电子云比成键电子对更“肥胖”；

(2) 孤电子对只受中心原子一个核的吸引，它集中在中心原子的周围，所以孤电子对对邻近电子对将产生较大的斥力，迫使键角变小。

如 CH_4、NH_3、H_2O 键角逐渐减小就是这个原因，尽管这三个分子的中心原子都采取 sp^3 杂化，但是在 CH_4 中 C 原子上没有孤电子对，键角为 109.5°，在 NH_3 中 N 原子上有一对孤电子对，键角压缩到 107.3°，在 H_2O 中 O 原子上有两对孤电子对，斥力更大，键角压缩到 104.5°。

同属于 sp^3d 杂化的 SF_4、BrF_3、TeF_5 的价层电子对均呈三角双锥排布，SF_4 有一对孤电子对排在赤道平面，它排斥其他键，从而使得平面上的另两个键角小于 120°，而上下两键已不再与平面垂直，夹角小于 180°；BrF_3 在赤道平面上有两对孤电子对，使轴向位置的两键已不再与平面垂直，变成 86.5°；TeF_5 虽呈四方锥排布，但键角也减小。

比较 NO_2^+、NO_2、NO_2^- 可见，NO_2^+ 为 sp 杂化，没有孤电子对；NO_2、NO_2^- 均采用 sp^2 杂化，在 NO_2

的一条 sp^2 杂化轨道上有一个未成键电子,而 NO_2^- 的一条 sp^2 杂化轨道由孤电子对占据,单个未成键电子所产生的斥力比成键电子对和孤电子对都要小,所以它们的键角分别为 180°、132°和 115°。

3. 多重键

多重键包含的电子较多,斥力较单键大,结果是使分子内包含多重键的键角增大,单键间的键角变小,如 $CO(NH_2)_2$,sp^2 杂化,正常键角为 120°,由于双键 C═O 的斥力大,使∠NCO 扩大至 126°,∠NCN 缩小至 108°。

4. p-d π 键

对比以下键角数据:

NF_3(102.4°) < NH_3(107.3°)　　OF_2(101.5°) < OH_2(104.5°)

PF_3(97.8°) > PH_3(93.3°)　　AsF_3(96.2°) > AsH_3(91.8°)

SbF_3(95°) > SbH_3(91.3°)

可见,第二周期元素的氟化物的键角小于相应氢化物,其他周期元素则有相反的规律。这是因为,第二周期元素原子没有 d 轨道,H 原子无 p 轨道,所以都不可能生成 p-d π 键,故影响因素主要是电负性。其他周期元素除与 F 生成 σ 键之外,中心原子的空 d 轨道与 F 的 p 轨道还可以生成 p-d π 键,一定程度的多重键的形成成为影响键角的主要因素。

5. 电负性

在 AB_n 型分子中,A 相同,若 B 的电负性减小,A—B 的成键电子将偏向 A,从而增大成键电子对间的斥力,键角将增大。如 NH_3 中∠HNH 为 107.3°,大于 NF_3 中的∠FNF(102.4°)。

如果 AB_n 型分子中,B 相同,若 A 的电负性增加,A—B 的成键电子对将偏向 A,从而增大成键电子对之间的斥力,键角将增大。如 NH_3(107.3°) > PH_3(93.3°)。

1.4 对 称 性

1.4.1 对称性

如果分子各部分能够进行互换,而分子的取向没有产生可以辨认的改变,这种分子就被说成是具有对称性的。更确切地讲,如果某种变换能引起一种不能区分的分子取向,那么这种变换就是一种“对称操作”,借以实现对称操作的该分子上的点、线或面被称为“对称元素”。

已知有五种对称元素能够用于适当的独立分子的对称操作。

1. 恒等 *E*

对分子不作任何动作构成恒等操作。一切分子都具有这个对称元素。因为对分子不作任何动作,这个分子的状况是不会改变的。似乎这种元素是个毫无价值的对称元素,但因群论计算要涉及它,所以必须包括。

2. 对称中心(反映中心)*i*

如果每一个原子都沿直线通过分子中心移动,达到这个中心的另一边的相等距离时能遇到一个相同的原子，那么这个分子就具有对称中心。显然，正方形的$[PtCl_4]^{2-}$有对称中心，四面体的SiF_4分子就没有对称中心。

3. n 重对称轴（旋转轴）C_n

如果一个分子绕一根轴旋转$2\pi/n$的角度后产生一个不可分辨的构型，这根轴就是对称轴。例如，平面的BF_3分子具有一根三重C_3轴和三根二重C_2轴。通常，将分子的最高重对称轴取作z轴。

4. 对称面（镜面）σ

如果分子的整体在通过一个平面反映后，产生一个不可分辨的结构取向，这个平面就是对称面。对称面分水平对称面和垂直对称面。与分子主轴垂直的对称面称为水平对称面，记作σ_h；通过分子主轴的对称面称为垂直对称面，记作σ_v。水分子有两个通过分子主轴的垂直对称面σ_v（三个原子所在的平面，垂直于这个平面且平分H—O—H键角的平面）。

5. n 重旋转-反映轴（非真旋转轴）S_n

如果绕一根轴旋转$2\pi/n$角度后立即对垂直于这根轴的平面进行反映，产生一个不可分辨的构型，那么这根轴就是n重旋转-反映轴，称为映轴。例如，在交叉式乙烷分子中就有一根与C_3轴重合的S_6轴，而CH_4有三根与平分H—C—H键角的三根C_2轴相重合的S_4轴。

6. 旋转-反演（反轴）I_n（非独立）

旋转-反演是绕轴旋转$2\pi/n$并通过中心进行反演。旋转-反演和旋转-反映是互相包含的。

1.4.2 对称群

在一个分子上所进行的对称操作的完全组合构成一个“对称群”或“点群”。

点群具有一定的符号，如C_2、C_{2v}、D_{3h}、O_h、T_d等。其中，C_{2v}“点群”由一条C_2轴、两个对称面和恒等操作这四种对称操作组合构成。

分子可以按“对称群”或“点群”加以分类。如H_2O分子就属于C_{2v}点群。表1.1.3给出一些化学中重要的点群。表1.1.4给出一些常见结构的无机分子的点群。

表 1.1.3 一些化学中重要的点群

点群	对称元素（未包括恒等元素）	举例
C_s	仅有一个对称面	ONCl，HOCl
C_1	无对称性	SiFClBrI
C_n	仅有一根n重对称轴	H_2O_2，PPh_3
C_{nv}	n重对称轴和通过该轴的对称面	H_2O，NH_3
C_{nh}	n重对称轴和一个水平对称面	反-N_2F_2
$C_{\infty v}$	无对称中心的线性分子	CO，HCN
D_n	n重对称轴和垂直该轴的n根C_2轴	$[Cr(C_2O_4)_3]^{3-}$
D_{nh}	D_n的对称元素，再加一个水平对称面	BF_3，$[PtCl_4]^{2-}$
$D_{\infty h}$	有对称中心的线性分子	H_2，Cl_2
D_{nd}	D_n的对称元素，再加一套平分每一C_2轴的垂直对称面	B_2Cl_4，交叉式C_2H_6

续表

点群	对称元素（未包括恒等元素）	举例
S_n	有唯一对称元素（S_n轴）	$S_4N_4F_4$
T_d	正四面体分子或离子，$4C_3$、$3C_2$、$3S_4$ 和 $6\sigma_d$	CH_4，ClO_4^-
O_h	正八面体分子或离子，$3C_4$、$4C_3$、$6C_2$、$6\sigma_d$、$3\sigma_h$和 i	SF_6
I_h	正二十面体分子或离子，$6C_5$、$10C_3$、$15C_2$ 和 15σ	$B_{12}H_{12}^{2-}$

表 1.1.4　一些常见结构的无机分子的点群

结构	分子	点群	结构	分子	点群
直线形	N_2、CO_2	$D_{\infty h}$	正四面体	CH_4	T_d
	$CuCl_2^-$	$D_{\infty h}$	正八面体	SF_6	O_h
	HCl、CO	C_{∞}	夹心化合物		
弯曲形	H_2O	C_{2v}	重叠式	$Fe(cp)_2$	D_{5h}
T 形	ClF_3	C_{2v}	交叉式	$Fe(cp)_2$	D_{5d}
三角锥	NH_3	C_{3v}	五角双锥	$B_7H_7^{2-}$	D_{5h}
四方锥	TeF_5	C_{4v}	加冠八面体	$Os_7(CO)_{21}$	D_{5h}
平面	BF_3	D_{3h}	十二面体	$B_8H_8^{2-}$	D_{2h}
	$[PtCl_4]^{2-}$	D_{4h}	三冠三棱柱	$B_9H_9^{2-}$	D_{3h}
	环戊二烯	D_{5h}	双冠四方反棱柱	$B_{10}H_{10}^{2-}$	D_{4d}
	C_6H_6	D_{6h}	十六面体	$B_{11}H_{11}^{2-}$	C_{2v}
三角双锥	PCl_5	D_{3h}	正二十面体	$B_{12}H_{12}^{2-}$	I_h

1.4.3　对称性在无机化学中的应用

1. 分子的对称性与偶极矩判定

分子的偶极矩被用来衡量分子极性的大小。对于多原子分子，它的偶极矩就是分子中所有分偶极矩的矢量和。

以水分子为例，其结构是 O 原子以 sp^3 不等性杂化轨道与两个 H 原子形成两条 σ 键，键角为 104.5°，在 O 原子上有两对孤电子对。水分子的偶极矩主要由两部分确定：

$$\mu(H_2O) = \mu_{键} + \mu_{孤电子对}$$

键偶极矩 $\mu_{键}$：由键的极性所确定。键的极性和成键原子的电负性有关，键偶极矩（矢量）的方向由电负性小的原子到电负性大的原子，其大小与电负性差有关，电负性差越大，偶极矩就越大。由于 O 的电负性大于 H，所以 $\mu_{键}$（H—O）的方向是由 H 到 O。由两条氢氧键偶极矩 $\mu_{键}$（H—O）的矢量加和所得的键偶极矩 $\mu_{键}(H_2O)$矢量的方向是由 H 方向到 O。

孤电子对偶极矩 $\mu_{孤电子对}$：由于孤电子对集中在原子的某一侧面，该原子的这个侧面就集中了过多的负电荷，因而将产生孤电子对偶极矩。在水分子中，有两对孤电子对，两对孤电子对偶极矩的矢量加和产生的水分子的$\mu_{孤电子对}(H_2O)$矢量的方向是由O指向与H方向相反的一侧。

所以，水分子的键偶极矩和孤电子对偶极矩具有相同的方向（总方向是H方为正，O方为负）。

$$\mu(H_2O) = \mu_{键}(H_2O) + \mu_{孤电子对}(H_2O) = 6.17 \times 10^{-30}\ C \cdot m$$

又如CO，$:C^{2.6}\equiv{}^{3.5}O:$（上标为电负性值），其三键中有一条是配位键，O给出电子，C接受电子，所以$\mu_{键}$（配位键）数值较大，方向是由O到C；C、O之间的另一条π键和σ键，因O的电负性大于C，所以$\mu_{键}$（σ键、π键）的方向是由C到O；C和O上都有孤电子对，虽然由孤电子对产生的偶极矩方向相反，但由于O的电子云密度大，二者不能完全抵消，剩余部分孤电子对偶极矩$\mu_{孤电子对}$的方向是由C到O。所以CO的偶极矩包括了三个方面：

$$\mu(C\equiv O) = \mu_{孤电子对}(C\rightarrow O) + \mu_{键}(\sigma + \pi)(C\rightarrow O) + \mu_{键}(配位键)(C\leftarrow O)$$

三者加和的结果，使CO的偶极矩值较小，O方为正，C方为负。

对于CO_2，$O^{3.5}=C^{2.5}=O^{3.5}$，$\mu_{键}$和$\mu_{孤电子对}$相互抵消，所以CO_2偶极矩为零。

由上可见，分子的极性取决于分子内部的几何结构，因而可以根据分子的对称性来判定分子的偶极矩。事实上，由于分子的对称性反映了分子中原子核和电子云分布的对称性，分子正、负电荷重心总是落在分子的对称元素之上。

如果分子具有对称中心，或换句话说，如果分子的对称元素能相交于一点，即分子的正、负电荷重心重合，这个分子就不可能有偶极矩。如CO_2，它属于$D_{\infty h}$，具有对称中心，因而它没有偶极矩。类似的还有属于C_{2h}、O_h等点群的分子，因为它们都有对称中心，因而一定不存在偶极矩。而具有其他对称性的分子可能就有偶极矩。

T_d点群，正四面体对称，它没有对称中心，但分子中各种分偶极矩矢量和为0（对称元素交于一点），因此也没有偶极矩。

分子不具有偶极矩的一个简单而又重要的对称性判据可简述为分子对称性元素交于一点，则无偶极矩。

2. 分子的对称性与旋光性判定

旋光性也称为光学活性，它是当偏振光射入某些物质后，其振动面要发生旋转的性质。

当物质的分子，其构型具有手征性，即分子的构型与它的镜像不能重叠，犹如左右手的关系，这种物质就具有旋光性。从对称元素来看，只有不具有任何次映轴或反轴的分子才有可能具有旋光性。换句话说，如果分子本身具有镜面和对称中心，则分子就不可能具有旋光性。如*cis*-$[Co(en)_2Cl_2]^+$不具任何次映轴或反轴，因而具有旋光性，而*trans*-$[Co(en)_2Cl_2]^+$具有镜面和对称中心，因而没有旋光性。

3. 原子轨道和分子轨道的对称性

表1.1.5总结了一些原子轨道和分子轨道的对称性、轨道节面数及节面方位。

表1.1.5　一些原子轨道和分子轨道的对称性、轨道节面数及节面方位

原子轨道或分子轨道	对称性	节面数	节面方位
s	g	0	无节面

续表

原子轨道或分子轨道	对称性	节面数	节面方位
p	u	1	节面通过成键原子
d	g	2	节面通过成键原子
f	u	3	节面通过成键原子
σ	g	0	无节面
σ^*	u	1	节面位于成键原子之间
π	u	1	节面通过成键原子
π^*	g	2	一个节面通过成键原子,另一个位于成键原子之间
δ	g	2	节面通过成键原子

4. 化学反应中的轨道对称性

化学键的形成与否取决于参与成键的轨道的对称性,具有相似对称性的相互作用是允许的反应,对称性不同的相互作用是禁阻的反应。对于一个双分子的反应,在反应时,在前线轨道中的电子流向是由一个分子的最高占据分子轨道流向另一个分子的最低未占据分子轨道。

如 H_2 与 I_2 的反应在以前被认为是一个典型的双分子反应:H_2 和 I_2 通过侧向碰撞形成一个梯形的活化配合物,然后,I—I 键和 H—H 键同时断裂,H—I 键伴随着生成。

事实上,如果 H_2 与 I_2 进行侧向碰撞,则它们的分子轨道可能有两种相互作用方式:

H_2 分子的最高占据分子轨道即 σ_s 与 I_2 分子的最低未占据分子轨道即 σ_z^* 相互作用。显然,由于这些轨道的对称性不同,净重叠为零,反应应该是禁阻的。

I_2 分子的最高占据分子轨道 $\pi^*(p)$ 与 H_2 分子的最低未占据分子轨道 σ_s^* 相互作用。这种作用,轨道对称性匹配,净重叠不为零。但从能量看,电子的流动是无法实现的。这是因为:

(1) 如果电子从 I_2 分子的反键分子轨道流向 H_2 分子的反键分子轨道,则对于 I_2 分子来讲,反键轨道电子减少,键级增加,I—I 键增强,断裂困难;

(2) 电子从电负性高的 I 流向电负性低的 H 是不合理的。

综上所述,这两种相互作用方式都是不可能的,说明 H_2 与 I_2 的作用是双分子反应难以成立。

研究表明,H_2 与 I_2 的反应是一个三分子自由基反应,I_2 分子先解离为 I 原子,I 原子再作为自由基与 H_2 分子反应。

1.5　单质的性质及其周期性递变规律

1.5.1　单质的化学性质

1. 单质与水的反应

一些化学过程通常是在水介质中进行的,水的特殊化学性质是其氧化态为+1 的 H^+ 可以得到电子,氧化态为-2 的 O^{2-} 可以失去电子,因而水既可以作为氧化剂,又可以作为还原剂。

单质与水的作用有下列几种类型。

(1) 单质被水氧化,伴随释放出 H_2,同时生成水合阳离子:

在 pH=7 时,$E^{\ominus}(H^+/H_2)=-0.414$ V。所以,凡是还原电极电势 $E^{\ominus}(M^{n+}/M)<-0.414$ V 的单质与水作用都有 H_2 放出。如 $E^{\ominus}(Na^+/Na)=-2.714$ V,故有

$$2Na(s)+2H_2O \xlongequal{} 2Na^+(aq)+2OH^-(aq)+H_2(g)$$

这是碱金属及碱土金属的特征。当生成的氢氧化物能溶于水时反应进行得很快;如果生成的氢氧化物不溶于水或者仅是微溶的,则在金属的表面形成一层薄膜而抑制反应进一步进行。如 $E^{\ominus}(Zn^{2+}/Zn)=-0.763$ V,pH=7 时,$E^{\ominus}(H^+/H_2)=-0.414$ V,但 Zn 却不与 H_2O 作用,这就是因为在 Zn 的表面生成了氢氧化物薄膜。

这种因反应被抑制或完全被遏制的现象称为钝化。

(2) 单质歧化伴随生成水合阴离子:

$$Cl_2(g)+H_2O \xlongequal{} H^+(aq)+Cl^-(aq)+HClO(aq)$$

这是大多数负电性元素的单质与水作用的方式。

(3) 单质被水还原,伴随释放出 O_2,同时生成水合阴离子:

在 pH=7 时,$E^{\ominus}(O_2/H_2O)=0.82$ V。所以,凡是电极电势大于 0.82 V 的单质与水作用都有 O_2 放出。如 $E^{\ominus}(F_2/F^-)=2.87$ V,故有

$$2F_2(g)+2H_2O \xlongequal{} 4H^+(aq)+4F^-(aq)+O_2(g)$$

2. 单质与稀酸的作用

单质通过释放 H_2 而被氧化,通常在酸溶液中比在水中更普遍、更容易。其理由如下:

(1) 体系中 $H^+(aq)$ 浓度增加可使电对 H^+/H_2 的电极电势变大,以至于能用这个反应机理同水作用的单质的数量增加。例如:

Co(s)和 H_2O 不反应[$E^{\ominus}(Co^{2+}/Co)=-0.277$ V,在 pH=7 时,$E^{\ominus}(H^+/H_2)=-0.414$ V]。

$Co(s)+2H^+ \xlongequal{} Co^{2+}(aq)+H_2(g)$[在 pH=0 时,$E^{\ominus}(H^+/H_2)=0$ V]。

(2) 体系中大量存在的 $H^+(aq)$ 可阻止氢氧化物沉淀的生成。

不过,有些时候,如果单质与酸作用生成了不溶性的或微溶性的产物,就会抑制反应的进一步发生。如 $E^{\ominus}(Pb^{2+}/Pb)=-0.126$ V,但 Pb 不与稀盐酸或稀硫酸作用,因为 Pb 同这些酸作用时在其表面上生成了不溶性的 $PbCl_2$ 或 $PbSO_4$ 沉淀,保护 Pb 不被进一步氧化。

3. 单质与碱的作用

除碱能使有些单质发生歧化作用之外,那些趋向于生成羟基配合物阴离子的单质可以与碱作用。例如:

$$Zn(s)+2OH^-(aq)+2H_2O \xlongequal{} [Zn(OH)_4]^{2-}(aq)+H_2(g)$$

$$Si(s)+2OH^-(aq)+H_2O \xlongequal{} SiO_3^{2-}(aq)+2H_2(g)$$

4. 单质与氧化性强于 H^+ 的氧化剂的作用

HNO_3 比 H^+ 具有更强的氧化能力,所以它同 HCl 溶液、稀 H_2SO_4 溶液不同,它不是用 H^+ 进行

氧化,而是用 NO_3^- 进行氧化,反应产物与酸的浓度和单质的活泼性有关。例如:

$$Cu(s) + 2NO_3^-(浓) + 4H^+(aq) = Cu^{2+}(aq) + 2NO_2(g) + 2H_2O$$

$$3Cu(s) + 2NO_3^-(稀) + 8H^+(aq) = 3Cu^{2+}(aq) + 2NO(g) + 4H_2O$$

$$4Mg(s) + NO_3^-(很稀) + 10H^+(aq) = 4Mg^{2+}(aq) + NH_4^+(aq) + 3H_2O$$

$$3C(s) + 4NO_3^-(浓) + 4H^+(aq) = 3CO_2(g) + 4NO(g) + 2H_2O$$

$$S(s) + 6NO_3^-(浓) + 4H^+(aq) = SO_4^{2-}(aq) + 6NO_2(g) + 2H_2O$$

浓 H_2SO_4 以同样的方式同单质作用,它本身被还原为 SO_2:

$$Cu(s) + SO_4^{2-}(浓) + 4H^+(aq) = Cu^{2+}(aq) + SO_2(g) + 2H_2O$$

$$P_4(s) + 10SO_4^{2-}(浓) + 8H^+(aq) = 4PO_4^{3-}(aq) + 10SO_2(g) + 4H_2O$$

1.5.2 主族元素化合物的周期性性质

1. 卤化物的晶体结构和物理性质

典型的电正性金属的氯化物是离子型化合物,固态时是离子晶体,熔点和沸点高,熔融时或溶于水时都能导电。其余主族的金属元素的氯化物都因金属离子的极化作用而具有不同程度的共价性。非金属元素的氯化物是共价型氯化物,固态时为分子晶体,熔点和沸点低,熔融后不能导电。

同周期主族元素可以形成最高氧化态的氯化物,自左而右,从离子型化合物逐渐过渡到共价型化合物。例如第三周期,NaCl 是离子型化合物,$MgCl_2$ 是以离子键为主的化合物,$AlCl_3$ 因 Al^{3+} 的电荷高、半径较小、极化力大,故是以共价键为主的化合物,而 $SiCl_4$ 及 PCl_5 都是共价型化合物。所以,自左而右,氯化物的熔点和沸点趋于降低。

同族元素的氯化物,ⅠA 族(除了 Li)都为离子型,固态时为离子晶体;ⅦA 族卤素的氯化物都为共价型,固态时为分子晶体。其他各族既有非金属的共价型氯化物,又有不同程度离子型的金属氯化物。在同族中自上而下,氯化物中键的离子性增加,熔点和沸点增高。同族共价型氯化物,随相对分子质量增大,分子间力增大,它们的熔、沸点升高;对于离子型氯化物,一般是随金属半径减小或离子电荷数增高,氯化物的晶格能增大,它们的熔、沸点升高。

同一金属元素形成氧化态不同的氯化物时,高氧化态的氯化物具有较多的共价性,熔点和沸点较低。这是因为氧化态越高,离子势越大,其极化力越强。

2. 卤化物的水解作用

主族金属元素的氯化物,TlCl 难溶于水,$PbCl_2$ 的溶解度较小,其余的二元氯化物都易溶于水。其中碱金属和碱土金属的氯化物(除 LiCl、$BeCl_2$ 及 $MgCl_2$ 外)溶于水,在水中完全解离而不发生水解;其他金属及 Li、Be、Mg 的氯化物会不同程度地发生水解。水解一般是分步进行的,有些金属的碱式盐在水中溶解度很小,可沉淀出来,例如:

$$SnCl_2 + H_2O = Sn(OH)Cl\downarrow + HCl$$

$$SbCl_3 + H_2O = SbOCl\downarrow + 2HCl$$

$$BiCl_3 + H_2O = BiOCl\downarrow + 2HCl$$

非金属氯化物,除 CCl_4 和 NCl_3 外均强烈水解生成两种酸:

$$SiCl_4 + 4H_2O = H_4SiO_4 + 4HCl$$
$$PCl_5 + 4H_2O = H_3PO_4 + 5HCl$$
$$PCl_3 + 3H_2O = H_3PO_3 + 3HCl$$

NCl_3 的水解产物是一种酸和一种碱:

$$NCl_3 + 3H_2O = NH_3 + 3HOCl$$

CCl_4 难水解。

关于主族元素氯化物的水解大致可归纳出以下几条规律:

(1) 阳离子具有高的电荷和较小的半径,它们对水分子有较强的极化作用,因而易发生水解;反之,低电荷和较大半径的离子在水中不易水解。

(2) 由 8(2)、9~17、18 到 18+2 电子构型的阳离子,离子极化作用依次增强,水解变得容易。

(3) 共价型化合物水解的必要条件是中心原子必须要有空轨道或有孤电子对。

$SiCl_4$ 是中心原子有空轨道的例子,发生的是亲核水解反应。亲核水解的产物是中心原子直接与羟基氧原子成键的产物。水分子中氧原子上的孤电子对首先进攻中心原子 Si 的空 d 轨道,$SiCl_4$ 作为电子对的接受体接受电子并生成一种配位中间体 $SiCl_4(OH_2)$,其中心原子 Si 的杂化态由 sp^3 变为 sp^3d,而后脱去一个 HCl 分子,变回 sp^3 杂化态;然后再发生类似的亲核水解,逐步脱去氯原子生成水解产物 $Si(OH)_4$。

这一过程首先需要中心原子有可供使用的空轨道(在这里,Si 原子的空轨道是 d 轨道,C 原子无 d 轨道,不具备该条件)。水解过程还包括了构型转变($sp^3 \rightarrow sp^3d \rightarrow sp^3 \rightarrow \cdots \rightarrow sp^3$)、键的生成与消去的能量变化过程。

NCl_3 是中心原子有孤电子对的例子,发生的是亲电水解反应。亲电水解的产物是中心原子直接与氢原子成键的产物。首先,由水分子中的质子进攻中心原子上的孤电子对,生成 Cl_3N---H---OH,然后,发生 N—Cl 键的断裂与消去 HOCl 的能量变化过程。随后,继续该过程,得到最终产物 NH_3。

PCl_3 的中心原子既有空轨道(d 轨道,可以接受孤电子对的进攻)又有孤电子对(可以接受质子的亲电进攻),加上 PCl_3 的配位数仅为 3,远远未达到第三周期的最大配位数 6 这一数值,所以 PCl_3 可以同时发生亲核和亲电水解反应。

PCl_3 在第一步发生亲电水解后,不再具有孤电子对,其后只能发生水分子的亲核进攻,其间也发生了构型转变及键的断裂与消去的能量变化过程。PCl_3 水解的最终产物是 $H_3PO_3[HPO(OH)_2]$。

CCl_4 难水解的原因是 C 原子的价轨道已用于成键且又没有孤电子对。

NF_3 的分子结构与 NCl_3 的相同,其中 N 原子也是采用 sp^3 杂化轨道成键,其上也有一对孤电子对。然而,F 的电负性较大,使得 NF_3 的碱性(给电子性)比 NCl_3 的小,因而亲电水解很难发生;又由于 N 是第二周期元素,只有 4 条价轨道(没有 d 轨道),不可能有空轨道接受水的亲核进攻;此外,N—F 键的键能比 N—Cl 键的键能大,不容易断裂。这些原因决定了 NF_3 不会发生水解作用。

(4) 温度对水解反应的影响较大,是主要的外因,温度升高水解加剧。

(5) 不完全亲核水解的产物为碱式盐[如 Sn(OH)Cl、BiOCl],完全亲核水解的产物为氢氧化物[如 $Al(OH)_3$]或含水氧化物、含氧酸(如 H_2SiO_3、H_3PO_4)等,这个产物顺序与阳离子的极化作用增强顺序一致。低价金属离子水解的产物一般为碱式盐,高价金属离子水解产物一般为氢氧化物(或含水氧化物),正氧化态的非金属元素的水解产物一般为含氧酸(氢氧化物脱去部分水)。

(6) 水解反应也常伴有其他反应。如配位反应:

$$3SnCl_4 + 3H_2O \longrightarrow SnO_2 \cdot H_2O + 2H_2SnCl_6$$

除碱金属及碱土金属(Be 除外)外的大多数主族金属的氯化物皆能与 Cl^-形成配合物离子,如$[SnCl_6]^{2-}$、$[PbCl_4]^{2-}$、$[BeCl_4]^{2-}$、$[AlCl_4]^-$、$[AlCl_6]^{3-}$、$[InCl_5]^{2-}$、$[TlCl_6]^{3-}$、$[SnCl_3]^-$、$[PbCl_6]^{2-}$、$[SbCl_6]^-$及$[BiCl_5]^{2-}$等。

1.6　周期反常现象

前面已经扼要地、有选择地介绍了元素的单质及其化合物性质的周期性变化。然而,随着对元素和化合物性质的深入研究,特别是近几十年来对重元素化合物及其性质的研究,表明元素的周期性并不是简单地重复。最熟知的实例是镧系收缩使得第二过渡系和第三过渡系同族元素的性质相似。类似的还有锕系收缩。此外,没有 d 轨道的钠前元素,与有 d 轨道的钠及钠后元素在性质的递变上出现了不连续的现象;不同长度的周期间也存在性质变化快慢的不同,甚至常常出现一些“例外”。这些现象统称为周期反常现象。

1.6.1　氢的特殊性

H 原子的电子结构与碱金属的类似,H 为 $1s^1$,碱金属为 ns^1,它们的外层都只有一个 s 电子,均可失去这个电子而呈现+1 氧化态,就这点来说,H 与ⅠA 族碱金属元素类似。但 H(g)的电离能为 1311 $kJ \cdot mol^{-1}$,比碱金属原子的电离能大得多,而且 H^+是完全裸露的,其半径特别小,仅为 1.5×10^{-3} pm,在性质上与碱金属阳离子 M^+相差很大。H^+在水溶液中不能独立存在,常与水结合生成水合离子,如 $H_9O_4^+$。此外,它也不易形成离子键,而类似于碳形成共价键,这些都和碱金属有明显的差别。

从获得 1 个电子就能达到稳定的稀有气体结构的 H^-看,H 又与卤素类似,确实氢与卤素一样,都可作为氧化剂。然而,氢与卤素的差别也很大,表现在下面 5 个方面:

(1) H 的电负性为 2.2,仅在与电负性极小的金属作用时才能获得电子成为 H^-。

(2) H^-特别大(140 pm),比 F^-还要大,显然其性质不可能是同族元素从 I^-到 F^-即由下到上递变的延续,其还原性比卤素阴离子强得多:

	H^-	F^-	Cl^-	Br^-	I^-
r_-/pm	140	136	181	195	216
$E^\ominus(X_2/X^-)$/V	-2.25	2.87	1.36	1.08	0.535

产生此差异的本质原因在于单质子构成的原子核对两个相互排斥的电子没有足够的束缚力。

(3) 由于H^-很大,很容易被极化,极易变形的H^-只能存在于离子型氢化物(如 NaH)中,熔融的 NaH 中有H^-存在。

(4) H^-的碱性很强,在水中与H^+结合为H_2($H^- + H_3O^+ \longrightarrow H_2O + H_2$),不能形成水合$H^-$。

(5) 在非水介质中,H^-能同缺电子原子的离子如B^{3+}、Al^{3+}等结合成复合的氢化物,例如:

$$4H^- + Al^{3+} \longrightarrow [AlH_4]^-$$

此外,若将 H 的电子结构视为价层半充满结构,则 H 可同 C 相比拟。H 与 C 的电负性相近;H_2同 C 一样,既可作氧化剂,又可作还原剂;H_2与金属形成氢化物,碳与金属生成金属型碳化物。

综上所述,氢既像ⅠA、ⅦA 族元素,又像ⅣA 族元素,但似乎又都不像,把氢放到哪里都不太恰当,所以,有些人认为氢在元素周期表中是属于位置不确定的元素,以致在编辑元素周期表时把它作为示例放到周期表之外。

1.6.2 第二周期元素的特殊性——对角线规则

第二周期元素与较重的同族元素相比,也有许多特殊性。例如,Li^+半径小,电负性大,有较大的极化力,相应的盐不如其他碱金属盐稳定:

$$2LiOH \xrightarrow{\triangle} Li_2O + H_2O$$

$$NaOH \xrightarrow{\triangle} \text{不反应}$$

$$Li_2CO_3 \xrightarrow{\triangle} Li_2O + CO_2$$

$$Na_2CO_3 \xrightarrow{\triangle} \text{不反应}$$

相反,它与变形性大的H^-形成共价性较强的、同族中最稳定的氢化物:

$$LiH \xrightarrow{\triangle} \text{不反应}$$

$$2NaH \xrightarrow{\triangle} 2Na + H_2$$

其他第二周期元素,如 Be,B,…,F 等的性质与同族其他成员间也都出现不连续性。一般地,第二周期和第三周期处于斜对角线上的两种元素,其性质的类似性往往大于与同族元素的类似性。这种关系称为对角线关系,也叫对角线规则。

同周期从左到右阳离子电荷升高、半径减小、极化力增强;同族从上到下阳离子电荷相同、但半径增加、极化力减弱;处于对角线的两元素,两种变化相互消长,使极化力相近,性质相似。例如:

Li-Mg Li 及 Mg 在过量氧气中燃烧只生成正常氧化物,直接和氮气反应生成氮化物Li_3N和Mg_3N_2,碳酸盐加热分解为氧化物,氟化物、碳酸盐、磷酸盐难溶于水,离子有强的水合能力,都易生成有机金属化合物等。Li 的这些性质与同族的 Na、K、Rb 或 Cs 相差甚远。

Be-Al Be 与 Al 的相似性更加明显。例如:

离子势($\phi=Z_+/r_+$) $\phi(Be^{2+}) = 2/0.35 = 5.7$ 相近

$\phi(Al^{3+}) = 3/0.51 = 5.9$

$\phi(Mg^{2+}) = 2/0.65 = 3.1$ 差异大

电极电势($E^\ominus$) $E^\ominus(Be^{2+}/Be) = -1.85$ V 相近

$E^\ominus(Al^{3+}/Al) = -1.61$ V

$E^\ominus(Mg^{2+}/Mg) = -2.38$ V 差异大

Be、Al相近的离子势导致相近的极化力和酸碱性。如Be、Al的化合物共价性较强,许多盐可溶于有机溶剂,碳酸盐不稳定,氧化物和氢氧化物呈两性,其盐易水解等。

B-Si B与同族元素的区别在于它几乎不具金属性,在性质上与对角的Si相似。B和Si都不能形成简单阳离子;都能形成易挥发的高反应活性的氢化物,而同族铝的氢化物则是多聚固体。它们的卤化物(BF_3除外)水解形成硼酸、硅酸和氢卤酸。硼酸和硅酸在化学上也很相似。

C-P、N-S及O-Cl 这三对元素都不表现出任何金属性质,尽管它们的电负性的接近程度不是太好,但一般说来处在对角线位置的两种元素中,较重的元素总具有较小的电负性,从这个角度讲,它们的相似关系还是成立的。

$\chi(C) = 2.55$ $\chi(N) = 3.04$ $\chi(O) = 3.44$ $\chi(F) = 3.98$

$\chi(Si) = 1.90$ $\chi(P) = 2.19$ $\chi(S) = 2.58$ $\chi(Cl) = 3.16$

F在同族中的特殊性尤为突出。F原子的半径很小,导致F原子的电子云高度密集,从而对任何外来进入F原子外层的电子产生较强的排斥作用,所以F原子的电子亲和能($-322\ kJ\cdot mol^{-1}$)特别小(Cl原子的电子亲和能为$349\ kJ\cdot mol^{-1}$),并对F原子参与形成的键产生削弱作用。

类似的效应在O和N中也出现。

第二周期元素与第三周期的同族元素性质有明显差异,还有一个重要的原因,即第二周期元素在成键时只限于s和p轨道,而第三周期元素还可使用d轨道。第二周期元素从Li到F,呈现的最大共价数为4,相应于最大杂化类型sp^3;然而,第三周期和更重的元素却可以呈现共价数5,6,7,…,相应于利用了d轨道的sp^3d,sp^3d^2,sp^3d^3,…杂化轨道成键。例如:

CF_4 NF_3 OF_2 $FF(F_2)$

SiF_6^{2-} PF_6^- SF_6 ClF_5 … $IF_7(IF_8^-)$

此外,大部分叔膦(R_3P)是不稳定的,易被氧化成膦氧化物:$2R_3P + O_2(\text{空气}) \longrightarrow 2R_3PO$,但叔胺($R_3N$)在空气中则相当稳定;相反,$Et_3NO$受热却能分解:$Et_3NO \longrightarrow Et_2NOH + C_2H_4$。

膦氧化物的偶极矩较胺氧化物的要小。例如,Et_3PO的$\mu = 1.46\times10^{-29}\ C\cdot m$,而$Et_3NO$的$\mu = 1.67\times10^{-29}\ C\cdot m$(若按照电负性差值,P—O键的偶极矩本应大于N—O键)。这一点仅从电负性的角度是无法解释的,其原因与N原子上无d轨道有关。有人认为在叔胺氧化物中只有N→O的σ配位键,而在叔膦氧化物中,除了有一个P→O的σ配位键外,还形成了P原子和O原子之间的p-d π键(O提供π电子,P提供空d轨道),这样一来,σ-π键的生成使P—O键的键能($500\sim600\ kJ\cdot mol^{-1}$)比N→O键的键能($200\sim300\ kJ\cdot mol^{-1}$)大,因此,叔膦氧化物具有较好的稳定性，而且极性较小。

1.6.3 过渡后 p 区元素的不规则性

1. 第四周期非金属元素不易呈最高价

第四周期的非金属元素 As、Se 和 Br 的最高氧化态不太稳定。例如：

在氮族元素中，PCl_5 和 $SbCl_5$ 是稳定的，但 $AsCl_5$ 的制得仅是不久之前的事，而至今 $AsBr_5$ 和 AsI_5 还是未知的。

在氧族元素中，SeO_3 与 SO_3、TeO_3 相比是热力学不稳定的。SF_6、SeF_6 和 TeF_6 的标准生成焓数据（$-1210\ kJ \cdot mol^{-1}$、$-1030\ kJ \cdot mol^{-1}$ 和 $-1369\ kJ \cdot mol^{-1}$）也说明 SeF_6 不如其他两种氟化物稳定。

在卤素族中，Br(Ⅶ)的化合物虽已制得，但其氧化性大于 Cl(Ⅶ)和 I(Ⅶ)的氧化性。

As、Se 和 Br 最高氧化态不稳定被认为是，第一系列过渡元素的存在使这些元素的有效核电荷增大，为达最高氧化态所需的激发能不能被总键能的增加所抵消之故。

再就是由于 d 轨道参与形成 π 键的能力上的差别。例如，BrO_4^- 比 ClO_4^- 和 IO_6^{5-} 具有更强的氧化性，其原因是，Cl 原子的 3d 轨道与 Br 原子的 4d 轨道虽然都可与 O 原子的 2p 轨道形成 p-d π 键，但由于 Cl 原子的 3d 轨道径向伸展比 Br 原子的 4d 轨道伸展较近，因而 Cl 原子的 3d 轨道比 Br 原子的 4d 轨道和 O 原子的 2p 轨道的成键能力强，因而 ClO_4^- 比 BrO_4^- 稳定。尽管 I 原子的 5d 伸展更远，但在 IO_6^{5-} 中，由于 I 原子的 4f 轨道也参与了成键，所以稳定性增高。

2. 惰性电子对效应

p 区第六周期元素突出地不易显示最高族价，而易以比族价小 2 的氧化态存在。Tl(Ⅰ)、Pb(Ⅱ)和 Bi(Ⅲ)都较 Tl(Ⅲ)、Pb(Ⅳ)和 Bi(Ⅴ)稳定，这种特性甚至左延到单质汞[Hg(0)是稳定的]。一般地，这些重元素的氧化物和氟化物能表现出高氧化态，硫化物和其他卤化物中则只能出现低氧化态。如 Pb 有 PbO_2 和 PbF_4，但却不存在 PbS_2 和 PbI_4（以 PbS 和 PbI_2 形式存在）；尽管铋有Bi(Ⅴ)的化合物 $NaBiO_3$，但它不稳定，是非常强的氧化剂，可以把 Mn^{2+} 氧化为 MnO_4^-，只有 Bi_2S_3 或 $BiCl_3$ 才是稳定的；Tl 的 I_1 很小，Tl^+ 像碱金属离子，可以在水溶液中稳定存在。最后，单质汞是在自然界游离存在的少数几种元素之一，它的 I_1 是所有金属元素中最大的。

从以上可以看出，$6s^2$ 电子对不易参与成键。$6s^2$ 电子对的这种特殊的惰性引起的结果，称为“$6s^2$ 惰性电子对效应”。事实上，惰性电子对效应并非仅为 $6s^2$ 电子对所特有，其他 ns^2 电子对也具有这种特性，只是 $6s^2$ 电子对更甚。Huheey 将 ns^2 电子对的稳定性归纳为，亚层轨道（p、d 和 f）第一次填满后，相继出现的元素形成高氧化态的倾向将下降。因此，第一次填满 d 轨道的 p 区元素和第一次填满 f 轨道后的镧系后元素高氧化态的不稳定性都有可比性。

对惰性电子对效应的解释很多，均不甚完善。例如：

有人认为，在这些族中，随原子半径增大，价轨道伸展范围增大，使轨道重叠减小。

又有人认为，键合的原子的内层电子增加（4d，4f，…），斥力增加，使平均键能降低。例如：

	$GaCl_3$	$InCl_3$	$TlCl_3$
平均键能/($kJ \cdot mol^{-1}$)	242	206	153

也有人认为 6s 电子的钻穿效应大，平均能量低，不易参与成键。

有人用相对论性效应来解释 $6s^2$ 惰性电子对效应。

相对论性效应包括三个方面的内容：

(1) 旋-轨作用；

(2) 相对论性收缩(直接作用)；

(3) 相对论性膨胀(间接作用)。

相对论性效应由 Dirac 的相对论量子力学波动方程推导得到，在中心力场模型下，求解 Dirac 方程得到的 ψ 是四维的，电子自旋及旋-轨作用是 Dirac 方程的自然结果，氢原子的能级不仅与主量子数 n 有关，还与总角动量量子数有关。

氢原子能级可以具体表示为 $s_{1/2}$，$p_{1/2}$，$p_{3/2}$，$d_{3/2}$，$d_{5/2}$，$f_{5/2}$，…，即除 s 能级之外，p、d、f 等将分别由非相对论的一个能级分裂为相对论的两个能级。

相对论性收缩是指原子的内层轨道能量下降，这意味着轨道将靠近原子核。原子核对内层轨道电子的吸引力增强，电子云收缩，这种作用对 s、p 轨道尤为显著。

相对论性膨胀是指原子的外层轨道能量升高，这意味着轨道远离原子核。这是由于内层轨道产生的相对论性收缩，屏蔽作用增强，使得原子核对外层电子的吸引减弱，导致外层轨道能级上升，电子云扩散。相对论性膨胀一般表现在 d、f 轨道上。

轻、重原子相比，重原子的相对论性效应更为显著。

例如，重的 Au 比 Ag 有更强的相对论性效应，表现在 Au 的 6s 能级下降幅度大于 Ag 的 5s 能级。6s 的收缩使 Au 的原子半径小于 Ag；Au 的第一电离能大于 Ag，Au 是比 Ag 更不活泼的惰性金属；Au 具有类似于卤素的性质，与 Cs、Rb 等作用生成显负价的化合物 CsAu、RbAu，而 Ag 却无负价；Au 的化合物的键长比 Ag 的类似化合物的键长短。同时，Au 的 5d 能级的相对论性膨胀大于 Ag 的 4d 能级，因而又可说明为什么 Au 的第二电离能小于 Ag；Au 可以形成高价化合物，而 Ag 的高价化合物不稳定。Au 的颜色来源于 5d →6s 的跃迁，两个能级差较小，吸收蓝紫色光而反射红黄色光；而 Ag 的 4d→5s 能级差较大，吸收紫外光，故显银白色。

上述相对论性效应可以进行推广，特别是用于第五、六周期元素的物理化学性质的解释。例如：

(1) Tl、Pb、Bi 的最高氧化态不如 In、Sn、Sb 的稳定；

(2) Hg 具有类似于稀有气体的性质，表现在化学性质不活泼，常温下为液体且易挥发；

(3) 镧系元素具有最高氧化态的是 Ce、Pr、Tb，呈+4；而锕系元素还有+5、+6、+7 氧化态；

(4) 第六周期元素普遍比第五周期元素有更高的氧化态。

上述现象或者用 6s 电子的相对论性收缩，或者用相对论性膨胀使 5d、5f 能级上升，比 4d、4f 更易参与成键，或者用重元素的相对论性效应更显著来解释。

1.6.4　第六周期重过渡元素的不规则性

第六周期重过渡元素的周期性递变规律表现出一些明显的不规则性。同第四、五周期同族过渡元素的性质递变规律相比，对于第五、六周期重过渡元素，一是相似性多于差异性，出现了同族元素性质递变的不连续性。如从 Hf 到 Pb，其第一电离能高于第五周期对应元素，金属单质不活泼，难与稀酸反应；原子半径和离子半径非常接近，使 Zr 和 Hf、Nb 和 Ta 的分离成为无机化学的难题；较易形成金属簇状化合物和有机金属化合物等。二是差异性明显，如同族元素相比，第六周期重过渡元素的高氧化态共价型化合物稳定性上升，低氧化态离子型化合物稳定性下降；Au 有很多不同于 Ag 的性质；Hg 不仅是常温下唯一以液态存在的金属，而且 Hg^{2+} 可以在水溶液中以游离离子状态存在。

对这种不规则性，一般用镧系收缩理论来解释，即由于填充在 f 亚层的电子对核电荷不能完全屏蔽，从而使有效核电荷增加。但 f 电子的不完全屏蔽因素只能使 Lu^{3+} 的半径缩小到 Y^{3+}（大约 90 pm），而相对论性效应可使 Lu^{3+} 的半径进一步收缩，通常所说的“镧系收缩”中有 10% 是相对论性效应的贡献。由于 4f 和 5d 轨道的相对论性膨胀而远离原子核，6s 电子受到的屏蔽作用比相对论性效应较弱的 5s 电子小，原子核对 6s 电子的吸引力较大，因而第六周期重过渡元素有较小的原子半径和较大的稳定性。

1.6.5　第二周期性和原子模型的松紧规律

1. 第二周期性

对于同族元素的物理、化学性质，从上到下金属性逐渐增强，电离能、电子亲和能及电负性依次减小，这是周期性的基本趋势。但早在 1915 年 Biron 等就注意到，这些性质从上到下并不是直线式递变的，而是呈现出“锯齿”形的交错变化。这种现象称为第二周期性或次周期性。简单地说，“第二周期性”是指同族元素的某些性质从上到下出现二、四、六周期元素相似和三、五周期元素相似的现象。例如：

（1）p 区元素化合物的稳定性呈现交替变化

周期数	化合物		
二	(NCl_5)		
三	PCl_5	SO_3	$HClO_4$
四	$(AsCl_5)$	(SeO_3)	$(HBrO_4)$
五	$SbCl_5$	TeO_3	H_5IO_6
六	$(BiCl_5)$		

其中，括号中的化合物或者不存在，或者不稳定。

（2）ⅠA 族元素的化合物性质呈现交替变化

$MMnO_4$ 分解温度：

M	Li	Na	K	Rb	Cs
$T(d)/K$	463	443	513	532	593
$\Delta T/K$	−20（小）	70（大）	19（小）	61（大）	

第一电离能：

M	Li	Na	K	Rb	Cs
$I_1/(kJ\cdot mol^{-1})$	520	496	419	403	376
$\Delta I_1/(kJ\cdot mol^{-1})$	−24（小）	−77（大）	−16（小）	−27（大）	

元素电负性(Pauling)：

M	Li	Na	K	Rb	Cs
χ	0.98	0.93	0.82	0.82	0.79

	Li–Na	Na–K	K–Rb	Rb–Cs
$\Delta\chi$	−0.05(小)	−0.11(大)	0(小)	−0.03(大)

原子半径：

M	Li	Na	K	Rb	Cs
r/pm	156	186	231	243	265

	Li–Na	Na–K	K–Rb	Rb–Cs
Δr/pm	30(小)	45(大)	12(小)	22(大)

括号中的"大""小"系指相邻两元素有关值差异的相对大小。

(3) 主族元素的其他性质也呈现交替变化

氮族的含氧酸的氧化性：

HNO_3(强) H_3PO_4(极弱) H_3AsO_4(强) H_3SbO_4(很弱)

卤素族含氧酸的氧化性：

	$HClO_4$	$HBrO_4$	H_5IO_6
$E^{\ominus}(XO_4^-/XO_3^-)$/V	1.23	1.76	1.70
	$HClO_3$	$HBrO_3$	HIO_3
$E^{\ominus}(XO_3^-/X_2)$/V	1.47	1.51	1.20

卤化物的还原性：

$$\left.\begin{array}{l} \gt C{-}X \\ \gt Si{-}X \\ \gt Ge{-}X \\ \gt Sn{-}X \end{array}\right\} \xrightarrow{Zn+HCl} \left\{\begin{array}{l} \gt C{-}H \\ \text{不生成} \gt Si{-}H \\ \gt Ge{-}H \\ \text{不生成} \gt Sn{-}H \end{array}\right.$$

标准生成焓：

	SF_6	SeF_6	TeF_6
$\Delta_f H_m^{\ominus}/(kJ\cdot mol^{-1})$	−1210	−1030	−1315

(4) 电离能

	B	Al	Ga	In	Tl
$\Delta_{(I_1+I_2+I_3)} H_m^{\ominus}/(kJ\cdot mol^{-1})$	6887	5044	5521	5084	5438

(5) 四氢化物的水解

硅烷在少量催化剂羟基离子存在下即发生水解,而甲烷、锗烷即使在大量羟基离子存在下也不发生水解:

$$SiH_4 + 2OH^- \longrightarrow [SiH_4(OH)_2]^{2-}$$

(6) 有机锂与 Ph_3EH 的反应

$$Ph_3CH + LiR \longrightarrow LiCPh_3 + RH$$

$$Ph_3SiH + LiR \longrightarrow Ph_3SiR + LiH$$

$$Ph_3GeH + LiR \longrightarrow LiGePh_3 + RH \xrightarrow{Ph_3GeH} Ph_3GeGePh_3 + LiH$$

$$Ph_3SnH + LiR \longrightarrow Ph_3SnR + LiH$$

式中,Ph—为苯基,R—为烷基,产物交替相似。

(7) 第四周期过渡元素 As、Se、Br 的最高氧化态不稳定,第六周期元素 Tl、Pb、Bi 呈现 $6s^2$ 惰性电子对效应。

2. 原子模型的松紧规律

元素周期表中同族元素的物理、化学性质出现的"锯齿"形的交替变化,可用原子模型的松紧规律进行解释。

在处理多电子原子体系时,Slater 把屏蔽效应看作内层电子对外层电子及同层电子对同层电子的屏蔽,并假定电子的运动规律与原子的核电荷无关,但这只是一种理想状态。实际上随着周期数或核电荷的增加,1s 电子逐渐紧缩,因而它对第二层电子的屏蔽常数比理想状态要大一些。由于第一层电子对第二层的屏蔽稍增,必然导致第二电子层比原来的理想状态较为疏松,能级要比原来能级稍微升高一些;由于第二层电子变松了,它对于第三层电子的屏蔽相应地变弱,即导致第三电子层比原来状态较为收缩,能级比原来能级稍微降低;第三电子层紧缩了,它对第四电子层的屏蔽又将相应地变强,导致第四电子层比原来稍微变松……如此类推,电子层交替出现紧、松、紧、松……的效应,这称为原子模型的松紧效应。

对于那些处于原子深部的电子云,层次是分明的,相同主量子数的 s、p、d、f 均属同一层次。但当电子处于最外电子层及次外电子层时,具有相同主量子数的 s^2p^6 和 d^{10} 电子云常常相距较远,能级也常常相差较大,因而有许多迹象表明它们各为独立的层次。正因为如此,元素周期表中各族元素的外电子层或次外电子层可划为含 d 次外电子层和不含 d 次外电子层两类,相应的松紧效应也表现出两种模式。

除了松紧效应外,还有两种影响相邻电子层屏蔽常数的效应:

(1) s^2 电子屏蔽效应特别小,如 $1s^2$ 电子屏蔽小,导致从 Be 到 Ne 电离能猛增;

(2) d^{10} 电子屏蔽效应也特别小。

所以,s^2 和 d^{10} 电子排布都将引起偏紧的结果。

把松紧效应、s^2 电子屏蔽效应和 d^{10} 电子屏蔽效应综合考虑就得到了反映外层电子松紧变化的原子模型的松紧规律。

正因为有松紧规律存在,元素第二周期性的出现就不难理解了。

由表 1.1.6 可见,银的不少性质呈现出特殊性,往往不是最大就是最小。银原子的 4d 电子紧缩,对外层 5s 电子的屏蔽较大,导致 5s 的有效核电荷比理想状态小,所以银的第一电离能最小,5s 电子易于失去。4d 电子紧缩导致第二电离能为最大,4d 电子特别稳定,这种影响决定了银的特征氧化态为+1。显然这正是松紧规律 $4d^{10}$ 紧、5s 松的必然结果。

表 1.1.6 铜分族的一些性质

元素	Cu	Ag	Au
周期	四	五	六
电子排布	$3d^{10}4s^1$	$4d^{10}5s^1$	$5d^{10}6s^1$
$(n-1)d^{10}$ 的松紧	松	紧	松
ns^1 的松紧	紧	松	紧
氧化态	+1,+2	+1	+1,+3
原子半径/pm	127.8	144.4	144.2
$I_1/(kJ \cdot mol^{-1})$	745.5	731	890
$I_2/(kJ \cdot mol^{-1})$	1957.9	2074	1980

其他性质同样可用松紧规律进行解释。

第 2 章 酸碱和溶剂化学

2.1 酸碱概念

酸和碱不能简单地定义为在解离时会产生 H^+ 和 OH^- 的物质。且即使是酸,在水溶液中也不能产生游离的 H^+。H^+ 是一个裸露的原子核,其半径极小(为 Li^+ 的 1/50000),电荷密度(e/r^2)很大(为 Li^+ 的 2.5×10^9 倍),易与水分子形成氢键。换句话说,裸露的原子核在水中是不可能稳定存在的,易被水合。水合时放出大量的热量:

$$H^+(g) \xrightarrow{H_2O} H^+(aq) \qquad \Delta_{hyd}H_m^{\ominus}(H^+,g) = -1091.1\ kJ\cdot mol^{-1}$$

如此多的热量表明水合趋势很大,H^+ 在水中是同水分子结合在一起的,如 $H_5O_2^+$、$H_9O_4^+$ 等。

酸在水中产生的是水合氢离子 H_3O^+(写成 H_3O^+ 是一种简化,意指 H^+ 是与 H_2O 结合在一起的)。

$$HA + H_2O \longrightarrow H_3O^+ + A^-$$

事实上,H_3O^+ 不仅存在于水溶液中,也存在于某些离子晶体中,如 $H_3O^+ClO_4^-(s)$。

2.1.1 溶剂体系理论

溶剂体系理论认为,凡是能使溶剂生成其特征阳离子的物质是酸,生成其特征阴离子的物质是碱。酸碱中和反应的实质是溶剂的特征阳离子和溶剂的特征阴离子结合生成溶剂分子。

在水中,NH_3 是碱,而 HAc 是酸。因为在水中它们分别会产生(通过解离或反应)溶剂水的特征阴离子 OH^- 和特征阳离子 H_3O^+。

$NH_3 + H_2O \rightleftharpoons NH_4^+ + OH^-$　　产生了溶剂的特征阴离子 OH^-,所以 NH_3 是碱

$HAc + H_2O \rightleftharpoons Ac^- + H_3O^+$　　产生了溶剂的特征阳离子 H_3O^+,所以 HAc 是酸

在液氨中,能产生 NH_3 的特征阳离子 NH_4^+ 的物质为酸,能产生 NH_3 的特征阴离子 NH_2^- 的物质为碱。因此,在液氨溶液中,所有铵盐都是酸,所有氨基盐都是碱。

溶剂体系理论可以把酸碱概念扩展到完全不涉及质子的溶剂体系中。例如在液态 SO_2 溶剂中,可用 Cs_2SO_3 滴定 $SOCl_2$,这是因为 SO_2 的特征阳离子是 SO^{2+},特征阴离子是 SO_3^{2-}。

Cs_2SO_3 和 $SOCl_2$ 在 SO_2 中分别按下式解离:

$$Cs_2SO_3 \rightleftharpoons 2Cs^+ + SO_3^{2-}$$

$$SOCl_2 \rightleftharpoons SO^{2+} + 2Cl^-$$

因此，两者可进行酸碱中和反应和滴定：

$$Cs_2SO_3 + SOCl_2 = 2CsCl + 2SO_2$$

溶剂体系理论的局限是其只适用于能发生自解离溶剂的体系，而不能解释在烃类、醚类等不发生解离的溶剂中的酸碱行为。

2.1.2 Lewis 酸碱电子理论和软硬酸碱规则

1. Lewis 酸碱电子理论

Lewis 酸碱电子理论是一个广泛的理论，它完全不考虑溶剂，实际上许多 Lewis 酸碱反应都是在气相中进行的。

在 Liwis 酸碱反应中，一种粒子的电子对用来与另一种粒子形成共价键。"供给"电子对的物质是碱，而"接受"电子对的物质是酸。反应可以写成

$$A(\text{酸}) + B(\text{碱}) \longrightarrow A \leftarrow B(\text{酸碱加合物或配合物})$$

显然，Lewis 酸应该有空的价轨道，这种轨道可以是 σ 轨道，也可以是 π 轨道。而 Lewis 碱应该有多余的电子对，这些电子可以是 σ 电子，也可以是 π 电子。

根据上述反应的实质，可以把 Lewis 酸称为电子接受体，而把 Lewis 碱称为电子给予体。

属于 Lewis 酸的有：

(1) 所有含有可用于成键的未被占据的价轨道的阳离子，如 Ni^{2+}、Cu^{2+}、Fe^{3+}、Cr^{3+}、Al^{3+} 等；

(2) 含有价层未充满的原子轨道的化合物，即缺电子化合物，如 BF_3、$AlCl_3$ 等；

(3) 含有价层可扩展的原子轨道的化合物，如 $SnCl_4$(可利用外层空 d 轨道)。

属于 Lewis 碱的有：

(1) 阴离子，如 X^-、OH^-、CN^-等；

(2) 具有 σ 孤电子对的中性分子，如 NH_3、H_2O 等；

(3) 含有正常 π 键和不定域 π 键的分子，如乙烯、乙炔、环戊二烯和苯等。

Lewis 酸碱反应的实质是酸碱的传递反应。例如：

$B: + B' \rightarrow A \longrightarrow B \rightarrow A + :B'$　　(碱的置换或酸的传递)

$A + B \rightarrow A' \longrightarrow B \rightarrow A + A'$　　(酸的置换或碱的传递)

$B \rightarrow A + B' \rightarrow A' \longrightarrow B \rightarrow A' + B' \rightarrow A$　　(酸碱同时传递)

Lewis 酸碱电子理论摆脱了体系必须具有某种离子、元素和溶剂的限制，而立论于电子的供给与接受以说明酸碱反应，这是该理论的最大优点，因而 Lewis 酸碱电子理论具有应用广泛的特点。

2. 软硬酸碱规则

研究发现，要判定哪一个 Lewis 碱强和哪一个 Lewis 碱弱，即要对 Lewis 碱定一个相对的碱度系统标准是十分困难的。因为当用不同的酸作参比标准时，可以得到不同的碱度系统标准。例如：

卤素离子(碱)对 Al^{3+} 给电子能力顺序为 $I^- < Br^- < Cl^- < F^-$；

但卤素离子对 Hg^{2+} 的给电子能力却有相反的顺序：$F^- < Cl^- < Br^- < I^-$。

同样，要对 Lewis 酸定一个相对的酸度系统标准也是十分困难的，当用不同的碱作参比标准时，得到的也是不同的酸度系统标准。

为了说明这个问题，Pearson 提出了软硬酸碱概念，把 Lewis 酸和碱分类成硬的、交界的和软的。

软酸、软碱之所以称为软，是形象地表征它们较易变形；硬酸、硬碱之所以称为硬，是指它们不易变形；而变形性介于软、硬酸碱之间的称为交界酸碱。或者说，软酸或软碱是价电子轨道的极化能力强或易变形的酸或碱，而硬酸或硬碱则是价电子与原子核结合紧密、极化能力弱或不容易变形的酸或碱。

具体地说，硬酸中接受电子的原子较小、正电荷高，受体原子对外层电子的吸引力强，价电子轨道的极化能力弱。Al^{3+} 及 BF_3 之类的化合物都是硬酸的例子。软酸中接受电子的原子较大、正电荷低或者为 0，受体原子对外层电子的吸引力弱，价电子轨道的极化能力强，或以易变形的价电子轨道去接受电子。金属原子、Hg^{2+} 及 $InCl_3$ 之类的化合物即是典型的软酸。

硬碱和软碱可以按照同样的原理处理。硬碱中的价电子结合紧密，软碱中的价电子容易被极化。典型的硬碱是一些较小的阴离子如 F^-，对称的含氧酸阴离子如 ClO_4^-，以及含有较小的给予体原子的分子如 NH_3 等。典型的软碱是一些较大的阴离子如 I^-、H^-，以及含有较大的给予体原子的分子。

在反应时，硬酸和硬碱比硬酸和软碱或软酸和硬碱更易结合形成加合物，而软酸和软碱比软酸和硬碱或硬酸和软碱更易结合形成加合物。

简单地说，就是硬酸易与硬碱结合，软酸易与软碱结合，或“硬－硬、软－软结合比硬－软、软－硬结合稳定”。这就是“软硬酸碱规则”。

对于软硬酸碱规则的初步解释是在 1968 年由 Klopman 基于多电子微扰理论对 Lewis 酸碱的前线分子轨道(酸为最低未占据分子轨道，碱为最高占据分子轨道)的能量进行计算得到反应的总微扰能，并根据静电作用与共价作用的相对大小而做出的。

一般说来，软酸和软碱之间的相互作用可以理解为形成共价键。离子的极化能力和变形性越强，形成的共价键越强。硬酸和硬碱之间的相互作用通常用离子间(或偶极间)的相互作用来描述，可以理解为形成离子键。由于阴、阳离子之间的静电能与离子间的距离成反比，因此，阴、阳离子的体积越小，硬酸、硬碱间的相互作用力越大。对于软酸－硬碱(或硬酸－弱碱)结合，因酸和碱各自的键合倾向不同，不相匹配，所以作用力弱，得到的酸碱化合物稳定性低。

有了这个原理，前面出现的颠倒现象就容易合理地解释了，Al^{3+} 是一种硬酸，因此更易与硬碱如 F^- 成键，而 Hg^{2+} 是一种软酸，因此更易与软碱如 I^- 成键。

软硬酸碱规则在无机化学中有许多定性的应用。

例如，可以用软硬酸碱规则粗略判断反应进行的方向，如下述反应：

$KI + AgNO_3 \longrightarrow KNO_3 + AgI$　(K^+ 为硬酸，NO_3^- 为硬碱，Ag^+ 为软酸，I^- 为软碱)

$AlI_3 + 3NaF \longrightarrow AlF_3 + 3NaI$　(F^- 为硬碱，Al^{3+} 的硬度大于 Na^+)

$BeI_2 + HgF_2 \longrightarrow BeF_2 + HgI_2$　(Be^{2+} 为硬酸，F^- 为硬碱，Hg^{2+} 为软酸，I^- 为软碱)

这些反应能够向右进行，是由于反应物都是硬-软（较软）或软（较软）-硬结合，反应向着生成硬-硬和软-软（或较软）结合的产物方向进行。

又如，由于一种元素的硬度通常随其氧化态的升高而增大，因此，为了使一种处于高氧化态的元素稳定，就必须使之与硬碱如 O^{2-}、OH^- 或 F^- 配位。如 Fe（Ⅵ）和 Pt（Ⅵ）这样的高氧化态能够分别在化合物 K_2FeO_4 和 PtF_6 中得到。相反，为了使一种元素处于低氧化态，则必须用软碱如 CO 或 PR_3 与其配位。如在 $Na[\overset{-1}{Co}(CO)_4]$ 和 $\overset{0}{Pt}[P(CH_3)_3]_4$ 这样的化合物中可以见到 Co（-1）和 Pt（0）。

再如，Ti、Al 和 Cr 等主要以高氧化态与硬碱 O^{2-} 结合而形成含氧酸盐，故被称为亲氧元素，Ag、Zn、Cd、Pb、Sb 和 Bi 等则主要以低氧化态与软碱 S^{2-} 结合生成硫化物，故被称为亲硫元素。

软硬酸碱规则还可以用来判断离子性盐在水中的溶解度。例如，Li^+ 是一种硬酸，H_2O、F^- 为硬碱，且硬度次序是 $F^- > H_2O$，因而 Li^+ 与 F^- 结合稳定，在水中溶解度小，但遇到软性较大的 Cl^-、Br^-、I^- 时，Li^+ 趋向于与 H_2O 结合，所以 LiCl、LiBr、LiI 在水中溶解度较大，且四种 LiX 的溶解度随着卤离子软性的增加而逐渐增大。相反，Ag^+ 是一种软酸，它趋向于与软碱结合。所以随着卤离子半径增加，软性增大，AgX 的溶解度减小。

软硬酸碱规则也能说明含有金属催化剂的多相催化。由于体积较大的过渡金属是软酸，它们选择性地吸附软碱（如烯烃和 CO）。如果催化体系中含有一些像 P、As、Sb、Se 和 Te 的低氧化态的软碱，金属催化剂就会因与这些软碱结合而中毒，而含 O 和 N 原子的硬碱对催化剂没有影响。

软硬酸碱规则在解释和预测酸碱的化学性质方面用途很大，但它毕竟只是一条经验性的定性规律，而且只考虑了影响稳定性的电子因素，因此，在应用时应当考虑其局限性和可靠性。

2.1.3 质子酸碱和质子溶剂

1. 质子理论

丹麦化学家 Brønsted 和英国化学家 Lowry 在 1923 年提出了酸碱的质子理论。根据 Brønsted 和 Lowry 的定义，任何能释放质子的物种都称为酸，任何能结合质子的物种都称为碱。因此，酸是质子给予体，碱是质子接受体，酸失去一个质子后形成的物种称为该酸的共轭碱，碱结合一个质子后形成的物种称为该碱的共轭酸。即

$$\underset{\text{质子给予体}}{A(\text{酸})} \longrightarrow \underset{\text{质子接受体}}{B(\text{碱})} + H^+$$

式中 A 是 B 的共轭酸，B 是 A 的共轭碱。典型的酸碱反应是质子从一种酸转移到另一种碱的过程，反应的自发方向是由强到弱。

$$\begin{array}{rl} & A_1 \rightleftharpoons B_1 + H^+ \\ +) & B_2 + H^+ \rightleftharpoons A_2 \\ \hline & A_1 + B_2 \rightleftharpoons B_1 + A_2 \end{array}$$

质子理论最明显的优点是将水-离子理论推广到了所有的质子体系，不问其物理状态是什么，也不管是否存在溶剂。

例如,下面的反应都是质子理论范畴的酸碱反应。

$$NH_4^+(酸_1) + NH_2^-(碱_2) \rightleftharpoons NH_3(酸_2) + NH_3(碱_1)$$

$$2NH_4NO_3(酸_1) + CaO(碱_2) \longrightarrow Ca(NO_3)_2 + 2NH_3(g)(碱_1) + H_2O(g)(酸_2)$$

式中的碱$_2$为O^{2-}。

在质子理论中的“物种”,意味着除了分子酸(碱)外,还包括有两类新的离子酸(碱):

酸:多元酸的酸式阴离子,如HSO_4^-、HPO_4^{2-}:

$$HSO_4^- \longrightarrow H^+ + SO_4^{2-} \qquad HPO_4^{2-} \longrightarrow H^+ + PO_4^{3-}$$

阳离子酸,如NH_4^+、$[Cr(H_2O)_6]^{3+}$:

$$NH_4^+ \longrightarrow NH_3 + H^+ \qquad [Cr(H_2O)_6]^{3+} \longrightarrow H^+ + [Cr(H_2O)_5(OH)]^{2+}$$

碱:除了如NH_3、H_2O和胺等分子碱外,还有

弱酸的酸根阴离子,如Ac^-、S^{2-}、HPO_4^{2-};

阳离子碱,如$[Al(H_2O)_5(OH)]^{2+}$、$[Cu(H_2O)_3(OH)]^+$等。

两性物种:有些物种既能给出质子显酸性,又能结合质子显碱性,例如:

$$H_2O \longrightarrow OH^- + H^+ \qquad H_2O + H^+ \longrightarrow H_3O^+$$

$$NH_3 \longrightarrow NH_2^- + H^+ \qquad NH_3 + H^+ \longrightarrow NH_4^+$$

$$H_2PO_4^- \longrightarrow HPO_4^{2-} + H^+ \qquad H_2PO_4^- + H^+ \longrightarrow H_3PO_4$$

这些物种被称为两性物种。

2. 质子溶剂

某些溶剂同水一样,自身能解离出质子生成“溶剂的特征阴离子”。

$$H_2O + H_2O \rightleftharpoons H_3O^+ + OH^-$$

$$EtOH + EtOH \rightleftharpoons EtOH_2^+ + EtO^-$$

$$HF + 2HF \rightleftharpoons H_2F^+ + HF_2^-$$

(HF 的自解离既不能写成 $HF \rightleftharpoons H^+ + F^-$,也不能写成 $2HF \rightleftharpoons H_2F^+ + F^-$ 和 $2HF \rightleftharpoons H^+ + HF_2^-$。这是因为:一方面,$F^-$和$H^+$都易与 HF 生成氢键而发生缔合;另一方面,裸露的H^+也不可能独立存在于溶剂中。)

$$H_2SO_4 + H_2SO_4 \rightleftharpoons H_3SO_4^+ + HSO_4^-$$

显然 Brønsted-Lowry 的定义也适合这些溶剂,因此可将这些溶剂称为质子溶剂。

质子溶剂有一个显著的特点,就是它们的分子中都含有活性 H,在一定的条件下可以作为质子给予体。

质子溶剂按照主要性能一般分为三类:

类水的两性质子溶剂,如甲醇、乙醇;

碱性质子溶剂(亲核质子溶剂),如NH_3;

酸性质子溶剂(亲电质子溶剂),如 HAc、H_2SO_4、HCOOH、HF。

2.2 溶剂化学

2.2.1 水、水合焓

水是最常用的溶剂。它是一个偶极分子，当离子溶于水时，由于离子和水分子偶极的静电作用而形成水合离子，如 $M^+(g) \xrightarrow{H_2O} M^+(aq)$ 和 $X^-(g) \xrightarrow{H_2O} X^-(aq)$ 等。其过程叫离子的水化过程，过程中的焓变称为水合焓。

水合焓是指在 100 kPa 压力下，1 mol 气态离子溶于水，离子水合生成水合离子的焓变。水合焓可由理论计算得到，但更多地通过 Born-Haber 热化学循环得到，以 HX(g)溶于水为例：

$$HX(g) \xrightarrow{H_2O} H^+(aq) + X^-(aq) \quad \Delta_{sol}H_m^{\ominus}$$

式中 $\Delta_{sol}H_m^{\ominus}$ 为溶解焓。

写出 HX(g)溶于水生成水合离子的热力学循环式：

$$\begin{array}{ccccc}
HX(g) & \xrightarrow{\Delta_D H_m^{\ominus}(H—X)} & H(g) & + & X(g) \\
 & & \downarrow \Delta_I H_m^{\ominus}(H,g) & & \downarrow \Delta_{EA} H_m^{\ominus}(X,g) \\
 & & H^+(g) & & X^-(g) \\
 & & \downarrow \Delta_{hyd} H_m^{\ominus}(H^+,g) & & \downarrow \Delta_{hyd} H_m^{\ominus}(X^-,g) \\
HX(g) & \xrightarrow{\Delta_{sol} H_m^{\ominus}(HX)} & H^+(aq) & + & X^-(aq)
\end{array}$$

$$\begin{aligned}\Delta_{sol}H_m^{\ominus}(HX) = {} & \Delta_D H_m^{\ominus}(H-X) + \Delta_I H_m^{\ominus}(H,g) + \Delta_{hyd}H_m^{\ominus}(H^+,g) \\ & + \Delta_{EA}H_m^{\ominus}(X,g) + \Delta_{hyd}H_m^{\ominus}(X^-,g)\end{aligned}$$

式中解离焓 $\Delta_D H_m^{\ominus}(HX)$、电离焓 $\Delta_I H_m^{\ominus}(H)$ 和电子亲和焓 $\Delta_{EA} H_m^{\ominus}(X)$ 可从热力学数据表中查出，溶解焓 $\Delta_{sol} H_m^{\ominus}$ 可由实验测得，也可由标准生成焓数据求得。现在公认的氢离子的水合焓 $\Delta_{hyd}H_m^{\ominus}(H^+,g) = -1091.1\ kJ \cdot mol^{-1}$。于是，$X^-$ 的水合焓 $\Delta_{hyd}H_m^{\ominus}(X^-,g)$ 可求。

对于金属阳离子，也可写出循环式：

$$\begin{array}{ccccc}
 & \xrightarrow{\Delta_{lat} H_m^{\ominus}(MX,s)} & M^+(g) & + & X^-(g) \\
 & & \downarrow \Delta_{hyd} H_m^{\ominus}(M^+,g) & & \downarrow \Delta_{hyd} H_m^{\ominus}(X^-,g) \\
MX(s) & \xrightarrow{\Delta_{sol} H_m^{\ominus}(MX,s)} & M^+(aq) & + & X^-(aq)
\end{array}$$

式中 $\Delta_{sol}H_m^{\ominus}(MX)$ 可由实验测得，也可由标准生成焓数据求得。MX 的晶格焓 $\Delta_{lat}H_m^{\ominus}(MX,s)$ 可从热力学数据表中查出，也可由理论计算得到，$\Delta_{hyd}H_m^{\ominus}(X^-,g)$ 已从上面求出，于是可得 M^+ 的水合焓：

$$\Delta_{hyd}H_m^{\ominus}(M^+,g) = \Delta_{sol}H_m^{\ominus}(MX,s) - \Delta_{lat}H_m^{\ominus}(MX,s) - \Delta_{hyd}H_m^{\ominus}(X^-,g)$$

2.2.2 (非水)质子溶剂

常见的(非水)质子溶剂有酸性(非水)质子溶剂、碱性(非水)质子溶剂和类水两性质子溶剂。

酸性(非水)质子溶剂 如 H_2SO_4、HF、HAc、HCOOH。

(1) H_2SO_4 H_2SO_4 是一种强酸性的质子溶剂。其自解离常数很大,容易给出质子,一些平常在水中不显碱性的物质在硫酸中能从硫酸夺得质子而显示碱性。不仅如此,平常在水中显弱酸性的 HAc,在硫酸介质中也显碱性,而在水中为强酸的 $HClO_4$ 在硫酸介质中只显弱酸性。

H_2SO_4 的自解离为

$$2H_2SO_4 \longrightarrow H_3SO_4^+(\text{溶剂的特征阳离子}) + HSO_4^-(\text{溶剂的特征阴离子})$$

$$K^{\ominus} = 3 \times 10^{-4}$$

按照质子转移机理,一种物种(如 B)能使溶剂失去质子成为溶剂的特征阴离子,这样的物种毋庸置疑一定是碱。一种物种(如 HA)能使溶剂结合质子成为溶剂的特征阳离子,则该物种无疑一定是酸。

水、乙醇、脲都能使 H_2SO_4 失去质子生成其特征阴离子 HSO_4^-,所以水、乙醇、脲在 H_2SO_4 中均为碱。

$$H_2O + H_2SO_4 \longrightarrow H_3O^+ + HSO_4^-$$

$$EtOH + 2H_2SO_4 \longrightarrow EtHSO_4 + H_3O^+ + HSO_4^-$$

$$CO(NH_2)_2 + H_2SO_4 \longrightarrow H_2NCONH_3^+ + HSO_4^-$$

在水中,HAc 是弱酸,HNO_3 是强酸,而在 H_2SO_4 中,二者均显碱性。

$$HAc + H_2SO_4 \longrightarrow CH_3CO_2H_2^+ + HSO_4^-$$

$$HNO_3 + 2H_2SO_4 \rightleftharpoons NO_2^+ + H_3O^+ + 2HSO_4^-$$

$HClO_4$ 在水中为非常强的酸,在 H_2SO_4 中能使其结合质子成为$H_3SO_4^+$,所以仍为酸,不过,其酸性较弱。

$$HClO_4 + H_2SO_4 \rightleftharpoons ClO_4^- + H_3SO_4^+$$

(2) 液态 HF 液态 HF 是一种很有用的酸性(非水)质子溶剂。

$$3HF \rightleftharpoons H_2F^+(\text{溶剂的特征阳离子}) + HF_2^-(\text{溶剂的特征阴离子})$$

$$K^{\ominus} = 2 \times 10^{-12}$$

H_2O 和 HNO_3 在液态 HF 中显碱性。例如:

$$H_2O + 2HF \rightleftharpoons H_3O^+ + HF_2^-$$

(3) 乙酸(醋酸) 乙酸是另一种常用的酸性(非水)质子溶剂。

$$2HAc \rightleftharpoons H_2Ac^+(\text{溶剂的特征阳离子}) + Ac^-(\text{溶剂的特征阴离子})$$

$$K^{\ominus} = 2 \times 10^{-14}$$

在水中为弱碱的物质在 HAc 中都显强碱性:

$$B(\text{碱}) + HAc \longrightarrow BH^+ + Ac^-$$

在水中为强酸的物质,如 $HClO_4$、HBr、H_2SO_4、HCl、HNO_3 等,在 HAc 中表现出差异,其酸性逐渐减弱。

碱性(非水)质子溶剂(亲核质子溶剂) 典型的碱性(非水)质子溶剂是液氨。

$$2NH_3(l) \rightleftharpoons NH_4^+(\text{溶剂的特征阳离子}) + NH_2^-(\text{溶剂的特征阴离子})$$

$$K^{\ominus} = 5 \times 10^{-27}$$

液氨在很多方面类似于水，在液氨中的许多反应都类似于水中的反应。例如：

自解离	$2H_2O \rightleftharpoons H_3O^+ + OH^-$	$2NH_3(l) \rightleftharpoons NH_4^+ + NH_2^-$
中和反应	$KOH + HI \longrightarrow KI + H_2O$	$KNH_2 + NH_4I \longrightarrow KI + 2NH_3$

两性反应　$Zn^{2+} + 2OH^- \longrightarrow Zn(OH)_2\downarrow \longrightarrow [Zn(OH)_4]^{2-}$（$OH^-$ 过量）

$Zn^{2+} + 2NH_2^- \longrightarrow Zn(NH_2)_2\downarrow \longrightarrow [Zn(NH_2)_4]^{2-}$（$NH_2^-$ 过量）

但是，由于 NH_3 的碱性大，所以一些物质在液氨中的酸碱行为明显不同于在水中的行为。例如：

在水中呈弱酸的某些物质，在液氨中变成了强酸。例如：

$$HAc + NH_3(l) \longrightarrow NH_4^+ + Ac^-$$

某些根本不显酸性的分子也可以在液氨中表现为弱酸。例如：

$$CO(NH_2)_2 + NH_3(l) \rightleftharpoons NH_4^+ + H_2NCONH^-$$

大部分在水中被认为是碱的物质在液氨中要么不溶解，要么表现为弱碱，只有在水中为极强的碱才能在液氨中表现出强的碱性。

$$H^- + NH_3(l) \longrightarrow NH_2^- + H_2\uparrow$$

类水两性质子溶剂　甲醇、乙醇等初级醇，尽管本身既不是酸也不是碱，但这些溶剂却都同水一样，可以因诱导而使溶质呈现出酸碱性，而溶剂本身既能作为质子接受体起碱的作用，又能作为质子的给予体起酸的作用。例如：

$$NH_4^+ + EtOH(\text{碱}) \rightleftharpoons NH_3 + EtOH_2^+$$

$$RNH_2 + EtOH(\text{酸}) \rightleftharpoons RNH_3^+ + EtO^-$$

一种物种，如果它在水和乙醇中都能解离，以酸为例：

$$HA \rightleftharpoons H^+ + A^-$$

其解离标准吉布斯自由能变分别为：$\Delta G^{\ominus}(\text{水}) = -RT\ln K_a^{\ominus}(\text{水})$，$\Delta G^{\ominus}(\text{醇}) = -RT\ln K_a^{\ominus}(\text{醇})$。

假定解离产生的是两个单电荷的离子，那么两离子间的静电吸引能与溶剂的介电常数 ε 成反比：

$$\Delta G^{\ominus} = f/\varepsilon$$

于是　$$\Delta G^{\ominus}(\text{水}) - \Delta G^{\ominus}(\text{醇}) = f[1/\varepsilon(\text{水}) - 1/\varepsilon(\text{醇})]$$

根据 Born 的推导，$f = N_A e^2/(4\pi r\varepsilon_0)$，假定离子间距离 $r = 200$ pm，且 $Z = 1$，代入其他各值，则可算出 f 值。

$$\Delta G^{\ominus}(\text{水}) - \Delta G^{\ominus}(\text{醇}) = f[1/\varepsilon(\text{水}) - 1/\varepsilon(\text{醇})]$$

已知 $\varepsilon(\text{水}) = 78.5\ F\cdot m^{-1}$，$\varepsilon(\text{醇}) = 24.3\ F\cdot m^{-1}$，于是有 $\Delta G^{\ominus}(\text{水}) - \Delta G^{\ominus}(\text{醇}) = -19.7\ kJ\cdot mol^{-1}$。表明在水中，由于水的介电常数大，静电吉布斯自由能小，相应地解离所需能量小，因而容易解离。

物种在水中和乙醇中的解离平衡常数之比可由下式求得：

$$-\frac{\Delta G^{\ominus}(\text{水})-\Delta G^{\ominus}(\text{醇})}{RT}=\ln[K_{\mathrm{a}}(\text{水})/K_{\mathrm{a}}(\text{醇})]$$

$$=\frac{-(-19.7\times10^{3}\ \mathrm{J\cdot mol^{-1}})}{8.314\mathrm{J\cdot K^{-1}\cdot mol^{-1}}\times298\ \mathrm{K}}=7.95$$

$$K_{\mathrm{a}}^{\ominus}(\text{水})/K_{\mathrm{a}}^{\ominus}(\text{醇})=2836$$

这说明物种在水中和醇中解离程度相差较大，在醇中的解离常数只为水中的1/2836。因此，在水中为弱的酸（碱）在醇中将更弱。

2.2.3 非质子溶剂

像烃及其卤素衍生物等没有可以得到或失去质子的能力的溶剂，称为非质子溶剂。根据分子间起支配地位的作用力可将非质子溶剂分为以下三类。

van der Waals溶剂 这类溶剂通常是一些非极性物质，在其分子间只存在微弱的色散力。根据相似相溶的原则，它所能溶解的应该也是非极性物质。

一种物质溶解时的吉布斯自由能变 $\Delta G(\text{溶})=\Delta H(\text{溶})-T\Delta S(\text{溶})$，显然，物质的溶解将取决于溶解时的焓效应和熵效应。

当非极性的溶质溶于非极性溶剂时，溶质与溶剂之间除色散力以外，没有其他力的存在。色散力是分子间力，数值很小，这就使得溶解过程焓效应很小。然而，在溶解过程中，因为溶质的分散，溶剂与溶剂之间的弱相互作用被溶质所破坏，使得原来溶质分子之间的有序状态和溶剂分子之间的有序状态都被解体，因而溶解过程是熵增的过程。熵增有利于溶解，所以非极性溶质在这类溶剂中的溶解度一般比较大。

Lewis碱溶剂 Lewis碱是给电子物种，生成配位阳离子是这类溶剂溶解溶质的共同特点，所以也把这类溶剂称为配位溶剂。典型的配位溶剂是一些在分子的突出位置上含有键合氧或氮等配位原子的有机小分子。如 $OS(CH_3)_2$（DMSO，二甲亚砜），其中的甲基有给电子的性质，因而使得分子具有一定的偶极矩和氧原子上有较大的电子密度，从而具有较强的配位能力。且在分子中氧原子占据了空间的显著位置，在配位时空间阻碍较小。

如 $FeCl_3$ 等溶质溶于此类溶剂时可生成 $FeCl_2S_4^+$（S指溶剂分子）类型的阳离子：

$$2FeCl_3+4S\longrightarrow[FeCl_2S_4]^+[FeCl_4]^-$$

离子传递溶剂 这是一类从Lewis碱溶剂中人为划分出来的溶剂，如 $SbCl_3$、$POCl_3$。这类溶剂能发生自解离作用：

$$2SbCl_3\rightleftharpoons SbCl_2^++SbCl_4^-$$

$$(n+1)POCl_3\rightleftharpoons POCl_2^++[Cl(POCl_3)_n]^-$$

或简化为

$$2POCl_3\rightleftharpoons POCl_2^++POCl_4^-$$

这类溶剂在溶解溶质时能将自己解离出来的 Cl^-、F^- 传递给溶质，从而使自己成为氯化剂或氟化剂：

$$SbCl_3+POCl_3\longrightarrow POCl_2^++SbCl_4^-$$

显然，这类溶剂在溶解溶质时也参与了配位。

2.2.4　熔盐

第一类熔盐是离子性盐，它在熔融时产生阴、阳离子。这类熔体和晶体的区分并不太大：在晶体中是阳离子被阴离子包围、阴离子被阳离子包围；在熔体中也是如此，只是离子的配位数减小。晶体为长程有序，熔体是短程有序。这类熔盐是很好的电解质、导体和离子性溶剂。

一些由于水能参与反应而不能在水溶液中进行的反应，可以在这类熔盐体系中进行，如电解生产 F_2、生产活泼的碱金属等。

第二类熔盐是由以共价键为主的化合物所组成的，在熔融时可发生自解离作用。

$$2HgCl_2 \rightleftharpoons HgCl_3^- + HgCl^+$$

因此这类熔盐是一类很好的离子传递溶剂。例如：

$$Hg(ClO_4)_2 + HgX_2 \rightleftharpoons 2HgX^+ + 2ClO_4^-$$

HgX_2 将 X^- 传递给来自 $Hg(ClO_4)_2$ 的 Hg^{2+}。又如：

$$KX + HgX_2 \rightleftharpoons HgX_3^- + K^+$$

KX 将 X^- 传递给 HgX_2。

若将二者混合会产生中和反应：

$$HgX^+ + ClO_4^- + HgX_3^- + K^+ \longrightarrow 2HgX_2 + K^+ + ClO_4^-$$

实际是

$$Hg(ClO_4)_2 + 2KX \longrightarrow HgX_2 + 2K^+ + 2ClO_4^-$$

2.3　酸碱强度的量度

2.3.1　水溶液中质子酸碱的强度

1. 影响质子酸碱强度的因素

(1) 热力学讨论

根据热力学的观点来研究化合物解离出质子的趋势是十分有启发性的，以二元氢化物为例：

$$H_nX(g) \longrightarrow H^+(g) + H_{n-1}X^-(g)$$

上述各物种都取气相是为了避免氢键和水合焓对解离所产生的影响。

写出该解离反应的热力学循环式：

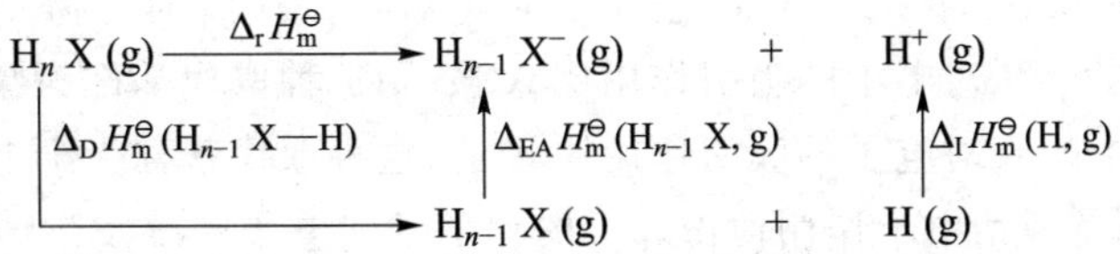

$$\begin{array}{ccccc} H_nX(g) & \xrightarrow{\Delta_r H_m^\ominus} & H_{n-1}X^-(g) & + & H^+(g) \\ \downarrow \Delta_D H_m^\ominus(H_{n-1}X—H) & & \uparrow \Delta_{EA} H_m^\ominus(H_{n-1}X,g) & & \uparrow \Delta_I H_m^\ominus(H,g) \\ & \longrightarrow & H_{n-1}X(g) & + & H(g) \end{array}$$

$$\begin{aligned}\Delta_r H_m^\ominus &= PA(H_{n-1}X^-,g)\\ &= \Delta_{EA}H_m^\ominus(H_{n-1}X,g) + \Delta_I H_m^\ominus(H,g) + \Delta_D H_m^\ominus(H_{n-1}X—H)\end{aligned}$$

式中自由基 $H_{n-1}X$ 的电子亲和焓 $\Delta_{EA}H_m^\ominus(H_{n-1}X,g)$ 与元素 X 的电负性有关；X—H键的解离焓 $\Delta_D H_m^\ominus(H_{n-1}X—H)$ 与 X—H 键的键长（即与 X 原子的原子半径）有关。PA 为质子亲和焓，它是物种对质子的竞争能力的表征，它直接反映酸碱的相对强弱。一般用阴离子的 PA 值来度量氢化物的酸性和用中性分子的 PA 值来度量物种的碱性。质子亲和焓 PA 与热力学符号相反，所以气态二元氢化物解离出 $H^+(g)$ 过程的焓变即为 $H_{n-1}X^-$ 的质子亲和焓 PA。

上式表明可以用氢化物阴离子的质子亲和焓 PA 来判断二元氢化物气相酸式解离的热力学趋势。

对于不同 H_nX，$\Delta_I H_m^\ominus(H,g)$ 为常数。这样，阴离子 $H_{n-1}X^-(g)$ 的质子亲和焓 PA 就与 X—H 键的解离焓 $\Delta_D H_m^\ominus$ 和 $H_{n-1}X$ 的电子亲和焓 $\Delta_{EA}H_m^\ominus(H_{n-1}X,g)$ 有关。

在同一周期中，从左到右 $H_{n-1}X$ 的电子亲和焓的变化一般比相应的 X—H 键的解离焓变化的幅度要大一些。

	CH_3	NH_2	OH	F
$\Delta_{EA}H_m^\ominus(H_{n-1}X,g)/(kJ\cdot mol^{-1})$	≥−50	−71	−176	−331
$\Delta_D H_m^\ominus(H_{n-1}X—H)/(kJ\cdot mol^{-1})$	435	456	498	569

$H_{n-1}X$ 的电子亲和焓从 CH_3 的 $-50\ kJ\cdot mol^{-1}$ 到 F 的 $-331\ kJ\cdot mol^{-1}$，减小了 $281\ kJ\cdot mol^{-1}$；而 X—H 键的解离焓从 C—H 键的 $435\ kJ\cdot mol^{-1}$ 到F—H键的 $569\ kJ\cdot mol^{-1}$，增加了 $134\ kJ\cdot mol^{-1}$。所以，PA 将随 $\Delta_{EA}H_m^\ominus$ 的减小而逐渐减小。结果是，同一周期从左到右，气态二元氢化物的酸性强度表现为缓慢增加。

而在同一族中，从上到下，解离焓减小的速度比电子亲和焓快：

	HF	HCl	HBr	HI
$\Delta_{EA}H_m^\ominus(H_{n-1}X,g)/(kJ\cdot mol^{-1})$	−331	−347	−326	−295
$\Delta_D H_m^\ominus(H_{n-1}X—H)/(kJ\cdot mol^{-1})$	569	431	368	298

从 HF 到 HI，解离焓从 $569\ kJ\cdot mol^{-1}$ 到 $298\ kJ\cdot mol^{-1}$，减少了 $272\ kJ\cdot mol^{-1}$，而电子亲和焓从 $-331\ kJ\cdot mol^{-1}$ 到 $-295\ kJ\cdot mol^{-1}$，只增加了 $34\ kJ\cdot mol^{-1}$。因此同一族的二元氢化物的酸性从上到下，随解离焓的逐渐减小而增大。

（2）诱导效应和阴离子的电荷分配性对酸性的影响

所谓诱导力是 van der Waals 力中的一种。诱导效应是指一个分子的固有偶极使另一个分子的正、负电荷重心发生相对位移，或是在一个分子内一个部分对另一个部分的诱导现象。

对于后者，以 HAR_n（$H_{n+1}A$ 的 n 个 H 被 n 个取代基 R 取代后的产物）分子为例。如果取代基 R 的电负性比 A 的大，R 对电子的吸引作用比 A 强，则这种取代基称为吸电子基团。相反，如果 R 的电负性比 A 的小，R 对电子的吸引作用比 A 弱，这种取代基称为给电子基团。

取代基 R 的吸电子或给电子作用使得邻近的化学键的电子密度发生改变，这就是在一个分子内存在的诱导效应。

诱导效应对 HAR_n 的酸性将产生显著影响：

以 HAR_n 的解离为例，假定可以将它的解离分为两步：

$$HAR_n \xrightarrow{\mathrm{I}} H^+ + AR_n^{-*} \xrightarrow{\mathrm{II}} H^+ + AR_n^-$$

中间体 AR_n^{-*} 是假定二元取代氢化物刚移去质子，但还未发生电子的重排的物种（这只为讨论的方便而假设，并不一定能为实验所证实），显然第一步的难易将取决于取代基的电负性。

若 R 的电负性比 A 的大（即 R 是一个吸电子基团），A—R 键中的电子偏向 R，H—A—R，A 带部分正电荷，从而吸引 A—H 键中的电子，使得 H 原子易成为 H^+ 而失去，化合物酸性增加。所以 R 的电负性越大，化合物的酸性就越强。

相反，R 的电负性比 A 小（R 是一个给电子基团），A—R 键中的电子偏向 A，H—A—R，A 带部分负电荷，结果将排斥 H—A 键中的电子，使 H 原子的电子不易失去，不易成为 H^+ 而解离，化合物酸性就减弱。所以 R 的电负性越小，化合物的酸性就越弱。

第二步是中间体 AR_n^{-*} 发生电子的重排过程，第一步氢原子失去电子以 H^+ 解离出来，剩下的电子留在原子 A 上。如果这个电子能从原子 A 很快地分布到整个原子团，或者说，电子密度容易从原子 A 流向取代基 R，使得 A 有较高的电正性，那么该酸的酸性就较强。

例如，HCF_3 与 $HCH_2(NO_2)$ 都可被认为是二元氢化物 CH_4 的取代物，前者 3 个氢被 F 取代，后者 1 个氢被 NO_2 基团取代。按照诱导效应，取代基 F 的电负性明显大于 NO_2 基团的电负性，且有 3 个取代基，似乎 HCF_3 的酸性应比 $HCH_2(NO_2)$ 的强。但是，在 CF_3^- 中，由于 F 的半径小，电子密度已经很大，且它同 C 是以 σ 键键合，没有 π 重叠，即 H^+ 解离后在 C 上留下来的负电荷不能向 F 上流动，结果影响了 HCF_3 上的 H^+ 的解离；而对于 $HCH_2(NO_2)$，由于 NO_2 基团上存在有 π^* 反键分子轨道，因而 C 上的负电荷容易离域到 π^* 反键轨道之中，结果反而是 $HCH_2(NO_2)$ 的酸性大于 HCF_3 的酸性。

再如，C_2H_5OH 和 CH_3COOH 都可以被看作 H_2O 分子上的氢被乙基和乙酰基取代的产物，由于 $C_2H_5O^-$ 中只有 σ 键，而 CH_3COO^- 中存在三中心 π 键，因而氧原子上的负电荷可以通过这个三中心 π 键得到离域化，所以 CH_3COOH 的酸性远大于 C_2H_5OH 的酸性。

(3) 含氧酸的酸性

简单的含氧酸可用 HOR 来表示，它可看作二元氢化物 H_2O 的取代物，根据 R 取代基吸电子和给电子的诱导效应可以十分容易地判断出它们的酸性强度。

由 HOCl、HOBr 到 HOI，由于电负性 Cl>Br>I，所以它们的酸性有 HOCl>HOBr>HOI 的顺序。

对于复杂的含氧酸可用 $(HO)_nEO_m$ 来表示［即 $H—O—EO_m(OH)_{n-1}$］。很显然，它们的酸性将受到非羟基氧原子的影响。一方面，由于氧的电负性很大，通过诱导效应，非羟基氧原子将使羟基氧原子带上更多的正电荷，从而有利于质子的解离；另一方面，含非羟基氧原子的酸根离子，一般还含有离域的 p-d π 键，这种结构共轭程度高，有利于负电荷的离域化，也能增加酸的强度。因此，可以得出结论，含氧酸中非羟基氧原子越多，酸性越强。

一般有这样的规律（Pauling 规则）：对于含氧酸 $EO_m(OH)_n$，当 $m=0$，$pK_{a_1}^{\ominus} \geqslant 7$，酸性较弱；当 $m=1$，$pK_{a_1}^{\ominus} \approx 2$，弱酸；当 $m=2$，$pK_{a_1}^{\ominus} \approx -3$，强酸；当 $m=3$，$pK_{a_1}^{\ominus} \approx -8$，酸性更强。

对于多元酸分级解离常数之间的关系，一般为 $K_{a_1}^{\ominus} : K_{a_2}^{\ominus} : K_{a_3}^{\ominus} \approx 1 : 10^{-5} : 10^{-10}$。

2. 水溶液中质子酸的强度

按照前面用氢化物阴离子的质子亲和焓来判断氢化物气相酸式解离的热力学趋势的方法，对于 HCl 气体：

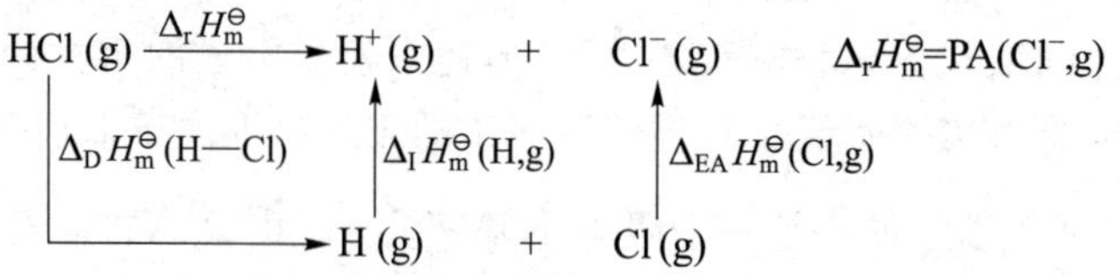

$$
\begin{array}{ccccc}
HCl(g) & \xrightarrow{\Delta_r H_m^\ominus} & H^+(g) & + & Cl^-(g) \qquad \Delta_r H_m^\ominus = PA(Cl^-,g) \\
\downarrow \Delta_D H_m^\ominus(H—Cl) & & \uparrow \Delta_I H_m^\ominus(H,g) & & \uparrow \Delta_{EA} H_m^\ominus(Cl,g) \\
 & \longrightarrow & H(g) & + & Cl(g)
\end{array}
$$

$$\Delta_r H_m^\ominus = PA(Cl^-,g) = \Delta_D H_m^\ominus(H—Cl) + \Delta_{EA} H_m^\ominus(Cl,g) + \Delta_I H_m^\ominus(H,g)$$

代入相应值可求得 $PA(Cl^-,g)$ 等于 1394 $kJ \cdot mol^{-1}$。Cl^- 的质子亲和焓为正值，所以在热力学上是不允许 HCl 气体进行酸式解离的。

然而在水溶液中，由于离子和分子都是水合的，而水合过程一般都是放热的过程，因而由于水合过程使得在气相中为非自发的过程在水中变成了自发过程。

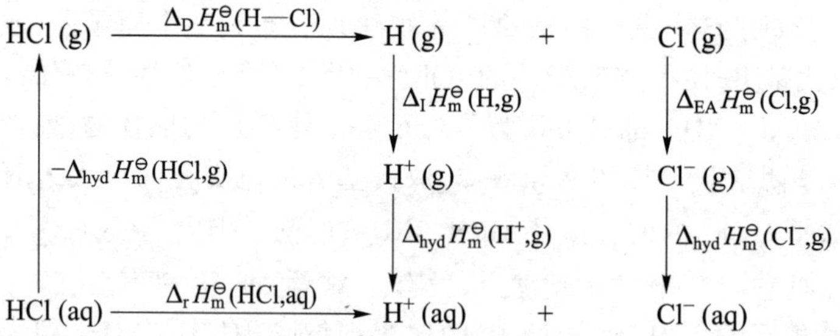

$$
\begin{array}{ccccc}
HCl(g) & \xrightarrow{\Delta_D H_m^\ominus(H—Cl)} & H(g) & + & Cl(g) \\
\uparrow & & \downarrow \Delta_I H_m^\ominus(H,g) & & \downarrow \Delta_{EA} H_m^\ominus(Cl,g) \\
-\Delta_{hyd} H_m^\ominus(HCl,g) & & H^+(g) & & Cl^-(g) \\
 & & \downarrow \Delta_{hyd} H_m^\ominus(H^+,g) & & \downarrow \Delta_{hyd} H_m^\ominus(Cl^-,g) \\
HCl(aq) & \xrightarrow{\Delta_r H_m^\ominus(HCl,aq)} & H^+(aq) & + & Cl^-(aq)
\end{array}
$$

$$
\begin{aligned}
\Delta_r H_m^\ominus(HCl,aq) = & -\Delta_{hyd} H_m^\ominus(HCl,g) + \Delta_D H_m^\ominus(H—Cl) + \Delta_I H_m^\ominus(H,g) \\
& + \Delta_{hyd} H_m^\ominus(H^+,g) + \Delta_{EA} H_m^\ominus(Cl,g) + \Delta_{hyd} H_m^\ominus(Cl^-,g)
\end{aligned}
$$

代入相应值可求得 $HCl(aq) \longrightarrow H^+(aq) + Cl^-(aq)$ 过程的 $\Delta_r H_m^\ominus$ 等于 -54 $kJ \cdot mol^{-1}$。

显然，同气相解离相比，它多了三项水合焓项，正是由于水合焓的影响，才使 HCl 的酸式解离成为可能。

对于 HF、H_2O 和 NH_3 同周期非金属元素氢化物的酸性递变规律，可以通过对氢化物设计出热力学循环来进行讨论：

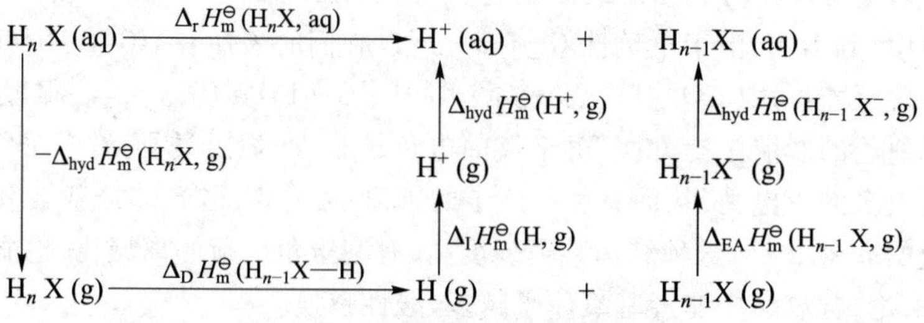

$$
\begin{array}{ccccc}
H_nX(aq) & \xrightarrow{\Delta_r H_m^\ominus(H_nX,aq)} & H^+(aq) & + & H_{n-1}X^-(aq) \\
\downarrow & & \uparrow \Delta_{hyd} H_m^\ominus(H^+,g) & & \uparrow \Delta_{hyd} H_m^\ominus(H_{n-1}X^-,g) \\
-\Delta_{hyd} H_m^\ominus(H_nX,g) & & H^+(g) & & H_{n-1}X^-(g) \\
 & & \uparrow \Delta_I H_m^\ominus(H,g) & & \uparrow \Delta_{EA} H_m^\ominus(H_{n-1}X,g) \\
H_nX(g) & \xrightarrow{\Delta_D H_m^\ominus(H_{n-1}X—H)} & H(g) & + & H_{n-1}X(g)
\end{array}
$$

$$
\begin{aligned}
\Delta_r H_m^\ominus(H_nX,aq) = & -\Delta_{hyd} H_m^\ominus(H_nX,g) + \Delta_D H_m^\ominus(H_{n-1}X—H) + \Delta_{EA} H_m^\ominus(H_{n-1}X,g) \\
& + \Delta_{hyd} H_m^\ominus(H_{n-1}X^-,g) + \Delta_I H_m^\ominus(H,g) + \Delta_{hyd} H_m^\ominus(H^+,g)
\end{aligned}
$$

式中 $\Delta_{hyd} H_m^\ominus(H_nX,g)$ 是氢化物的水合焓，是过程 $H_nX(g) \longrightarrow H_nX(aq)$ 的焓变。

各氢化物之间的差别只在前四项，将 NH_3、H_2O 和 HF 的各数据（单位均为 $kJ \cdot mol^{-1}$）列于下：

	$-\Delta_{hyd}H_m^{\ominus}(H_nX,g)$	$\Delta_D H_m^{\ominus}(X—H)$	$\Delta_{EA}H_m^{\ominus}(H_{n-1}X,g)$	$\Delta_{hyd}H_m^{\ominus}(H_{n-1}X^-,g)$
NH_3	35	456	−71	−378
H_2O	44	498	−176	−347
HF	48	569	−331	−524

计算得到：

	NH_3	H_2O	HF
$\Delta_r H_m^{\ominus}(H_nX,aq)/(kJ \cdot mol^{-1})$	122	25	−16

从上面的比较可见，同周期非金属元素氢化物，其酸性按 N<O<F 顺序增强。

从这些数据可见，NH_3、H_2O 和 HF 的水合焓尽管有差别，但差别并不太大；造成 NH_3、H_2O 和 HF 三者酸性差别的主要原因是 X—H 键的键焓、生成阴离子时的电子亲和焓和阴离子的水合焓。按键焓看，递变的顺序应是 $NH_3<H_2O<HF$。然而，后二者之和，HF 比 H_2O 小，H_2O 又比 NH_3 小得多。因而造成的总的结果是，HF 酸的解离焓小于 H_2O 的，H_2O 的又比 NH_3 的小。因此，其酸性递变顺序为 $HF>H_2O>NH_3$。

NH_3 的酸式解离焓的数据表明这种解离在热力学上是不允许的。事实上，NH_3 在水溶液中是作碱式解离的：

$$NH_3(aq) + H_2O(l) \xrightarrow{\Delta_r H_m^{\ominus}} NH_4^+(aq) + OH^-(aq)$$

$$NH_3(aq) \xrightarrow{-\Delta_{hyd}H_m^{\ominus}(NH_3,g)} NH_3(g) \qquad H_2O(l) \xrightarrow{-\Delta_{hyd}H_m^{\ominus}(H_2O,g)} H_2O(g) \xrightarrow{\Delta_D H_m^{\ominus}(HO—H)} H(g) + OH(g)$$

$$NH_3(g) + H(g) + OH(g) \xrightarrow{x} NH_4^+(g) + OH(g)$$

$$NH_4^+(g) \xrightarrow{\Delta_{hyd}H_m^{\ominus}(NH_4^+,g)} NH_4^+(aq) \qquad OH(g) \xrightarrow{\Delta_{EA}H_m^{\ominus}(OH,g)} OH^-(g) \xrightarrow{\Delta_{hyd}H_m^{\ominus}(OH^-,g)} OH^-(aq)$$

其中 $x=\Delta_I H_m^{\ominus}(H,g)+\Delta_{PA}H_m^{\ominus}(NH_3,g)$，$\Delta_{PA}H_m^{\ominus}(NH_3,g)$ 是过程 $NH_3(g)+H^+(g) \longrightarrow NH_4^+(g)$ 的焓变。

$$\begin{aligned}\Delta_r H_m^{\ominus} = & -\Delta_{hyd}H_m^{\ominus}(NH_3,g) - \Delta_{hyd}H_m^{\ominus}(H_2O,g) + \Delta_D H_m^{\ominus}(HO—H) + \Delta_I H_m^{\ominus}(H,g) \\ & + \Delta_{PA}H_m^{\ominus}(NH_3,g) + \Delta_{hyd}H_m^{\ominus}(NH_4^+,g) + \Delta_{EA}H_m^{\ominus}(OH,g) \\ & + \Delta_{hyd}H_m^{\ominus}(OH^-,g)\end{aligned}$$

代入各种热力学数据，得 $\Delta_r H_m^{\ominus}=-9\ kJ \cdot mol^{-1}$。即热力学允许 NH_3 在水中作碱式解离，尽管这种趋向并不大。事实上也正是这样，NH_3 在水中是弱碱。

显然，NH_3 在水中作碱式解离比作酸式解离要容易得多。这是因为，当 NH_3 作酸式解离时，因 NH_2 的电子亲和焓较小（$-71\ kJ \cdot mol^{-1}$），尽管质子的水合焓和 NH_2^- 的水合焓都较大，但也不能补偿解离过程中的不利因素，从而使解离过程的热效应为正值。相反，NH_3 作碱式解离时，NH_3 的质子亲和焓很大（$-866\ kJ \cdot mol^{-1}$），正是这一项起了关键性的作用，它补偿了解离过程中的不利因素，并使得 NH_3 作碱式解离过程成了放热的过程。

类似地,可以讨论同族元素氢化物的酸性递变。

对于各氢卤酸(单位为 kJ · mol^{-1}):

	$-\Delta_{hyd}H_m^\ominus(HX,g)$	$\Delta_D H_m^\ominus$(X—H)	$\Delta_{EA}H_m^\ominus(X,g)$	$\Delta_{hyd}H_m^\ominus(X^-,g)$
HF	48	569	−331	−524
HCl	18	431	−347	−378
HBr	21	368	−326	−348
HI	23	298	−295	−308

计算得到:

	HF	HCl	HBr	HI
$\Delta_r H_m^\ominus(HX,aq)/(kJ\cdot mol^{-1})$	−16	−54	−63	−62

可见,氟的各步骤的 $\Delta_r H_m^\ominus$ 值都比较特殊,其中 HF 的键解离焓特别大,接近 HI 的两倍,而 F 的电子亲和焓又反常地小;此外,由于存在于 HF 中的氢键使得 HF(aq)脱水吸热量最高。因此,尽管 F^-的水合焓特别大,但也不足以补偿上述因素的影响。故造成 HF 酸性较弱是前述诸种原因的综合表现,那种认为 HF 酸性较弱仅是因为 HF 的键解离焓特别大的看法显然是不全面的。须知,尽管 $\Delta_D H_m^\ominus$(F—H)特别大,但 $\Delta_{hyd}H_m^\ominus(F^-,g)$却特别小。对于 HF 来说,二者的值都比 HCl 的相应值大许多,但二者之和却相差不多。HF 同 HCl 相比,HF 的$[-\Delta_{hyd}H_m^\ominus(HX,g)+\Delta_{EA}H_m^\ominus(X,g)]$值却比 HCl 的要大得多。

除此之外,确定酸的强度,不能只看解离过程的焓变化,须进一步考虑其熵变。HF 解离过程熵减较大,这既和 F^-半径最小、水化程度最大有关,也和溶液中形成方向性氢键有关。

综合焓效应和熵效应的结果,HF 解离的 $\Delta_r G_m^\ominus$ 成了正值,而其他 HX 为负值,所以 HF 的解离常数在数量级上有质的差别。其他 HX 酸都是强酸。从 HCl 到 HI,解离过程的 $\Delta_r G_m^\ominus$ 逐渐变小,酸性逐渐变得更强。所以 HX 酸性递变规律是

$$HF \ll HCl < HBr < HI$$

在水溶液中,质子酸的强度常常直接用酸度常数来表示,酸度常数是酸与 H_2O 之间质子转移反应的平衡常数:

$$HA(aq) + H_2O(l) \rightleftharpoons A^-(aq) + H_3O^+(aq)$$

$$K_a^\ominus = \frac{c(A^-)/c^\ominus \cdot c(H_3O^+)/c^\ominus}{c(HA)/c^\ominus}$$

由于物质的量浓度和酸度常数的变化区间跨越多个数量级,因而以 $pK_a^\ominus$ 来描述酸的强度更为方便,$pK_a^\ominus=-\lg K_a^\ominus$。从各种无机化学教科书中都可以查出常见的酸度常数,$pK_a^\ominus$ 为负值(相应于 $K_a^\ominus>1$)的物质被列为强酸,$pK_a^\ominus$ 为正值(相应于$K_a^\ominus<1$)的物质被列为弱酸;反过来,强酸的共轭碱是弱碱,而弱酸的共轭碱是强碱。

2.3.2 溶剂的拉平效应和区分效应

在水中,像 H_2SO_4 和 HNO_3 这类强酸都能将其质子转移给 H_2O 形成H_3O^+,表现出相同的强

度，即它们的强弱不可能区分。如 1 mol·L^{-1}的 $HClO_4$、HCl、HNO_3 和 0.5 mol·L^{-1}的 H_2SO_4 的水溶剂体系的 pH 均为 0，即这些强质子酸被水“拉平”到水合质子的水平，或者说，水拉平了这些酸，这种效应叫水的拉平效应。同样地，水对碱也有类似的效应。也就是说，酸的强度在 pH<0 和碱的强度在 pH>14 时不能被区分，只有 0<pH<14 的酸或碱的强度在水溶剂中才可以被分辨，这个区间称为水的分辨区。

一般溶剂对酸碱强度的分辨区的宽度就是它们各自的自递常数的负对数值 $pK^{\ominus}_{自}$。如二甲亚砜(DMSO)的 $pK^{\ominus}_{自}=27$，分辨区宽度为 27 个单位，分辨区较宽，因此使用 DMSO 作溶剂可以研究大范围内的各种酸。相反的例子是H_2SO_4，其 $pK^{\ominus}_{自}=3.5$，分辨区宽度仅为 3.5 个单位，区分范围十分窄，在其中能区分的酸的数目有限。

如果有一种质子酸或质子酸的共轭碱，只要它的 $pK^{\ominus}_a$ 落到某个溶剂的分辨区之中，该溶剂就能对这个酸或碱的强度做出判断。例如 H_2CO_3 和 HCO_3^- 在水中都是质子酸，前者 $pK^{\ominus}_{a_1}=6.37$，后者 $pK^{\ominus}_{a_2}=10.25$，由于它们的 $pK^{\ominus}_i$ 都落在水的区分范围之内，所以溶剂水可以区分它们。只要选取合适的指示剂，就可以在水中对 H_2CO_3、HCO_3^- 分别进行滴定。

若有一种由两种酸或两种碱组成的混合物，只要它们中至少一种落在这个范围中，就可把它们区分开。例如，在水中可以对 HCl($pK^{\ominus}_a=-7$)和 HAc($pK^{\ominus}_a=4.74$)的混合溶液进行滴定。

相反，酸强度在 $pK^{\ominus}_a<0$ 和 $pK^{\ominus}_a>14$ 的酸在水中不能被区分。例如，在水中区分开 $HClO_4$ ($pK^{\ominus}_a=-10$)和 HCl ($pK^{\ominus}_a=-6.3$)是办不到的。

对于 $pK^{\ominus}_a$ 很小的强酸，要区分它必须选取氢碘酸、氢氟酸、硫酸、甲酸或乙酸作溶剂。例如，在乙酸(区分范围是从-8 到 5.5)中，一些强酸的摩尔(氢)电导之比为

$$\begin{array}{ccccccc} HClO_4 & : & H_2SO_4 & : & HCl & : & HNO_3 \\ 400 & : & 30 & : & 9 & : & 1 \end{array}$$

显然，这些强酸的酸性显示出了差异，示出的强度次序为 $HClO_4>H_2SO_4>HCl>HNO_3$。换句话说，乙酸对这些强酸具有“区分效应”(亦有称为“拉开效应”的)，乙酸区分开了上述四种酸的酸性。

类似地，液氨溶剂能够区分一些强碱的相对强弱。

因此，选取适当的溶剂，利用“区分效应”就可以实现对许多弱酸或弱碱、强酸和强碱的滴定，这就是非水溶剂滴定法的依据。

2.3.3 非水溶剂中质子酸的强度

像在稀水溶液中用 pH 来描述酸度一样，在非水质子溶剂及无水纯酸溶液、浓水溶液中，常用 Hammett 提出的酸度函数 H_0 来描述酸的强度。

酸度函数 H_0 可通过一种与强酸反应的弱碱指示剂的质子化程度来表示：

$$B + H^+ \rightleftharpoons BH^+$$

$$H_0 = pK^{\ominus}(BH^+) + \lg\frac{c(B)/c^{\ominus}}{c(BH^+)/c^{\ominus}}$$

式中 B 代表弱碱指示剂，$K^{\ominus}(BH^+)$是 BH^+的解离常数。

该式的物理意义是指某强酸的酸度可通过一种与强酸反应的弱碱指示剂的质子化程度来度量。显然，在水溶液中，H_0 相当于 pH，因而 H_0 标度可以看作更一般的 pH 标度。H_0 越小，酸性

越强;相反,H_0 越大,碱性越强。

通过适当地选择溶剂和酸或碱的浓度,可以得到不同强度 H_0 的溶液体系。

2.3.4 电子酸碱的强度

一种估计电子酸碱强度的定量方法是对每种酸和碱确定两个经验参数,并使一个给定酸碱对的相互作用能等于一个包含这四个参数的适当的代数函数。酸 A 和碱 B 的加合反应的焓变可由下式计算:

$$A + B \longrightarrow A \leftarrow B$$

$$-\Delta_r H_m^{\ominus} = (E_A E_B + C_A C_B) \times 4.184\ \text{kJ} \cdot \text{mol}^{-1}$$

式中 E_A 和 C_A 分别是酸 A 的静电参数和共价参数,E_B 和 C_B 则是碱 B 的相应参数。

很多种 Lewis 酸碱的这些参数值都已测定出来并列成表供查阅。

2.3.5 超酸和魔酸

1. 超酸和魔酸

现在,人们习惯地将超过纯 H_2SO_4 的酸或酸性介质叫做超酸(或超强酸),由于纯 H_2SO_4 的 H_0 为-11.93,因此,凡是 H_0<-11.93 的酸性体系都叫超酸。其中,有一个超酸体系是 HSO_3F-SbF_5,其 H_0 约为-27,是目前测得的最高酸度的酸,同时也是研究得最充分、应用最广泛的超酸。这种酸实在是“魔力”无穷,故被特称为魔酸。

魔酸的组成很复杂,且依 SbF_5 含量的不同而含有不同浓度的 $SbF_5SO_3F^-$、$Sb_2F_{10}SO_3F^-$、SO_3F^- 和 SbF_6^- 等。

HSO_3F,H_0=-15.07,因此,纯的 HSO_3F 是一种超酸,一种强的给质子试剂,若在 HSO_3F 中加入 Lewis 酸 SbF_5 时还能大大提高 HSO_3F 的酸度。

HSO_3F 的质子自递平衡为

$$HSO_3F + HSO_3F \rightleftharpoons H_2SO_3F^+ + SO_3F^-$$

SbF_5 的加入导致平衡向右移动,从而提高了 $H_2SO_3F^+$ 的浓度,反应式为

$$SbF_5 + 2HSO_3F \rightleftharpoons H_2SO_3F^+ + [SbF_5(SO_3F)]^-$$

$$2SbF_5 + 2HSO_3F \rightleftharpoons H_2SO_3F^+ + [Sb_2F_{10}(SO_3F)]^-$$

$H_2SO_3F^+$ 几乎能使所有的有机化合物加合质子而产生碳鎓离子,例如:

$$R_3CH + H_2SO_3F^+ \rightleftharpoons R_3CH_2^+ + HSO_3F \rightleftharpoons R_3C^+ + H_2\uparrow + HSO_3F$$

在这一反应中,先由 $H_2SO_3F^+$ 付出一个质子给 R_3CH,接着放出氢气并生成碳鎓离子。

2. 超酸的主要类型

超酸大多都是无机酸。按状态讲,既有液体,也有固体。按组成讲,超酸又可以分为 Brønsted 超酸、Lewis 超酸、共轭 Brønsted-Lewis 超酸等。

(1) Brønsted 超酸

这类超酸包括 HF、$HClO_4$、HSO_3Cl、HSO_3F 和 HSO_3CF_3 等。在室温下都是液体,都是酸性极强的溶剂。如 HSO_3F 就具有很宽的液态温度范围(-89.0~163 ℃)、低凝固点(-89.0 ℃)和低黏

度等特点，可用作各种弱碱的质子化溶剂，而且，只要不含水，即可在普通玻璃器皿中操作。

(2) Lewis 超酸

SbF_5、AsF_5、TaF_5 和 NbF_5 等都是 Lewis 超酸。其中 SbF_5 是目前已知的最强的 Lewis 酸。可用于制备碳正离子和制备魔酸等共轭超酸。

(3) 共轭 Brønsted-Lewis 超酸

这类超酸包括一些由 Brønsted 酸和 Lewis 酸组成的体系，如 $H_2SO_4-SO_3(H_2S_2O_7)$、$H_2SO_4-B(OH)_3$、HSO_3F-SbF_5、HSO_3F-SO_3 等。将 SO_3 加入 H_2SO_4 中，当其物质的量之比达到 1∶1 时，体系的 H_0 降低至-14.5，这时主要生成焦硫酸($H_2S_2O_7$)，当 SO_3 浓度增高时，还会生成 $H_2S_3O_{10}$、$H_2S_4O_{13}$ 等。

在 H_2SO_4 中焦硫酸按下式解离：

$$H_2S_2O_7 + H_2SO_4 \longrightarrow H_3SO_4^+ + HS_2O_7^-$$

(4) 固体超酸

其中包括用 Brønsted 酸（如 H_2SO_4）和 Lewis 酸（如 SbF_5）处理过的金属氧化物，如 $ZrO_2-H_2SO_4$($H_0=-16$)、$SbF_5-SiO_2-Al_2O_3$($H_0=-16$)等。固体超酸主要被用作催化剂。

3. 超酸的用途

超酸具有高强度的酸性(H_0 为-27～-11.9)和很高的介电常数，能使非电解质成为电解质，使很弱的碱质子化，因而可以作为良好的催化剂，使一些本来难以进行的反应在较温和的条件下进行，在饱和烃的裂解、重聚、异构化、烷基化反应中被广泛应用。

2.3.6　一元超级碱与固体超级碱

超级碱又叫做超强碱，其碱性比任何水溶液中的碱都要强。超级碱不能与水共存，遇水夺取水中的质子，生成氢氧根离子，自身转化为相应的共轭酸。通常把氢氧化钾作为水溶液中最强的碱，以此定义超级碱为能够从饱和氢氧化钾溶液（约 14 $mol \cdot L^{-1}$）中持续夺取质子，并释放出氢氧根离子的物质。

1. 超级碱的强度

酸碱中和反应的一个基本原理是，强的酸和碱中和以后产生弱的共轭碱和酸。根据这一原理就能够通过最弱的酸来确定最强的碱。弱酸中的氢解离困难，是因为氢与另一元素之间的化学键的极性很小、键能很大。在众多的化学物质中，氢分子具有同核双原子间最强的（436 $kJ \cdot mol^{-1}$）单键，且无极性。而甲烷中的碳氢键的解离能（439 $kJ \cdot mol^{-1}$）是含氢弱极性键中最大的。虽然氮氢键、氧氢键、氟氢键和乙炔中的碳氢键的解离能更大，但是这些化学键的极性也大，则氢的酸性明显增加。由此可以确定，氢气和烷烃属于最弱的酸。

超级碱 B 夺取质子后生成极弱酸 HB 的反应如下：

$$B + HA \rightleftharpoons HB + A$$

共轭酸 HB 的 $pK_a^{\ominus}$ 越大其酸性越弱，则超级碱 B 的碱性越强。通常 $pK_a^{\ominus}$ 大于 16 的极弱酸的共轭碱就属于超级碱。

2. 超级碱的主要类型

(1) 碳基超级碱

碳负离子超级碱在理论上有很大的数量，其中，有机锂试剂是很常用的超级碱。根据前述的

碱性原理和 $pK_a^{\ominus}$ 值,可以得到叔丁基锂、正丁基锂、甲基锂、苯基锂的超级碱性递减的规律。

碳基超级碱还包括一类非离子性的氮杂环卡宾分子,在各种非质子化溶剂中均有较好的溶解性,亲核性弱,Brønsted 碱性和 Lewis 碱性都很强,是非常难得的单分子态超级碱。

(2) 氢负离子超级碱

碱金属和除铍外的碱土金属都可以形成离子型的氢化物,它们都具有超级碱性。如 CaH_2 在反应时能比较温和地释放氢负离子,故适合用作很多溶剂的除水剂和小规模的制氢试剂。

(3) 氮负离子超级碱

金属锂在常温下可以持续地与氮气反应生成氮化锂。氮化锂的氮上积累了大量的负电荷,超级碱性极强,可以将氢分子极化为正氢和负氢,生成氨基锂和氢化锂:

$$Li_3N + 2H_2 \longrightarrow LiNH_2 + 2LiH$$

锂、钠、钾的氨基化合物都是常用的超级碱,用碱金属与热的氨气流反应来制备:

$$2M + 2NH_3 \longrightarrow 2MNH_2 + H_2 \quad M = Li、Na、K$$

(4) 醇负离子超级碱

醇遇到上述超级碱或与碱金属反应时,都会顺利地生成醇负离子(烷氧负离子)超级碱,如:

$$HOEt + NaH \longrightarrow NaOEt + H_2$$

$$2K + 2HO^tBu \longrightarrow 2KO^tBu + H_2$$

烷基的给电子作用增加了氧原子上的负电荷密度,使醇负离子的碱性都强于氢氧化钾。

(5) 固体超级碱

固体碱可以是单组分固体碱和混合固体碱。以碱金属、活泼金属氧化物与氢氧化物,以及一些其他金属氧化物或盐类为原料,经过化学混合过程而制成的固体凝聚物就属于混合固体碱。如果固体碱的碱性超过固体 KOH,就属于固体超级碱。有些时候也以 CaO 为参照,认为碱强度(用酸度 H_0衡量)超过 26 时就属于固体超级碱。

从微观结构来看,固体碱的强度由固体碱界面上的碱性原子所决定。大多数情况下,这些碱性原子就是氧或氮的阴离子和复合阴离子。而这些界面上的固体碱阴离子和阳离子的自由程度,都对固体碱的碱性有很大影响。

第 3 章 无机化合物的制备和表征

3.1 无机化合物的制备方法

无机化合物的制备不能仅理解为烧杯反应,性能优异的无机材料大部分都是采用现代合成手段所得到的,常见的无机化合物的现代制备方法包括高温无机合成、低温合成、高压合成、水热合成、无水无氧合成、电化学合成及等离子体下的合成等。

3.1.1 高温无机合成

高温无机合成一般用于无机固体材料的制备,如对高熔点金属粉末的烧结、难熔化合物的熔化和再结晶、各种功能陶瓷体的烧成等。在实验室中,一般的高温可由燃烧获得,如用煤气灯可把较小的坩埚加热到 700~800 ℃;而要达到较高的温度,可以使用喷灯;更高的温度则需使用各种高温电阻炉(1000~3000 ℃)、聚焦炉(4000~6000 ℃)、等离子体电弧(20000 ℃)等。一般使用热电偶高温计进行高温的测量,测量范围从室温到 2000 ℃,某些情况下可达 3000 ℃。在更高的温度下使用光学高温计测量。

一般的固相反应在常温常压下很难进行或者反应很慢,因此需要高温使其加速。固-固相反应,首先是在反应物晶粒界面上或与界面邻近的晶格中生成产物晶核,由于生成的晶核与反应物的结构不同,成核反应需要通过反应物界面结构的重新排列,因而实现这步是相当困难的;同样,进一步实现在晶核上的晶体生长也有相当大的难度,因为原料晶格中的离子需要分别通过各自的晶体界面进行扩散才有可能在产物晶核上进行晶体生长并使原料界面间的产物层加厚。高温有利于这些过程的进行,因此大多数固-固相反应需要在高温下进行。

可以通过改变反应物的状态来降低固-固相反应的温度或者缩短反应的时间,这就是所谓的前驱体法。常见的前驱体法有如下几种:将反应物充分破碎和研磨,或通过各种化学途径制备成粒度细、比表面积大、表面具有活性的反应物原料,然后通过加压成片,甚至热压成型使反应物颗粒充分均匀接触;通过化学方法使反应物组分事先共沉淀;通过化学反应制成化合物前驱体等。其中共沉淀法是获得均匀反应前驱体的常用方法。设计所要合成的固体的成分,以其可溶性盐配成确定比例的溶液,选择合适的沉淀剂,共沉淀得到固体。共沉淀颗粒越细小,混合的均匀化程度越高。

溶胶-凝胶(sol-gel)合成是一种能代替共沉淀法制备陶瓷、玻璃和许多固体材料的新方法,一般以金属醇盐为原料，在水溶液中进行水解和聚合，即由分子态$\longrightarrow$聚合体$\longrightarrow$溶胶$\longrightarrow$凝胶$\longrightarrow$晶态（或非晶态），因而很容易获得需要的均相多组分体系。溶胶或凝胶的流变性质有利于通过某种技术如喷射、浸涂、浸渍等制备各种膜、纤维或进行沉积。这样，一些在以前必须用特殊条件才能制得的特种聚集态（如 $YBa_2Cu_3O_{7-x}$ 超导氧化膜等）就可以用此法获得了。

高温合成中还有一类特殊的反应叫化学转移反应，指的是一种固体或液体物质 A 在一定的温度下与一种气体 B 反应，形成气相产物的反应。这个气相反应的产物在另外的温度下发生逆反应，重新得到 A。

$$iA(s或l) + kB(g) + \cdots \rightleftharpoons jC(g) + \cdots$$

反应中需要转移试剂（即气体 B），它的使用和选择是转移反应能否进行以及产物质量控制的关键。如通过下面的反应，可以得到美丽的钨酸铁晶体：

$$FeO(s) + WO_3(s) \xrightleftharpoons{HCl(g)} FeWO_4(s)$$

这个反应必须用 HCl(g) 作转移试剂。如果没有 HCl(g)，则 FeO 和 WO_3 都不易挥发，使得转移反应不能发生。当有了 HCl(g) 后，由于生成了 $FeCl_2$、$WOCl_4$ 和 H_2O 这些挥发性强的化合物，因此转移反应能够进行。

高温无机合成是一种非常有用的合成方法。彩色电视机三基色稀土荧光粉的制备就是采用高温无机合成制备的。

3.1.2 低温合成

低温合成也是现代无机合成中经常采用的一种方法，常用来制备一些沸点低、易挥发、室温下不稳定的化合物，如稀有气体化合物的合成等。获得低温的主要方法有各种制冷浴，如冰盐共熔体系（-56~0 ℃）、干冰浴（-78.3 ℃）、液氮（-195.8 ℃）等。低温的测定一般使用蒸气压温度计，这种温度计是根据液体的蒸气压随温度的变化而改变的原理制成的。

3.1.3 高压合成

高压合成一般用于合成超硬材料，如金刚石、氮化硼等，是利用高压力使物质产生多型相转变或发生不同元素间的化合得到新相或新化合物的方法。

高压合成常常需要加温，所以高压合成一般是指高压高温合成，分为静态高压高温合成和动态高压高温合成。前一种方法合成条件易控制，是目前常用的；后一种方法合成条件难控制，较少用。合成中也常加入一些催化剂、压力传输剂等。

一般地说，在高压或超高压下，无机化合物因阳离子配位数增加、结构排列变化或者结构中电子结构的变化和电荷的转移等发生相变，从而生成新结构的化合物或物相。

3.1.4 水热合成

水热合成是指在密闭的以水为溶剂的体系中，在一定温度和水的自生压力下，利用溶液中的物质的化学反应所进行的合成。水热装置主要是一个一端封闭的不锈钢管，其另一端由一软铜垫圈的螺旋帽密封，通常称为高压釜或水热弹，水热弹也可以和压力源（如水压机）直接相连。

在水热弹中放入反应混合物和一定量的水,密封后放在所需温度的加热炉中。水热合成主要分为低温水热合成(<100 ℃)、中温水热合成(100~300 ℃)和高温高压水热合成(约1000 ℃,0.3 GPa)。

在水热合成中,处于高压状态的水,一是作为传递压力的媒介,二是作为溶剂,在高压下绝大多数反应物均能部分地溶解于水中。

中温水热合成常用于各种天然和人工沸石分子筛的制备。随着合成技术的不断提高,高温高压水热合成成为一种重要的无机合成和晶体制备方法,如应用广泛的非线性光学材料$NaZr_2P_3O_{12}$和$AlPO_4$、声光晶体铝酸锌锂、激光晶体、多功能的$LiNbO_3$和$LiTaO_3$、人工宝石等都是通过高温高压水热合成制备的。

3.1.5 无水无氧合成

无水无氧合成技术是空气敏感化合物合成中最广泛使用的方法,常见的有以下三种:

(1) Schlenk 技术

使用成套的Schlenk仪器以及加盖的反应器。所用仪器均先装好且严密,然后利用"抽换气"技术使整个反应装置充满经过无水无氧处理的氩气或其他惰性气体。

所用试剂均须干燥除水,液体试剂在"抽换气"前加入,反应过程中加入试剂或调换仪器而需开启反应器时,都应在较大惰性气体流下进行,有些简单反应可直接在惰性气体封管内进行。

产物的分离、纯化及转移、分装、储存均采用Schlenk仪器或相当的仪器进行操作。

(2) 在惰性气体箱内进行的常规操作

常用的惰性气体箱有手套箱和干燥箱,它们都可用于操作大量固体试剂或液体试剂,如在手套箱中进行敏感固体试剂的称量、红外样品研磨及X射线样品装管等。

本操作中使用循环气体净化器或用快速惰性气体流进行冲洗以降低气氛气体中的杂质。常用的惰性气体有氮气、氦气和氩气。

(3) 真空线技术

这是通过抽真空和充惰性气体严格地排除装置中的空气的一种技术。

真空线技术用于真空过滤、真空线上的气相色谱、产物的低温分馏、气体和溶剂的储存、封管反应等,而且已成功地用于氢化物、卤化物和许多其他挥发性物质的合成与操作。金属与不饱和烃反应是使用真空线技术的典型例子。

另一个使用真空线技术的例子是低压化学气相沉积(LPCVD),此技术已广泛用于半导体材料如SiO_2、GaAs等的晶体生长和成膜。

3.1.6 电化学合成

电化学合成是指用电化学方法去合成化学物质,它为人类提供了一系列用其他方法难以制得的材料,如钠、钾、镁、钙、铝及许多强氧化性或还原性的物质,还提供了一些功能陶瓷材料如C、B、Si、P、S、Se等组成的二元或多元金属陶瓷型化合物、非金属元素间化合物、混合价态化合物、簇合物、嵌插型化合物、非计量化合物及有机化合物的合成方法。为解决目前化学工业给地球环境带来的污染问题,电化学合成展示出了一条有效而又切实可行的道路。

除了活泼金属的电解还原外,电化学合成在无机化合物的制备中的成功例子有:NaCl溶液电解制烧碱、氯气,高锰酸钾的制备等。

常用的电解方法是恒电流-恒电位电解法。即在电解过程中,恒定电流,采用电解液的流动来保持底物浓度不变,结果电位也不变,主反应的电流效率便可维持恒定。

3.1.7 等离子体下的合成

等离子体下合成是利用等离子体的特殊性质进行化学合成的一种技术。

高温下部分气态粒子发生电离,当电离部分超过一定限度(>0.1%),则成为一种电导率很高的流体,这种流体的状态与一般固态、液态、气态完全不同,被称为物质的第四态。由于其中负电荷总数等于正电荷总数,宏观上仍呈电中性,所以这种流体又称为等离子体。

等离子体分高压平衡等离子体(或称热等离子体、高温等离子体)和低压非平衡等离子体(或称冷等离子体、低温等离子体)。热等离子体可由高强度电弧、射频放电、等离子体喷焰及等离子体炬获得。冷等离子体主要依靠低压放电获得,包括低强度电弧、辉光放电、射频放电和微波诱导放电等,目前应用较多的冷等离子体是微波等离子体。

热等离子体与冷等离子体有不同的特性,在无机合成中的应用范围各不相同。

热等离子体适用于金属及合金的冶炼,超细、耐高温材料的合成,金属超微粒子的制备,NO_2和 CO 的生产等。冷等离子体适用于氨、O_3 的合成,微波增强的化学气相沉积(MPCVD)制备太阳能电池薄膜、高 T_c超导薄膜及光导纤维等。

3.1.8 光化学合成

光化学反应是指在光的作用下,电子从基态跃迁到激发态,此激发态再进行各种各样的光物理和光化学过程。光化学和热化学反应的主要区别在于热化学反应为基态化学反应而光化学反应为激发态化学反应,亦即尽管反应物相同,但发生反应时两者分子中的电子排布不同。

光化学反应的特点包括:

在等温等压下,$\Delta_r G_m>0$;

反应温度系数很小,有时升高温度,反应速率反而下降;

平衡常数与光强度有关。

无机材料的光化学合成近些年逐渐发展起来。例如,贵金属纳米粒子和半导体材料的光化学合成,光催化分解水制氢、光催化 CO_2还原及光催化降解有机污染物等。

3.2 无机分离技术

3.2.1 溶剂萃取法分离

溶剂萃取法通过在被分离物质的水溶液中,加入与水互不混溶的有机溶剂,借助于萃取剂的作用,使一种或几种组分进入有机相,而另一些组分仍留在水相,从而达到分离的目的。根据萃取剂的性质、萃取机理及萃取过程中生成配合物(萃合物)的性质可以将萃取体系分为简单分子萃取体系、中性络合萃取体系、螯合萃取体系、离子缔合萃取体系、协同萃取体系和高温萃取体系六大类。

在萃取体系中，有机相一般由萃取剂、稀释剂和添加剂三部分组成。

萃取剂在萃取过程中起关键作用，它可与要被分离的金属离子形成稳定性不同的配合物（萃合物），稳定性越大，萃取率就越高，萃取就是依据萃取剂与不同金属离子配合物的稳定常数的差异将其分离的。常见的萃取剂有磷酸三丁酯（TBP）、甲基膦酸二甲庚酯（P_{350}）、三烷基胺（N_{235}）、氯化三烷基甲胺（N_{263}）、噻吩甲酰基三氟丙酮（HTTA）、八羟基喹啉（HOX）等。

为了提高萃取率和分离系数，水相中常加入一些掩蔽剂、盐析剂等，pH 也是一个重要的影响因素。

萃取到有机相的金属离子需要再反萃取到水相，反萃取就是破坏有机相中萃合物的结构、生成易溶于水相的化合物（或生成既不溶于有机相也不溶于水相的沉淀），而使被萃取物从有机相转入水相（或生成沉淀）。所以萃取剂络合金属离子的能力不能太强，否则反萃取较难。

在萃取化学中，常用分配比（D）、分离系数（β）、相比（R）及萃取率（E）等参数来表示萃取分离的好坏。

分配比 D 是指当萃取体系达到平衡时，被萃取物在有机相中的总浓度与在水相中的总浓度之比，D 值越大，说明被萃取物越易进入有机相。

分离系数 β 是指两种被分离的元素在同一萃取体系内，在同样萃取条件下分配比的比值。

相比 R 是指在一种萃取体系中，有机相和水相体积之比，$R=V_{有}/V_{水}$。

萃取率 E 是指物质被萃取入有机相的物质的量与物质在萃取前原始水溶液中的物质的量的比值。

3.2.2　离子交换法分离

离子交换法是应用离子交换剂进行物质分离的一种现代操作技术。离子交换剂分为两大类：一类为无机离子交换剂，自然界中存在的黏土、沸石、人工制备的某些金属氧化物或难溶盐类都属于这一类；另一类是有机离子交换剂，其中应用最广泛的是离子交换树脂，它是人工合成的带有离子交换功能基团的有机高分子聚合物。

离子交换树脂属于既不溶解、也不熔融的多孔性海绵状固体高分子物质，每个树脂颗粒都由交联的具有三维空间立体结构的网络骨架构成，在骨架上连接着许多能解离出离子的功能基团，外来离子可以同这些离子进行交换，所以叫做可交换离子。在再生的条件下，这种可交换离子又可以被外来离子换出。通过创造适宜条件，如改变浓度差、利用亲和力差别等控制树脂上的这种可交换离子，使它与相近的同类型离子进行反复交换，可达到不同的使用目的，如浓缩、分离、提纯、净化等。

离子交换树脂在无机化学上主要用于各种金属离子的分离，如稀土离子的分离，或者用于提纯某种金属离子。制备去离子水就是使用离子交换树脂进行的。

离子交换树脂大致可分为阳离子交换树脂、阴离子交换树脂、螯合型离子交换树脂、萃淋树脂等。按照基体内网孔的大小，离子交换树脂分为微网树脂（网孔的大小为 2000~4000 pm）和大孔树脂（孔径 20000~100000 pm）。

阳离子交换树脂的功能基团都是一些酸性基团，最常见的一些阳离子交换功能基团如下：

强酸性基团　$—SO_3H$；

弱酸性基团　$—CO_2H$；

中等酸性基团 $—PO_3H_2$、$—AsO_3H_2$。

据此，阳离子交换树脂还可以按其酸性强弱分为强酸性树脂、弱酸性树脂和中等酸性树脂。在溶液中，这些交换功能基团中的氢可以与其他阳离子发生交换反应。例如：

$$R—SO_3H + Na^+ \longrightarrow R—SO_3Na + H^+$$

式中 R 代表树脂的骨架。

阴离子交换树脂所带的功能基团都是一些碱性基团，其中常见的如下：

强碱性基团 $—CH_2—\overset{+}{N}(CH_3)_3$、$—\underset{C_2H_4OH}{CH}—\overset{+}{N}(CH_3)_3$、N-甲基吡啶鎓基（$—C_5H_4\overset{+}{N}—CH_3$）；

弱碱性基团 4-甲基吡啶鎓基（$—C_5H_3(CH_3)\overset{+}{N}—H$）、$—NH_2$、$—NH(CH_3)$。

阴离子交换树脂可按其碱性强弱分为强碱性树脂和弱碱性树脂。

3.2.3 膜法分离技术

膜是指在一种流体相内或是在两种流体相之间的一层薄的凝聚态物质，它把流体相分隔为互不相通的两部分，但这两部分之间能产生传质作用。

膜有两个明显的特征：一是不管多薄必有两个界面，通过两个界面分别与两侧的流体相接触；二是膜有选择透过性，可以使流体相中的一种或几种物质透过，而不允许其他物质透过。

利用膜的选择透过性进行分离或浓缩的方法称为膜法分离技术。

在液相中，膜能使溶剂（如水）透过的现象通常称为渗透，膜能使溶质透过的现象通常称为渗析。

要实现膜法分离物质必须有能量作为推动力，这些能量可能是力学能、电能、化学能和热能，分别产生压力差、电位差、浓度差和温度差。根据所给能量的不同方式，膜法分离有不同的名称，如电渗析、反渗透、超过滤、微滤、自然渗析和热渗透、膜蒸馏等。

膜是膜法分离技术的关键，根据膜的功能和结构特征可将其分为反渗透膜、超过滤膜、微孔膜、离子交换膜、气体分离膜、液态膜、蒸馏膜、生物酶膜等。

例如，海水淡化主要就是通过使用具有选择透过性的离子交换膜的电渗析法来进行的。

3.3 表征技术

对于一种制得的新化合物，通过各种手段对其进行结构、性能表征是非常重要的，常用的方法有 X 射线衍射法、紫外-可见光谱法、红外光谱法、拉曼光谱、核磁共振波谱法、电子顺磁共振波谱法、X 射线光电子能谱法、热分析法、电子显微镜等。

3.3.1　X 射线衍射法

X 射线衍射法是针对固态晶体样品的分析方法，通常有粉末法和单晶法。

粉末法应用于多晶粉末样品，当一束单色 X 射线照到样品上时，在理想情况下，样品中晶体按各种可能的取向随机排列，各种点阵面也以各种可能的取向存在，对每套点阵面，至少有一些晶体的取向与入射束成布拉格角，于是这些晶体面发生衍射。粉末法的重要用途是对化合物进行定性鉴定，每种晶相都有其固有的特征粉末衍射图，它们像人的指纹一样，可用于对晶相的鉴定，通过和标准粉末衍射卡片相比较可对化合物进行判断。

单晶法的对象是单晶样品，主要用于测定单胞和空间群，还可测定反射强度，完成整个晶体结构的测定。所用仪器为 X 射线四圆衍射仪或 CCD X 射线面探测仪，包括恒定波长的 X 射线源、安放样品单晶的支架和 X 射线检测器。检测器和晶体样品的转动由计算机控制，晶体相对于入射 X 射线取某些方向时以特定角度发生衍射，衍射强度由衍射束方向上的检测器测量并被记录、存储。通常至少要收集 1000 个以上的衍射强度和方向的数据，每个结构参数（即各个原子的位置和由热运动造成的位置变化范围）需获得 10 个以上的衍射数据，通过直接法程序或者根据衍射数据提供的信息结合原子排布的知识选定一种尝试结构，通过原子位置的系统位移对尝试结构模型进行调整，直到计算的 X 射线衍射强度与观测值相符合。

3.3.2　紫外-可见光谱法

当一个分子吸收了辐射时，它获得了一定数量的能量，这份能量将与分子内部的某种运动形式相对应，这些运动包括电子从一个能级到另一个能级的跃迁、分子的振动和转动、电子的自旋或核的自旋。紫外-可见光谱所反映的能态跃迁是电子的能态跃迁，波长范围为 200～800 nm。利用紫外-可见分光光谱可以研究过渡金属配合物的电子跃迁、荷移吸收和配体内的电子跃迁，因而能够应用于金属配位化合物的鉴定。

3.3.3　红外光谱法

红外光谱是化合物较特征的性质之一。红外光是指波长由 0.75 μm 到 200 μm 的光。化合物的红外振动吸收的光的频率通常以波数来表示（单位为 cm^{-1}）。

当样品受到频率连续变化的红外光照射时，分子吸收了某些频率的光，用作消耗于各键的伸缩或弯曲振动的能量，相应于这些吸收区域的透过光自然要减弱，因此，按波数或波长记录透过红外光的强度，就可得到表示吸收谱带的曲线，这就是红外光谱。红外光谱的范围通常是 400～4000 cm^{-1}，这相当于吸收波长为 2.5～25 μm 的光。

虽然红外光谱法的最大用途在于研究有机化合物，但是对于多种其他化合物也是很有用的。如在配位化合物中许多配体是有机化合物，它们能产生红外吸收，除此之外，许多其他配体也能产生红外谱峰，如硝基（$—NO_2$）就是一个例子。此外，配体的红外振动光谱在形成配位化合物或有机金属化合物后会发生较明显的变化，如配位后基团的振动吸收一般向低波数方向移动，因此，比较自由配体与配位化合物的红外振动光谱，可以获得许多关于配位作用和配位化合物结构方面的信息。

红外光谱对配位化合物的另一种有趣的应用是区别给定配位化合物的顺反异构体。顺反异构体的红外光谱虽然有许多类似性,但也有细微差别。颇为常见的情况是对称性较低的顺式异构体的谱图比反式异构体的谱图复杂,有较多的谱峰。

此外,在一种金属配位化合物中如果某个配体以不同原子与中心金属离子相连接,可以在红外光谱中引起变化。典型的例子是二氯化一亚硝酸根·五氨合钴(Ⅲ),它有两种键合异构体:$[Co(NH_3)_5(NO_2)]Cl_2$,其中亚硝酸根离子通过氮原子与钴离子相连接;$[Co(NH_3)_5(ONO)]Cl_2$,其中的亚硝酸根离子通过其一个氧原子同钴离子相连接。

3.3.4 拉曼光谱

拉曼光谱分析法是对与入射光频率不同的散射光谱进行分析以得到分子振动、转动方面的信息,并应用于分子结构研究的一种分析方法。拉曼光谱的范围类似于红外光谱的范围(200~4000 cm^{-1}),它们是互为补充的两种光谱技术,通常将拉曼光谱配合红外光谱使用。

拉曼散射是一种分子对光子的非弹性散射效应,即当单色光与样品相互作用时,光子被样品吸收,然后发射,光子频率与原来的单色光相比发生变化,这种效应称为拉曼效应。

常规拉曼光谱法的灵敏度低,但如果被研究的化合物有颜色而且将激发用光调节至电子跃迁所需的实际频率,灵敏度就可大大提高,这一种方法叫做共振拉曼光谱法,对研究酶中 d 区金属原子的环境特别有价值,因为只有接近电子生色基团的振动被激发,而分子中成千上万的其他键对激发无响应。

拉曼光谱在无机材料的结构研究中有重要应用,例如,可以用来鉴别石墨烯和石墨。

3.3.5 核磁共振波谱法

核磁共振(NMR)中氢核^1H是最常被研究的核。质子(氢核)和电子一样,有其自旋量子数,它的自旋量子数是$+\frac{1}{2}$或$-\frac{1}{2}$。如果把质子放在一个磁场中,它的排列方式或与磁场方向一致(较低能态),或与磁场方向相反(较高能态)。把核的自旋从与外加磁场一致的排列方式改变为与外加磁场方向相反的、能量较高的不稳定状态就需要吸收能量。这种能量吸收的结果是在核磁共振谱仪中产生一个核磁共振信号,这就是核磁共振波谱法的基础。

某些其他的核,如^{13}C、^{19}F和^{31}P,也都有各自的自旋量子数,它们的性质相似,也用于核磁共振的研究中。如^{31}P核磁共振用于含磷化合物如杂多酸等的研究就特别有用。

^1H NMR 中,氢核的环境不同,其核磁位移就不同,这样通过分析不同位移处的质子数,就可以确定化合物分子结构。

核磁共振不能用于不含未成对电子的化合物。不过,对于像 Mg^{2+}、Zn^{2+}等金属离子本身是反磁性的配位化合物,通过测定其氢或碳核磁共振去研究其配体还是很有用处的。

3.3.6 电子顺磁共振波谱法

电子顺磁共振(EPR)波谱法是研究具有未成对电子的配位化合物的有力手段。它不但可用来描述分子中未成对电子的分布,而且在某种程度上还可用来确定中心金属离子上的电子离域到配体的程度。

对自由电子，Landé 因子 $g=2.0023$，$S=\frac{1}{2}$，$M_J=m_S=-\frac{1}{2}$或$+\frac{1}{2}$。在没有外磁场的情况下，自由电子在任何方向均具有相同的能量，故可以自由取向。但当处于外磁场时，电子的自旋磁矩和外磁场发生作用，使得电子的自旋磁矩在不同方向上具有不同的能量。因此，电子在外磁场中将分裂为两个能级：

$E\left(+\frac{1}{2}\right)=-\frac{1}{2}gB\mu_B$（电子自旋磁矩和外磁场方向相同）

$E\left(-\frac{1}{2}\right)=\frac{1}{2}gB\mu_B$（电子自旋磁矩和外磁场方向相反）

这种分裂称为 Zeeman 分裂。磁能级跃迁的选择定则是 $\Delta m_S=0,\pm1$。故若在垂直于外磁场的方向加上频率为 ν 的电磁波，使电子得到能量 $h\nu$，则若 ν 和 B 满足条件：

$$h\nu=E\left(-\frac{1}{2}\right)-E\left(+\frac{1}{2}\right)=gB\mu_B$$

就发生磁能级间的跃迁，发生顺磁共振吸收，在相应的吸收曲线（即 EPR 谱）上出现吸收峰。

化合物中的不成对电子在磁场中的共振吸收受到不成对电子所处化学环境的影响，于是，EPR 谱呈现各种复杂的情况。

3.3.7　X 射线光电子能谱法

X 射线光电子能谱（XPS）又称为化学分析用电子能谱（ESCA）。它的原理如下：具有足够能量的入射光子和样品中的原子相互作用时，单个光子把它的全部能量转移给原子中某壳层上的一个受束缚的电子，如果能量足以克服原子的其余部分对此电子的作用，电子即以一定的动能发射出去，利用检测器测量发射出的电子动能，就可以得到样品中原子的电子结合能。

应用 XPS 研究配位化合物，能直接了解中心金属离子内层电子状态及与之相结合的配体的电子状态和配位情况，可获得有关配位化合物的立体结构、中心离子的电子结构、电负性和氧化态、配体的电荷转移、配位键的性质等信息。

3.3.8　热分析法

热分析是测试物质的物理性能和化学性能随温度变化的技术。常用的有热重分析（TG）、差热分析（DTA）和差示扫描量热分析（DSC）。

热重分析是在程序控制温度下，测量物质质量与温度关系的一种技术。热重分析实验得到的曲线称为 TG（热重）曲线。TG 曲线以温度为横坐标，以试样的失重为纵坐标，显示试样的绝对质量随温度的恒定升高而发生的一系列变化。

差热分析是在试样与参比物处于控制速率下进行加热或冷却的环境中，在相同的温度条件时，记录两者之间的温度差随时间或温度的变化。差示扫描量热分析记录的则是在两者之间建立零温度差所需的能量随时间或温度的变化。DSC（或 DTA）反映的是所测试样在不同的温度范围内发生的一系列伴随着热现象的物理变化或化学变化，换言之，凡是有热量变化的物理现象和化学现象都可以借助于 DTA 或 DSC 的方法来进行精确的分析，并能定量地加以描述。

3.3.9 透射电子显微镜

透射电子显微镜(transmission electron microscopy,TEM)简称透射电镜,其原理是把经加速和聚集的电子束投射到非常薄的样品上,电子与样品中的原子碰撞而改变方向,从而产生立体角散射。散射角的大小与样品的密度、厚度相关,因此可以形成明暗不同的影像。通常,透射电子显微镜的放大倍数为几万到百万倍,适于观察超微结构。因此,透射电镜是一种高分辨率、高放大倍数的显微镜,它能提供极微细材料的组织结构、晶体结构和化学成分等方面的信息,是材料科学研究的一种重要手段。

透射电镜主要应用于样品的形貌观察。

3.3.10 扫描电子显微镜

扫描电子显微镜(scanning electron microscope,SEM)是继透射电镜之后发展起来的一种电子显微镜。扫描电子显微镜的成像原理和光学显微镜或透射电子显微镜不同,它是以电子束作为照明源,把聚焦的很细的电子束以光栅状扫描方式照射到试样上,通过电子与试样相互作用产生的二次电子、背散射电子等对样品表面或断口形貌进行观察分析。现在的 SEM 都与能谱(EDS)组合,可以进行成分分析,已广泛用于材料、冶金、矿物、生物学等领域。

第4章 无机材料化学

固态是一种重要的聚集态,某些无机固体具有特异的性质,如光、电、磁、声、热、力等性能,因而可以作为材料,还有一些无机固体具有催化、吸附、离子交换等特性。因此,这些无机固体作为重要的新技术材料,在科学技术、经济生活和社会发展中起着重要的作用。

4.1 无机固体的合成

(1) 助熔剂法

许多无机固体熔点很高,在达到熔点之前便先行分解或者气化。为了制备这些物质的单晶可以寻找一种或数种固体作助熔剂以降低其熔点,将目标物质和助熔剂的混合物加热熔融,并使目标物质形成饱和溶液,然后缓慢降温,目标物质溶解度降低,从熔体内以单晶形式析出。

(2) 水热法

许多无机固体在常温常压下难溶于纯水、酸或碱溶液,但在高温高压下却可以溶解。因此,可以将目标物质与相应的酸、碱溶液置于高压釜中令目标物质达到饱和态,然后降温、降压,使其以单晶析出,如水晶、刚玉、磷酸盐分子筛、单晶硅、砷化镓等都是通过这种方法获得的。

(3) 区域熔炼法

区域熔炼法(图 1.4.1)是将目标物质的粉末烧结成棒状多晶体,放入单晶炉,两端固定,然后用高频线圈加热,使多晶棒的很窄一段变为熔体,转动并移动多晶棒,使熔体向一个方向缓慢移动,重复多次。由于杂质在熔融态中的浓度远大于在晶态中的浓度,所以杂质将集中到棒的一端,然后截断弃去。经过这种熔炼过程,多晶棒转变成了单晶棒。

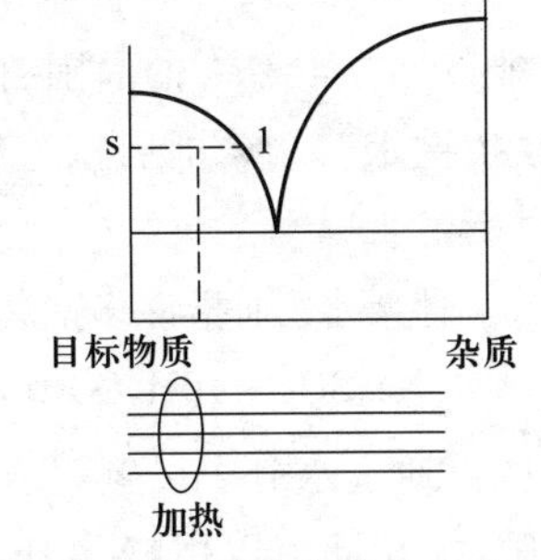

图 1.4.1 区域熔炼法示意图

(4) 化学气相输运法

将可得到目标物质的反应物与一种可以与之反应生成气态中间物质的气态物质一起装入一密封的反应器中,反应物与气态物质生成一种气态中间物质并转运至反应器的另一端,再分解成目标物质沉积下来或形成单晶。

(5) 烧结陶瓷

两种或数种固态粉末起始物均匀研磨混合,压铸成型,在低于熔点温度下煅烧,制得的具有一定强度的由单相或多相多晶颗粒表面互相粘连而成的致密固体总称陶瓷,此过程称为烧结。

4.2 无机固体的结构

4.2.1 零维岛状晶格结构

通常在讨论晶体的结构时总是按晶体的键型来分类。按这种分类方式,晶体可分为分子晶体、原子晶体、离子晶体、金属晶体、各种过渡型晶体等。其实,晶体还可以按照有限结构和无限结构来区分。无限结构可粗分为一维、二维、三维结构,即链状、层状和骨架状结构。与此相对应,有限结构可看作“零维岛状”结构。所谓“零维岛状”结构就是独立的与其他不连接的结构。

通常所述的“分子晶体”就是“零维岛状”的共价结构,在分子之间仅存在分子间力及氢键。

而在“离子晶体”中也可能有“零维岛状”的结构存在。例如,H_2O、NH_3 及其他一些中性分子就可以进入离子晶体并以岛状结构存在。

另一类具有岛状结构的是具有共价结构的小离子、原子基团。较典型的就是含氧酸根阴离子。这些具有共价结构的有限原子基团被简单地当作圆球(或一个微粒),从而可估计其“热化学半径”。

水分子可作为“零维岛状”结构的实例。按照水分子同其他微观化学物种的相互关系可以把晶体中的水分为配位水、结构水、桥键水、骨架水、沸石水等,但并不十分严格。

“配位水”是指与金属离子形成配位键的水分子,如$[Mg(H_2O)_6]^{2+}$和$[Cu(H_2O)_4]^{2+}$中的水分子。

“结构水”又称结晶水,泛指除配位水以外的一切在晶体中有序排列的水分子。如 $CuSO_4 \cdot 5H_2O$ 结构中位于中间的那个水分子,它是通过氢键与配位水和 SO_4^{2-} 相连,且在晶体中有固定的位置,这个水分子就是“结构水”。

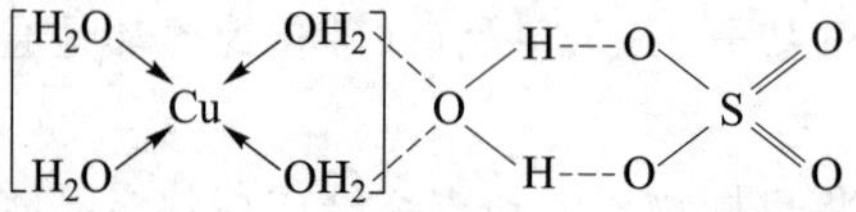

```
[H2O       OH2]       H---O       O
     ↘   ↙      \    /      \   //
      Cu          O           S
     ↗   ↖      /    \      /   \\
[H2O       OH2]       H---O       O
```

“桥键水”是指起桥联作用的水分子。如 $CaCl_2 \cdot 6H_2O$,其结构单元中 9 个 H_2O 按三冠三棱柱排布配位于 Ca^{2+}的周围,柱体上、下两个底面的六个顶角的水分子,均被两个 Ca^{2+}所共用而成为“桥键水”。换句话说,三棱柱顶角的水分子配位于两个 Ca^{2+}而成为桥,所以这种水分子被称为“桥键水”。

“骨架水”则指许多晶体中存在的彼此以氢键相连而成为像冰那样的结构的“骨架”的水分子。如 $Na_2SO_4 \cdot 10H_2O$,由六个水分子配位于 Na^+所成的八面体共用两条棱边而形成链状结构,然后再通过水分子以氢键将上述链状结构连接成三维的类似于冰的骨架。SO_4^{2-} 则填入骨架的空隙中,从而可以用$[Na(H_2O)_4]_2(SO_4) \cdot 2H_2O$ 来表示。

“骨架水”与“结构水”虽然都是以氢键同其他基团连接,但其主要的区别在于前者有类似于冰的骨架结构,而后者却无这种骨架结构。

上述结构中的水分子一旦失去,原来的晶体结构便不复存在。

与此相反，“沸石水”是随机填入具有大空隙的骨架结构之内而与周围原子无强作用力的水分子，它们一旦失去，并不破坏晶体的骨架结构。“沸石水”也有一定的计量关系，如 A 型沸石，其化学式为 $Na_{12}(Al_{12}Si_{12}O_{48})\cdot 29H_2O$，化学计量数约为 29 mol 的 H_2O 在沸石的三维空间网状结构空隙中形成类似于液态水的水分子簇，而 Na^+ 则溶于其中，因而易被其他离子交换。

关于晶体中的水，还有两点需要补充说明：

(1) “吸附水”并不进入晶格，因而不属于前面所定义的任何一种“水”。

(2) 不要认为在化学式中以结晶水的形式书写的水分子都是存在于晶体中的水分子。如 $Na_2B_4O_7\cdot H_2O$，其结构中根本没有“水”，事实上它是由 $[B_4O_6(OH)_2]^{2-}$ 组成的链状无限结构。又如 $HClO_4\cdot H_2O$，其结构中也无“水”，其中含有的是 H_3O^+ 的零维岛状结构。

4.2.2　密堆积与填隙模型

原子的紧密堆积可以理解为圆球的紧密堆积。

如果在平面上把相同的圆球尽可能紧密地堆积在一起，则每个球同另外 6 个球接触。在这一球层之上可以堆放一个完全相同的球层，即将第二层的球堆放在第一层球的凹陷处。当把第三层球堆放在第二层球上时，则有两种选择：

一种是将第三层球直接对准第一层球，即放在对准第一层球的凹陷处，这种堆积方式称为六方紧堆，以符号 ABABAB…表示。

第二种是将第三层球对准第一层球中未被第二层球占据的凹陷的位置的地方，这种堆积方式称为立方紧堆，以符号 ABCABC…表示。

在这两种堆积方式中每个球的配位数均为 12，空间占有率也相等，为 74.05%。

根据计算，六方紧堆的吉布斯自由能要比立方紧堆的吉布斯自由能低，约低 0.01%，因而六方紧堆应更稳定一些。不过，这两种堆积方式的吉布斯自由能之差毕竟很微小，因而这两种堆积方式常常混杂出现，如金属 Sm，其堆积方式是 $\frac{2}{3}$ 的六方紧堆和 $\frac{1}{3}$ 的立方紧堆，整体呈三方晶系菱方晶胞。

还有一种堆积方式是体心立方堆积，相邻两层相互错开堆积，堆积球的空间占有率为 68%，为次密堆积方式。

金属另有一种非密堆积排列方式——简单立方堆积，第二、三层正对重叠在第一层之上，堆积球的空间占有率仅为 52%。

可见，不管是采用何种堆积，其空间占有率都小于 100%，还余有部分空隙。

空隙有两种形状：一种是由四个等径圆球所围绕的四面体空隙，一种是由六个等径圆球所围绕的八面体空隙，四面体空隙数目等于紧堆球数目的两倍，而八面体空隙数目等于紧堆球数目。

许多无机化合物的结构可以理解为：构成这种化合物的大离子作密堆积排列，而较小的离子则填充在密堆积所产生的四面体或八面体空隙中。

例如 NiAs，其晶体的填隙模型是 As 原子作六方紧堆，Ni 原子则填入所有的八面体空隙中。再如 α-Al_2O_3，其中 O^{2-} 作六方紧堆，Al^{3+} 则填入八面体空隙中，但空隙占有率仅达 $\frac{2}{3}$。如果将 Fe 和 Ti 的离子按一定的次序取代 Al^{3+} 就得到 $FeTiO_3$；如果取代的原子是 Li 和 Nb，便得到 $LiNbO_3$ 的晶体。

4.2.3 配位多面体及其连接与骨架模型

配位多面体是以围绕中心原子的配位原子作为顶点所构成的多面体。从数学上可以证明，完全由一种正多边形所能围成的多面体只有五种形式，分别是正四面体、正八面体、正立方体、正十二面体和正二十面体。但是在无机晶体中遇到得较多的是正四面体、正八面体及它们的畸变体（如拉长八面体、压扁八面体、扭曲八面体等）。

可以把晶体的结构抽象为由配位多面体连接起来的结构，从这种角度考察晶体，就称为晶体的骨架模型。

以正八面体为例，八面体之间可以进行共顶、共棱和共面连接［图 1.4.2(a)］。

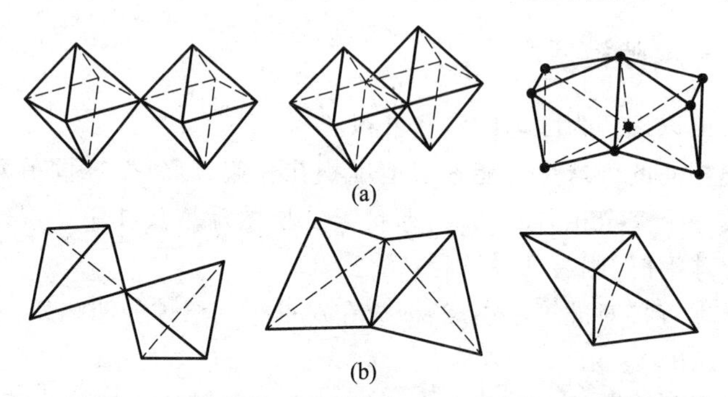

图 1.4.2 八面体、四面体的共顶、共棱和共面连接

如果八面体作一维共顶连接，则八面体有两个顶点为两个八面体所共用，此时化学式为 $AX_4X_{2/2}=AX_5$，其中 A 表示中心原子，X 表示配位原子。如 NbF_5，它具有一种一维链状的八面体共顶骨架结构。

如果八面体作二维共棱连接，则八面体有四个顶点为两个八面体所共用，此时化学式为 $AX_2X_{4/2}=AX_4$。如 NbF_4，其结构就是铌氟八面体 NbF_6 在同一平面内共用棱边而连接起来的二维平面层状结构。

如果八面体作三维共面连接，则每个顶点都为两个八面体所共用，此时化学组成为 $AX_{6/2}=AX_3$。例如 WO_3，它是以钨氧八面体 WO_6 按立方晶体的结构排布而成的晶体，八面体的六个顶点都为两个八面体所共用。

同样，四面体也可通过共顶、共棱、共面连接得到各种结构［图 1.4.2(b)］。

4.2.4 无机晶体结构理论

一个具体的晶体究竟取何种结构，这是一个难以回答的问题。从原则上，晶体的结构倾向于：

(1) 尽可能地满足化学键的制约；

(2) 尽可能地利用空间；

(3) 显示尽可能高的对称性以达到尽可能低的能量状态。

然而，多数晶体的结构都不能同时使这三个因素得到较大限度的满足，因而总是取其最恰当的妥协。

很多化学家从不同侧面提出了解答上述问题的一些原理。除大家所熟知的半径比规则：

r_+/r_-	配位数	晶体构型
0.225～0.414	4	立方 ZnS
0.414～0.732	6	NaCl
0.732～1.00	8	CsCl

之外，Pauling、Langmuir 和 Hume-Rothery 从不同的角度总结出了构成晶体结构的规则。

1. Pauling 多面体连接规则

1928 年，Pauling 提出了关于多面体的连接规则：

(1) 在阳离子的周围可以形成一个阴离子的配位多面体，其配位形式及配位数取决于阳离子、阴离子的半径比，多面体中阳离子、阴离子中心间的距离等于它们的半径之和。

(2) 在一种稳定的离子化合物的结构中，每一个阴离子上的电荷事实上应被它所配位的阳离子上的电荷所抵消。例如，焦硅酸根离子($Si_2O_7^{6-}$)的构型为两个硅氧四面体 SiO_4 共用一个顶点，在一个正四面体中，Si^{4+} 阳离子平均能给一个 O^{2-} 阴离子一个正电荷，故公共顶点处的氧阴离子能得到两个正电荷，恰好能抵消其上的负电荷而使该氧呈电中性。

这条规则称为电价规则。

(3) 在一个配位多面体的结构中，共用棱和面，特别是共用面会降低该结构的稳定性。这是因为随着相邻两个配位多面体从共用一个顶点到共用一条棱、再到共用一个面，阳离子间的距离逐渐减小，库仑斥力增大，故稳定性降低。

应用 Pauling 多面体连接规则可以解释硅酸盐的结构：

根据第一条规则，由于 $r(Si^{4+}) = 41$ pm，$r(O^{2-}) = 140$ pm，$r_+/r_- = 41/140 = 0.3 < 0.414$，因而硅应选择配位数为 4 的四面体配体排布方式，所以在硅酸盐中，硅以 SiO_4 四面体存在，Si—O 键的键长为 160 pm，氧原子与氧原子之间的距离为 260 pm，这些值比由阳离子、阴离子半径算出的值稍小，这是因为氧化态为+4 的 Si^{IV} 的半径小、电荷高，使 Si—O 键发生了强烈的极化。

根据第二条规则，SiO_4 四面体的每一个顶点，即 O^{2-} 阴离子最多只能被两个四面体所共用。

根据第三条规则，硅酸盐应该是以不共用顶点的独立硅酸根离子团最为稳定。该规则体现在自然界中是在火山爆发时，从岩浆中往往优先析出的是镁橄榄石(Mg_2SiO_4)、锆英石($ZrSiO_4$)。

所以，尽管硅酸盐的结构很复杂，但是根据这些规则，无论是有限的硅氧基团，还是链状的、层状的和网状的复杂结构的硅酸盐，它们结构间的内在联系都是十分清楚的。

2. Langmuir 等电子原理

等电子原理是指具有相同电子数和相同非氢原子数的分子，它们通常都具有相同的结构、相似的几何构型和相似的化学性质。这个原理最先是由 Langmuir 提出的，所以叫 Langmuir 等电子原理。

一个熟悉的例子是 N_2 和 CO，它们的分子中都有 14 个电子，都有三键，化学性质十分相似。

一种化合物的未知等电子类似物的推测常常是第一次合成它的推动力。例如，在 1917 年就已经知道了 $Ni(CO)_4$、$Co(CO)_3(NO)$、$Fe(CO)_2(NO)_2$、$Mn(CO)(NO)_3$，它们都有相同的成键电子数 18，根据推断，在这个系列中应该还有一种化合物，即 $Cr(NO)_4$，但长久以来它是未知的，直到 1972 年，深信等电子原理的化学家在 NO 存在的条件下，对 $Cr(CO)_6$ 溶液进行光解而制出了这种化合物：

$$Cr(CO)_6 + 4NO \longrightarrow Cr(NO)_4 + 6CO$$

在无机固体中，有一大类被称为 Grimm-Sommerfeld 同结构化合物，这类化合物都具有类金刚石的结构，每个原子平均有四个价电子。属于这类化合物的有二元ⅣA-ⅣA 族化合物如 SiC 等，ⅢA-ⅤA 族化合物如 BN、AlP、GaAs、InSb 等，ⅡB-ⅥA 族化合物如 ZnSe、CdTe 等，ⅠB-ⅦA 族化合物如CuBr、AgI 等；还有三元化合物如 $CuInTe_2$、$ZnGeAs_2$ 等。它们都是十分有用的功能材料，例如 GaAs 就是一种很好的半导体材料。

3. Hume-Rothery 合金结构规则

从 1920 年起，Hume-Rothery 对如 Ag_3Al、Ag_5Al_3 类的合金的组成和结构进行了研究，于 1947 年提出了 Hume-Rothery 电子化合物的合金结构原理，指出这类化合物的出现取决于：

（1）原子的半径大小关系；

（2）原子的相对电负性关系；

（3）价电子浓度（所谓价电子浓度是指每个原子摊到的价电子数，它等于化合物中总的价电子数同原子数的比值）。

Hume-Rothery 给出了某些金属原子的“价电子数”，见表 1.4.1。

表 1.4.1 某些金属原子的“价电子数”

族	元素	价电子数
ⅦB，Ⅷ，La 系	Mn，Fe，…，La 系	0(1,2)
ⅠB	Cu，Ag，Au	1
ⅠA	Li，Na	1
ⅡA，ⅡB	Be，Mg，Zn，Cd，Hg	2
ⅢA	Al，Ga，In	3
ⅣA	Si，Ge，Sn，Pb	4
ⅤA	As，Sb	5

研究发现，当价电子浓度为$\frac{3}{2}$、$\frac{21}{13}$、$\frac{7}{4}$时，可得稳定的“电子合金”，见表 1.4.2。

表 1.4.2 稳定的电子合金

价电子浓度	$\frac{3}{2}$		$\frac{21}{13}$	$\frac{7}{4}$
结构	体心立方		复杂立方	六方紧堆
	CsCl 型	β-Mn 型	γ-黄铜型	ε 相
合金	CuBe	Ag_3Al	Cu_5Zn_8	$CuZn_3$
	CuZn	Au_3Al	Cu_9Al_4	Cu_3Sn
	Cu_3Al		Fe_5Zn_{21}	Ag_5Al_3
	Cu_5Sn	Cu_5Si	Ni_5Zn_{21}	$AuCd_3$
	AgZn	$CoZn_3$	$Na_{31}Pb_8$	
	NiAl		Rh_5Zn_{21}	

4.3　实际晶体

4.3.1　理想晶体

在理想晶体中,组成晶体的每一结构基元的化学成分和结构都是完全相同的,这些结构基元在空间位置和取向上都是完全规则的重复排列,所以理想的晶体结构满足以下三个条件:

(1) 每个结构基元的化学成分和结构完全相同;

(2) 每个结构基元在空间的取向完全相同;

(3) 所有晶格点的分布都满足晶格基本性质所规定的要求。

4.3.2　实际晶体

实际晶体往往是不完备的,在实际晶体中存在杂质和各种缺陷。从化学成分上看,实际晶体中往往存在杂质。如对于一般工业材料,若其纯度为 99%,则意味着还有 1%的杂质。杂质原子进入晶体,一方面可以取代正常晶体位置上的原子而造成杂质置换缺陷,另一方面也可以在晶体的晶格空隙中填入该杂质原子而成为杂质填隙缺陷。

晶体中的缺陷包括点缺陷、线缺陷、面缺陷和体缺陷。

1. 点缺陷种类

点缺陷包括填隙缺陷、空位缺陷、置换缺陷。

填隙缺陷是指在晶体的晶格中本不应该有原子占据的四面体或八面体空隙中无规则地填隙了多余原子,这些原子可以是组成晶体的自身原子,也可以是杂质原子。

空位缺陷是指晶格中在正常情况下应被原子或离子占据的位置但实际上没有被占据,从而出现了空缺结构。

置换缺陷是指晶格中的一种原子被另一种原子所置换。

2. 离子晶体中的点缺陷

(1) Frenkel 缺陷

晶体中的阳离子离开了它的位置,但还未脱离开晶体,而是进入晶格的空隙位置,这种阳离子空缺和空隙中的阳离子填隙所形成的缺陷最先由 Frenkel 发现,所以叫 Frenkel 缺陷。

(2) F-心缺陷

F-心缺陷(也称色中心缺陷)是电子占据了本应由阴离子占据的位置而得到的缺陷。或者换句话说,即电子取代了阴离子。

例如,当碱金属卤化物的晶体在碱金属的气氛中加热时,金属含量会比理论值高:

$$NaCl(s) \xrightarrow[Na(g)]{\triangle} Na_{1+\delta}Cl(s) \quad 黄色$$

$$KCl(s) \xrightarrow[K(g)]{\triangle} K_{1+\delta}Cl(s) \quad 蓝色$$

δ大约可达万分之一。以第一个反应为例，当少量金属 Na 原子掺入 NaCl 晶体时，辐射的能量使 Na 原子电离为 Na^+和 e^-，Na^+占据正常的阳离子位置，这时 Na^+过多，Cl^-欠缺，留下了 Cl^-的空缺位置。这种空缺位置被电子所占据，于是就形成了 F-心缺陷。这种 Cl^-的空缺位置称为电子势阱，激发电子势阱中的电子所需的能量一般较小，因此，电子势阱可以吸收可见光，从而使离子晶体显示出颜色，因而这种缺陷有"色中心"之称。

F-心缺陷物质实质上是一种非整比化合物。在 19 世纪初曾经发生过 Dalton 和 Berthollet 的化合物的化学计量整比性之争。当时是 Dalton 取得了胜利，肯定了化合物的组成服从定组成定律。但是，在进入 20 世纪以后，人们发现许多固体都具有非整比计量的特征。人们为纪念 Berthollet 就将具有这种非整比计量特征的化合物称为贝托莱体（Berthollide），对具有整比性计量特征的化合物称为道尔顿体（Daltonide）。显然，F-心缺陷，或更广义的点缺陷是形成非整比化合物的重要原因。

（3）Schottky 缺陷

晶格中的阳离子和阴离子同时离开了它们的位置，跑到晶格的表面形成新的一层，而在晶格中却出现了阳离子和阴离子同时空缺的情况，这种阳离子和阴离子同时空缺的缺陷最先由 Schottky 发现，因而叫 Schottky 缺陷。

通过 Frenkel 缺陷和 Schottky 缺陷可以说明离子晶体的导电性。例如，在 AgX 晶体中的 Ag^+具有一定的自由运动性能，这是因为 Frenkel 缺陷使 Ag^+从它的正常结构位置进入空隙位置而移动；而 Schottky 缺陷也能使 Ag^+从它的正常结构位置移开并达到晶格的表面。所以，这两种缺陷都能造成 Ag^+的移动，从而使离子晶体具有导电性。

（4）化学杂质缺陷

如果化学杂质离子进入了晶体，这时将产生几种不同的情况：

一种情况是进入离子的电荷比晶体中离子的电荷要高，如在 AgCl 晶体中引入电荷比 Ag^+电荷高的杂质离子 Cd^{2+}，为了保持晶体的电中性，必须产生一个 Ag^+的空位（实际上是 Schottky 缺陷）。

还有一种情况是进入离子的电荷比晶体中离子的电荷要低，如在 NiO 晶体中引入电荷比 Ni^{2+}电荷低的 Li^+，此时，要维持电中性，就必须有相应数目的 Ni^{2+}氧化为 Ni^{3+}。晶体中 Ni^{3+}的量可以通过掺入 Li^+的量来控制，因而称为"控制价态"缺陷。化学计量的 NiO 是一种亮绿色的电绝缘体，但加入少量 Li^+形成控制价态缺陷后，晶体成为灰黑色并具有半导体的性质。

3. 离子晶体中的线缺陷、面缺陷和体缺陷

除了点缺陷之外，还有由晶格的一维错位所引起的线缺陷。

面缺陷是晶体产生层错导致的。例如，立方紧堆有 ABCABC…堆积，但是如果在晶体中缺了一层如 C 层，就成了 ABABC…堆积，这就是层错，这种层错造成的缺陷就是面缺陷。

体缺陷是指晶体中有包裹物、空洞等包在晶体内部的缺陷。

4. 缺陷对物质性质的影响

从缺陷的定义可以看到，在晶体的缺陷部位，由于它是非正常的点阵结构，因而能量较高，所以缺陷的存在将对晶体的物理和化学性质产生影响。因此，晶体的缺陷往往是理解物质的光、电、磁、热、力等敏感性质的关键。一般地，晶体越完美，其用途越单一。所以，缺陷化学是固体化学的核心，具有重要的技术意义。

（1）对力学性质的影响

研究表明，一些金属的强度对杂质的影响十分敏感，金属中的微量杂质既可大大提高这类金属的屈服强度，也可显著降低其韧性，微量杂质尤其是填隙杂质原子对金属的脆性起决定性的作用。一个典型的例子是生铁和熟铁，前者含碳多，后者含碳少，生铁硬而脆，而熟铁则相反，软而韧。

（2）对电学性质的影响

对于属于电子导电的金属材料，显然，它内部的缺陷浓度越大，电阻就越大，因为缺陷会影响电子的移动。因此，各种金属导线在拉丝之后都要经过热处理退火，目的就是减少其中的缺陷。

对于属于离子导电的各种离子晶体，则内部缺陷浓度增加、电阻降低。

对于半导体材料，杂质元素的引入能改变其特性，控制掺杂元素的种类和浓度可以得到不同类型、不同电阻率的半导体材料。如在 Si、Ge 中掺入ⅢA 族元素 B、Al、In 等可得到 p 型半导体，而掺入ⅤA 族元素 P 和 As 可得到 n 型半导体。

（3）对光学性质的影响

如果在离子晶体中出现过量的金属原子，一般地，含量只要超过万分之一，就可以使本来无色透明的晶体变成一种深颜色的晶体。例如，非整比化合物 $Na_{1+\delta}Cl$ 显黄色，$K_{1+\delta}Cl$ 显蓝色。

各种硫化物磷光体的发光现象也与缺陷的存在有很大关系。在作为荧光屏用的 $Zn_xCd_{1-x}S$ 中掺入万分之几的杂质元素 Ag 就可大大提高其发光性能，而少量 Ni 的存在却显著降低其发光效率。

（4）对催化剂性能的影响

广义地说，若晶体可作为催化剂，这意味着晶体的表面存在缺陷，因为处于表面的原子、离子的化合价往往没有得到满足，显现出一定的余价，所以能够吸附其他原子、分子，从而使原子和分子的成键性能和反应活性发生变化。此外，催化剂表面的晶格畸变、原子空位等往往就是反应的活性中心，许多催化反应都是在这些活性中心上进行的。

4.4　无机功能材料举例

4.4.1　电功能材料

1. 能带理论

已经知道金属晶格中的原子是紧密堆积的，相互接近的、能量相近的原子轨道间可以相互作用形成许多分子轨道，这些轨道之间的能量差很小，可以组成能带。

一个能带与另一个能带之间的能量间隔称为禁带。

若能带被金属的价电子完全填满，则这种能带称为满带，如 Li 的 1s 能带。没有填充电子的能带称为空带，如 Li 的 2p 能带。电子部分填充的能带称为导带，如 Li 的 2s 能带。

物质的导电行为由导带所决定，满带中的电子不能起导电作用，这是因为满带中电子的运动状态不能随外电场作用而改变。

2. 导体、半导体和绝缘体

根据能带结构中禁带宽度和能带中电子的填充情况，可以判断固体是导体、半导体还是绝缘体(图 1.4.3)。

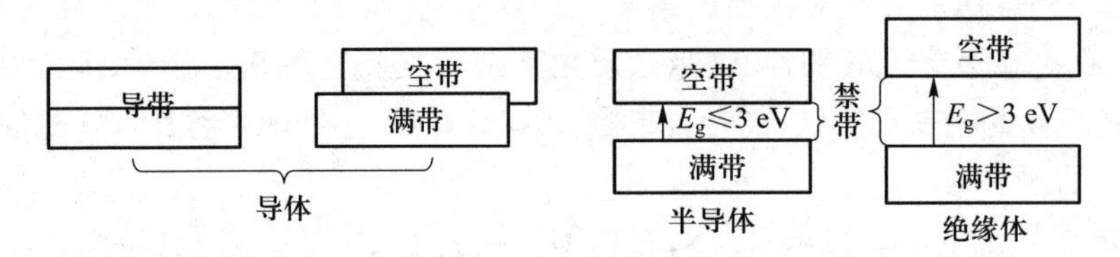

图 1.4.3 导体、半导体和绝缘体的能带

导体的特征是存在电子部分填充的导带,或者存在相互交盖的满带和空带。对于后一种情况,当外加一个电场时,满带中的价电子很容易进入与其交盖的空带,使二者都变成部分填充的导带。

半导体和绝缘体的区别仅在于能量较低的满带和能量较高的空带之间的能量差,亦即禁带的宽度。绝缘体的禁带很宽,一般大于 3 eV(约 300 $kJ \cdot mol^{-1}$)。半导体的禁带较窄,一般小于 3 eV。

在通常的温度下,在半导体中,可能因为有少数能量较高的电子从满带激发到空带,使满带产生少数"空穴"和空带有了少数电子。空带中的电子和满带中的空穴在外加电场中产生对流运动从而有了导电性能。随着温度升高,从满带激发到空带的电子增多,导电性能提高,这就是半导体随温度上升导电性能提高的原因。

绝缘体的禁带很宽,即使在外加电场作用下,满带中的电子也不能越过禁带跃迁到空带,因此不导电。

3. 本征半导体和化合物半导体

纯物质的晶体所具有的半导性能称为本征半导性,本征半导体指的就是纯物质半导体。由于本征半导性与温度或热有关,所以本征半导体是对热敏感和对温度敏感的电阻的基础。

根据等电子原理,一些具有与 SiGe(Si 有 4 个价电子,Ge 也是 4 个价电子,SiGe 为 4+4 型的化合物)相同价电子数的化合物,如价电子数分别为 3+5、2+6 和 1+7 的化合物 GeAs、CdTe 和 AgI,其平均价电子为 4 个,也有刚好充满电子的价带和各不相同的禁带宽度,因而可期望这些 Grimm-Sommerfeld 同结构化合物与 SiGe 一样具有相同的电传导性能。确实如此,很多这样的平均价电子数为 4 的化合物都是半导体,因而这些半导体被称为化合物半导体。

这些化合物半导体的禁带宽度随价电子定域性的增加而增加。如 NaCl,尽管其价电子数为 1+7,平均也为 4 个价电子,但其禁带宽度较大,绝缘性较好。这是两元素的电负性相差大,电子被定域在电负性大的 Cl 原子周围之故。

4. 杂质半导体

为了改善本征半导体如 Si 的低温半导性能,可以将一些 B 原子掺入 Si 的晶体中,由于 B 原子只能贡献出 3 个价电子,不能保证价带为全满的状态,这样就在价带中产生了可以导电的空穴。若控制加入 B 原子的量,就能控制空穴的数目,从而得到不同性能的半导体。

相对于 Si 原子来说,由于 B 原子缺少一个电子,因而在价带中形成的空穴是正空穴;另外,Si 原子的电负性较大,如果不给予一定的能量,Si 原子的电子仍趋于定域在 Si 原子周围而不会离域到 B 原子上。这种电负性的差别所引起的结果是产生了一个新的禁带。此时,B 原子的能级位于 Si 的价带的上方，且同 Si 的价带只有一个小的能隙 ΔE_g。只要给予一个很小的能量，Si 原子上的电子就会转移到 B 原子上，并在 Si 的价带上形成空穴，从而使 Si 因在价带内有了空穴而导电，这里，由于掺入的 B 原子是接受一个电子的，所以这种体系叫受主半导体或 p 型半导体[图 1.4.4(a)]，符号 p 表示正的空穴(positive holes)。

很显然，在掺 B 的硅半导体中，原来纯硅的禁带不再存在。

还有一种相反的体系，将 As 掺入 Si 的晶体中，由于 As 具有 5 个电子，引起电子过剩，As 给出第 5 个电子形成施主半导体或 n 型半导体[图 1.4.4(b)]，符号 n 表示负的电子(negative electrons)。施主 As 原子能级位于 Si 的价带和空带之间，且同空带只有一个小的能隙。因此，只要给予一个很小的能量，As 原子上的电子就能激发到 Si 半导体的空带从而形成导带。导带上的这些电子可以导电。很显然，导电的程度取决于加入的杂质 As 的量。

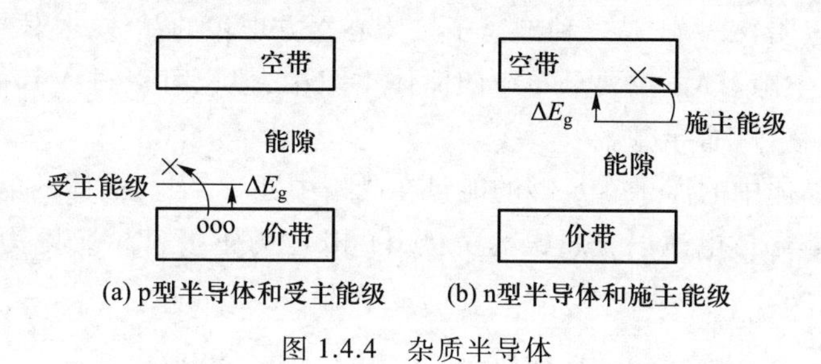

图 1.4.4　杂质半导体

5. 缺陷半导体和控制价半导体

缺陷半导体是指通式为 $M_{1+x}Y$ 或 MY_{1+x}(x 是一个较小的分数)的缺陷晶体。

例如，对于 $M_{1+x}Y$，显然晶体有阴离子的空位。通常阴离子空位由电子所占据，这就是“F-心”或“色中心”，“F-心”中的电子可以受热激发到导带，从而产生 n 型半导体。

对于 MY_{1+x}，显然有金属阳离子的空位，阳离子空位实质上就是正空穴，因而这类晶体将显示 p 型半导性能。

还有一类半导体，被称为控价半导体。

例如，在 NiO 中掺入少量 Li^+，将引起 Ni^{2+} 的氧化：

$$Ni^{2+} \longrightarrow Ni^{3+}$$

Ni^{3+} 的位置并不固定，能在晶体中移动。阳离子的移动犹如正空穴的移动一样，因而这种材料具有 p 型半导性能。控制掺入的 Li^+ 的量，就可以控制 Ni^{3+} 的量，进而能控制正空穴的数目，故有控价半导体之称。

4.4.2　(快)离子导体

在一般情况下，离子晶体的电导率比较小，但有些离子晶体也具有比较大的电导率，甚至几乎与强电解质水溶液的导电能力相当，这种晶体被称为固体电解质或(快)离子导体。当离子晶体的电导率大于 $10^{-2}\ \Omega^{-1} \cdot cm^{-1}$，活化能小于0.5 eV时，这种离子晶体便有实用价值。

在已发现的快离子导体中，主要的迁移离子是 Na^+、Ag^+、Li^+、Cu^+、F^- 等一价离子，由于电荷少，因而它们与不迁移的晶格离子之间的静电引力较小，而晶体结构中的合适通道、特定的结构和离子性质的组合共同决定了离子的传导作用。其中，银离子导体是发现最早、研究较多的

(快)离子导体。如 $RbAg_4I_5$,其室温电导率为 0.27 $\Omega^{-1} \cdot cm^{-1}$,是迄今为止已发现的电导率最高的常温银离子导体。

离子晶体之所以能导电是因为在离子晶体中存在着缺陷,例如在 AgX 晶体中,就可能存在 Frenkel 缺陷和 Schottky 缺陷,Ag^+在晶格中可能产生下述机制的迁移:

空位机制 这种模式涉及晶格中空位的运动,如果晶格中存在空位,则它附近的离子可能会跃入这个空位,结果是在原来充填有离子的位置上又出现了新的空位。

间隙机制 原来处于间隙位置的 Ag^+跃入另一个相邻的间隙位置。

堆填子机制 原来处于间隙位置的 Ag^+造成同它相邻的一个 Ag^+离开其正常晶格位置,进入相邻的间隙位置,留下的空位被原来处于间隙位置的 Ag^+所占据。显然,这种机制是空位机制和间隙机制的协同模式。

例如,结构研究表明,α-AgI 是一种碘离子按体心立方堆积的晶体,晶体中有八面体空隙、四面体空隙和三角双锥空隙。Ag^+主要分布于四面体空隙中,但也可以进入其他空隙,故在电场作用下可阻力较小地迁移,从而导电。

当温度升高时,晶体中的离子有足够的能量在晶格中迁移,因而晶体的电导率增加。

付诸实用的银-碘固体电池以金属银为负极,以 RbI_3 为正极,$RbAg_4I_5$ 为固体电解质。其电池反应是

$$4Ag + 2RbI_3 \longrightarrow RbAg_4I_5 + RbI$$

其中银失去电子被氧化,因而是电池的负极;I_3^- 得到电子被还原,因而是电池的正极。这种电池适用于-55~200 ℃,它的寿命长,抗震能力强,可作为微型器件电源。

Na 离子导体是 Na、β-Al_2O_3 的非整比化合物。例如有一种组成为$Na_{1.2}Al_{11}O_{17.1}$的 Na 离子导体,其中 Na_2O 多了 0.1 mol。显然,以 Al^{3+} 和 O^{2-} 组成的 β-Al_2O_3 的晶体中存在大量 Al^{3+}的空位,同时在晶体中还存在垂直于主轴的钠离子迁移的通道,从而使 Na^+的迁移变得十分容易。

一种新型高能钠硫蓄电池的结构为

$$(-)\ Na|\beta\text{-}Al_2O_3|Na_2S_x, S(石墨)\ (+)$$

放电时,Na 失去电子变为 Na^+,Na^+通过 β-Al_2O_3 电解质与硫反应,电子则通过外电路到达正极。这种电池的理论比容量是铅蓄电池的 10 倍,无自放电现象,充电效率几乎可达 100%,而且价格低廉,结构简单,无环境污染。

4.4.3 超导体

1911 年,Onnes 发现温度降至 4 K 时 Hg 呈现零电阻态,这是“超导”的最早记录。它由外磁场给超导状态的 Hg 环感生出电流,这个感生电流经数日而不衰减。

已知有 24 种元素的单质可呈现超导状态,如 Be、Ti、Zr、V、Nb、Ta、Mo、W、Zn、Cd、Hg、Al、Ga、In、Tl、Ge、Sn、Pb 等,其中 Nb 的临界温度 T_c 最高,为 9.13 K。一些合金也可呈现超导状态,如 Nb_3Ge,其 T_c高达 23 K。这些较低的临界温度必须要用液氦(T_c = 5.25 K)冷却才能呈现超导状态。

在 1986 年以前,人们已经发现有 1000 余种化合物可呈现超导状态,除无机物外,甚至还有

一些一维结构的有机高分子化合物或有机盐，但其临界温度都没有高过 Nb_3Ge 的临界温度，因而曾一度认为 25 K 可能是超导状态的极限温度。

1988 年，朱经武和吴茂昆发现 $YBa_2Cu_3O_{7-x}$（$x \leqslant 0.1$）在 95 K 显示超导性。制备的工艺条件极严重地影响 $YBa_2Cu_3O_{7-x}$ 的 T_c 值，杂质和氧气压力不同将造成氧缺陷程度的差别。

结构测定表明在有 3 倍钙钛矿 $CaTiO_3$ 晶胞的 $YBa_2Cu_3O_{7-x}$ 的立方结构中，Y、Ba、Cu 是分层排列的，且顺 c 轴方向有-Y-Ba-Ba-Y-Ba-Ba-Y-有序层状结构，而 Cu 属原 $CaTiO_3$ 的 Ti 格位，Ca 的位置换成了 Ba 和 Y，结构中一些氧原子从本应出现的位置上消失。氧的缺陷分别在钇面心位和钡面心位，正是这种氧"缺陷"的结构使其具有超导性。

在结构上，$YBa_2Cu_3O_{7-x}$ 可以称为"钙钛矿超构（三倍晶胞）铜混合价态氧缺陷型"化合物。若用 ABX_3 表示钙钛矿的化学式，将 c 轴扩大 3 倍，可得 $A_3B_3X_9$，设 $A_3 = YBa_2$，$B_3 = Cu_3$，则为 $YBa_2Cu_3O_9$。不难算出此时 Cu 的平均氧化值为+3.6667，这显然是不可能的。另外，对于有氧缺陷的 $YBa_2Cu_3O_7$，Cu 的平均氧化值为+2.333，即每 3 个 Cu 原子中就有 2 个 Cu^{2+}、1 个 Cu^{3+}，对于 $YBa_2Cu_3O_{7-x}$ 则 Cu^{3+} 就更少一些。

4.4.4　电子陶瓷

用于电子技术的陶瓷称为电子陶瓷，如用其磁性的铁氧体，用其高介电常数和低介电损耗的陶瓷电容器，用其耐高温和低热导率的绝缘陶瓷，以及能够将机械振动、压力、声音等转换成电能或相反的压电陶瓷等。广义地，有时将除金属及合金以外的所有的非金属材料都叫做电子陶瓷。

1. 铁氧体

铁氧体是磁性功能陶瓷中最重要的一类，它们是以氧化铁为主要成分的复合氧化物，重要的有尖晶石型铁氧体、石榴石型铁氧体和磁铅石型铁氧体等。

尖晶石是指以 $MgAl_2O_4$ 为典型代表的结构，属立方晶系。从堆积角度看，它是 O^{2-} 按面心立方作最紧密堆积，这样便产生了四面体和八面体两种空隙，金属离子都填入这些空隙之中，其中 Mg 填入四面体、Al 填入八面体空隙。如果 Fe^{3+} 取代了 Al^{3+}（Ga^{3+}、In^{3+}、Co^{3+}、Cr^{3+} 等也可取代 Al^{3+}），用 Ni^{2+}、Co^{2+}、Cu^{2+}、Fe^{2+}、Zn^{2+}、Mn^{2+}（用 M 表示）等代替 Mg^{2+}，便得通式为 MFe_2O_4 的尖晶石型铁氧体。实验表明，采用多种阳离子的尖晶石型铁氧体具有较好的磁性。

尖晶石型铁氧体在无外加磁场时并不显示磁性，当外加一个磁场时，尖晶石型铁氧体则被磁化，根据磁化的情形，大致可将尖晶石型铁氧体分为三类：

第一类是在移去磁场后磁化很快消去，称为软磁体，如 $(Mn, Zn)Fe_2O_4$、$(Ni, Zn)Fe_2O_4$ 等，可用于制作变压器铁芯或电动机等。

第二类则为残留磁化大、磁性不易消失的永久磁铁，称为硬磁体，如 $(Co_{0.75}Fe_{0.25})Fe_2O_4$。

第三类介于这二者之间，如 $(Mn, Mg)Fe_2O_4$、$CoFe_2O_4$ 等，可用于制作电子计算机的存储元件。

具有磁性的铁石榴石可用通式 $M_3^{Ⅲ}Fe_5^{Ⅲ}O_{12}$ 表示，$M = Y^{3+}$、Ln^{3+}（Sm-Ln）等，石榴石属于立方晶系，体心晶胞（每个晶胞含 8 个 $M_3Fe_5O_{12}$），结构中的阳离子填入四面体、八面体和十二面体三种空隙。石榴石结构的重要特点是可用作取代的离子种类繁多，而且石榴石结构可进行调节，从而可根据各种不同的需要合成各种性质不同的铁氧体。且石榴石还较容易生长成单晶，有良好的磁、电、声等能量转化功能，可广泛用于电子计算机、微波电路等，如电子计算机用作存储器的磁泡(一种直径为 10 mm 以下的圆柱形磁质体,在外加磁场控制下可在特定位置上出现或消失,即可呈现“0”和“1”两种状态)。

磁铅石型铁氧体可用通式 $MFe_{12}O_{19}$表示,M = Pb、Ba、Sr 等。其磁结构较为复杂,具有单轴各向异性,可作为磁记录材料。

2. 压电陶瓷

从结构化学已知,按宏观对称性可将晶体分成 32 类,其中有 21 类无对称中心。当向无对称中心的晶体施加压力、张力或切应力时,会发生与外加力所引起的应力成正比的电极化,从而在晶体的两端出现正、负电荷,即出现电势差,称为正压电效应。相反,若向晶体施加电场,则产生与电场强度成正比的晶体变形或机械应力,称为逆压电效应。这两种效应均称为压电效应。

在 21 类具有压电效应的晶体中,有 10 类在外部电场的作用下,也可以产生极化,这种晶体称为铁电性晶体。

铁电性晶体的多晶粉末经烧结成为陶瓷,然后施直流强电场处理使之极化。当外加电场移去,极化消失(如同铁磁体移去外磁场后磁性消失一样),这种陶瓷被称为压电陶瓷。

钛酸钡($BaTiO_3$)是最早发现的压电陶瓷。改性后的钛酸钡压电陶瓷广泛用于超声清洗机、超声加工机、声呐、水听器等。

在结构上压电陶瓷属于畸变的钙钛矿结构,可用通式 $A^{II}B^{III}O_3$ 表示,有多种不同组合,如$(A^{I}_{1/2}A^{III}_{1/2})TiO_3$、$M^{II}(B^{II}_{2/3}B^{V}_{1/3})O_3$、$M^{II}(B^{I}_{1/2}B^{V}_{1/2})O_3$、$M^{II}(B^{II}_{3/4}B^{VI}_{1/4})O_3$、$M^{II}(B^{I}_{3/5}B^{VI}_{2/5})O_3$ 等。其中

$A^{I} = Li^+, Na^+, K^+, Ag^+$;

$A^{III} = Bi^{3+}, La^{3+}, Ce^{3+}, Nd^{3+}$;

$B^{I} = Li^+, Cu^+$;

$B^{II} = Mg^{2+}, Ni^{2+}, Zn^{2+}, Mn^{2+}, Co^{2+}, Sn^{2+}, Fe^{2+}, Cd^{2+}, Cu^{2+}$;

$B^{III} = Mn^{3+}, Sb^{3+}, Al^{3+}, Yb^{3+}, In^{3+}, Fe^{3+}, Co^{3+}, Sc^{3+}, Y^{3+}, Sm^{3+}$;

$B^{V} = Nb^{5+}, Sb^{5+}, Ta^{5+}, Bi^{5+}$;

$B^{VI} = W^{6+}, Te^{6+}, Re^{6+}$;

$M^{II} = Ca^{2+}, Sr^{2+}, Ba^{2+}, Pb^{2+}, Eu^{2+}, Sm^{2+}$。

因此,根据需要调节组成可制得具有各种特性的压电陶瓷。

压电陶瓷可用作气体点火装置、超声波振子、超声传声器、压电继电器、压电变压器、扩音器芯座、压电音叉、滤波器等。

3. 热敏电阻、压敏电阻、气体传感器和湿度传感器等半导体陶瓷

如前所述,本征半导体的半导电性与温度和热有关,因而本征半导是对热和温度敏感的电阻的基础。除此之外,一些复合氧化物也可制成热敏电阻。热敏电阻在一定的温度区间对温度十分敏感,广泛用于催化转化器、热反应的温度报警、火灾报警、过热保护、家用电器的温度控制等。

压敏电阻对电压变化十分敏感,但并非呈线性变化,当电压高到一定值时,它的电阻值急剧变化,并有电流通过,低于这个值,则几乎无电流通过。因而压敏电阻广泛用于电路稳压、电流和电压的限制以及各种半导体元件的过电压保护等。

气体传感器应用于大气监测、检漏、燃烧尾气排放标准检测等。表 1.4.3 给出一些气体传感

器实例。

表 1.4.3　一些气体传感器实例

气体传感器	SnO_2	ZnO	$LaNiO_3$	Fe_2O_3	V_2O_5	ZrO_2
适用的气体	烷烃、CO、H_2		乙醇	CO、H_2、还原性气体	NO_2	O_2

以 ZrO_2 气体传感器为例，由 ZrO_2 中加入 CaO、Y_2O_3 制得，其工作温度可超过 500 ℃。它实际上是一种 O^{2-} 阴离子型快离子导体，将它设计成电池：

$$(-)\mathrm{Pt}, O_2(p) | ZrO_2 | O_2(p), \mathrm{Pt}(+)$$

便可监测 O_2 的分压。

湿度传感器对空气中水蒸气压力的改变有敏感的电阻变化。品种很多，以 $NiFe_2O_4$ 尖晶石型为例，该陶瓷实为 $Ni_{1-x}Fe_{2+x}O_4$ 铁氧体，其中 Fe^{2+} 和 Fe^{3+} 共存，当表面吸附水蒸气后，将抑制 Fe^{2+} 和 Fe^{3+} 之间的电子转移从而使电阻增大。

4.4.5　光功能材料

1. 激光材料

激光(laser)的全称为受激发射光。即在一定波长光的激励下，某种化学物质中由于某种原因已经大量集居在激发态的电子猝然回到基态放出光子。

红宝石(刚玉 Al_2O_3 中掺入 1%Cr_2O_3)是第一种被发现的激光材料。当接受氙灯光照时，处于基态 ^4A 的电子被激发到较高的激发态 $^4T_{2g}$、$^4T_1$ 等，处于激发态的这些电子并不迅速返回基态，而是返回到高于基态 ^4A 的一个较低的激发态 ^2E。这犹如存在一个“光泵”，把基态 ^4A 的电子大量集居到激发态 ^2E。这时，若用波长和位相相当于 ^2E 和 ^4A 能量差的光进行诱导，光子就会像打开了开关一样，猝然从 ^2E 激发态返回到 ^4A 基态，这就是所谓的激光。

红宝石晶体中的 Cr^{3+} 是激光晶体里起光泵作用的“激活离子”，而 Al_2O_3 称为基质。

除 Al_2O_3 外，还有很多物质可以作为激光晶体的基质。例如：

氧化物：Y_2O_3，La_2O_3，Gd_2O_3，Er_2O_3，MgO 等

氟化物：CaF_2，SrF_2，BaF_2，MgF_2，ZnF_2，LaF_3，CeF_3 等

复合氟合物：CaF_2-YF_3，BaF_2-LaF_3，CaF_2-CeF_3，SrF_2-LaF_3，$NaCaYF_6$ 等

复合氧化物：

　石榴石型　$Y_3Al_5O_{12}$，$Y_3Fe_5O_{12}$，$Y_3Ga_5O_{12}$，$Gd_3Ga_5O_{12}$ 等

　白钨矿型　$CaWO_4$，$SrWO_4$，$CaMoO_4$，$PbMoO_4$，$SrMoO_4$ 等

　　　　　　$NaLa(MoO_4)_2$，YVO_4，$Ca_3(VO_4)_2$，$Ca(NbO_3)_2$ 等

　钙钛矿型　$LaAlO_3$，$YAlO_3$

磷灰石：$Ca_5(PO_4)_3F$

实际使用的激光晶体除红宝石外，还有 $CaWO_4(Nd^{3+})$、$La_2O_2S(Nd^{3+})$ 等。近年来报道了硼酸铝钕激光器，不到 1 mm 厚的晶体就可产生 1～10 mW 的连续输出功率或 600 W 的脉冲功率；还报道了超磷酸钕(NdP_5O_{14})，它是一种不需加激活离子的激光器。

激光产生的单频率高强度的脉冲光的应用潜力巨大，可用于通信、钢材切割、外科手术、遥感测距以及引发化学反应、引发核反应及激光武器等。

2. 荧光和磷光材料

荧光和磷光都是电子从激发态回到基态的电磁辐射现象。通常，寿命短的（一般为 10^{-7} ~ 10^{-3} s）称荧光，供给的能量一旦中断，荧光立即停止；寿命长的称为磷光，中断供能，磷光还能持续发射。一般地，供能的方式包括光辐射、阴极射线、X 射线、γ 射线及其他高能辐射，化学反应中的发光，电场引发等。

例如，在日光灯的玻璃管中，涂有一种磷灰石结构的卤磷酸钙[$Ca_5(PO_4)_3(F,Cl)$:(Sb^{3+}, Mn^{2+})]荧光粉，在汞蒸发辉光放电时产生的 253.7 nm 紫外光照射下能放出较宽波长的可见光。

彩色电视显像管使用的荧光粉 $Zn_{1-x}Cd_xS/AgCl$，当 $x=0.29$ 时发红色；Y_2O_2S/Eu 或 Y_2O_3/Eu 也为红色；[(Zn, Cd)S/(Cu, Al)]或 ZnS/(Cu, Al)为绿色；ZnS/Ag 为蓝色。红、绿、蓝三者混合用于彩色电视显示屏。

在雷达上使用的是长余辉的发光材料，它是 ZnS/Ag 和(Zn, Cd)S/(Cu, Al)制成的双层屏，有时也用 ZnF_2/Mn、MgF_2/Mn 等。

3. 光敏电阻

在光辐射下，许多无机固体（如 PbS、PbTe、PbSe、InSb 等）的电阻会发生变化，可广泛用于太阳能的光电转换，即用于制造太阳能电池，其吸收太阳能的理论转换率和实际转换率见表 1.4.4。

表 1.4.4 光敏电阻吸收太阳能的理论转换率和实际转换率

光敏电阻	太阳能吸收率/%	理论转换率/%	实际转换率/%
Si	76	22	18
InP	69	25	6
GaAs	65	26	11
CdTe	61	27	5
CdS	24	18	8

4. 非线性光学材料晶体

非线性光学性是指光学参量与辐射强度的变化呈非线性的性质，在激光作用下，晶体发生倍频二次谐振波，或电光效应、光混频、光变频、参量振荡等非线性效应。如 $NH_4H_2PO_4$、KH_2PO_4、α-SiO_2、$LiNbO_3$、钨青铜、HIO_3、$LiIO_3$、KIO_3 等都可用作非线性光学材料。

光功能材料还有很多，如磁光材料、声光材料、电光晶体和光色材料等。

4.4.6 准晶体

准晶体又称为“准晶”或“拟晶”，是一种介于晶体与非晶形固体之间的固体。

物质的构成由其原子排列特点而定。准晶体具有与晶体相似的长程有序的原子排列，但是准晶体不具备晶体的平移对称性。根据晶体局限定理，普通晶体只能具有二次、三次、四次或六次旋转对称性，但是准晶的布拉格衍射图具有其他对称性，例如五次对称性或者更高的如六次以上的对称性。

4.4.7 超材料

超材料(metamaterial)指的是一类具有特殊性质的人造材料,这些材料是自然界中没有的。它们拥有一些特别的性质,如让光、电磁波改变它们的通常特性,而这样的效果是传统材料无法实现的。超材料在成分上没有什么特别之处,它们的奇特性质源于其精密的几何结构及尺寸大小。

超材料的奇异性质使其具有广泛的应用前景,从高接收率天线到雷达反射罩,甚至是地震预警。

例如,钙钛矿用来制作太阳能电池的替代超材料。相比于晶体硅,钙钛矿超材料要便宜得多,且能喷涂在玻璃上,也无须在清洁的房间当中精心组装。使用钙钛矿制作的太阳能电池相比传统晶体硅电池超过了 20%的能效,而添加了甲基氯化铵(MACl)和甲脒碘化铅($FAPbI_3$)优化的钙钛矿太阳能电池获得了 24.02%的最高效率。

超材料是一个跨学科的课题,囊括电子工程、凝聚态物理、微波、光电子学、经典光学、材料科学、半导体科学及纳米科技等学科。

第5章 氢 s区元素

5.1 氢的化合物

除稀有气体、In、Tl以外，氢与元素周期表中的其他元素都可以形成氢化物。氢化物的类型可分为离子型（盐型）、金属型、共价型、多聚型和过渡型（边缘型）。

离子型氢化物是指大部分ⅠA族和ⅡA族（Ca、Sr、Ba）元素的氢化物。其密度比相应金属的大，都有较高的生成焓和稳定的化学组成，熔点较高，且熔融时导电，并在阳极上放电及放出 H_2。其热分解温度与氢化物的晶格能的大小密切相关。

氢与p区元素形成共价型氢化物。除ⅢA族外，氢化物的通式为 XH_{8-n}（n 为主族元素的族数）。这些氢化物在固态时为分子型晶体，熔点、沸点较低，有挥发性，不导电。

硼族元素由于是"四轨道三电子"元素，其氢化物是缺电子化合物，因而是多聚型化合物。不过，In及Tl的氢化物是否存在，尚无充分证据。

除卤素外的p区其他轻元素（如C、N、P、S等）还能生成多核氢化物，其结构中的两个或多个非金属原子结合在一起，如 $NH_2—NH_2$、$PH_2—PH_2$ 等。

过渡金属与氢生成金属型氢化物。在金属型氢化物中，氢以 H_2 分子的形式（也有认为是 H^+ 与 H^- 同时存在）存在于金属的晶格中，占据间充的位置。这些化合物常是可变的非整比化合物。

金属型氢化物都是浅灰黑色固体粉末，其密度比原金属母体的密度小，其性质一般都与粉末状的母体金属一致，在空气中十分稳定，加热时性质活泼。

f区元素的氢化物是处于离子型氢化物和金属型氢化物之间的过渡型氢化物。

一些过渡金属离子也能直接与 H^- 作用生成共价键键合的氢配合物。

一些过渡金属离子和配合物还能直接与分子氢反应形成含有金属-氢分子键的配合物。

5.2 氢　键

当氢原子和电负性大的原子A（如F、O、N等）以共价键A—H形成分子（如HF、H_2O 及 NH_3

等)时,成键电子对强烈地偏向于电负性大的原子 A 一边,使氢原子几乎成为“裸离子”,该氢原子可以强烈地吸引另一分子中原子 B(如 F、O、N 等)上的孤电子对而形成氢键 A—H…B,其结果产生分子的缔合。

产生氢键的条件是 A(质子给体)的电负性大到使 H 有足够强的酸性,而 B(质子受体)具有能与酸性氢原子强烈作用的高电子密度的区域(如孤电子对)。

实验表明,原子 A 是 F、O 或 N 时,能形成很强的氢键,而当原子 A 是 C 或第三周期的 P、S、Cl 甚至是 Br、I 时,则有时能形成较弱的氢键。

当原子 B 是 F、O 或 N(C 是绝不可能作质子受体的)时,有利于形成较强的氢键。B 是其他卤素 Cl、Br、I 时,除非带有负电荷,否则不形成氢键;S 和 P 虽有孤电子对,但由于半径太大,只能在某些条件下能起到质子受体的作用,因而能形成弱氢键。

有分子间氢键,也有分子内氢键。

5.3 金属液氨溶液　氨合电子及电子化合物　碱金属阴离子

电极电势小于-2.5 V 的碱金属、部分碱土金属 Ca、Sr、Ba 及 Eu、Yb 可溶于液氨,形成深蓝色的具有异乎寻常性质的亚稳定态溶液,这种溶液具有磁性和导电性,溶液的密度比纯溶剂的密度小得多。

研究发现,碱金属在 NH_3 溶剂中生成氨合金属 $M(NH_3)$、$M_2(NH_3)$,氨合阳离子 $M^+(NH_3)$,氨合阴离子 $M^-(NH_3)$ 及氨合电子 $e^-(NH_3)$、$e_2^{2-}(NH_3)$ 等物种。

溶液呈现深蓝色是因为氨合电子 $e^-(NH_3)$ 具有宽而强的吸收带,其最大波长一直延伸到红外区,短波长尾部使 $e^-(NH_3)$ 溶液呈现深蓝色。

金属液氨溶液的摩尔电导比任一已知电解质在水中完全解离时的摩尔电导高一个数量级,缘于电子的高迁移率(约为阳离子的 280 倍)。

金属的液氨溶液的磁性是氨合电子未被配对之故。

在形成氨合电子后,溶液的密度比纯溶剂的密度小得多。据认为,这是由于在液氨体系中,氨合电子对溶剂分子的排斥作用使溶液产生了空洞,空洞的形成自然使溶液的密度减小。通常,空洞的直径为 300~340 pm。

液氨中 $M^+(NH_3)$ 与 $e^-(NH_3)$ 因库仑力作用而形成的离子对化合物 $M^+(NH_3)\cdot e^-(NH_3)$ 被称为“电子化合物”。

碱金属的液氨溶液或氨合电子是可供选择使用的强还原剂,广泛应用于有机物及无机物的合成。

除了氨合阴离子 $M^-(NH_3)$ 之外,事实上,第一个碱金属阴离子 Na^- 的化合物是在 $EtNH_2$ 溶剂存在时 Na 与穴状化合物反应而得到的,光谱实验及钠化物的逆磁性证实了 Na^- 的存在。

5.4 离子键形成中的能量

5.4.1 气相离子键形成中的能量

对于反应：

$$Na(g) + Cl(g) \xrightarrow{} Na^+(g) + Cl^-(g) \qquad \Delta_r G_m^\ominus$$

（I：$Na(g) \to Na^+(g)$；$\Delta_{EA}H_m^\ominus$：$Cl(g) \to Cl^-(g)$）

由于反应前后熵改变甚微，所以

$$\begin{aligned}\Delta_r G_m^\ominus &\approx \Delta_r H_m^\ominus \approx I(\mathrm{Na}) + \Delta_{EA}H_m^\ominus(\mathrm{Cl}) \\ &= 496\ \mathrm{kJ \cdot mol^{-1}} + (-348.5\mathrm{kJ \cdot mol^{-1}}) \\ &= 147.5\ \mathrm{kJ \cdot mol^{-1}}\end{aligned}$$

如此大的标准吉布斯自由能变表明上述反应的趋势很小。

带相反电荷的两个离子，可因静电吸引而结合在一起，该引力为 $U_2 = -q_+q_-/r$，式中 q_+与 q_-分别为 Na^+及 Cl^-的净电荷，r 为 Na^+及 Cl^-的核间距。另一方面，两个离子趋近时，因电子层的穿插而导致强排斥力，排斥力：$U_3 = b\mathrm{e}^{-r/\rho}$。

所以由 Na(g) 和 Cl(g) 形成 $Na^+Cl^-(g)$ 离子对时，总能量变为

$$U = 147.5\ \mathrm{kJ \cdot mol^{-1}} + U_2 + U_3 = 147.5\ \mathrm{kJ \cdot mol^{-1}} - q_+ q_-/r + b\mathrm{e}^{-r/\rho}$$

5.4.2 晶体中离子键形成中的能量

将前面计算离子对总能量的思路用于离子晶体之中，便得到离子晶体形成时的总能量。对于反应：

$$Na^+(g) + Cl^-(g) \longrightarrow Na^+Cl^-(s)$$

$$U = \frac{-N_A M q_+ q_-}{r_0}(1 - \rho/r_0)$$

式中 N_A 为 Avogadro 常数，r_0 为离子的核间距（$r_0 = r_+ + r_-$），M 为 Madelung 常数。ρ/r_0 与离子的构型有关，常用 $1/n$ 表示，n 称为 Born 指数。由阴、阳离子构成的晶体，n 为阴、阳离子 Born 指数的平均值。以 NaCl 为例，Na^+具有 Ne 的结构，n 取 7，Cl^-具有 Ar 的结构，n 取 9，对 NaCl，$n = (7+9)/2 = 8$。

晶格能又称为点阵能，指 0 K，100 kPa 下，1 mol 离子晶体转化为彼此无限远离的气态离子时的热力学能变化，用符号 L_0 表示。

$$NaCl(s) \longrightarrow Na^+(g) + Cl^-(g)$$

$$L_0 = -U = \frac{N_A M q_+ q_-}{r_0}(1 - \rho/r_0)$$

若将 q_+、q_-换为 Z_+、Z_-(Z_+、Z_-为阳、阴离子的电荷),再代入 N_A及其他各值,则上式可表示为

$$L_0 = 1.389 \times 10^5 \times M \times \frac{Z_+ Z_-}{r_0}(1 - 1/n)$$

在上述诸公式中,M 随晶体的结构类型不同而有不同的值,对于结构尚未弄清的晶体,或者对某种迄今尚未制得的离子化合物来说,M 的值是无法确定的。因此,必须寻求可以避免使用 Madelung 常数的公式,在这方面做得最成功的是卡普斯钦斯基,他找到了一条经验规律:M/ν 约为 0.8 ($\nu=n_++n_-$,其中 n_+、n_-分别是离子晶体化学式中阳、阴离子的数目)。于是,卡普斯钦斯基以 ν 代替 M,并取 Born 指数 n 等于 9,得出计算二元离子化合物晶格能的公式:

$$L_0 = 1.079 \times 10^5 \times \nu \times \frac{Z_+ Z_-}{r_0}$$

后来又通过进一步的改进得到较精确的晶格能计算公式:

$$L_0 = 1.214 \times 10^5 \times \nu \times \frac{Z_+ Z_-}{r_0}(1 - 34.5/r_0)$$

分别用这三个公式计算可得 NaCl 的晶格能为 770 kJ · mol^{-1}、782 kJ · mol^{-1}和 770 kJ · mol^{-1},结果十分相近。

5.4.3 晶格能的实验确定

仍以 NaCl 为例,先设计一个包括晶格能的热力学循环。

$$\begin{array}{ccccc}
\mathrm{Na(s)} & + & \frac{1}{2}\mathrm{Cl_2(g)} & \xrightarrow{\Delta_f H_m^\ominus(\mathrm{NaCl,s})} & \mathrm{NaCl(s)} \\
\downarrow \Delta_{at}H_m^\ominus(\mathrm{Na,s}) & & \downarrow \Delta_f H_m^\ominus(\mathrm{Cl,g}) & & \uparrow \\
\mathrm{Na(g)} & + & \mathrm{Cl(g)} & & -\Delta_{lat}H_m^\ominus(\mathrm{NaCl,s}) \\
\downarrow \Delta_{I_1}H_m^\ominus(\mathrm{Na,g}) & & \downarrow \Delta_{EA}H_m^\ominus(\mathrm{Cl,g}) & & \uparrow \\
\mathrm{Na^+(g)} & + & \mathrm{Cl^-(g)} & \longrightarrow &
\end{array}$$

$$\begin{aligned}
L &\approx \Delta_{lat}H_m^\ominus(\mathrm{NaCl,s}) \\
&= (\Delta_{at}H_m^\ominus + \Delta_{I_1}H_m^\ominus)_{\mathrm{Na}} + (\Delta_f H_m^\ominus + \Delta_{EA}H_m^\ominus)_{\mathrm{Cl}} - \Delta_f H_m^\ominus(\mathrm{NaCl,\ s})
\end{aligned}$$

代入相应的热力学数据,有

$$\begin{aligned}
L &= (108.7 + 496 + 121.7 - 368.5 + 411)\ \mathrm{kJ \cdot mol^{-1}} \\
&= 769\ \mathrm{kJ \cdot mol^{-1}}
\end{aligned}$$

这种由热力学数据求算出来的值称为晶格能实验值,前面由理论计算的结果与此值一致。

5.4.4 晶格能在无机化学中的应用

1. 计算假想化合物的标准摩尔生成焓

例如,从 Cr 原子的价层结构 $3d^54s^1$ 来看,Cr 失去 1 个 4s 电子后成为 $3d^5$ 半充满结构。这种

结构应是稳定的，因而似应有 CrX 型化合物存在，但实际上却未能制备出这类化合物。下面以 CrCl 为例，根据 CrCl 的热力学循环可以得到：

$$\Delta_f H_m^{\ominus}(CrCl,s) = (\Delta_{at} H_m^{\ominus} + \Delta_{I_1} H_m^{\ominus})_{Cr} + (\Delta_f H_m^{\ominus} + \Delta_{EA} H_m^{\ominus})_{Cl} - \Delta_{lat} H_m^{\ominus}(CrCl,s)$$

Cr^+的半径估计约为 100 pm，$r_{Cl^-} = 181$ pm，根据晶格能的理论计算公式可得

$$\begin{aligned}\Delta_{lat} H_m^{\ominus}(CrCl,s) &\approx U_{298\ K} \approx U_0 \\ &= [1.214 \times 10^5 \times 2 \times 1 \times 1 \times (1 - 34.5/281)/281]\ kJ \cdot mol^{-1} \\ &= 758\ kJ \cdot mol^{-1}\end{aligned}$$

代入其他热力学数据，有

$$\begin{aligned}\Delta_f H_m^{\ominus}(CrCl,\ s) &= [(397 + 653) + (121.7 - 368.5) - 758]\ kJ \cdot mol^{-1} \\ &= 45\ kJ \cdot mol^{-1}\end{aligned}$$

计算出来的标准摩尔生成焓是正值，且由 Cr 和 Cl_2 生成 CrCl 是熵减的反应（$\Delta_f G_m^{\ominus} > 45\ kJ \cdot mol^{-1}$），表明 CrCl 即使能生成也是一种不大稳定的化合物。事实上，它可能发生下述歧化反应：

$$\begin{array}{lccc} & 2CrCl(s) = & CrCl_2(s) & + Cr(s) \\ \Delta_f H_m^{\ominus}/(kJ \cdot mol^{-1}) & 45 & -396 & 0 \end{array}$$

$$\begin{aligned}\Delta_r G_m^{\ominus} &\approx \Delta_r H_m^{\ominus} = [-396 - 2 \times 45]\ kJ \cdot mol^{-1} \\ &= -486\ kJ \cdot mol^{-1}\end{aligned}$$

此反应的标准摩尔吉布斯自由能变为较大的负值，说明向右进行的趋势很大。因此，即使能生成 CrCl，也会按上式发生歧化反应，所以 CrCl 是不稳定的。

2. 指导无机化合物的合成

像 CrCl 一样，应用晶格能和热力学循环，可以计算出迄今未知的离子化合物的生成焓或反应焓，用以预计合成这种无机化合物的可能性。在这方面，一个十分突出而又引人入胜的事例是，1962 年加拿大化学家 Bartlett 使用这个思路合成了世界上第一个稀有气体化合物 Xe[PtF_6]。这在当时轰动了整个科学界，并由此打开了稀有气体化学的大门。

Bartlett 在研究 PtF_6 这种极强氧化剂的性质时，发现只要将 O_2 与 PtF_6 混合在一起，$PtCl_6$ 就能从 O_2 分子中将电子夺走并生成产物 O_2[PtF_6]。在制备了 O_2[PtF_6]后，Bartlett 联想到了稀有气体 Xe，它认为有可能合成 Xe[PtF_6]：

Xe 的第一电离能与 O_2 的第一电离能几乎相等：Xe，1170 kJ · mol^{-1}；O_2，1175.7 kJ · mol^{-1}。

Xe 分子与 O_2 分子的直径十分相近，约为 400 pm，他估计 Xe^+ 与 O_2^+ 的半径也应相近（已知 O_2^+ 的半径为 180 pm）。据此，Bartlett 认为 O_2[PtF_6]与 Xe[PtF_6]的晶格能也应该相近（估计[PtF_6]$^-$的半径为 310 pm）。

$$\begin{aligned}L(Xe[PtF_6]) &= [1.214 \times 10^5 \times 2 \times 1 \times 1(1 - 34.5/490)/490]kJ \cdot mol^{-1} \\ &= 461\ kJ \cdot mol^{-1}\end{aligned}$$

于是

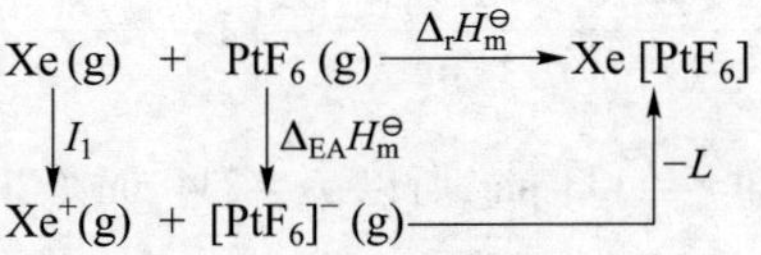

$$\begin{array}{ccccc} Xe(g) & + & PtF_6(g) & \xrightarrow{\Delta_r H_m^\ominus} & Xe[PtF_6] \\ \downarrow I_1 & & \downarrow \Delta_{EA}H_m^\ominus & & \uparrow -L \\ Xe^+(g) & + & [PtF_6]^-(g) & \longrightarrow & \end{array}$$

$$\begin{aligned}\Delta_r H_m^\ominus(Xe[PtF_6]) &\approx I_1 + \Delta_{EA}H_m^\ominus - L \\ &= [1170 + (-771) - 461]\ kJ \cdot mol^{-1} \\ &= -62\ kJ \cdot mol^{-1}\end{aligned}$$

由 Xe 和 PtF_6 生成 $Xe[PtF_6]$ 的标准反应焓变为 $-62\ kJ \cdot mol^{-1}$，表明它是有可能形成的，于是 Bartlett 将 PtF_6 蒸气与过量的 Xe 在室温下混合，果然立即制得了一种不溶于 CCl_4 的红色晶体，当时认为是 $Xe[PtF_6]$。后来的研究表明，这个反应并不那么简单，产物也不是简单的 $Xe[PtF_6]$，而是多种化合物组成的混合物。

发现第一个稀有气体化合物的事实告诉我们，用热力学方法对反应能量的估计，在指导新化合物的制备上是很有用的。

3. 晶格能作为判断键合性质的依据

从静电观点看，晶格能的大小与离子的半径有关——半径增大，晶格能减小。

但从ⅢA 族元素 M^{3+} 的离子半径和相应的氯化物的晶格能值可见，晶格能并不严格地随半径而变化。卤化银的晶格能值虽然都随卤离子的半径增加而变化，但晶格能的实验值和理论计算值变化幅度不一样。且由热力学循环计算出来的晶格能即实验值大于理论计算值。这是因为在离子晶格中有明显的共价键能的贡献，共价成分越多，由热力学循环计算所得的晶格能的实验值与理论计算值之差也就越大。

将晶格能的实验值与理论计算值进行比较就可以作出化合物键合性质的判断——典型的离子晶体，晶格能的实验值与理论计算值之差不超过 $50\ kJ \cdot mol^{-1}$。

4. 多原子离子的热化学半径

借助热力学循环、使用已知的热化学数据可以求得包含多原子离子的盐的晶格能，再利用 Kapuscinski 半经验公式，不难求出多原子离子的半径。例如，计算 $KClO_4$ 中 ClO_4^- 的半径。

先设计一个包含 $KClO_4$ 的晶格能的热力学循环：

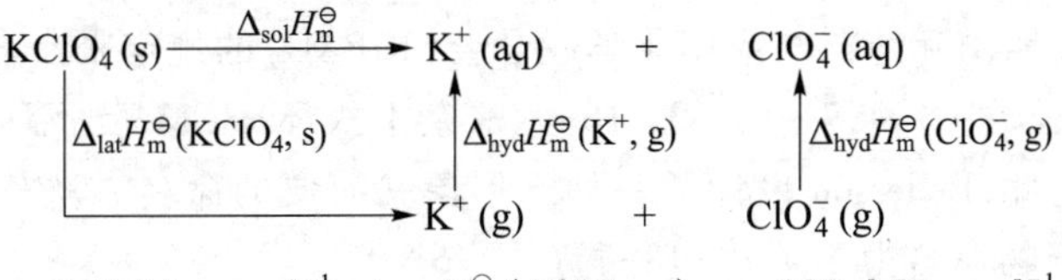

$$\begin{array}{ccccc} KClO_4(s) & \xrightarrow{\Delta_{sol}H_m^\ominus} & K^+(aq) & + & ClO_4^-(aq) \\ \downarrow \Delta_{lat}H_m^\ominus(KClO_4, s) & & \uparrow \Delta_{hyd}H_m^\ominus(K^+, g) & & \uparrow \Delta_{hyd}H_m^\ominus(ClO_4^-, g) \\ \longrightarrow & & K^+(g) & + & ClO_4^-(g) \end{array}$$

已知 $\Delta_{hyd}H_m^\ominus(K^+, g) = -339\ kJ \cdot mol^{-1}$，$\Delta_{hyd}H_m^\ominus(ClO_4^-, g) = -209\ kJ \cdot mol^{-1}$，$\Delta_{sol}H_m^\ominus(KClO_4, s) = 51\ kJ \cdot mol^{-1}$。

$$\begin{aligned}L &\approx \Delta_{lat}H_m^\ominus(KClO_4, s) \\ &= \Delta_{sol}H_m^\ominus(KClO_4, s) - \Delta_{hyd}H_m^\ominus(K^+, g) - \Delta_{hyd}H_m^\ominus(ClO_4^-, g) \\ &= 599\ kJ \cdot mol^{-1}\end{aligned}$$

代入晶格能的理论计算公式（r 单位为 pm），有

$$599=\frac{1.214\times10^{5}\times2\times1\times1}{(r_{+}+r_{-})/\text{pm}}\left[1-\frac{34.5}{(r_{+}+r_{-})/\text{pm}}\right]$$

通过计算得到：$r_{+}+r_{-}=367$ pm，已知 $r_{+}=133$ pm，所以，$r_{-}=234$ pm（ClO_4^- 半径的校正数据是 226 pm）。

使用同样的方法可以算得到以下半径数据：NH_4^+（151 pm）、CO_3^{2-}（164 pm）、SO_4^{2-}（244 pm）、NO_3^-（165 pm）、CN^-（177 pm）、ClO_3^-（157 pm）、BrO_3^-（140 pm）、IO_3^-（108 pm）、Ac^-（148 pm）、CNS^-（199 pm）。

这种由热化学数据求得的多原子离子的半径称为热化学半径。该方法是由 Kapuscinski 在 1951 年提出来的。

5.5 冠醚配合物

尽管碱金属离子都是 Lewis 酸，但由于它们的电荷只有+1，离子半径一般又较大，所以它们同 Lewis 碱的给体原子的电子对之间的总静电吸引力较小；此外，碱金属的电负性小，与给体原子之间也难以形成强的共价键。所以，一般地，碱金属阳离子形成的电子给体-受体化合物很少，只有少数被研究，其中最具特征的是冠醚的化合物。

5.5.1 冠醚

冠醚（crown ether）是具有大的环状结构的多元醚化合物。第一种冠醚是 Pedersen 在 1967 年的一次实验中偶然发现的。

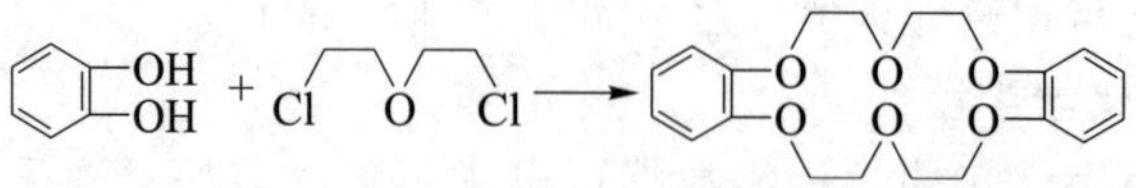

以此为开端，Pedersen 相继合成了 49 种冠醚。目前已经合成了数百种这类化合物。

由于这类醚的结构很像西方的王冠，故被称为冠醚。冠醚的结构特征是具有—CH_2CH_2O—结构单元，其中—CH_2—基团可被其他有机基团置换。

对于冠醚，如果按照国际纯粹与应用化学联合会（IUPAC）的规定来命名，上面的大环多元醚应叫做 2,3,11,12-二苯并-1,4,7, 10,13, 16-六氧杂十八环-2,11-二烯。这种命名很明确，但太冗长，很不方便。为此，Pedersen 设计了一种既形象又简便的命名方法（现在已被国际社会广泛使用）。如上述化合物命名为二苯并-18-冠(C)-6。

在命名时，先是大环上取代基的数目和种类，然后是代表大环中总成环原子数的数字，后一个数字表示环中的氧原子（和其他杂原子）的数目，类名“冠”字放在二者之间，“冠”字也可用其英文词头 C 表示。其他杂原子的名称和数目须同时指出（图 1.5.1）。

还有一类是含桥头氮原子的大多环多元醚，称为窝穴体（cryptand），也叫穴醚（图 1.5.2）。其通式为 C[m+1, m+1, n+1]，其中的 C 代表穴醚。

参照桥烃的命名法对这类穴醚命名，如 $m=0$，$n=0$命名为 C[1, 1, 1]；$m=1$，$n=0$ 命名为 C[2, 2, 1]；$m=1$，$n=1$ 命名为 C[2, 2, 2]；$m=1$，$n=2$ 命名为 C[3, 2, 2]。

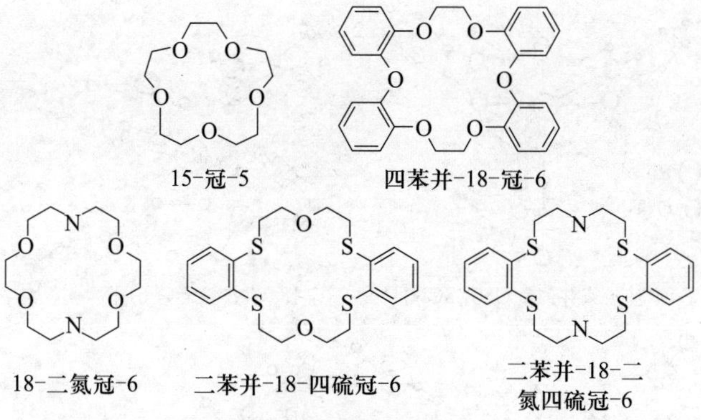

15-冠-5　　四苯并-18-冠-6

18-二氮冠-6　　二苯并-18-四硫冠-6　　二苯并-18-二氮四硫冠-6

图 1.5.1　冠醚命名

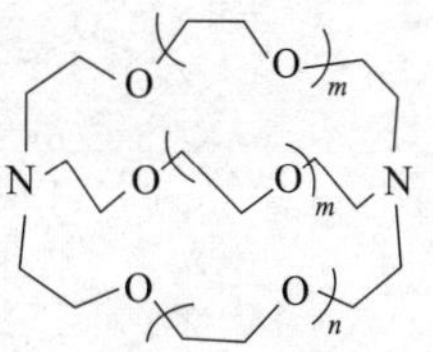

图 1.5.2　穴醚

上述第四个，即在 $n>m$ 时，括号中数字的排列顺序是由大到小。$m=1, n=2$，该穴醚叫 C[3, 2, 2]，而不叫 C[2, 2, 3]。

冠醚和穴醚总称为大环多元醚或大环聚醚。

根据冠醚的结构，冠醚在水中和有机溶剂中的溶解度都不会太大，这是由冠醚分子的外层亲脂而内腔亲水的矛盾所造成的。

穴醚含有桥头氮原子，与 N 连接的是 C，二者电负性差为 0.5，故 C—N 键具有极性，所以穴醚在水中的溶解度较大。

大环多元醚在化学上的共同特点是都能与多种金属离子形成比较稳定的配合物。一般地，由于冠醚是单环，而穴醚是三环或多环，可以预期穴醚形成的配合物比类似的冠醚配合物的稳定性大得多，一般说来要大 3~4 个数量级。

冠醚和穴醚都有毒。

5.5.2　大环多元醚配合物的结构

金属离子与冠醚形成的配合物的典型结构有三种（图 1.5.3）：

（1）金属离子的大小正好与冠醚配体的腔孔相当时，金属离子刚好处在冠醚配体的腔孔中心。

如 K(18-C-6)(SCN) 配合物，位于冠醚腔孔中心的 K^+ 与处在六边形顶点的氧原子配位，而 K^+ 与 SCN^- 结合较弱。

（2）金属离子大于冠醚配体的腔孔时，金属离子则位于冠醚配体的腔孔之外。

如在二苯并-18-C-6 与 RbSCN 形成的配合物中，由于 Rb^+ 的直径略大于冠醚配体的腔径，所以它位于氧原子所成平面（腔孔）之外，整个结构像一把翻转的伞。

再如，在 $[K(苯并-15-C-5)_2]^+$ 中，K^+ 的直径比配体的腔径大得多，使得 K^+ 必须与两个配体形成具有 1∶2 型夹心结构的配合物才能稳定，此时，两个配体的 10 个氧原子都参与配位。

（3）金属离子的直径比冠醚配体的腔径小时，配体发生畸变而将金属离子包围在中间。

如在 $[Na(18-C-6)(H_2O)](SCN)$ 中，配体发生了畸变，其中 5 个氧原子基本上位于同一平面，而另一个氧原子从平面的上方同金属配位。

而在 $[Na_2(二苯并-24-C-8)]$ 中，由于配体的腔径大得多，故有两个 Na^+ 进入腔孔中。

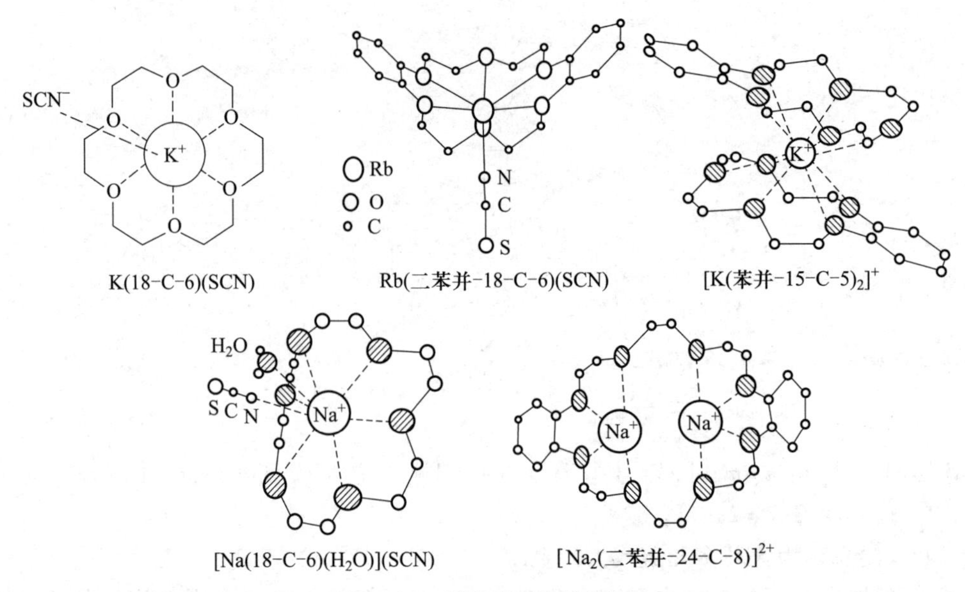

图 1.5.3 冠醚配合物的结构

穴醚有类似于笼形分子的结构,对金属离子的封闭性较好,因而穴醚配合物常比冠醚配合物稳定。

穴醚 C[2, 2, 2]与 Rb^+的配合物的结构如图 1.5.4(a)所示。

有四个氮原子的穴醚称为球形穴醚,球形穴醚甚至还可以同阴离子配位,生成阴离子配合物[图 1.5.4(b)]。

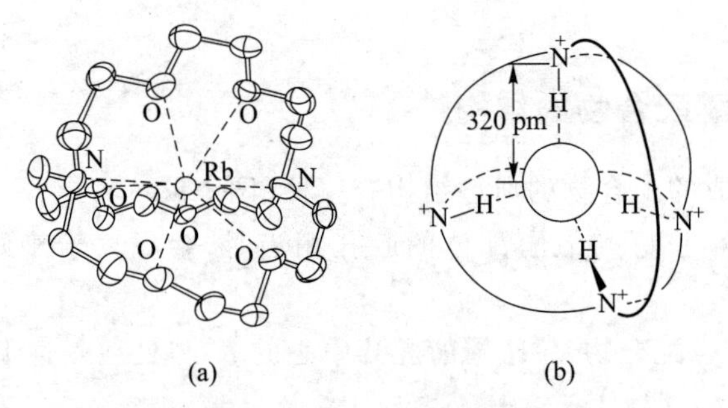

图 1.5.4 穴醚 C[2, 2, 2]与 Rb^+的配合物(a)和球形穴醚的阴离子配合物(b)的结构

5.5.3 冠醚配合物的配位性能

冠醚是一类新型的螯合剂,在与金属离子生成配合物时,它具有以下一些特殊的配位性能:

(1) 在冠醚分子中,由于 O 的电负性大于 C 的电负性,在 O 原子处电子云密度较大,因而冠醚与金属离子的配位作用可以看作多个 C—O 偶极与金属离子之间的配位作用,显然这种配位作用是一种静电作用。

(2) 冠醚分子本身就具有确定的大环结构,它不像一般的开链配体那样只是在形成螯合物时才成环,因此,可以预料,当形成冠醚配合物后,大环的结构效应将会使冠醚配合物具有比相应开链配体形成的配合物更为稳定的性质。

(3) 由于冠醚类的大环配体都具有一定的空腔结构,在生成配合物时,如果金属离子的大小刚好与配体的腔径相匹配(称为立体匹配),就能形成稳定的配合物。因此,冠醚对金属离子的配位作用常具有相当好的(立体)选择性。

(4) 由于冠醚分子中既含有疏水性的外部骨架,又具有亲水性的可以和金属离子成键的内腔,因此,当冠醚分子的内腔和金属离子多齿配位以后,C—O 偶极不能再吸引水分子,即失去了内腔的亲水性,所以冠醚所生成的配合物在有机溶剂中的溶解度比冠醚本身在有机溶剂中的溶解度大。

5.5.4 影响大环多元醚配合物稳定性的因素

1. 大环多元醚配体的腔径与金属离子大小的立体匹配程度对大环多元醚配合物稳定性的影响

对于给定的冠醚和电荷相等的离子,金属离子与冠醚腔径的相对大小的立体匹配程度是影响配合物稳定性的主要因素。若金属离子大于冠醚腔孔,则金属离子只能处于腔孔之外,与配位原子相隔较远,静电引力大为减小,相应的配合物不太稳定;若金属离子太小,虽可处于腔孔之内,但不能充分靠近配位原子,静电引力也小,相应的配合物也不太稳定。

表 1.5.1 列出一些冠醚内腔直径和碱金属离子的直径。根据这些尺寸可以预测冠醚配合物的稳定性。例如,15-C-5 的内腔直径为 170~220 pm,Na^+、K^+、Rb^+、Cs^+的直径分别为 190 pm、266 pm、296 pm 和 334 pm。从金属离子的大小与冠醚腔孔大小相适应才能形成较稳定的配合物来分析,可知这四种金属离子中 Na^+与 15-C-5 形成的配合物是最稳定的,其次是 K^+、Rb^+和 Cs^+,因此这四种金属离子与 15-C-5 形成的配合物的稳定性顺序应为

$$Na^+ > K^+ > Rb^+ > Cs^+$$

表 1.5.1 一些冠醚的内腔直径和碱金属离子的直径

冠醚	内腔直径/pm	碱金属离子	碱金属离子直径/pm
12-C-4	120~150	Li^+	120
15-C-5	170~220	Na^+	190
18-C-6	260~320	K^+	266
21-C-7	340~430	Rb^+	296
24-C-8	>400	Cs^+	334

与冠醚类似,穴醚的大小和金属离子的半径有匹配关系:空腔最小的穴醚 C[2, 1, 1]对 Li^+的选择性强,C[2, 2, 1]对 Na^+的结合能力强,C[2, 2, 2]对 K^+的结合能力强,C[3, 2, 2]对大的碱金属阳离子 K^+、Rb^+、Cs^+的结合能力最强,而更大的穴醚(如 C[3, 3, 2])不能与碱金属阳离子形成稳定配合物。

2. 配位原子的种类对冠醚配合物稳定性的影响

冠醚环中的 O 原子与碱金属、碱土金属离子的配位能力比 N、S 原子的大;但对于过渡金属离子,则是 N、S 原子的配位能力大于 O 原子。因此,当冠醚环中的 O 原子被 N、S 原子取代后,冠醚对碱金属、碱土金属离子的配位能力减弱,而对过渡金属离子的配位能力则增强,显然这是由

软硬酸碱原理所决定的。

3. 影响冠醚配合物稳定性的重要因素——大环效应(或超螯合效应)

大环配体形成的配合物的稳定性远高于相应的开链配体形成的配合物的稳定性,这种效应叫大环效应或超螯合效应。

可以从焓和熵两个方面对大环效应加以说明。研究指出,焓对大环效应的贡献比熵的贡献大。

例如,Ni 在水溶液中形成配离子的反应可写成

$$[Ni(H_2O)_x]^{2+} + L(H_2O)_y \rightleftharpoons [NiL(H_2O)_z]^{2+} + (x+y-z)H_2O$$

L	$\Delta_r H_m^{\ominus}/(kJ \cdot mol^{-1})$	$\Delta_r S_m^{\ominus}/(J \cdot K^{-1} \cdot mol^{-1})$	$\Delta_r G_m^{\ominus}/(kJ \cdot mol^{-1})$	$K_{稳}^{\ominus}([NiL(H_2O)_z]^{2+})$
大环四胺	-130	-8.41	-127.5	2.2×10^{22}
开链四胺	-70	-58.5	-52.6	1.5×10^{9}

可见,Ni 形成大环四胺配离子的焓变比形成开链四胺配离子的焓变大得多。这是因为,大环配体(大环四胺)和开链配体(开链四胺)都可形成溶剂合物,但大环配体不可能像开链配体那样接纳很多以氢键连接的水分子(即大环配体的溶剂化程度小,开链配体的溶剂化程度大),溶剂化程度小的大环配体在配位时脱溶剂所需能量较少,溶剂化程度大的开链配体在配位时脱溶剂所需能量较多。假如脱去溶剂后的大环配体和开链配体与金属离子配位时放出的能量相等,那么,溶剂化程度小的大环配体与金属离子配位时能量较低(消耗少),形成配合物的稳定性就较高,溶剂化程度大的开链配体与金属离子配位时能量较高(消耗多),形成配合物的稳定性就较低。

4. 金属离子的溶剂化作用对冠醚配合物稳定性的影响

在溶液中冠醚的配位作用与金属离子的溶剂化作用同时并存,且互相竞争。当金属离子与冠醚形成配合物时,其标准吉布斯自由能变化可用下式表示:

$$\begin{aligned}\Delta G^{\ominus} &= \Delta G^{\ominus}(成键) - \Delta G^{\ominus}(M^{n+}\ 溶剂化) - \Delta G^{\ominus}(冠醚溶剂化) - \Delta G^{\ominus}(冠醚构型)\\ &= -RT\ln K^{\ominus}\end{aligned}$$

式中 $\Delta G^{\ominus}$(成键)是 M^{n+} 与冠醚的成键标准吉布斯自由能变化,$\Delta G^{\ominus}$(M^{n+}溶剂化)与 $\Delta G^{\ominus}$(冠醚溶剂化)两项表示 M^{n+} 和冠醚的溶剂化作用的标准吉布斯自由能变化,$\Delta G^{\ominus}$(冠醚构型)表示配位时,冠醚的构型变化的标准吉布斯自由能变化。

可见,金属离子的溶剂化作用越强,它和冠醚的配位作用就将越受到抑制。例如,Na^+ 的半径比 K^+ 的小,溶剂化作用较强,所以在水溶液中,冠醚与 Na^+ 的配合物都不如与 K^+ 的配合物稳定。又如,在不同的溶剂中,由于溶剂化作用不同,冠醚配合物的稳定性也会有很大的差别。碱金属、碱土金属的冠醚配合物在甲醇中就比在水中稳定得多,原因就是在甲醇中金属离子的溶剂化作用比在水中的要弱。因此,在各种文献中都可见到,制备稳定冠醚配合物一般都是在有机溶剂中进行的。

5. 大环多元醚的结构的影响

(1) 含多环的穴醚和球醚与单环冠醚相比较,环的数目增加及有利的空间构型,使其与金属

离子配位的选择性及生成配合物的稳定性都有较大提高，这种效应叫做多环窝穴效应。

（2）冠醚环上起配位作用的杂原子，如果彼此间隔两个C原子且呈对称分布，则生成的配合物稳定性较高，如果配位氧原子之间有多于两个C原子且呈不对称分布，配位能力降低。

（3）冠醚环上取代基的影响：

① 冠醚环上的刚性取代基增加，减少了与金属离子配位时构型畸变的应变能力，使配合物的稳定性降低。如 K^+ 与下列冠醚生成配合物，稳定性顺序为：18-C-6>苯并-18-C-6>二苯并-18-C-6，而四苯并-18-C-6则根本不同 K^+ 配位。

② 当环上有给电子基团时，配位原子周围的电荷密度增大，配位能力增加；当环上有吸电子基团时，电荷密度减小，配位能力降低。当取代基为芳环时，冠醚的配位原子与芳环产生 p-π 共轭，使配位原子周围的电荷密度减小，配位能力降低。

5.6　碱金属、碱土金属的有机金属化合物

5.6.1　有机金属化合物的概念及分类

严格地讲，只有分子中形成金属-碳键的化合物才能称为有机金属化合物。但广义地，金属原子和有机分子中电负性较小的准金属B、As、Si等，甚至某些非金属S、P、N等原子成键也属有机金属化学范围。根据M-C键的特性，可以把有机金属化合物分为下列六种类型：

（1）离子型有机金属化合物

大多数Na、K、Rb、Cs和Ca、Sr、Ba等电正性大的金属的有机金属化合物属于这类。它们通常是无色盐状固体，不溶于非极性溶剂，对空气中的氧及水等极性溶剂极其敏感。

（2）含有M—C σ键的共价化合物

这类化合物是指电正性较小的金属及准金属的有机金属化合物。这些金属的卤化物或氢氧化物大多可被有机基团逐个地取代，如 $SnCl_4$、$(CH_3)SnCl_3$、$(CH_3)_2SnCl_2$、$(CH_3)_3SnCl$ 和 $(CH_3)_4Sn$。

（3）缺电子有机金属化合物

B、Al等形成含有多中心键的有机金属化合物。从M-C键的性质来看，这类化合物介于碱金属的离子化合物与Si、Sn和Pb的共价化合物之间。

（4）非经典化学键类型的有机金属化合物

在这类化合物中，M—C键不能简单地以离子键或共价键加以区分或解释。例如在 $[Be(CH_3)_2]_n$ 中含有三中心二电子的—CH_3—烷基桥键。

（5）内鎓盐式化合物

其特征是含有金属—碳双键。

（6）π键化合物

π键化合物是指金属原子的空轨道接受有机分子中的非定域π电子所形成的化合物，最好的例子是二茂铁。

5.6.2 主族元素有机金属化合物的合成方法

主族元素有机金属化合物的合成方法很多,较重要的方法如下:

(1) 直接由金属制备

如被称为格氏试剂的一种有机金属化合物就是用卤代烷或卤代芳烃与 Mg 在乙醚中直接反应制备的。

(2) 由金属或非金属卤化物与烷基化试剂反应制备

大部分金属或非金属卤化物及其衍生物可在有机溶剂中烷基化得到有机金属化合物,用得最广泛的烷基化试剂是格氏试剂、烷基铝、烷基汞等。通过此方法可由一种有机金属卤化物来制备另一种有机金属化合物。

(3) 插入反应

如将 C≡C 插入金属卤化物 M—X 键中可制得 M—CH═CHX 有机金属化合物。

5.6.3 碱金属和碱土金属的有机金属化合物

金属 Li 与卤代烷(或芳烃)在石油醚、环己烷、苯或醚中直接反应可以得到锂的有机金属化合物。在碱金属有机化合物中它是共价性最强、基团活泼性最小的化合物。

四聚分子 $Li_4(CH_3)_4$ 的结构是四个金属原子形成四面体原子簇插在四个甲基形成的四面体的四个面上。其中桥键可认为是四中心二电子的。乙基锂也具有类似的结构,只是溶于非极性溶剂时转变成六聚体。

钠及钾的有机金属化合物基本上是离子化合物。因而它们不溶于任何烃类,性质极其活泼,对空气特别敏感,遇水则强烈水解。

最重要的离子型有机钠的阴离子是芳香烃阴离子,如环戊二烯基($C_5H_5^-$)及茚阴离子($C_9H_7^-$)等,可由烃与金属 Na 在 THF 或 DMF 溶剂中制备。

碱土金属 Ca、Sr、Ba 的有机金属化合物是离子化合物,反应活性大,实际应用较少。Mg 的有机金属化合物有 RMgX(格氏试剂)及 MgR_2 两类。

铍由于电正性小,其有机金属化合物的共价性更明显,如甲基铍具有无限链状的结构,其中存在三中心二电子甲基桥键。$Be(Bu)_2$ 是直线形分子,这是因为 R 太大,不利于聚合。

第 6 章 p 区元素

6.1 硼烷化学

硼烷是硼氢化合物的总称。硼能形成多种氢化物，如 B_2H_6、B_4H_{10}、B_5H_9 等，除中性硼氢化物之外，还有一系列的硼烷阴离子，如 BH_4^-、$B_3H_8^-$、$B_nH_n^{2-}$（$n=6\sim12$）等。

6.1.1 硼烷的制备、性质和命名

1. 硼烷的制备

（1）硼氢化物的合成

以三卤化硼与强氢化剂如四氢硼化钠或氢化铝钾等在质子性溶剂中反应来制备乙硼烷。例如：

$$3NaBH_4 + 4BF_3 \xrightarrow{\text{二甘醇二甲基醚}} 2B_2H_6 + 3NaBF_4$$

一种简便的实验室合成法是把 $NaBH_4$ 小心地加到浓 H_2SO_4 之中：

$$2NaBH_4 + 2H_2SO_4(\text{浓}) \longrightarrow 2NaHSO_4 + B_2H_6 + 2H_2$$

工业上是在高压下以 $AlCl_3$ 为催化剂，以 Al 和 H_2 还原氧化硼：

$$B_2O_3 + 2Al + 3H_2 \xrightarrow{\text{高压}, AlCl_3} B_2H_6 + Al_2O_3$$

较高级的硼烷一般可通过热解乙硼烷来制备：

$$2B_2H_6 \xrightarrow{100\ ^\circ\text{C}, 10\ \text{MPa}} B_4H_{10} + H_2$$

$$5B_2H_6 \xrightarrow{180\ ^\circ\text{C}} 2B_5H_9 + 6H_2$$

$$2B_2H_6 \xrightarrow{150\ ^\circ\text{C}, \text{二甲醚}} B_4H_{10} + H_2$$

此外，不少高级硼烷还可以用一些其他方法来制备。例如：

$$K[B_5H_{12}] + HCl \xrightarrow{-110\ ^\circ\text{C}} B_5H_{11} + H_2 + KCl$$

$$K[B_6H_{11}] + HCl \xrightarrow{-110\ ^\circ\text{C}} B_6H_{12} + KCl$$

(2) 硼烷阴离子的合成

采用 BH 缩聚法,用乙硼烷或其他来源的 BH 基团去处理低级硼烷使其缩合,并把 BH 基团有效地添加到硼烷中去,可制得硼烷阴离子。例如:

$$2BH_4^- + 2B_2H_6 \xrightarrow{100\ ^\circ C} B_6H_6^{2-} + 7H_2$$

采用低级硼烷阴离子盐的热解法也可制得硼烷阴离子。热解产物强烈地依赖于温度、阳离子和溶剂。以 $B_3H_8^-$盐的热解为例:

$$[(CH_3)_4N][B_3H_8] \xrightarrow{\triangle} [(CH_3)_3NBH_3] + [(CH_3)_4N]_2[B_{10}H_{10}] + [(CH_3)_4N]_2[B_{12}H_{12}]$$

$$CsB_3H_8 \xrightarrow{\triangle} Cs_2B_9H_9 + Cs_2B_{10}H_{10} + Cs_2B_{12}H_{12}$$

$$CsB_3H_8 \xrightarrow{\triangle,\text{微量乙醚}} Cs_2B_{12}H_{12}$$

2. 硼烷的性质

大多数硼烷易挥发(但 $B_{10}H_{14}$的熔点、沸点都较高,在常温下为固体),所有挥发性硼烷都有毒。

多氢硼烷 B_nH_{n+6}热稳定性很低(如 B_4H_{10}和 B_5H_{11}在室温下显著自发分解)。少氢硼烷 B_nH_{n+4}对热较稳定(如 B_5H_9在 423 K 时分解仍很缓慢,在室温时经几年才有少量分解,$B_{10}H_{14}$在 423 K 长期加热也无明显变化,在 443 K 以上时分解才较明显)。但也有例外,如 $B_{10}H_{16}$虽为多氢硼烷,但却很稳定,加热到 523 K 时仍不分解。

几乎所有硼烷都对氧化剂极为敏感,如 B_2H_6和 B_5H_9在室温下遇空气即剧烈燃烧,放出大量的热,温度高时可发生爆炸,只有相对分子质量较大的 $B_{10}H_{14}$在空气中才稳定。

除 $B_{10}H_{14}$不溶于水且几乎不与水作用外,其他硼烷在室温下都与水反应而产生硼酸和氢。

$B_nH_n^{2-}$ 的化学性质比相应的中性硼烷稳定。

3. 硼烷的命名

(1) 硼原子个数在 10 以内,用干支词头表示硼原子数,超过 10 则使用数字表示。

(2) 母体后加括号,其内用阿拉伯数字标出氢原子数。

(3) 用前缀表示结构类型(简单的常见硼烷可省略)。例如, B_5H_{11},戊硼烷(11);$B_{10}H_{14}$,巢式癸硼烷(14)。

(4) 对硼烷阴离子命名时,除上述规则外,还应在母体后用括号注明负电荷的数目。如 $B_{12}H_{12}^{2-}$,闭式十二硼烷阴离子(-2);若同时还需指明氢原子,可直接在结构类型后指出,如 $B_{12}H_{12}^{2-}$,闭式十二氢十二硼酸根离子(-2)。

6.1.2 硼烷的结构

1. 闭式(close)硼烷阴离子

闭式硼烷阴离子用通式 $B_nH_n^{2-}$(n=6~12)表示。其结构是由三角面构成的封闭的完整多面体,硼原子占据多面体的各个顶点,每个硼原子都有一端梢的氢原子与之键合,这种端梢的 B—H 键均向四周散开,故称为外向型 B—H 键。

2. 开式(nido)硼烷

开式硼烷的通式为 B_nH_{n+4}。其骨架可看成由(n+1)个顶点的闭式硼烷阴离子的多面体骨架去掉一个顶衍生而来,它们是开口的、不完全的或缺顶的多面体。由于这种结构的形状类似鸟窝,故又称为巢式硼烷。“nido”来源于希腊文,原意就是巢。

在开式硼烷中,(n+4)个氢中有两种结构不同的氢原子,其中有 n 个为端梢的外向型氢原子,剩下的 4 个是桥式氢原子。

3. (蛛)网式(arachno)硼烷

(蛛)网式硼烷的通式为 B_nH_{n+6}。其骨架可看成由(n+2)个顶点的闭式硼烷阴离子多面体骨架去掉两个相邻的顶衍生而来(也可看成由开式硼烷的骨架去掉一个相邻的顶衍生而来)。其“口”张得比开式硼烷更大,是不完全的或缺两个顶的多面体。“arachno”为希腊文,原意就是蜘蛛网。

在(蛛)网式硼烷中,有三种结构不同的氢原子,除外向端梢氢原子和桥式氢原子以外,还有另一种端梢氢原子,它们和硼原子形成的 B—H 键,指向假想的基础多面体或完整多面体外接球面的切线方向,因此,这种氢原子又称为切向氢原子,它们和处于不完全的边或面上顶点的硼原子键合。总之,在(蛛)网式硼烷 B_nH_{n+6} 中,除 n 个外向端梢氢原子以外,剩下的 6 个氢原子或者是桥式氢原子或者是切向氢原子。

4. 敞网式(hypho)硼烷

除上述三种主要的硼烷以外,还有一种硼烷,其“口”开得更大,网敞得更开,几乎成了一种平面型的结构,称为敞网式硼烷,这类化合物的数量较少。

5. Wade 规则

1971 年,英国结构化学家 Wade 在分子轨道理论的基础上提出了一个预言硼烷、硼烷衍生物及其他原子簇化合物结构的规则,现在通常把这个规则叫 Wade 规则。

该规则如下:硼烷、硼烷衍生物及其他原子簇化合物的结构,取决于骨架成键电子对数。若以 b 表示骨架成键电子对数,n 为骨架原子数,则

$B_nH_n^{2-}$ 或 B_nH_{n+2},$b=n+1$,闭式结构(n 个顶点的多面体);

$B_nH_n^{4-}$ 或 B_nH_{n+4},$b=n+2$,开式结构(n+1 个顶点的多面体缺一个顶);

$B_nH_n^{6-}$ 或 B_nH_{n+6},$b=n+3$,(蛛)网式结构(n+2 个顶点的多面体缺两个相邻的顶);

$B_nH_n^{8-}$ 或 B_nH_{n+8},$b=n+4$,敞网式结构(n+3 个顶点的多面体缺三个相邻的顶)。

闭式、开式和(蛛)网式硼烷可以通过氧化还原反应互相转变:

$$\text{闭式} \underset{-2e^-}{\overset{+2e^-}{\rightleftharpoons}} \text{开式} \underset{-2e^-}{\overset{+2e^-}{\rightleftharpoons}} \text{(蛛)网式}$$

骨架成键电子对数的计算规则:

中性硼烷、硼烷阴离子和碳硼烷均可用通式$[(CH)_a(BH)_pH_q]^{c-}$表示,其中 q 代表额外的 H 原子数(包括处于氢桥键中的 H 原子和切向 H 原子),c 代表多面体骨架所带的电荷数。式中硼原子和碳原子(以及 S、P 和 N 等其他杂原子)是构成多面体骨架的原子。多面体的顶点数 n 为硼原子、碳原子数和其他杂原子数之和($n=a+p$+S、P、N 等其他骨架杂原子数)。每个 B—H 键贡献 2 个电子、额外的 H 原子贡献 1 个电子、C—H 键贡献 3 个电子,S、P 和 N 各贡献 4 个、3 个和

3 个电子用于骨架成键。

这样，对中性硼烷、硼烷阴离子、碳硼烷及杂原子硼烷，骨架成键电子数 $M=3a+2p+q+c+$S、P 和 N 各自贡献的电子数，骨架成键电子对数 $b=M/2$。

例 1 $B_{10}H_{15}^-$可写成$(BH)_{10}H_5^-$，$a=0$，$q=5$，$c=1$，$p=10$，$n=a+p=0+10=10$，$b=(2\times10+5+1)/2=13=10+3$，属（蛛）网式结构。命名：网式十五氢癸硼酸根阴离子（-1）。

例 2 $B_{10}CPH_{11}$可写成$(CH)(BH)_{10}P$，$a=1$，$c=0$，$p=10$，一个 P 原子，$n=a+p+$（P 原子数）$=1+10+1=12$，$b=(3\times1+2\times10+3)/2=13=12+1$，属闭式结构。命名：闭式一碳一磷癸硼烷（11），或闭式一碳一磷代十二硼烷（11）。

6.1.3 硼烷的化学键

1. 硼烷成键的定域键处理

硼烷属于缺电子分子。在第一章中已经介绍过通过多中心双电子键的形成可以使缺电子分子得到稳定。如在 B_2H_6分子中，除了生成 4 条 2c-2e 的 B—H 键之外，还有 2 条 3c-2e 的桥式硼氢键。在其他较高级硼烷中，其结构还可能涉及另外的成键要素：2c-2e 的 B—B 键，闭式 3c-2e 的硼桥键。

Lipscomb 提出用拓扑法来描述硼烷的结构，其要点如下：

（1）假想在硼烷中，每个硼原子都可以形成 2c-2e 的 B—H 键或 B—B 键，也可以形成 3c-2e 的B⌒H⌒B氢桥键或闭式 B(B)(B) 硼桥键。

（2）对于中性硼烷 B_nH_{n+m}，除 n 个 B 原子应与 n 个 H 原子形成 n 条 2c-2e 的端梢外向型 B—H 键外，还有 s 条 3c-2e 的氢桥键和 t 条 3c-2e 的闭式硼桥键，y 条 2c-2e 的 B—B 键及 x 条 2c-2e 的额外的切向型 B—H 键。

（3）不同类型键数的 s、t、y、x 和化学式B_nH_{n+m}的 n、m 数之间有以下三种关系式：

① 三中心二电子键关系式：$n=s+t$。

如果硼烷中 n 个 B 原子和相邻的原子都形成 2c-2e 键，则缺 n 个电子，但形成 n 条 3c-2e 键后则硼烷键合的“缺电子”问题就可以解决，所以三中心二电子键数（包括氢桥键和硼桥键）等于分子中 B 的原子数。

② 额外氢关系式：$m=s+x$。

因为 B_nH_{n+m} 中 n 个 B 原子要与 n 个 H 原子形成 n 条端梢外向型 B—H 键。剩下的 H 原子，即“额外”的 m 个 H 原子，不是桥式氢原子就是额外的端梢切向型 B—H 键的氢原子。所以额外 H 原子的数目等于氢桥键和切向型 B—H 键数目之和。

③ 硼烷分子骨架电子对关系式：$n+m/2=s+t+y+x$。

由于位于多面体顶点的 n 个 BH 单元对硼烷分子骨架提供 n 对电子，m 个额外 H 原子提供 $m/2$ 对电子，所以硼烷分子骨架中所有的电子对数$(n+m/2)$必然与四种键的总数$(s+t+y+x)$相等。

因此，对于一个中性硼烷 B_nH_{n+m}：

三中心键关系式 $n=s+t$ (a)

额外氢关系式 $m=s+x$ (b)

分子骨架电子对关系式　　　$n + m/2 = s + t + y + x$　　　(c)

若将 $n=s+t$ 代入第(c)式，得 $m/2=y+x$；或将 $m=s+x$ 代入第(c)式，得 $n-m/2=t+y$。

(4) 对于一个给定的中性硼烷 B_nH_{n+m}，上述方程组由三个方程、四个未知数组成，其解不是唯一的，可使用试验法求出 s、t、y、x 的解。

例 3　画出 B_5H_9 的拓扑结构式。

解：B_5H_9 可写成 $(BH)_5H_4$，$n=5$，$m=4$，$b=(5\times2+4)/2=7=5+2$，开式硼烷。

根据 $(BH)_5H_4$ 式写出拓扑方程组：

$$\begin{cases} n = 5 = s + t \\ m = 4 = s + x \\ m/2 = 4/2 = 2 = y + x \end{cases}$$

使用试验法求该方程组，有三组解，s、t、y、x 的值可分别为

① 4　1　2　0　　$styx=4120$

② 3　2　1　1　　$styx=3211$

③ 2　3　0　2　　$styx=2302$

根据这些结果可以画出 B_5H_9 的拓扑结构式：

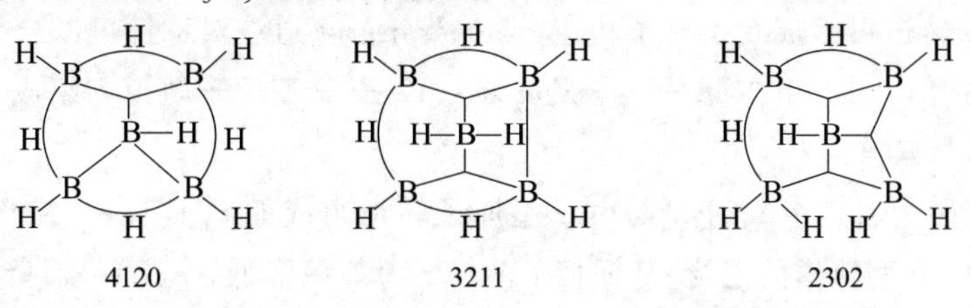

根据下列拓扑规则判断画出的拓扑结构是否正确：

① 对于任何一个 B 原子，必须有四个键从它连出，这些键可以是 3c-2e 的 B—H—B 氢桥键、3c-2e 的 B(B)B 硼桥键、2c-2e 的 B—B 键或 2c-2e 的 B—H(包括端梢外向型和切向型)。

② 相邻的两个 B 原子之间，至少应有一条 B—B 键、氢桥键或硼桥键相连接；如果其间已连有 B—B 键，则不能再连氢桥键、硼桥键和 B—B 键等骨架键(缺电子化合物不允许生成多重键)。

③ 在一个 B 原子上最多只能连两条 B—H 键(一条端梢外向型和一条切向型 B—H 键)。

④ 所得的结构应该是由骨架键连接起来的由三角面构成的完整多面体或缺顶的多面体。

⑤ 合理的结构有高的对称性，低的对称性将提供活性反应中心，因而是不能稳定存在的，已知硼烷，至少有一个对称面。

对于一个硼烷阴离子 $B_nH_{n+m-c}^{c-}$(可看作中性 B_nH_{n+m} 硼烷失去了 c 个 H^+ 所形成的阴离子——额外氢减少了 c 个，给体系留下了 c 个电子)，三中心二电子键数方程变为

三中心键关系式　　　$n - c = s + t$

额外氢关系式　　　$m - c = s + x$

分子骨架电子对关系式　　　$n + (m - c)/2 + c/2 = s + t + y + x = (s + x) + (t + y)$

$$= (m - c) + t + y$$

对于第三式，移项合并得 $n - m/2 + c = t + y$，即

$$\begin{cases} n - c = s + t \\ m - c = s + x \\ n - m/2 + c = t + y \end{cases}$$

方程组仍是三个方程，四个未知数，使用试验法求解。

2. 硼烷成键的分子轨道处理

以闭式己硼烷阴离子 $B_6H_6^{2-}$ 为例：己硼烷阴离子具有八面体的封闭式结构，每个顶点上的 B 原子用其 $2p_z$轨道与 2s 轨道进行杂化，生成 2 条 sp_z杂化轨道（属于 σ 型原子轨道）。其中，朝向外面的 1 条 sp_z杂化轨道与 H 原子的 1s 轨道重叠生成外向型 B—H 键，剩下 1 条朝向内部的 sp_z杂化轨道可用于参与骨架成键；在 B 原子上还有 2 条未参与杂化的 p 轨道，它们是处在与 sp_z杂化轨道垂直的平面上，并与假想的多面体成切线的 p_x和 p_y原子轨道，这 2 条 p 轨道也可用于参与形成骨架。

这样一来，6 个 B 原子共有 6 条 σ 型 sp_z杂化原子轨道和 12 条 π 型原子轨道，共 18 条原子轨道可用于参与骨架成键。

6 条 σ 型原子轨道可组成 6 条分子轨道，这 6 条分子轨道按对称性可以分为 3 组：单重的 a_{1g}（强成键）、三重的 t_{1u}^*（反键）和二重的 e_g^*（强反键）；12 条 π 型原子轨道则组成 4 组 π 分子轨道：t_{2g}、t_{1u}、t_{2u}^*和 t_{1g}^*（均为三重简并）。

其中，由 π 型原子轨道组成的 t_{1u}与由 σ 型原子轨道组成的 t_{1u}^*具有相同的对称性，它们的相互作用引起 σ 型和 π 型轨道的混合，从而使 $t_{1u}(\pi/\sigma^*)$能级降低，$t_{1u}^*(\sigma^*/\pi)$能级上升。

$B_6H_6^{2-}$ 总共有 26 个价电子，其中 6 个端梢 B—H 键用去 12 个电子，剩下 14 个电子全部用于骨架成键，价电子构型为$(a_{1g})^2(t_{2g})^6(t_{1u})^6$，即有 7 对(6+1)骨架键对，由于所有骨架电子都进入成键轨道且高度离域，而且最高占据轨道 t_{1u}与最低未占据轨道 t_{1u}^*能级相差较大，所以 $B_6H_6^{2-}$ 在热力学上和动力学上都比较稳定。

由于 $B_6H_6^{2-}$阴离子骨架电子的离域性，可预期它们的性质与芳烃相似，即它们也具有一定的“芳香性”。

6.1.4 硼烷的反应

1. 与 Lewis 碱的反应

（1）碱裂解反应

一些硼烷与 Lewis 碱发生加成反应得到不稳定的加合物，然后加合物发生对称裂解或不对称裂解。以乙硼烷为例：

$$B_2H_6 + 2L \longrightarrow 2BH_3L \quad \text{(对称裂解)}$$

$$B_2H_6 + 2L \longrightarrow [BH_2L_2]^+[BH_4]^- \quad \text{(不对称裂解)}$$

第一步，一个配体 L 进行亲核进攻，使 B_2H_6 中一氢桥键断裂：

$$H_2B(\mu\text{-}H)_2BH_2 + L \longrightarrow H_2B(L)\text{-}H\text{-}BH_3$$

第二步，取决于第二个配体的进攻位置：

$$H_2B(L)\text{-}H\text{-}BH_3 + L \longrightarrow 2BH_3L \quad \text{(对称裂解)}$$

$$H_2B(L)\text{-}H\text{-}BH_3 + L \longrightarrow [BH_2L_2]^+[BH_4]^- \quad \text{(不对称裂解)}$$

显然，L 较大的 Lewis 碱有利于对称性裂解的进行，L 较小的 Lewis 碱有利于不对称裂解的进行。除此之外，如果反应在溶剂中进行，则溶剂碱性增加，对称性裂解趋势增大。

(2) 碱加成反应

有些 Lewis 碱可与硼烷发生加成反应生成加合物，例如：

$$B_5H_9 + 2(CH_3)_3P \longrightarrow B_5H_9[P(CH_3)_3]_2$$

(3) 去桥式质子反应

开式和(蛛)网式硼烷中的桥式氢原子可被强碱除去得到硼烷阴离子，例如：

$$B_{10}H_{14} + NaOH \longrightarrow NaB_{10}H_{13} + H_2O$$

$$B_{10}H_{14} + NaH \longrightarrow NaB_{10}H_{13} + H_2$$

$$B_{10}H_{14} + NH_3 \longrightarrow [NH_4]^+[B_{10}H_{13}]^-$$

同类硼烷桥式氢原子的酸性随骨架体积增大而增大，大小相近的硼烷则是(蛛)网式的酸性强于开式的酸性。

2. 亲电取代反应

硼烷的端梢氢原子(带部分正电荷)可被亲电试剂所取代，其中最典型的是卤代。如 $B_{10}H_{10}^{2-}$ 和 $B_{12}H_{12}^{2-}$ 中的氢原子，可完全地被卤素取代，生成 $B_{10}X_{10}^{2-}$ 和 $B_{12}X_{12}^{2-}$ (X = Cl、Br、I)。

3. 硼氢化反应

硼氢化反应是指乙硼烷的烯烃加成反应，因而也叫烯烃的硼氢化反应。反应是分步进行的：

$$\frac{1}{2}B_2H_6 + RHC{=}CH_2 \longrightarrow H_2B\text{-}CH_2\text{-}CH_2R \xrightarrow{RHC=CH_2} [RCH_2\text{-}CH_2]_2BH \xrightarrow{RHC=CH_2} [RCH_2\text{-}CH_2]_3B$$

与 Markovnikov 规则相反，在加成时，H 不是加在氢较多的双键碳原子上，而是加在氢较少的碳原子上，B 则加在氢较多的碳原子上。当 R 位阻小时，可得到三烷基硼。

6.1.5 硼烷衍生物

1. 碳硼烷

硼烷骨架中的部分硼原子被其他非金属元素原子取代之后便会得到杂硼烷，最重要的一类杂硼烷是含碳原子的碳硼烷。在碳硼烷中碳氢（CH）基团与硼氢阴离子（BH^-）基团是等电子体，可以互相取代。因此，碳硼烷多面体可看作 CH 基团取代了硼烷阴离子中的部分 BH^- 基团所得到的产物。

（1）碳硼烷的合成　以硼烷为基础可合成碳硼烷，以 1,2-$B_{10}C_2H_{12}$ 碳硼烷的合成为例：

$$B_{10}H_{14} + 2Et_2S \xrightarrow{n\text{-}Pr_2O} [Et_2S]_2[B_{10}H_{12}] + H_2$$

$$[Et_2S]_2[B_{10}H_{12}] + C_2H_2 \xrightarrow{n\text{-}Pr_2O} B_{10}C_2H_{12} + H_2 + 2Et_2S$$

（2）碳硼烷的反应　主要有以下三类：

① 立体异构和异构重排　因碳原子在分子中位置不同而产生不同的异构体，加热不稳定的异构体往往发生异构重排。在这些异构体中，若有两个碳原子，则离得越远异构体越稳定。

② CH 基团上的 H 的弱酸性反应　碳硼烷骨架具有强烈的吸电子能力，使得 CH 基团上的 H 呈弱酸性能，可发生一系列反应。如 $C_2B_{10}H_{12}$ 与 C_4H_9Li 反应生成 $Li_2C_2B_{10}H_{10}$，后者与 CO_2、卤素、NOCl、CH_2O 等继续反应生成各种取代的碳硼烷。正是这样的反应，形成数千种碳硼烷衍生物。

③ 亲电反应　因碳的电负性比硼大，使得碳原子附近的硼原子略带正电荷，容易发生亲核进攻（亲电反应）。尤其是当两个碳原子处于邻位时，它们的协同吸电子效应使附近的硼原子更容易发生亲核进攻。

2. 金属碳硼烷和金属硼烷

金属碳硼烷是由金属原子、硼原子及碳原子组成骨架多面体的原子簇化合物。金属硼烷不含碳原子。

例如，在开式的 7,8-$C_2B_9H_{11}^{2-}$ 的开口面上，3 个硼原子和 2 个碳原子各提供 1 条 sp^3 杂化轨道，这 5 条轨道都指向假想多面体的第 12 个顶点，这 5 条轨道共有 6 个离域电子。因此，这种碳硼烷阴离子可作为电子给予体配体同金属离子配位得到金属碳硼烷。

如果两个这样的开式碳硼烷阴离子将一个金属离子夹起来，便得到一种夹心型的金属碳硼烷。金属也可以仅作为一个多面体的顶点存在，如果金属还含有空轨道，它还可接收其他配体。

使用多面体扩张法、多面体收缩法或金属直接插入法合成过渡金属碳硼烷：

① 多面体扩张法　先使碳硼烷加合电子还原为阴离子，再加过渡金属离子或过渡金属离子和环戊二烯，得到比原来的多面体增加 1 到 2 个顶点的产物。

如用钠还原顶点数为 8 的 1,7-$C_2B_6H_8$，再用过量的 $CoCl_2$ 和 C_5H_6 处理，便得到多面体顶点数为 9 的（$C_2B_6H_8$）$Co^{Ⅲ}$（C_5H_5）和多面体顶点数为 10 的 $C_2B_6H_8[Co^{Ⅲ}(C_5H_5)]_2$。

② 多面体收缩法　在碳硼烷多面体上脱去 1 个 BH^{2+} 单元，随后进行氧化，可以得到多面体

顶点比原多面体顶点少的产物。

如由$(1,2\text{-}C_2B_9H_{11})Co^{III}(C_5H_5)$（包括 Co^{III} 在内多面体顶点等于 12）脱去一个 BH^{2+}，再减去 2 个电子可得到顶点数（包括 Co^{III} 在内）为 11 的$(2,4\text{-}C_2B_8H_{10})Co^{III}(C_5H_5)$。

③ 金属直接插入法　由较小的碳硼烷与过渡金属羰基或环戊二烯基衍生物发生多面体扩张反应可以生成 1 个或 2 个金属插入多面体的金属簇碳硼烷。

如在 473 K 以上，$1,5\text{-}C_2B_3H_5$ 与 $Fe(CO)_5$ 或 $(\eta^5\text{-}C_5H_5)Co(CO)_2$ 反应，产生具有 1 个或 2 个金属插入骨架的碳硼烷，并使原来 5 个顶点的三角双锥闭式多面体扩张为八面体或五角双锥。

6.2　单质碳及其衍生物

金刚石的人工合成、石墨层间化合物的研究、碳纤维的开发应用、富勒烯（碳笼原子簇）和线型碳的发现及研究都取得了令人瞩目的进展。这些以单质碳为基础的无机碳化学给人们展现了无限的想象空间。

在学术界，一般认为金刚石、石墨、富勒烯（碳笼原子簇）、线型碳是碳的几种同素异形体。其稳定性次序：线型碳>石墨>金刚石>富勒烯。

1. 金刚石

金刚石是原子晶体，碳原子间以 sp^3 杂化成键。

在常温常压下，由石墨转化为金刚石的反应是非自发的：

$$C(\text{石墨}) \longrightarrow C(\text{金刚石})$$

$$\Delta_r H_m^\ominus = 1.828\ kJ \cdot mol^{-1}, \Delta_r S_m^\ominus = -3.25\ kJ \cdot mol^{-1}, \Delta_r G_m^\ominus = 2.796\ kJ \cdot mol^{-1}$$

但是，在高温高压下可实现这种转化（由疏松到致密），其温度和压力条件因催化剂的种类不同而不同。

2. 石墨及其化合物

（1）石墨

石墨是混合键型或过渡型晶体，具有层状的晶体结构。无定形碳和炭黑都是微晶石墨。

在晶体中，C 原子以 sp^2 杂化轨道成键，彼此间以 σ 键连接成层状结构，同时在同一层上还有大 π 键。同层的 C—C 键键长为 143 pm，层与层之间的距离为 335 pm。

（2）石墨层间化合物

石墨的碳原子层间有较大的空隙，容易插入电离能小的碱金属和电子亲和能大的卤素、卤化物及酸等，形成石墨层间化合物。

按基质-嵌入物间的化学键的差异可将石墨层间化合物分为离子型和共价型两大类：

在离子型化合物中，碱金属之类的插入物向石墨提供电子形成的层间化合物，称为施主型化合物；插入物为卤素、卤化物时，形成从石墨得到电子的层间化合物，称为受主型化合物。

离子型石墨层间化合物中的碳原子基本保持石墨的平面层状结构，插入层的层间距增大，未插入层的层间距无变化。石墨层间化合物按插入层的分布分为不同的阶数：一阶化合物是每隔 1 个碳原子层插入 1 层插入物，如 C_8K；二阶化合物为每隔 2 层插入 1 层插入物，如 $C_{24}K$；三阶化合物为每隔 3 层插入 1 层插入物，如 $C_{36}K$；等等。据报道已有阶数为 15 的层间化合物。

由高温直接氟化反应得到的氟化石墨及由 $HClO_4$等强氧化剂在 100 ℃以下的低温合成的氧化石墨(含 O 及 OH)，基质-嵌入物间形成共价键，称为共价型层间化合物。

共价型石墨层间化合物中石墨层平面发生了变形。如氟化石墨，其碳原子层是折皱的，折皱面内各碳原子以 sp^3杂化轨道与其他 3 个碳原子及 1 个氟原子成键，C—C 键键长与一般的 C—C 单键键长相同，层间距为 730 pm，比未插入层增大一倍还多。

石墨层间化合物的性质因嵌入物、阶数的不同而不同，因而其功能及应用是多方面的，主要用作电极材料、轻型高导电材料、储氢及同位素分离材料、新型催化剂、防水防油剂和石墨复合磁粉等。

(3) 碳纤维

碳纤维是由有机纤维经炭化及石墨化处理而得到的微晶石墨材料，属乱层石墨结构。

碳纤维具有模量高、强度大、密度小、耐高温、抗疲劳、抗腐蚀、自润滑等优异性能，从航天、航空、航海等高技术产业到汽车、建筑、轻工等民用工业的各个领域正逐渐得到越来越广泛的应用。

将碳纤维进行活化处理得到的活性炭纤维，是已知比表面积最大的物质之一($2500\ m^2 \cdot g^{-1}$)，被称为第三代活性炭，作为新型吸附剂具有重要的应用前景。

在医学上，碳纤维增强型塑料是一种理想的人工心肺管道材料，也可作为人工关节、假肢、假牙的材料等。

3. 石墨烯

石墨烯是一种单层石墨，是由碳原子以 sp^2 杂化轨道组成的六角形似蜂巢晶格的平面薄膜二维材料，只有一个碳原子厚度。碳原子垂直于层平面的未参与杂化的 p_z 轨道形成贯穿全层的多原子的大 π 键，因而具有优良的导电和光学性能。

4. 石墨炔

石墨炔是由 sp 和 sp^2 杂化形成的一种新型碳的同素异形体，是由 1,3-二炔键将苯环共轭连接形成的具有二维平面网络结构的全碳材料，具有丰富的碳化学键、大的共轭体系、优良的化学稳定性，被誉为最稳定的一种人工合成的炔碳的同素异形体。因其特殊的电子结构及类似硅的优异半导体性能，石墨炔有望广泛应用于电子、半导体及新能源领域。

5. 富勒烯

1985 年，英国 Kroto 等人用激光做石墨的气化试验时发现了 C_{60}，这是一种由 60 个碳原子组成的稳定原子簇。此后人们又发现了 C_{50}、C_{70}、C_{240}乃至 C_{540}。它们都具有空心的球形结构，属于笼形碳原子簇分子。由于 C_{60}的结构类似建筑师 Buckminster Fuller 设计的圆顶建筑，因而被称为富勒烯，也有布基球、足球烯、球碳、笼碳等名称。C_{70}为椭球形，C_{240}及 C_{540}与 C_{60}的差别更大一些。

富勒烯族分子中的碳原子数是 28,32,50,60,70,…,240,540 等偶数系列的“幻数”。

富勒烯是继金刚石、石墨后发现的第三种碳的同素异形体。在富勒烯族中，人们对 C_{60}研究得最深入。C_{60}的独特结构和奇异的物理化学性质备受关注，其研究不仅涉及化学的各个分支，而且还涉及生命科学、材料科学及固体物理等诸多领域。因此，C_{60}是 20 世纪的重大科学发现之一，Kroto 等人因此荣获 1996 年诺贝尔化学奖。

(1) 富勒烯的结构特点

以 C_{60}为代表的富勒烯均是空心球形结构，碳原子分别以五元环和六元环构成球状，球体大

小为 1.87×10^{-22} cm^3，外径为 1.34 nm，平均内径为0.710 nm。

可以借助正二十面体去理解 C_{60}的结构，正二十面体（双顶五方反棱柱体）有 12 个顶点和 20 个面，每个面都是正三角形，每一个顶点都和另五个顶点相连产生 12 个五面角。如果将 12 个顶点都削去，削口处产生 12 个正五边形，原来的每一个正三角形都变成了正六边形。C_{60}的结构就是这种削角的正二十面体，共有 12 个五边形和 20 个六边形。每个五边形均被 5 个六边形包围，而每个六边形则邻接着 3 个五边形和 3 个六边形。

根据多面体的面、顶点、棱边所含 C 原子数的关系可以计算富勒烯球五边形（F_5）和六边形（F_6）的数目。

富勒烯球的面数（F）、顶点数（V）和棱边数（E）之间的关系为 $F+V=E+2$。每个 C 原子和 3 个 C 原子连接，每条棱边连接 2 个 C 原子，故顶点数与棱边数之间的关系为 $3V=2E$。多边形数与棱边数的关系为 $2E=5F_5+6F_6$。

对于 C_{60}，$V=60$，根据 $3V=2E$，解得 $E=90$。由 $2E=5F_5+6F_6$，得 $F_6=30-5F_5/6$，代入 $F+V=E+2$，得 $F_5+(30-5F_5/6)+60=90+2$，则 $F_5=12$，所以，$F_6=20$。

C_{60}分子中碳原子彼此以 $s^{0.915}p^{2.085}$（也有人认为是 $sp^{2.28}$介于 sp^2与 sp^3之间）杂化轨道形成 σ 键，每个 C 原子和周围 3 条 C 原子形成的 3 个 σ 键的键角总和为 348°，∠CCC 键角平均为 116°。相邻两六元环的 C—C 键键长为 138.8 pm（比 C—C 单键键长短，有烯键的性质），五元环与六元环共用的 C—C 键键长为 143.2 pm。

C_{60}的晶体属分子晶体，晶体结构因晶体获得的方式不同而异，但均系最紧密堆积所成。用超真空升华法制得的 C_{60}单晶为面心立方结构。

（2）C_{60}的化学行为特征

C_{60}在空气中稳定，在真空中加热至 400 ℃也不会分解，这是因为 C_{60}分子中所有五元环均被六元环分开，即遵循五元环分离原则。从 C_{20}开始，除 C_{22}外，任何一个偶数碳原子簇都可以形成一个富勒烯结构，但只有遵循了五元环分离原则的结构才能稳定存在。

在 C_{60}中，所有的碳原子所处环境都是一致的，在 ^{13}C NMR 谱上只在 $\delta=143.2$ 处有一个单峰足以证明其高对称性。由于角锥化的 $s^{0.915}p^{2.085}$杂化的碳原子在分子中引起了大量的张力，故其热力学稳定性比金刚石和石墨都差。

在 C_{60}中，两个相邻的碳原子上剩余的 p 轨道可形成 π 键，这样得到的双键都位于两个六元环所共用的边上，而单键则位于五元环和六元环所共用的边上。这样构造的共轭体系具有一定的芳香性。

（3）C_{60}的化学反应

C_{60}的特异结构大体确定了其化学行为：

首先，C_{60}虽是负电性分子，但却易于被还原而不易于被氧化。

其次，C_{60}的主要化学反应类型是对双键的加成，特别是亲核加成而非亲电加成，以及自由基加成、环加成及 η^2-过渡金属配合物的形成。加成反应的驱动力是富勒烯碳笼中张力的解除，即导致形成饱和的 sp^3杂化碳原子的反应。但高度加成的产物却变得不稳定或完全不能形成，这是加成试剂的立体排斥或平面环己烷环的引入而迅速增加新的张力之故，同时这些张力因素又决定了加成试剂的数目。

此外，各种形式的氢化、卤化及 Lewis 酸复合物的生成反应也能进行。

下面是 C_{60}的几种典型的化学反应：

① 同金属的反应　使 C_{60}同碱金属 K、Rb、Cs 或碱金属加 Hg、Tl、Bi 在充有氦气的减压封闭管中加热进行反应，或在氩气氛中使 C_{60}与碱金属（K、Rb）在回流的甲苯中搅拌进行反应，由此得到的碱金属化合物如 K_3C_{60}的晶体基本上是由 K^+与 C_{60}^{3-}所成的离子晶体，在 C_{60}^{3-}的面心立方晶格内的棱上分布着 K^+，在 1 个晶胞内，C_{60}^{3-}的个数为 4，K^+的个数为 12。

此外，V、Fe、Co、Ni、Cu、Rh、La 等的 $M_x^+C_{60}^-$类化合物及哑铃形配合物如 $Ni(C_{60})_2$也已制备出来。

上述化合物都是外键合金属 C_{60}化合物。

另一种 C_{60}的金属化合物是金属包含于 C_{60}笼内部形成的化合物。碳笼包含物用符号 $M_x@C_n$表示，其制备方法是在制备富勒烯时将石墨同金属一起气化，从而在生成富勒烯时将金属包含在碳笼内。

② 氧化还原反应　由石墨气化法制备的富勒烯含有氧化富勒烯 $C_{60}O_n(n\leqslant5)$，这是因为反应器中有少量氧存在。

光氧化 C_{60}也可生成 $C_{60}O$，用氧饱和的 C_{60}苯溶液在室温下以石英灯照射 18 h 可得到 7%的纯 $C_{60}O$，红外光谱研究表明 $C_{60}O$ 中 O 原子与两个碳原子形成了环氧三元环。

C_{60}可以像烯烃一样用 OsO_4氧化，生成 C_{60}的锇酸酯。该反应是由吡啶（C_5H_5N，py）加成物或在吡啶存在条件下与化学计量的 OsO_4反应来完成的：

$$C_{60} + OsO_4 + 2py \longrightarrow [Os(O)_2(py)_2(OC_{60}O)]$$

C_{60}可被氟化生成 $C_{60}F_{2n}(n=15\sim30)$，氯、溴也可在一定条件下同 C_{60}反应，生成对应的氯化富勒烯或溴化富勒烯，如 $C_{60}Cl_6$、$C_{60}Br_8$、$C_{60}Br_{24}$等。

C_{60}同强还原剂如锂的氨溶液发生还原反应而氢化。C_{60}的氢化物可表示为 $C_{60}H_{2n}(n=1\sim18)$。$C_{60}H_2$及 $C_{60}H_4$可以用氢锆酸盐或锌/酸还原合成。至今未能成功合成出 $C_{60}H_{60}$，其不稳定性源自环己烷平面的巨大张力和大量氢-氢之间的重叠作用。C_{60}的多氢化物中以 $C_{60}H_{36}$最稳定，但其结构难以确定，因为氢原子可以键连在外表面，也可钻进碳笼内而键连在内表面。

C_{60}和硫酸、硝酸反应，中间体（氧化产物）在碱性水溶液中水解生成富勒醇。

而稳定的 C_{60}阳离子可以在 FSO_3H、SbF_5等超酸介质中观察到，低温下在发烟 H_2SO_4和 SO_2ClF 的混酸中，多电荷的富勒烯阳离子也是稳定的。

③ 加成反应　C_{60}中的共轭 π 键体系可看作一种离域大 π 键，因此，C_{60}的大多数反应都可归属为加成反应。通过合适的加成试剂进行加成反应，几乎所有的官能团都能与 C_{60}以共价键相连接。

合适的碳亲核试剂是格氏试剂或有机锂试剂，如在格氏试剂作用下与 CH_3I 反应能生成各种烷基化产物：

$$C_{60} + 10t\text{-}BuMgBr + 10CH_3I \longrightarrow C_{60}(t\text{-}Bu)_{10}Me_{10}$$

胺类（如乙二胺、丙胺等）及磷亲核试剂（如磷化物、磷硼烷衍生物等）都可以加成到 C_{60}的双键上。

(4) 富勒烯的应用前景

在室温下面心立方晶格的 C_{60} 的能带结构是半导体,能隙为1.5 eV。但经过适当的金属掺杂后,都能变成超导体。掺杂富勒烯超导体有两个特点:一是与一维有机超导体和三维氧化物超导体不同,掺杂富勒烯超导体是各向同性非金属三维超导体;二是超导临界温度 T_c 比金属超导体的高,如掺杂碘的 I_xC_{60} 的 T_c 已达 57 K。据推测,C_{540} 的掺杂物可能是室温超导体。

C_{60} 具有非线性光学性质,随着光强不同,它可使入射光的折射方向发生改变。C_{70} 能把普通光转化成强偏振光,因此 C_{70} 有可能作为三维光学计算机开关而用于光纤通信。

某些水溶性 C_{60} 衍生物具有生物活性。据报道,二氨基二酸二苯基 C_{60} 具有抑制人体免疫缺陷病毒酶 HIVP 的功效,因此有可能从富勒烯衍生物中开发出一种治疗艾滋病的新药。

还有报道,一种水溶性 C_{60} 脂质体包结物,与体外培养的人子宫颈癌细胞融合后以卤素灯照射,对癌细胞具有很强的杀伤能力。

此外,C_{60} 能承受 20 GPa 的静压,可用于承受巨大压力的火箭助推器;C_{60} 因其球形结构可望成为超级润滑剂;根据 C_{60} 的磁性和光学性质,C_{60} 有可能作光电子计算机信息存储的元器件材料。

6. 线型碳

线型碳是碳原子以 sp 杂化轨道彼此键连而成的线型碳分子,是单质碳的另一种新型同素异形体。线型碳有两种不同的键连接构,一种含有共轭三键 $(-C\equiv C)_n$,另一种含累积双键 $(=C=C)_n$,前者称为 α-线型碳,后者称为 β-线型碳。

在 2600 K 和低于 6×10^9 Pa 的压力下,石墨变得不稳定。如果单键断裂,并转移 1 个电子到邻近的双键上,同时诱发另一个单键断裂,在双键处形成了三键,重复此过程就可得到 α-线型碳;如果单键断裂转移 1 个电子至邻近的单键上,在该单键处形成了双键,则最终形成 β-线型碳。

据报道,天然的线型碳为六方晶系,有 7 种晶格。合成的线型碳多为黑色的无定形态,不溶于任何已知的有机及无机溶剂。结晶线型碳的硬度比石墨的硬度大。

在紫外光照射下线型碳与 Cl_2 反应,每 41 个碳原子吸收 1 个 Cl 原子;用 N_2O_4 氧化线型碳,在碳链上出现了羰基及硝基,且每 15 个碳原子吸收 1 个硝基。这些迹象都表明线型碳是化学惰性的。

线型碳的惰性及结构特征使其有可能成为优于碳纤维的超强纤维。线型碳对生物体的亲和性优于高分子材料,有可能成为性能优异的生物医学材料。

在线型碳的链端引入金属离子或有机基团,可以改善其溶解性,而且,因链端原子的活性还可衍生出一类新物质。

7. 纳米碳管

纳米碳管即管状的纳米级石墨晶体,是单层或多层石墨片围绕中心轴,按一定的螺旋角卷曲形成的无缝纳米级管,管端基本上都封口。每层纳米管是一个由碳原子通过 sp^2 杂化与周围 3 个碳原子完全键合后所构成的六边形平面组成的圆柱面。其平面六角晶胞边长为 246 pm,最短的 C—C 键键长为 142 pm。根据制备方法和条件的不同,纳米碳管存在多壁纳米碳管和单壁纳米碳管两种。多壁纳米碳管的层间接近 ABAB…堆垛,其层数 2~50 不等,层间距大致与石墨的层间距(0.34 nm)相当。单壁纳米碳管典型的直径大致为 0.75 nm。纳米碳管的长度从几十纳米到 1 μm 不等。

如将纳米碳管在空气中加热，其管端封口会因氧化而破坏，从而形成开口的管子。

无论是多壁纳米碳管还是单壁纳米碳管都具有很高的长径比，一般为 100~1000，最高可达 1000~10000，完全可以当作一维分子。

纳米碳管有许多特异的物理性能，如纳米碳管的抗张强度比钢的抗张强度高 100 倍，但质量只有钢的六分之一。

碳纳米管壁能被某些化学反应“溶解”，因此它们可以作为易于处理的模具。将熔体用电子束蒸发后凝聚于开口的纳米碳管上，由于虹吸作用，熔体便进入中空的纳米管芯部，然后把碳层腐蚀掉，即可得到纳米尺度的丝或棒。研究人员还发现碳纳米管本身就具有比普通石墨材料更好的导电性，因此碳纳米管不仅可用于制造纳米导线的模具，而且还能够用来制造导线本身。

纳米碳管作为高强度碳纤维、复合材料、纳米电子器件、催化剂的载体以及在膜工业上的应用研究正处于探索之中。

6.3　无机高分子物质

6.3.1　无机高分子物质的特点

无机高分子物质也称为无机大分子物质，它与一般低分子无机物质相比具有如下特点：

（1）由多个“结构单元”组成；

（2）相对分子质量大；

（3）相对分子质量有“多分散性”；

（4）分子链的几何形状复杂。

6.3.2　构成无机高分子物质的元素

无机高分子物质的分子主链可由多种元素的原子构成。完全由同一种元素的原子构成的主链叫做均链，由不同种元素的原子构成的主链叫做杂链。

原子间主要靠共价键（包括配位键）互相结合，键能越大，形成的键就越稳定，靠这种键就有可能形成长链的分子。

元素的电负性之和是判断元素之间能否生成高分子物质的重要依据之一。一般地，两元素电负性之和为 5~6 时可以发生聚合，电负性之和小于 5 时则不能发生聚合。

H、B、$\underline{\text{C}}$、$\underline{\text{N}}$、$\underline{\text{O}}$、F、$\underline{\text{Al}}$、$\underline{\text{Si}}$、$\underline{\text{P}}$、$\underline{\text{S}}$、Cl、$\underline{\text{Ge}}$、$\underline{\text{As}}$、$\underline{\text{Se}}$、$\underline{\text{Sn}}$、$\underline{\text{Sb}}$、$\underline{\text{Te}}$ 元素都能生成杂链无机高分子物质，在这些元素中，标有下划线的元素能生成均链无机高分子物质。

6.3.3　无机高分子物质的分类

1. 按照主链结构分类

均链无机高分子物质：由同种元素的原子构成主链，如链状硫、聚硅烷$\left(\begin{array}{ccc} \text{H} & \text{H} & \text{H} \\ | & | & | \\ -\text{Si}- & \text{Si}- & \text{Si}- \\ | & | & | \\ \text{H} & \text{H} & \text{H} \end{array}\right)$；

杂链无机高分子物质：由不同种元素的原子构成主链，如聚磷腈化合物$\left(-\overset{|}{\underset{|}{P}}=N-\overset{|}{\underset{|}{P}}=N-\right)$。

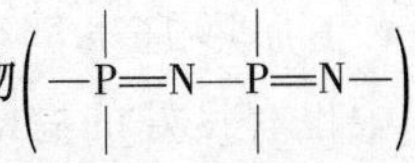

2. 按照无机高分子物质的空间因次分类

一维无机高分子物质：结构单元按线型连接，所以也称为链状无机高分子物质。

二维无机高分子物质：结构单元在平面上连接，形成平面大分子。平面大分子相互按一定规律重叠构成晶体，所以也称为层状无机高分子物质。

三维无机高分子物质：结构单元在三维空间方向上连接，所以也称为骨架型（或网络型）无机高分子物质。

6.3.4 无机高分子物质的命名

IUPAC 给出的命名方法比较严密但一般过于烦琐，故不常为人们所采用。使用较多的是习惯名或商品名，例如：

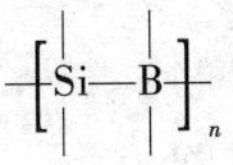

$\left[\overset{|}{\underset{|}{Si}}-\overset{|}{\underset{|}{B}}\right]_n$ 聚硅硼烷

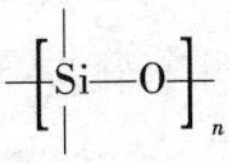

$\left[\overset{|}{\underset{|}{Si}}-O\right]_n$ 聚硅氧烷

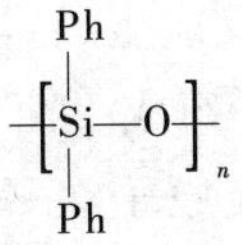

$\left[\overset{Ph}{\underset{Ph}{Si}}-O\right]_n$ 聚二苯基硅氧烷

$$\begin{array}{ccccc} & Me & & Me & \\ & | & & | & \\ Me- & Si & -O- & Si & -Me \\ & | & & | & \\ & O & & O & \\ & | & & | & \\ Me- & Si & -O- & Si & -Me \\ & | & & | & \\ & Me & & Me & \end{array}$$

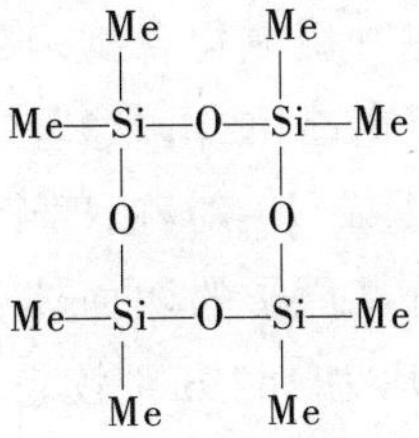

八甲基四环硅氧烷

对卤化物、硫化物和氧化物等无机高分子化合物，其化学式仍以单个分子的分子式表示，并按单分子命名。如 NbI_4、SeO_2均为链状高分子，但其分子式一般不写成$(NbI_4)_n$和$(SeO_2)_n$，仍以 NbI_4、SeO_2表示，故称为四碘化铌和二氧化硒。

6.3.5 无机高分子物质举例

1. 均链无机高分子物质

（1）链状硫

在氮气或其他惰性气体中，将硫于 300 ℃下加热 5 min，然后倾入冰水中，即生成纤维状的弹性链状硫。链状硫是由许多个 S 原子靠共价键连成的螺旋状长链硫 S_n，其中的结构单元为“—S—”。链状硫不溶于 CS_2，在室温下放置则硬化而失去弹性，慢慢解聚变成 S_8，光照可促进解聚。若在硫的熔融体中加入磷、卤素或碱金属，可提高链状硫的稳定性，这是因为它们与硫链末端的硫反应形成了端基，从而能够稳定硫链的末端。例如，多硫化钾（$K[S]_nK$）、多硫化碘（$I[S]_nI$）等都比较稳定。

（2）聚硅烷和聚卤代硅烷

将硅化钙与含有冰醋酸或盐酸的醇溶液作用，则生成高相对分子质量的链状聚硅烷$[SiH_2]_n$，其结构类似于聚乙烯。

将惰性气体稀释的四氯化硅或四溴化硅通入 1000 ~ 1100 ℃的反应器内，反应生成与$[SiH_2]_n$类似的聚卤代硅烷$[SiX_2]_n$。

将$(CH_3)_2SiCl_2$与熔融的金属钠反应，可生成聚二甲基硅烷。在空气中把聚二甲基硅烷于

200 ℃下加热 16 h 即得固化的聚二甲基硅烷。固化的聚二甲基硅烷对水十分稳定，在其他化学试剂中也有良好的稳定性，如在 NaOH 水溶液中长时间浸渍，性质和形状均不发生变化。

2. 杂链无机高分子物质

（1）硅氧化合物

烷基硅卤化物水解时，发生缩聚生成线型聚硅氧烷。若水解时加入少量$(CH_3)_3SiCl$，得到产物的末端为三甲基硅的结构，当 $n\approx10$ 时称为硅油，为无色油状稠液，具有疏水性，黏度系数小，工业上用作优质润滑油、高级变压器油、脱模剂、高真空扩散泵油及密封脂等，也用作防潮剂。

相对分子质量高达几十万甚至百万的线型聚二甲基硅氧烷称为硅橡胶。硅橡胶必须配合填料和硫化剂，经高温“硫化”，由线型高分子物质转为网状结构高分子物质才显示出优良的物理机械性质。由于化学上的惰性、耐高温、电绝缘性好，此材料可用于制造人造心瓣膜、人造心血管及制造火箭的零部件。

（2）硫氮化合物

已知有多种硫氮化合物，其中最重要的是 S_4N_4 和由它聚合而成的长链状聚合物$(SN)_n$。

S_4N_4 为橙色晶体，由 S_2Cl_2 与 NH_3 反应生成，撞击或加热时易爆炸。S_4N_4 具有摇篮形的结构，为八元杂环，具有 D_{2d} 对称，四个氮原子组成平面四边形，四个硫原子组成四面体，氮原子四边形平面正好平分硫原子的四面体，两个硫原子在平面的上方，另外两个在平面的下方。分子中各 S—N 的距离均为 162 pm，较它们的共价半径之和（176 pm）短，键级 1.65，这是由在分子的杂环中存在的 12 个不定域 π 电子的作用所造成的。跨环的 S…S 的距离（258 pm）介于 S—S 键（208 pm）和未键合的 van der Waals 距离（330 pm）之间，说明在跨环 S 原子之间存在虽然很弱但仍很明显的键合作用。

$(SN)_n$ 是迄今唯一已知具有超导性质的链状无机高分子物质。$(SN)_n$ 为长链状结构，各链彼此平行地排列在晶体中，相邻分子链之间以 van der Waals 力相结合。$(SN)_n$ 晶体在电性质等方面具有各向异性的特点，在室温下，沿键方向的电导率与 Hg 等金属相近，数量级为 $10^5\ S\cdot m^{-1}$（而垂直于键方向的电导率仅为 $1000\ S\cdot m^{-1}$），在 5 K 时可达 $5\times10^7\ S\cdot m^{-1}$，在 0.26 K 以下为超导体。

As_4S_4 的结构与 S_4N_4 的结构类似，但其中ⅤA 族元素和ⅥA 族元素互相交换了位置。

（3）磷氮化合物

由相互交错的磷原子和氮原子结合而成的低聚合度氯代磷腈化合物$(PNCl_2)_n$（$n=3\sim8$）具有环状结构。其中以三聚体$(PNCl_2)_3$和四聚体$(PNCl_2)_4$最为重要。前者为平面形，后者有“椅型”和“船型”两种构象。在氯代磷腈中，氮原子被认为是 sp^2 杂化的，三条杂化轨道被四个电子占据，其中一条上为孤电子对，各有一个电子的另两条 sp^2 杂化轨道与 P 原子的 sp^3 杂化轨道生成 P-N σ 键；N 原子上余下的被第五个电子占据的 p_z 轨道用于形成 π 键。磷原子的处于 sp^3 杂化轨道的四个电子近似地按四面体排列在 σ 键中，这些键分别是两个 P—Cl 键、两个 P—N 键，余下的处于 d 轨道上的第五个电子用于形成 π 键。因此，在氯代磷腈中的 π 键是 d(P)-p(N) π 键。

由于 d-p π 键的共轭作用，磷腈化合物的骨架稳定，具有较高的热稳定性。但由于在化合物中存在活泼的 P—X 键，所以容易进行化学反应。其中亲核取代反应是磷腈化合物的主要反应，当亲核试剂进攻磷原子时，可部分地或全部地取代磷原子上的卤素原子，生成相应的取代物。例如：

$$(PNCl_2)_3 + 6NaOR \longrightarrow [PN(OR)_2]_3 + 6NaCl$$

将环状$(PNCl_2)_3$于密闭容器中加热到 250~350 ℃,即开环生成长链状高聚合度的聚二氯偶磷氮烯(以下简称聚氯代磷腈):

$$n(PNCl_2)_3 \longrightarrow [PNCl_2]_{3n}$$

聚氯代磷腈的相对分子质量大,是无色透明的不溶于任何有机溶剂的弹性体,有无机橡胶之称。其玻璃化温度约为-63 ℃,可塑性界限温度为-30~30 ℃,抗张强度达 18 $kg \cdot cm^{-2}$,伸长率为 150%~300%,有良好的热稳定性,400 ℃以上才解聚。由于含有活性较高的 P—Cl 键,聚氯代磷腈易于水解:

$$(PNCl_2)_n \xrightarrow{2nH_2O} [PN(OH)_2]_n + 2nHCl \xrightarrow{2nH_2O} nH_3PO_4 + nNH_3$$

因而难以实用。近年来,引入烷氧基和其他基团,消除了对水的不稳定性,使聚氯代磷腈及其应用有了进一步发展的希望。

利用多种类型的反应,可在聚氯代磷腈的磷原子上引入不同的有机基团,生成种类繁多的有机衍生物。

例如,可以取代部分聚氯代磷腈的氯原子从而在同一磷原子上连接不同取代基。聚氯代磷腈的烷氧基取代物由于具有玻璃化温度低、热稳定性好和不燃烧等特性,因而引起了人们极大的重视,已成为新型材料开发研究的重点。如$\{NP(OCH_2CF_3)[OCH_2(CF_2)_3CF_2H]\}_n$已经商品化,商品名为 PNF。PNF 具有优良的低温特性(玻璃化温度为-68 ℃),经加入硫等处理后,在相当低的温度下也具有良好的柔韧性;加入适量的 SiO_2、MgO 等氧化物,可迅速固化形成 PNF 橡胶,PNF 橡胶具有耐油、耐高温、抗老化、低温弹性好和不燃烧等优良性质。

当聚磷腈中的有机取代基含有活性胺时能够经重氮化反应制备成高分子染料,它们有耐高温、不燃烧等特性,为其他染料所不及。

聚氯代磷腈衍生物作为医用高分子材料、高分子药物及高效催化剂等方面也都有诱人的前景。

3. 无机环状化合物——环硼氮烷及其衍生物

B 原子和 N 原子相连形成的 B—N 基团在结构上同 C—C 基团是等电子体,它们之间的类似性主要是由于在$^-$B═N$^+$双键中,π 键的极性恰好同 σ 键的极性相反因而能大部分抵消,致使 B═N 键基本上不呈现极性,所以与 C═C 键十分相近。正是 B═N 键和 C═C 键的类似性,致使硼氮六环 $B_3N_3H_6$(无机苯)在电子结构和几何形状上与苯 C_6H_6完全相似。$B_3N_3H_6$也具有芳香烃的性质,可以参加各种芳香取代反应和加成反应。

就加成反应而言,硼氮环比苯环更活泼,因为缺电子的 B 更倾向于接受外来电子。例如 $B_3N_3H_6$能与 HX($X=Cl^-$、OH^-、RO^-等)迅速进行加成反应而苯不是这样:

$$B_3N_3H_6 + 3HX \longrightarrow [H_2N\text{-}BXH]_3$$

硼氮六环在贮藏时慢慢分解,升高温度时水解为 NH_3和 $B(OH)_3$。

硼和氮也能形成八元环的硼氮八环($B_4N_4H_8$)化合物及其衍生物。它们还能生成稠环化合物,例如同萘 $C_{10}H_8$相类似的硼氮萘($B_5N_5H_8$)。

4. 无机笼状化合物

无机笼状化合物种类繁多。如在前面已经叙述过的窝穴醚、球形穴醚、硼烷及其硼烷衍生物、碳的簇合物等都是无机笼状化合物的典型实例。

在自然界发现了一类铝硅酸盐，它们是一些微孔型的具有骨架结构的晶体，其骨架中有大量的水，一旦使其失水后，其晶体内部就形成了许许多多大小相同的空穴，空穴之间又有许多直径相同的孔道相连。脱水的晶体具有很强的吸附能力，能将比孔径小的物质的分子通过孔吸到空穴内部，而把比孔径大的物质分子拒于空穴之外，从而把分子大小不同的物质分开，正因为它具有筛分分子的能力，所以被称为分子筛。

（1）沸石型分子筛

之所以称为沸石型分子筛是因为分子筛的一个亚类叫沸石，沸石型分子筛的基本结构单元是 SiO_4硅氧四面体和 AlO_4铝氧四面体。先由硅氧四面体和铝氧四面体连接成四元环和六元环，再以不同的方式将这些四元环和六元环连接成立体的网格状骨架。骨架的中空部分（即分子筛的空穴）称为笼。由于铝是+3 价的，所以铝氧四面体中有一个氧原子的负电荷没有得到中和，这样就使得整个铝氧四面体带有负电荷。为了保持电中性，在铝氧四面体附近必须有带正电荷的金属阳离子来抵消它的负电荷，在合成分子筛时，金属阳离子一般为钠离子，钠离子可被其他阳离子交换。

人工合成了大量沸石型分子筛品种。如将胶态 SiO_2、Al_2O_3与四丙基胺的氢氧化物水溶液于高压釜中加热至 100~200 ℃，再将所得的微晶产物在空气中加热至 500 ℃，去掉季铵阳离子中的 C、H 和 N 后就得到铝硅酸盐沸石。

铝硅酸盐沸石因其晶型和组成硅铝比的差异而有 A、X、Y、M 等型号，又根据它们孔径大小的不同而分别称为 3A、4A、5A、10X 等。

A 型分子筛立方体结构的 8 个顶点被称为 β 笼（β 笼的骨架是一个削去全部 6 个顶点的八面体，由 8 个六元环和 6 个四元环组成）的小笼所占据。8 个 β 笼围成的中间的大笼叫做 α 笼，α 笼由 6 个八元环、8 个六元环和 12 个四元环构成，通往外界的最大“窗口”是八元环。小于八元环孔径（420 pm）的外界分子可以通过该“窗口”进入 α 笼（六元环和四元环的孔径仅为 220 pm 和 140 pm，所以一般的分子不能通过六元环和四元环的孔进入 β 笼）而被吸附，大于孔径的分子进不去，只得从晶粒间的空隙通过，于是分子筛就“过大留小”，起到筛分分子的作用。

Na 式 A 型分子筛单元晶胞化学式为 $Na_{12}[(AlO_2)_{12}(SiO_2)_{12}]\cdot 29H_2O$。它就是通常所说的 4A 分子筛，其有效孔径为 420 pm。当用 Ca^{2+}交换了晶胞中的 Na^+，分子筛的有效孔径增大，变为 500 pm 左右，Ca 式 A 型分子筛就是 5A 分子筛。当用 K^+交换了 Na^+，分子筛的孔径变为 300 pm 左右，所谓 3A 型分子筛就是 K 式 A 型分子筛。

X 型分子筛和 Y 型分子筛具有相同的硅/铝氧骨架结构，只是人工合成时使用了不同的硅铝比例。X 型分子筛的组成为 $Na_{86}[(AlO_2)_{86}(SiO_2)_{106}]\cdot 264H_2O$，理想的 Y 型分子筛的晶胞组成为$Na_{56}[(AlO_2)_{56}(SiO_2)_{136}]\cdot 264H_2O$。X 型分子筛和 Y 型分子筛也被称为八面沸石，之所以称为八面沸石是因其骨架结构是由 6 个 β 笼占据了八面体的 6 个顶点，6 个 β 笼围成的中间的大笼被称为八面沸石笼。Y 型分子筛所含硅铝比的值比 X 型分子筛大。而硅氧四面体比铝氧四面体稍小，所以 Y 型分子筛的晶胞比 X 型分子筛小，因此热稳定性和耐酸性比 X 型分子筛有所增加。

Y 型分子筛的催化性能具有特殊的意义，它对于许多反应能起催化作用。

M 型分子筛也叫丝光沸石。其晶胞化学式为 $Na_8[(AlO_2)_8(SiO_2)_{40}]\cdot 24H_2O$。它的孔道截面呈椭圆形，其长轴直径为 700 pm，短轴直径为 580 pm，平均为 660 pm。实际上，因孔道发生一定程度的扭曲，故孔径降到约 400 pm，孔穴体积约为 0.14 $cm^3\cdot g^{-1}$。丝光沸石硅铝比例更高，故热稳定性好、耐酸性强，可在高温下和强酸性介质中使用。

各种沸石分子筛或因骨架、硅铝比不同，或因空隙中的金属离子不同（如 K^+、Na^+、Ca^{2+} 等），性能差别很大。目前，利用其离子交换能力，分子筛可用作洗涤剂用水的软化剂；利用其吸附能力，分子筛可应用于工业过程、气相色谱及实验室进行的用于日常性气体选择分离、干燥、吸收、净化、富氧、脱蜡过程；利用其固体酸性用于石油产品的催化裂化、催化加氢以及催化其他有机反应。

（2）新型分子筛

① 磷酸铝（$AlPO_4$）系分子筛　这是由磷氧四面体和铝氧四面体构成骨架而形成的一类新型分子筛。根据合成条件，可得到多种结构不同的结晶生成物，用（$AlPO_4$）$_n$ 表示。其中 AlO_4 和 PO_4 严格交替排列，具有中性骨架。

磷酸铝系分子筛一般表现出弱酸催化性能。由于其独特的表面选择性和新型的晶体结构，可以广泛用作催化剂和催化剂基质；掺入某些具催化活性的金属制成的催化剂，可用于烃类转化（如裂解、芳烃烷基化等）及烃类氧化反应。

属于磷酸铝系分子筛的还有磷酸硅铝（SAPO）系分子筛和结晶金属磷酸铝（MAPO）系分子筛，如磷酸钛铝（TAPO）系分子筛。这些分子筛改变了磷酸铝系分子筛的中性骨架，具有阳离子交换性能，更有利于催化方面的应用。磷酸硅铝分子筛是甲醇、乙醇、二甲醚、二乙醚及其混合物转化为轻烯烃的优良催化剂。磷酸钛铝分子筛可用作选择吸附剂，以分离直径太小和极性不同的吸附质分子，在烃类转化中它比 $AlPO_4$ 分子筛具更高的催化活性。

② 磷酸锆（ZrP）分子筛　ZrP 具有离子交换的功能，可作为无机离子交换剂。值得一提的是，ZrP 对高价阳离子如 Th（Ⅳ）、U（Ⅳ）等表现出高的选择性，可用于从核废料中回收铯等裂变产物和超钚元素及处理反应堆的冷却水。ZrP 具有固体酸催化性能，可作为乙烯聚合、异丙醇和丁醇脱水反应的催化剂，也可作为助催化剂或催化剂载体。

③ 杂多酸盐分子筛　杂多酸盐的空间骨架结构使之具有分子筛功能及离子交换功能。例如，磷钼酸铵可用于碱金属离子的混合溶液中（如卤水）分离铷和铯。杂多酸及其盐的酸性及氧化还原性使它成为很有前景的新型催化剂。

④ 碳质分子筛　碳质分子筛是一种含有接近分子大小的超微孔结构的特种活性炭，同一般活性炭的区别是其孔径分布和孔隙不同。活性炭的孔径分布宽、孔隙率高，碳质分子筛的孔径分布较窄，集中在 0.4~0.5 μm。碳质分子筛是非线性吸附剂，对原料气干燥要求不高，孔形状多样，不太规则。空气分离时碳质分子筛优先吸附氧，而沸石型分子筛首先吸附氮。

6.4　有机金属化合物

B 和 Al 可形成经典的共价有机金属化合物如 BR_3、AlR_3。大多数烷基铝都是二聚的，但体积较小的 B 原子只能形成平面单分子体 BR_3,只有当桥联基团像氢原子那样小时,才形成桥联硼的化合物。

Ga、In 的有机金属化合物的性质很像 Al 的化合物,也有 Lewis 酸性,可与 Lewis 碱发生加合作用。形成的配合物常为离子型,在溶液中有导电性。

ⅣA 族的有机金属化合物极为广泛,其中特别重要的是硅氧聚合物、烷基锡和烷基铅。

Si—C 键的解离能比 C—C 键的稍小,因而 Si—C 键的化学活泼性要大。且 Si 的电负性比 C 的要小,所以 Si—C 键有极性,易在 Si 原子受亲核试剂和在 C 原子受亲电试剂进攻。此外,作为第三周期元素,Si 还可利用空的 3d 轨道成键,因而在 Si 原子上容易进行置换反应。

四甲基硅 $(CH_3)_4Si$ 通常用作核磁共振谱的参比试剂。

有机锡化合物中的 Sn—C 键很弱,具有显著极性。与硅和锗的化合物性质上的差异主要表现在 Sn(Ⅳ)呈现出配位数大于 4 和解离出阳离子如 $[(CH_3)_3Sn(H_2O)]^+$ 的趋向。

有机锡化合物可用于防污涂料、杀菌剂、木材保护剂,也可作为熟化聚硅树脂和环氧树脂的催化剂。

四甲基铅 $(CH_3)_4Pb$ 和四乙基铅 $(C_2H_5)_4Pb$ 是已大量生产的汽油抗爆剂。

第 7 章　d 区元素(Ⅰ)——配位化合物

过渡金属元素具有强烈的形成配位化合物(简称配合物)的趋向,这是因为:

过渡金属元素有能量相近的属同一个能级组的$(n-1)$d、ns、np 共九条价电子轨道。按照价键理论,这些能量相近的轨道可以通过不同形式的杂化,形成成键能力较强的杂化轨道,以接受配体提供的电子对,形成多种形式的配合物。

过渡金属离子是形成配合物的很好的中心形成体。首先,过渡金属离子的有效核电荷大;其次,过渡金属离子的电子结构为 9~18 电子构型,具有这种电子构型的离子的极化能力和变形性都较强,因而可以和配体产生很强的结合力。

7.1　配合物的几何构型

7.1.1　低配位化合物

1. 二配位化合物

二配位化合物的中心金属离子大都具有 d^0或 d^{10}电子组态。Cu^+、Ag^+、Au^+、Hg^{2+}等是 d^{10}电子组态离子的代表,而$[MoO_2]^{2+}$和$[UO_2]^{2+}$中的 $Mo^{Ⅵ}$和 $U^{Ⅵ}$则是 d^0电子组态离子的代表,通常由这些离子形成的配合物或配离子都是直线形的。

例如,Ag^+、Au^+与 CN^-的配离子是直线形$[N{\equiv}C—M—C{\equiv}N]^-$,中心金属离子 M^+用 sp 杂化轨道接受 CN^-碳原子上的孤电子对,同时有 $d\pi-p\pi^*$ 反馈键形成。值得注意的是,同族的 Cu^+的二配位化合物却十分罕见,$K[Cu(CN)_2]$虽然形式上和 Ag^+、Au^+相应的化合物类似,但$[Cu(CN)_2]^-$中的 Cu^+是三配位的螺旋形聚合阴离子,其中每个 Cu^+与两个 C 原子和一个 N 原子键合。

Hg^{2+}的线形二配位化合物有 HgX_2(X = Cl、Br、I)、Hg(SCN)X (X = Cl、Br)、RHgX (X = Cl、Br)等。但是,同族的 Zn^{2+}和 Cd^{2+}则形成稳定的四配位四面体化合物。

2. 三配位化合物

已确定的三配位化合物有 Cu^+、Hg^{2+}和 Pt(0)的一些化合物。在三配位化合物中,金属原子与三个配位原子键合,形成平面三角形的构型。

需要指出的是，化学式为 MX_3 的化合物并不一定都是三配位的。例如，$CrCl_3$ 具有层状结构，$Cr^{Ⅲ}$ 的周围有六个氯离子配位。而 $CuCl_3$ 却呈链状结构，即—Cl—$CuCl_2$—Cl—$CuCl_2$—，其中存在氯桥键，$Cu^{Ⅲ}$ 的周围有四个氯离子配位。$AuCl_3$ 中的 $Au^{Ⅲ}$ 也是四配位的，确切的化学式应为 Au_2Cl_6。

3. 四配位化合物

四配位化合物主要有两种几何构型：四面体和平面正方形。

一般非过渡元素的四配位化合物绝大多数是四面体构型，采取四面体空间排列时，配体间尽量远离，静电斥力作用最小，能量最低。但若除了用于成键的四对电子外还多余两对电子时，也能形成平面正方形构型，此时，两对电子分别位于平面的上方和下方。

4. 五配位化合物

五配位化合物具有三角双锥和四方锥两种基本几何构型，以前者为主。

需要指出的是，无论从几何外形还是从能量关系来看，三角双锥和四方锥都没有显著的差别，热力学稳定性相近，可以通过变形从一种构型转变到另一种构型。同时，因变形而形成一些在三角双锥和四方锥两种极端构型之间的畸变中间构型，如在 $Sb(C_6H_5)_5$ 中，尽管 Sb—C 键键长符合一般四方锥构型的键长，但是各个 C(顶点)—Sb—C(锥底)键角却偏离它们的平均值，约±4°。

需要指出的是，化学式为 ML_5 的化合物并不一定都是五配位的。例如 $[AlF_5]^{2-}$ 中就含有六配位的 AlF_6 单元，整个配合物为链状的—F—AlF_4—F—AlF_4—结构。

5. 六配位化合物

六配位化合物一般为八面体几何构型。正八面体通常有两种畸变方式：一种是沿四重轴拉长或压扁的四角畸变，形成拉长的或压扁的八面体；另一种是沿三重轴拉长或压扁的三角畸变，形成三角反棱柱体。

6. 七配位化合物

七配位化合物数量较少且也不如六配位化合物稳定，不稳定的原因之一是第七个配位键的存在使得配体与配体之间的排斥力增强，键强削弱。不过，尽管七配位化合物比较少，但是大多数过渡金属却都能形成七配位化合物，特别是具有 $d^0 \sim d^4$ 电子组态的过渡金属离子。

七配位化合物一般具有三种几何构型：五角双锥、单冠八面体及单冠三角棱柱体。

7.1.2 高配位化合物

八配位和八配位以上的化合物都是高配位化合物。一般而言，形成高配位化合物需要具备以下四个条件：

(1) 中心金属离子体积较大，而配体较小，以便减少配体间的空间位阻；

(2) 中心金属离子的 d 电子数较少，以便减少 d 电子和配体电子间的相互排斥作用；

(3) 中心金属离子的氧化态较高；

(4) 配体的电负性要大，但极化变形性要小。

综合考虑上述四个条件，高配位化合物的中心离子通常是具有 $d^0 \sim d^2$ 电子组态的第二、三过渡系金属离子，以及镧系和锕系元素的金属离子，而且它们的氧化态一般都大于+3。常见的配体主要是 F^-、O^{2-}、CN^-、NO_3^-、NCS^-、H_2O 和一些螯合间距较小的双齿配体，如 $C_2O_4^{2-}$ 等。

八配位化合物的几何构型有五种基本方式：四方反棱柱体、十二面体、立方体、双冠三角棱柱体及六角双锥，以前两种为主。

九配位化合物的理想几何构型是三冠三角棱柱体。

配位数为 10 的配位多面体是复杂的，通常遇到的有双冠四方反棱柱体和双冠十二面体。

十一配位化合物极少，理论计算表明配位数为 11 的配合物很难具有某种理想的配位多面体。可能为单冠五角棱柱体或单冠五角反棱柱体，常见于大环配体和体积很小的双齿硝酸根组成的配合物中。

配位数为 12 的配合物的理想几何构型为二十面体。

7.2　配合物的异构现象

配合物因具有不同配位数和复杂多样的几何构型而存在多种多样的异构现象。异构现象不仅影响配合物的物理和化学性质，而且与配合物的稳定性和键型也有密切关系。

7.2.1　几何异构现象

配位数为 2 和 3 的配合物以及配位数为 4 的四面体配合物都不存在几何异构体，因为在这些构型中所有的配位位置都彼此相反（配位数 2）或相邻。常见的几何异构现象主要发生在配位数为 4 的平面正方形构型的和配位数为 6 的八面体构型的配合物中。依照配体对于中心离子的不同位置，这类配合物通常可分为顺式（*cis*）和反式（*trans*）两种几何异构体。

1. 平面正方形配合物

MA_4 和 MA_3B 型平面正方形配合物没有几何异构体。

MA_2B_2 型平面正方形配合物的顺式和反式几何异构体是大家非常熟悉的。

MABCD 型配合物具有三种异构体。配体 B、C、D 分别位于配体 A 的反位。

具有不对称双齿配体的平面正方形配合物 $M(AB)_2$、多核配合物也有顺式和反式几何异构体。

2. 八面体配合物

MA_6 和 MA_5B 型八面体配合物不存在几何异构体。

MA_4B_2、MA_4XY、$M(AA)_2X_2$ 和 $M(AA)_2XY$ 型配合物有顺式和反式两种几何异构体。

MA_3B_3 型配合物也有两种几何异构体：一种是三个 A 占据八面体的一个三角面的三个顶点，称为面式（*facial* 或 *fac*-）；另一种是三个 A 位于对半剖开八面体的正方平面（子午面）的三个顶点上，称为经式或子午式（*meridonal* 或 *mer*-）。同样，$[M(AB)_3]$ 型也有这两种几何异构体。

[MABCDEF] 型配合物应该有 15 种几何异构体。其中的一个实例是 $[Pt(py)(NH_3)(NO_2)ClBrI]$，至今已分离出其中 7 种。

其他配位数配合物的几何异构现象比较少见。

7.2.2　旋光异构现象

旋光异构又称光学异构，是指由于分子中没有对称面和对称中心而引起的旋光性相反的两种不同的空间排布。例如,当分子中存在一个不对称的碳原子时,就可能出现两种旋光异构体。旋光异构体能使偏振光左旋或右旋,而它们的空间结构是实物和镜像不能重合,犹如左手和右手的关系,所以彼此互为对映体。具有旋光性的分子称为手性分子。

许多旋光活性配合物常表现出旋光不稳定性。它们在溶液中进行转化,左旋异构体转化为右旋异构体,右旋异构体转化为左旋异构体。当左旋异构体和右旋异构体达等量时,即得一种无旋光活性的外消旋体,这种现象称为外消旋作用。

含双齿配体的六配位螯合物有很多旋光异构体,最常见的是$[M(AA)_3]$型螯合物。典型的实例是$[Co(en)_3]^{3+}$和$[Cr(C_2O_4)_3]^{3-}$。

旋光异构现象通常和几何异构现象密切相关。如$[Co(en)_2(NO_2)_2]^+$的顺式异构体可分离出一对旋光活性异构体,而反式异构体则没有旋光活性。

如果配体本身具有旋光活性,本来是非旋光活性的配合物也会出现旋光活性,因而异构体的数目将会大大增加,情况变得非常复杂。

对于组成更复杂的配合物,其旋光异构体数量将更多。

7.2.3 其他异构现象

1. 键合异构现象

含有两个或两个以上的配位原子的配体,通过不同的配位原子与中心金属离子配位形成配合物的现象叫做键合异构现象。如$[Co(NH_3)_5(NO_2)]^{2+}$和$[Co(NH_3)_5(ONO)]^{2+}$,前者为硝基配合物(氮原子配位),后者为亚硝酸根配合物(氧原子配位),这两种化合物彼此称为键合异构体。

从理论上说,形成键合异构体的必要条件是配体的不同原子都含有孤电子对,所以,硫氰酸根和氰根等也是形成键合异构体的常见配体。例如,硫氰酸根以不同原子配位时,分别被称为硫氰酸根配合物和异硫氰酸根配合物。

2. 配位异构现象

当配合物由配阳离子和配阴离子组成时,由于配体在配阳离子和配阴离子中的分布不同而造成的异构现象叫做配位异构现象。如$[Co(en)_3][Cr(C_2O_4)_3]$可以形成一系列包括$[Co(en)_2(C_2O_4)][Cr(en)(C_2O_4)_2]$、$[Co(en)(C_2O_4)_2][Cr(en)_2(C_2O_4)]$和$[Co(C_2O_4)_3][Cr(en)_3]$等中间形式的配位异构体。

同一种中心金属离子形成的配阳离子和配阴离子也能形成配位异构体,其中金属离子的氧化态可以相同也可以不同,如$[Pt^{II}(NH_3)_4][Pt^{II}Cl_4]$和$[Pt^{II}(NH_3)_3Cl][Pt^{II}(NH_3)Cl_3]$、$[Pt^{II}(NH_3)_4][Pt^{IV}Cl_6]$和$[Pt^{IV}(NH_3)_4Cl_2][Pt^{II}Cl_4]$等。

3. 配体异构现象

如果配体本身互为异构体,由它们形成的配合物当然也就成为异构体,这样的异构现象叫做配体异构现象。如1,2-二氨基丙烷$[H_2NCH_2CH(NH_2)CH_3]$和1,3-二氨基丙烷$(H_2NCH_2CH_2CH_2NH_2)$形成的配合物$[Co(H_2NCH_2CH(NH_2)CH_3)_2Cl_2]$及$[Co(H_2NCH_2CH_2CH_2NH_2)_2Cl_2]$就是这样的异构体。

4. 构型异构现象

当一种配合物可以采取两种或两种以上的空间构型时,则会产生构型异构现象。如

$[NiCl_2(Ph_2PCH_2Ph)_2]$就有两种空间构型，一种为四面体构型，另一种为平面构型，两种构型可以互相转变。可以产生这种异构现象的还有配位数为 5 的三角双锥配合物和四方锥配合物，配位数为 8 的十二面体配合物和四方反棱柱配合物。

5. 解离异构现象

由于配合物内、外界离子的分布不同而造成的异构现象叫做解离异构现象。例如$[Co(NH_3)_5Br]SO_4$和$[Co(NH_3)_5(SO_4)]Br$就是一例，它们在水溶液中解离出不同的离子，因而发生不同的化学反应。

6. 溶剂合异构现象

在某些配合物中，溶剂分子可部分或全部进入内界，形成溶剂合配位异构体，如$[Cr(H_2O)_4Cl_2]Cl \cdot 2H_2O$、$[Cr(H_2O)_5Cl]Cl_2 \cdot H_2O$和$[Cr(H_2O)_6]Cl_3$，这种现象叫做溶剂合异构现象。溶剂合异构体的物理性质、化学性质及稳定性都有很大的差别。

7. 聚合异构现象

配合物聚合时，由于聚合度不同或者聚合度相同但聚合方式不同而造成的异构现象称为聚合异构现象。需要指出的是，和有机物的单纯聚合现象不同，配合物的聚合异构现象是既“聚合”又“异构”。例如，$[Pt(NH_3)_4][PtCl_4]$不是$[Pt(NH_3)_2Cl_2]$的单纯聚合体，而是它的二聚异构体。$[Pt(NH_3)_4][Pt(NH_3)Cl_3]_2$则是$[Pt(NH_3)_2Cl_2]$的三聚异构体。

7.3 过渡元素配合物的成键理论

7.3.1 价键理论

1. 价键(VB)理论的基本内容

配合物的中心离子与配体之间以配位键相键合。配位键是一种特殊的共价键，是由配体单方面提供孤电子对与中心离子或原子共用形成的，即 M←L。

形成配位键必须具备两个条件：配体至少具有一对孤电子对，孤电子对进入作为配合物中心原子或离子的空轨道；中心原子为了接受这些孤电子对，必须具备空的能量相近的价轨道。

中心原子的原子轨道首先要进行杂化，形成一组新的具有一定对称性的杂化轨道，再与配体的给予体轨道重叠形成 σ 配位键。如果中心原子还有合适的孤电子对，而配体又有合适的空轨道，这时中心原子上的孤电子对将进入配体空轨道从而形成反馈的 π 配位键。

显然，配合物的配位数就是中心原子在成键时用的空轨道数。

价键理论顺利地解释了配合物的分子构型，其分子构型取决于中心原子杂化轨道的类型：

杂化轨道类型	sp	sp^2	sp^3	dsp^2	sp^3d 或 dsp^3	d^2sp^3 或 sp^3d^2
配合物几何构型	直线形	平面三角形	正四面体	平面正方形	三角双锥	正八面体

根据配合物的磁矩可以计算配合物中成单的电子数并由此确定杂化轨道的类型。

2. 内轨型和外轨型配合物

当配体的孤电子对进入中心原子的外层空轨道时,中心原子的电子不重排,称为外轨型配合物(电价型配合物)或高自旋(high spin,HS)配合物。若发生配位时,受配体的影响,中心离子的d轨道电子发生重排,使部分电子成对,腾出部分内层轨道,结果是配体的孤电子对进入中心离子$(n-1)$d内层空轨道,这类配合物称为内轨型配合物(共价型配合物)或低自旋(low spin,LS)配合物。

影响生成内轨型和外轨型配合物的因素很多,如配合物的几何构型,中心金属离子的电荷、半径,配体的本性等。一般地,如CN^-等配体因其配位原子的电负性较小,对自己的电子的控制能力较弱,其孤电子对对中心金属原子的电子的微扰作用显著,促使d电子重排,形成内轨型配合物;相反,含有电负性大的配位原子的配体如F^-、H_2O等将形成外轨型配合物;含有中等电负性配位原子的配体有时形成内轨型配合物,有时形成外轨型配合物,如$[Co(NH_3)_6]^{2+}$为外轨型配合物,而$[Co(NH_3)_6]^{3+}$为内轨型配合物。

现在,在过渡元素的配位化学中,价键理论已逐步为配位场理论和分子轨道理论所代替。这是因为,价键理论有其不可克服的缺点:

(1) 这一理论认为配合物中所有的nd轨道的能量均相同,这是不真实的;

(2) $(n-1)$d轨道和nd轨道的能量差较大,但人为地有时用$(n-1)$d轨道,有时又用nd轨道来成键,至少是不恰当的;

(3) 它不能解释化合物的电子光谱跃迁问题;

(4) 应用这一理论时,有时需要把一个电子激发到较高能级的空轨道上,这样就加进了不切实际的大量能量。

例如,为了说明如$[CuCl_4]^{2-}$配合物的平面四边形构型问题,价键理论认为3d电子被激发到4p能级从而发生dsp^2杂化。在此过程中,需要的激发能为1422.6 kJ · mol^{-1},看不出这么大的能量从何而来。如果要补偿这个能量,必须使Cu—Cl键键能达到356 kJ · mol^{-1},已知Cl—Cl键键能为243 kJ · mol^{-1},这表明,形成Cu—Cl键放出的能量比形成Cl—Cl键放出的能量还要大很多,这可能是不真实的。而且,根据这种结构,可以推测Cu^{2+}的配合物应当很容易失去未配对的4p电子而迅速氧化为Cu^{3+},但事实并非如此。

7.3.2 晶体场理论

1929年,Bethe和Vleck从静电场作用出发,认为配体的作用引起了中心离子d轨道的分裂,从而解释了过渡金属配合物的一些性质,这就是晶体场理论。

晶体场理论认为:

(1) 中心离子和配体都可看作无电子结构的离子或偶极子的点电荷,中心离子与配体之间的作用完全是静电作用,如同晶体中的正、负电荷相互作用一样(离子键),不交换电子,即不形成任何共价键。

(2) 在配体静电场作用下,中心离子原来简并的5条d轨道能级发生分裂,这种分裂将对配合物的性质产生重要影响。分裂能Δ的大小与配合物的空间构型及配体、中心离子的性质都有关。

（3）配合物中心离子能级分裂的结果，使配合物得到晶体场稳定化能（CFSE）。CFSE 的大小与分裂能及中心离子所带电荷及其电子构型有关。

1. 晶体场中 d 轨道能级的分裂

（1）正八面体场

假定有一个 d^1构型的阳离子，当它处于一个球壳的中心，球壳表面上均匀分布着 6 个单位的负电荷，由于负电荷的分布是球形对称的，因而不管这个电子处在哪条 d 轨道，它所受到的负电荷的排斥作用都是相同的，即 d 轨道能量虽然升高，但仍保持五重简并。

若改变负电荷在球壳上的分布，把它们集中在球的内接正八面体 O_h的六个顶点上，且这六个顶点均在 x、y、z 轴上，每个顶点的电荷量为 1 个单位的负电荷，由于球壳上的总电荷量没有变，因而不会改变对 d 电子的总排斥力，即不会改变 d 轨道的总能量，但是那个单电子处在不同的 d 轨道上时所受到的排斥作用不再完全相同。

从 d 轨道的角度分布图和 d 轨道在八面体场中的指向可以发现，其中 d_{z^2}和 $d_{x^2-y^2}$轨道的极大值正好指向八面体的顶点，处于与配体迎头相撞的状态，因而那个单电子在这类轨道上所受到的排斥较球形场大，轨道能量有所升高，这组轨道称为 e_g轨道。相反，d_{xy}、d_{xz}、d_{yz}轨道的极大值指向八面体顶点的间隙，单电子所受到的排斥较小，与球形对称场相比，这三条轨道的能量有所降低，这组轨道称为 t_{2g}轨道。

由于电子的总能量，亦即各轨道总能量保持不变，e_g轨道能量的升高总值必然等于 t_{2g}轨道能量下降的总值，这就是重心守恒原理（原来简并的轨道在外电场作用下如果发生分裂，则分裂后所有轨道的能量改变值的代数和为零）。

将 e_g和 t_{2g}这两组轨道间的能量差用 Δ_o或 10 Dq 来表示（Δ_o或 10 Dq 称为分裂能），则根据重心守恒原理：

$$\begin{cases} 2E(e_g) + 3E(t_{2g}) = 0 \\ E(e_g) - E(t_{2g}) = \Delta_o \end{cases}$$

由此解得 $E(e_g) = 0.6\Delta_o = 6\ \mathrm{Dq}$，$E(t_{2g}) = -0.4\Delta_o = -4\ \mathrm{Dq}$。

（2）正四面体场

在正四面体场（T_d）中，四个配体沿立方体的四个顶角朝中心金属离子靠拢。在正四面体场的作用下，过渡金属离子的五条 d 轨道同样分裂为两组：一组包括 d_{xy}、d_{xz}、d_{yz}三条轨道，用 t_2表示，这三条轨道的极大值分别指向立方体棱边的中点，距配体较近，受到的排斥作用较强，能级升高；另一组包括 d_{z^2}和 $d_{x^2-y^2}$轨道，以 e 表示，这两条轨道的极大值分别指向立方体的面心，距配体较远，受到的排斥作用较弱，能级下降。

由于在四面体场中，这两组轨道都在一定程度下避开了配体，没有像八面体中 d 轨道与配体迎头相撞的情况，可以预料其分裂能 Δ_t将小于八面体场的分裂能 Δ_o，计算表明：

$$\Delta_t = (4/9)\Delta_o$$

同样，根据重心守恒原理可以求出 t_2及 e 轨道的相对能量：

$$\begin{cases} \Delta_t = E(t_2) - E(e) = (4/9)\Delta_o \\ 3E(t_2) + 2E(e) = 0 \end{cases}$$

解得 $E(t_2)=1.78\ Dq, E(e)=-2.67\ Dq$。

（3）拉长八面体

相对于正八面体而言，在拉长八面体中，z 轴方向上的两个配体逐渐远离中心原子，排斥力下降，即 d_{z^2}轨道能量下降。同时，为了保持总静电能量不变，在 x 轴和 y 轴方向上的配体向中心原子靠拢，从而使 $d_{x^2-y^2}$轨道能量升高，这样 e_g轨道发生分裂。在 t_{2g}三条轨道中，由于 xy 平面上的 d_{xy}轨道离配体要近，能量升高，xz 和 yz 平面上的 d_{xz}和 d_{yz}轨道离配体远，因而能量下降。结果，t_{2g}轨道也发生分裂。这样，五条 d 轨道分成四组，能量从高到低的次序为 $d_{x^2-y^2}>d_{z^2}>d_{xy}>d_{xz}$和 d_{yz}。

（4）平面正方形场

设四个配体只在 x、y 平面上沿 $\pm x$ 轴和 $\pm y$ 轴方向趋近于中心原子，因 $d_{x^2-y^2}$轨道的极大值正好处于与配体迎头相撞的位置，受排斥作用最强，能级升高最多；其次是在 xy 平面上的 d_{xy}轨道；而 d_{z^2}仅轨道的环形部分在 xy 平面上，受配体排斥作用稍弱，能量稍低；简并的 d_{xz}、d_{yz}轨道的极大值与 xy 平面成 45°，受配体排斥作用最弱，能量最低。总之，五条 d 轨道在平面正方形场中也分裂为四组，能量由高到低的顺序是 $d_{x^2-y^2}>d_{xy}>d_{z^2}>d_{xz}$和 d_{yz}。

2. 分裂能和光谱化学序列

分裂能 Δ 是中心离子 d 轨道的简并能级因配位场的影响而分裂成不同组能级之间的能量差，下面四个因素将影响分裂能的大小：

（1）配位场类型不同，Δ 值不同。在相同金属离子和相同配体的情况下，$\Delta_t=(4/9)\Delta_o$。

（2）对于同一配体构成的相同类型的配位场，随着中心离子氧化态的增加和半径的增加，Δ 值增大。中心金属离子正电荷越高，拉引配体越紧，配体对 d 轨道的微扰作用越强。一般地，+3 价离子的 Δ 值比+2 价离子要大 40%～60%，+4 价离子的分裂能更大。中心离子的半径越大，d 轨道离核越远，越容易在配位场的作用下改变其能量，所以分裂能 Δ 也越大。

（3）对于同族同氧化态的过渡金属离子，随着主量子数的增加，d 轨道半径增大，Δ 增加。例如，由 3d→4d，Δ_o增大 40%～50%，由 4d→5d，Δ_o增大 20%～25%。这是由于后两系列过渡金属的 d 轨道比较扩展，受配位场的微扰作用较强烈，因而第二、三过渡系金属离子几乎只形成低自旋配合物。

（4）对于同一金属离子，配体不同，d 轨道的分裂程度不同，Δ_o也就不同。例如，对于 CrL_6型配合物，配体中的配位原子对 Δ_o的影响按 O<S<P<N<C 的顺序增大。

根据电子光谱实验测得的 Δ_o值的大小排列配体，有下列的顺序：

$$I^- < Br^- < Cl^- \approx \underline{S}CN^- < N_3^- < F^- < (NH_2)_2C\underline{O} < OH^- < C_2\underline{O}_4^{2-} \approx CH_2(CO\underline{O})_2^{2-}$$
$$< H_2O < \underline{N}CS^- < py \approx NH_3 \approx \underline{P}R_3 < en \approx \underline{S}O_3^{2-} < \underline{N}H_2OH < \underline{N}O_2^- \approx bpy \approx phen$$
$$< H^- < CH_3^- \approx C_6H_5^- < \underline{C}N^- \approx \underline{C}O < \underline{P}(OR)_3$$（画线处为与金属离子配位的原子）

该顺序称为光谱化学序列，它代表配位场的强度顺序。排在左边的配体为弱场配体，排在右边的是强场配体，当配合物中的配体被序列中右边的配体所取代时，光谱吸收带向短波方向移动。

如$[Cu(H_2O)_6]^{2+}$呈浅蓝色，吸收带在 12600 cm^{-1}处；加入氨水转变成$[Cu(NH_3)_6]^{2+}$，即其中的 H_2O 被 NH_3所取代，呈深蓝紫色，吸收极大值移到 13100 cm^{-1}处。

需要指出的是，上述配位场强度顺序是纯静电理论所不能完全解释的。如按静电理论的观点,OH^-带一个负电荷,H_2O 不带电荷,因而 OH^-应该对中心金属离子 d 轨道中的电子产生较大的影响,但实际上是 OH^-的场强度反而比 H_2O 的低,显然这就很难纯粹用静电理论进行解释。事实上,d 轨道的分裂并非纯粹的静电效应,其中的共价因素也不可忽略。

综上可见,在确定的配位场中,Δ 值取决于中心原子和配体两个方面。1969 年,Jørgensen 将分裂能拆分为只取决于配体的 f 因子(f 叫配体的特性参数)和金属的 g 因子(g 叫金属离子的特性参数),并表示为 $\Delta_o = f \cdot g$。某些配体的 f 值和某些金属离子的 g 值已经得到,如果缺乏实验数据时,可由此粗略地估计 Δ_o。

3. 电子成对能和配合物高、低自旋的预言

当轨道已被一个电子占据之后,若要再填入电子,势必要克服与原有电子之间的排斥作用。电子成对能就是两个电子在占有同一轨道自旋成对时所需要的能量,以符号 P 表示。

$$P = P_{库仑} + P_{交换}$$

其中,$P_{库仑}$与静电作用有关,$P_{交换}$与电子自旋有关。二者都是金属离子的 Racah 电子排斥参数 B 和 C 的函数,B 和 C 不仅同金属离子的种类、电荷有关,而且还同配体的种类有关。通常,$C \approx 4B$。

对于气态的自由金属离子,已知:

$$P(d^4) = 6B + 5C$$
$$P(d^5) = 7.5B + 5C$$
$$P(d^6) = 2.5B + 4C$$
$$P(d^7) = 4B + 4C$$

即 $P(d^5) > P(d^4) > P(d^7) > P(d^6)$,说明电子成对能 P 与 d 电子数目有关。

在配离子中,中心金属离子受配体的影响,运动范围增大,电子间的相互作用力减小,所以配离子中的中心金属离子的成对能比气态自由金属离子的成对能要小(小 15%~20%)。故配离子的 P 值可由自由金属离子的 P 值乘以 0.80~0.85 求得。

对于一个处于八面体配位场中的金属离子,除 d^1、d^2、d^3、d^8、d^9、d^{10}只有一种排布、无高低自旋区别之外,d^4、d^5、d^6和 d^7的电子排布究竟采用高自旋还是低自旋,可以根据成对能和分裂能的相对大小来进行判断:

(1) $P > \Delta$,电子成对需要的能量高,电子将尽量以单电子排布分占不同的轨道,取高自旋状态;

(2) $P < \Delta$,电子成对耗能较少,此时将取低自旋状态。

据此可以对配合物的高、低自旋进行预言:

(1) 在弱场时,由于 Δ 值较小,配合物将取高自旋状态,相反,在强场时,由于 Δ 值较大,配合物将取低自旋状态。

(2) 对于四面体配合物,由于 $\Delta_t = (4/9)\Delta_o$,这样小的 Δ_t值,通常都不能超过其成对能值,所以四面体配合物通常都是高自旋的。

(3) 第二、三过渡系金属的 Δ 大,故其配合物几乎都是低自旋的。

(4) 由 $P(d^5) > P(d^4) > P(d^7) > P(d^6)$ 可见:d^6电子组态的成对能最小,容易被 Δ 值超过,故

在八面体场中多数 d^6 电子组态的 M^{3+} 的配合物是低自旋的，除非配体的场特别弱（如 F^-、H_2O），同属 d^6 电子组态的 Ni^{4+} 甚至与最弱场的配体也形成低自旋配合物，如 $[NiF_6]^{2-}$ 配离子中就不具有单电子（随中心离子氧化态的增加 Δ 值增大），但 d^6 电子组态的 M^{2+} 的配合物多数仍是高自旋的，除非配体的场特别强（如 CN^-、phen）。与此相反，成对能最大的 d^5 电子组态的离子常为高自旋的，除非配体的场特别强（如 CN^-）。

4. 晶体场稳定化能和配合物的热力学稳定性

（1）晶体场稳定化能

在配体静电场的作用下，中心金属离子的 d 轨道能级发生分裂，其上的电子一部分进入分裂后的低能级轨道，一部分进入高能级轨道。电子进入低能级轨道使体系能量下降，进入高能级轨道使体系能量上升。

根据能量最低原理，体系中的电子优先进入低能级轨道。此时，如果下降的能量多于上升的能量，则体系的总能量下降，这样获得的能量称为晶体场稳定化能（CFSE）。这种因 d 轨道分裂和电子填入低能级轨道给配合物带来的额外的稳定化作用将产生一种附加的成键作用效应。

晶体场稳定化能的大小与配合物的几何构型、中心原子的 d 电子的数目、配位场的强弱和电子成对能有关。

对于具有 $t_{2g}^p e_g^q$ 排布的八面体场配合物，$CFSE=(3q/5-2p/5)\Delta_o+nP$，其中 n 为相对于自由离子电子成对的变化数。例如，$Fe^{3+}(d^5)$ 在八面体场中可能有两种电子排布：

① $t_{2g}^3e_g^2$，相对于未分裂的 d 轨道的能量值为 $CFSE(①)=3\times(-0.4\Delta_o)+2\times0.6\Delta_o=0$；

② $t_{2g}^5e_g^0$，$CFSE(②)=5\times(-0.4\Delta_o)+2P=-2.0\Delta_o+2P$。

在不考虑 P 值的情况下，以 CFSE 对 d 电子数作图，可以见到，在 O_h 弱场（高自旋）中，曲线呈“反双峰状”，称为反双峰效应，特点是曲线有三个极大和两个极小值，最高点为 d^0（如 Ca^{2+}）、d^5（如 Mn^{2+}、Fe^{3+}）和 d^{10}（如 Zn^{2+}）电子组态，其 CFSE 均为零。最低点为 d^3（如 V^{2+}、Cr^{3+}）和 d^8（如 Ni^{2+}）电子组态，其 CFSE 为 $-1.2\Delta_o$。在 O_h 强场中，曲线呈 V 形，最高点为 d^0、d^{10} 电子组态，最低点为 d^6 电子组态。

（2）晶体场稳定化能对配合物性质的影响

① 离子水合焓　在标准状态下，1 mol 气态金属离子（如 M^{2+}）溶于水形成水合离子过程的焓变称为标准水合焓：

$$M^{2+}(g)\xrightarrow{aq}[M(H_2O)_6]^{2+}(aq)\qquad\qquad \Delta_{hyd}H_m^{\ominus}(M^{2+},g)$$

从 Ca^{2+} 到 Zn^{2+}，各金属离子与水形成八面体高自旋型水合离子，其 d 电子数依次恰好是从 0 到 10。若以 $\Delta_{hyd}H_m^{\ominus}(M^{2+},g)$ 对 M^{2+} 的原子序数（也即对 d 电子数）作图，可以得到一条与 CFSE 相似的反双峰曲线，极小值出现在 V^{2+} 和 Ni^{2+} 处，极大值出现在 Ca^{2+}、Mn^{2+}、Zn^{2+} 处，反双峰的出现正是由 CFSE 所引起的。如果对每一 M^{2+} 从 $\Delta_{hyd}H_m^{\ominus}(M^{2+},g)$ 中扣除去 CFSE，则可得到一条近似于 Ca^{2+}、Mn^{2+}、Zn^{2+} 连线的平滑曲线，平滑曲线代表 M^{2+} 在水溶剂中形成球形场的水合焓。

② 晶格焓　第四周期由 $CaCl_2$ 到 $ZnCl_2$ 的标准晶格焓 $\Delta_{Lat}H_m^{\ominus}(MCl_2,s)$ 与 d^n 电子组态之间的关系和离子标准水合焓的情况一样，也是 d 轨道分裂造成 CFSE 不同的结果，所以曲线也呈双峰状。只是 MCl_2 的标准晶格焓的定义是过程 $MCl_2(s)\longrightarrow M^{2+}(g)+2Cl^-(g)$ 的焓变。

③ 电极电势 以 Co(Ⅲ)为例。在水溶液中,Co(Ⅲ)是不稳定的,容易被还原成 Co(Ⅱ),但当水溶液中存在强场配体时,Co(Ⅲ)则被稳定,这可从下列标准电极电势看出:

$$[Co(H_2O)_6]^{3+} + e^- \rightleftharpoons [Co(H_2O)_6]^{2+} \quad E^{\ominus} = 1.84\ V$$
$$[Co(edta)]^- + e^- \rightleftharpoons [Co(edta)]^{2-} \quad E^{\ominus} = 0.60\ V$$
$$[Co(C_2O_4)_3]^{3-} + e^- \rightleftharpoons [Co(C_2O_4)_3]^{4-} \quad E^{\ominus} = 0.57\ V$$
$$[Co(phen)_3]^{3+} + e^- \rightleftharpoons [Co(phen)_3]^{2+} \quad E^{\ominus} = 0.42\ V$$
$$[Co(NH_3)_6]^{3+} + e^- \rightleftharpoons [Co(NH_3)_6]^{2+} \quad E^{\ominus} = 0.10\ V$$
$$[Co(en)_3]^{3+} + e^- \rightleftharpoons [Co(en)_3]^{2+} \quad E^{\ominus} = -0.26\ V$$
$$[Co(CN)_6]^{3-} + e^- \rightleftharpoons [Co(CN)_6]^{4-} \quad E^{\ominus} = -0.83\ V$$

上述 Co(Ⅲ)与不同配体形成的配离子的标准电极电势的下降次序基本上是配体的光谱化学序列,也就是配位场稳定化能增加的次序。

④ 配合物生成常数的 Irving-Williams 序列 由 Mn^{2+} 到 Zn^{2+} 与含氮配体生成的配合物(如 $[M(en)_3]^{2+}$)的生成常数可观察到下述顺序:

	$Mn^{2+}(d^5)$	< $Fe^{2+}(d^6)$	< $Co^{2+}(d^7)$	< $Ni^{2+}(d^8)$	< $Cu^{2+}(d^9)$	> $Zn^{2+}(d^{10})$
$\lg\beta$	5.67	9.52	13.82	18.06	18.60	12.09

这一顺序大致与 CFSE 的变化一致,类似于前述反双峰曲线趋势中的右半段。只是峰值不在 d^8 电子组态的 Ni^{2+} 而是 d^9 电子组态的 Cu^{2+} 的配合物,这个差异同 Jahn-Teller畸变有关。上述顺序称为 Irving-Williams 序列。

5. d 轨道分裂产生的结构效应

(1) d 轨道分裂对过渡金属离子半径的影响

从八面体配合物中第一过渡系离子的半径随原子序数的变化可以看到,过渡金属并不像镧系元素一样,其离子半径并不随原子序数的增加单调地减少。以 M^{2+}、M^{3+} 的半径对 d^n 电子数作图,在高自旋的情况下可观察到反双峰曲线,在低自旋的情况下观察到 V 形曲线。

对二价离子 O_h 弱场而言,按晶体场理论,Ca^{2+}、Mn^{2+}、Zn^{2+} 有球形对称的电子云分布。三个离子的有效核电荷依次增大,故离子半径逐渐减小,它们位于逐渐下降的平滑曲线上。其他离子的半径则位于这条平滑曲线的下面,这是由于它们的 d 电子并非球形分布。以 d^3 的 V^{2+} 为例,其电子组态为 $t_{2g}^3e_g^0$,由于 t_{2g} 电子主要集中在远离金属-配体键轴的区域,它提供了比球形分布的 d 电子小得多的屏蔽作用,结果是金属离子对配体的吸引较强,配体离中心金属离子近,受配体的影响,金属离子的半径减小。而对于 d^4 的 Cr^{2+},其电子组态为 $t_{2g}^3e_g^1$。由于新增加的 e_g 电子填入位于金属-配体键轴区域,它的屏蔽作用增加,核对配体的吸引作用相应减弱,配体离中心金属离子相对较远,配体的影响减小,故离子的半径减小的程度较小。

(2) Jahn-Teller 效应和立体化学

① Jahn-Teller 效应 电子在简并轨道中的不对称占据会导致分子的几何构型发生畸变,从而降低分子的对称性和轨道的简并度,使体系的能量进一步下降,这种效应称为 Jahn-Teller 效应。

以 d^9 的 Cu^{2+} 的配合物为例,当其配合物为八面体构型时,d 轨道就要分裂成 t_{2g} 和 e_g 两组轨

道,设其基态的电子构型为 $t_{2g}^6e_g^3$,那么三个 e_g电子就有两种排列方式:

其一是$(d_{z^2})^2(d_{x^2-y^2})^1$,由于 $d_{x^2-y^2}$轨道上的电子比 d_{z^2}轨道上的电子少一个,则在 xy 平面上 d 电子对中心离子核电荷的屏蔽作用就比在 z 轴上的屏蔽作用小,中心离子对 xy 平面上的四个配体的吸引就大于对 z 轴上的两个配体的吸引,从而使 xy 平面上的四个键缩短,z 轴方向上的两个键伸长,构型成为拉长的八面体。

其二是$(d_{z^2})^1(d_{x^2-y^2})^2$,由于 d_{z^2}轨道上少一个电子,在 z 轴上 d 电子对中心离子的核电荷的屏蔽效应比在 xy 平面的小,中心离子对 z 轴方向上的两个配体的吸引就大于对 xy 平面上的四个配体的吸引,从而使 z 轴方向上两个键缩短,xy 面上的四个键伸长,构型成为压扁的八面体。

无论采用哪种几何畸变,都会引起能级的进一步分裂,消除简并,一些能级的能量降低,从而获得额外的稳定化能。

Jahn-Teller 效应不能指出究竟应该发生哪种几何畸变,但实验证明,Cu^{2+}的六配位化合物,几乎都是拉长的八面体,这是因为,在无其他能量因素影响时,形成两个长键、四个短键比形成两个短键、四个长键的总键能要大。

在八面体场中,对于 d^8电子组态($t_{2g}^6e_g^2$),e_g上的两个电子分占两条轨道,呈对称分布,畸变不会发生。同样,对其他 t_{2g}或 e_g的全满或半满占据方式的 $t_{2g}^3e_g^0$、$t_{2g}^6e_g^0$、$t_{2g}^3e_g^2$、$t_{2g}^6e_g^2$、$t_{2g}^6e_g^4$构型的配离子也不会发生 Jahn-Teller 畸变。相反,t_{2g}或 e_g轨道的不对称占据的配离子如 $t_{2g}^1e_g^0$、$t_{2g}^2e_g^0$、$t_{2g}^3e_g^1$、$t_{2g}^4e_g^2$、$t_{2g}^5e_g^2$、$t_{2g}^6e_g^1$、$t_{2g}^6e_g^3$等构型的配离子,则必须考虑由畸变带来的稳定化作用。

② 配合物立体构型的选择　假定配合反应为 $M+mL \longrightarrow ML_m$,根据 $\Delta G^\ominus=\Delta H^\ominus-T\Delta S^\ominus=-RT\ln K^\ominus$,配合物的稳定性将由 $\Delta G^\ominus$决定,由于各种配合物的 $\Delta S^\ominus$相差不大,所以稳定性主要取决于 $\Delta H^\ominus$,显然,$\Delta H^\ominus$值越负,则 ML_m越稳定。

以 $m=6$ 的正八面体构型和 $m=4$ 的正四面体构型和平面正方形构型为例,上述配合反应的 $\Delta H^\ominus$值为

$$\Delta H^\ominus_{正八面体}=6\Delta_b H^\ominus(M—L)+CFSE_{正八面体}$$
$$\Delta H^\ominus_{正四面体}=4\Delta_b H^\ominus(M—L)+CFSE_{正四面体}$$
$$\Delta H^\ominus_{平面正方形}=4\Delta_b H^\ominus(M—L)+CFSE_{平面正方形}$$

因此,如果各种构型的 CFSE 相差不大,则因八面体配合物的总键能大于正四面体配合物和正方形配合物的总键能,因而正八面体配合物的 $\Delta H^\ominus$最大,所以此时正八面体构型最为稳定。

如果各种构型的总键能相差不大,则因 $CFSE_{平面正方形}>CFSE_{正八面体}>CFSE_{正四面体}$,故 $\Delta H^\ominus_{平面正方形}$最大,以平面正方形构型最为稳定。

如果各种构型的总键能和 CFSE 均相差不大,则此时三种构型都能稳定存在。显然,只有 d^0、d^{10}电子组态和弱场 d^5电子组态才有这种可能。

按照这个思路可以预言配合物的构型:

八面体或四面体构型的选择　根据除 d^0、d^5、d^{10}弱场外,其他情况的四面体配合物的稳定化能总小于八面体配合物的稳定化能[$CFSE(T_d)<CFSE(O_h)$]和在四面体配合物中四个配位键的总键能小于八面体配合物中六个键的总键能[$4\Delta_b H^\ominus(M—L)(T_d)<6\Delta_b H^\ominus(M—L)(O_h)$]的理由,所以只有 d^0、d^5、d^{10}构型的离子在条件合适时才形成 T_d配合物。如 d^0的 $TiCl_4$、$ZrCl_4$、$HfCl_4$和

d^5的$[FeCl_4]^-$,d^{10}的$[Zn(NH_3)_4]^{2+}$、$[Cd(CN)_4]^{2-}$、$[CdCl_4]^{2-}$和$[Hg(SCN)_4]^{2-}$。而其他情况下多为O_h配合物。但从配体间的排斥作用看,T_d构型比O_h有利,因而体积大的配体易生成T_d配合物。

八面体或平面正方形构型的选择　一方面是$CFSE(O_h)<CFSE(S_q)$,另一方面是O_h可形成六个配位键,而S_q只形成四个配位键,总键能$6\Delta_b H^\ominus(M—L)(O_h)>4\Delta_b H^\ominus(M—L)(S_q)$,但配位场稳定化能的数值毕竟较小,所以常易形成$O_h$配合物,只有在$CFSE(S_q)-CFSE(O_h)$值很大时,如$d^8$强场的配合物才能形成$S_q$配合物。对于$d^9$电子组态的$[Cu(H_2O)_4]^{2+}$、$[Cu(NH_3)_4]^{2+}$,尽管$CFSE(S_q)-CFSE(O_h)$值不是很大,但由于有Jahn-Teller效应所带来的额外稳定化能,因而也常形成S_q配合物。

平面正方形或四面体构型的选择　过渡金属的四配位化合物既有四面体构型的,也有平面正方形构型的,究竟采用哪种构型主要考虑配体相互间的静电排斥作用和晶体场稳定化能的影响。

在弱场中,d^0、d^5和d^{10}电子组态的CFSE值无论在平面正方形场还是在四面体场中均为0,由于没有获得CFSE,因此,采取四面体的空间排列方式配体间的排斥力最小,配合物最稳定。如$TiCl_4(d^0)$、$[FeCl_4]^-(d^5)$及$[ZnCl_4]^{2-}(d^{10})$等均为四面体构型。

d^1和d^6电子组态的两种构型的CFSE值几乎相等,配体间的排斥因素较为突出,故$VCl_4(d^1)$、$[FeCl_4]^{2-}(d^6)$也是四面体构型的。

d^2和d^7电子组态离子的两种构型的CFSE差值也较小,它们的四配位化合物既有四面体构型的也有平面正方形构型的。

对于d^3和d^4电子组态的离子,平面正方形场和四面体场的CFSE差值较大(大于10 Dq),其四配位化合物似应是平面正方形构型的,但实验证据不太多,这是因为除了CFSE外,还有其他影响因素,如静电排斥、空间位阻、Jahn-Teller效应等。

d^8电子组态离子的四配位化合物则以平面正方形构型为主。因为采取这种构型可以获得更多的CFSE,第二、三系列过渡金属确实如此,如Au_2Cl_6、$Rh(CO)_2Cl_2$、$[PdCl_4]^{2-}$、$[Pd(CN)_4]^{2-}$、$[PtCl_4]^{2-}$和$[Pt(NH_3)_4]^{2+}$等。而第一系列过渡金属,由于离子半径小,当与电负性大或体积大的配体结合时,则需考虑静电排斥、空间效应等因素,通常平面正方形构型和四面体构型都有。如$[Ni(CN)_4]^{2-}$为黄棕色、反磁性的平面正方形构型配合物,而蓝绿色、顺磁性的$[NiX_4]^{2-}$(X=Cl、Br、I)则为四面体构型。

d^9电子组态的Cu^{2+}的四配位化合物具有独特之处,从配位场稳定化能考虑,它倾向于形成平面正方形构型,如$Na[Cu^{II}(NH_3)_4][Cu^{I}(S_2O_3)_2]$中的$[Cu^{II}(NH_3)_4]^{2+}$就是平面正方形构型的。但从排斥力等因素考虑,四面体构型的能量较低。不过,迄今为止,尚未发现Cu^{2+}的正四面体配合物,而只有畸变的几何构型。如$[CuCl_4]^{2-}$的构型就是压扁的四面体,键角为100°,介于平面正方形构型的90°和正四面体构型的109.5°之间,显然,Jahn-Teller效应等因素影响了d^9电子组态离子配合物的立体构型。

7.3.3 配位场理论

晶体场理论较好地说明了配合物的立体化学、热力学性质等主要问题,这是它的成功之处,但是它不能合理解释配体的光谱化学序列。按照静电理论的观点也不能解释一些金属同电中性有机配体的配合物的生成事实，这是由于晶体场理论没有考虑金属离子与配体轨道之间的重叠，即不承认共价键的存在。近代实验测定表明，金属离子的轨道和配体的轨道确有重叠发生。

为了对上述实验事实给以更为合理的解释，人们在晶体场理论的基础上，吸收了分子轨道理论的若干成果，既适当考虑中心原子与配体化学键的共价性，又仍然采用晶体场理论的计算方法，发展成了一种改进的晶体场理论，特称为配位场理论。

配位场理论认为：配体不是无结构的点电荷，而是具有一定的电荷分布；成键作用既包括静电作用，也包括共价作用。

共价作用的主要后果就是轨道重叠，从而导致 d 轨道的离域，d 电子运动范围增大，这种现象叫做电子云扩展效应。电子云扩展效应的直接结果就是 d 电子间的排斥作用减小。一般地，配合物中心金属离子的价电子间的排斥能比自由离子的小 15%～20%。可以用 Racah 电子排斥参数 B 值和 B'值分别表征自由金属离子和该金属离子作为配合物中心离子的电子间的排斥作用，B 值可以通过发射光谱测定，而 B'可以通过吸收光谱测定。

Jørgensen 引入一个参数 β 用以表示 B'相对于 B 减小的程度：

$$\beta = \frac{\text{配合物中中心金属离子的 } B'\text{值}}{\text{自由金属离子的 } B \text{ 值}}$$

若干配体已按 β 减小排成了一个系列，即“电子云扩展序列”：

$$F^- > H_2O > C\underline{O}(NH_2)_2 > \underline{N}H_3 > C_2\underline{O}_4^{2-} \approx en > \underline{N}CS^- > Cl^-$$

$$\approx \underline{C}N^- > Br^- > (C_2H_5O)_2P\underline{S}_2^- \approx S^{2-} \approx I^- > (C_2H_5O)_2P\underline{Se}_2^-$$

可见，电子云扩展效应变化趋势基本上与配位原子的电负性趋势相平行，即

$$F > O > N > Cl > Br > S > I > Se$$

电子云扩展序列相当好地表征了中心金属离子和配体之间形成共价键的趋势。在序列的左端，F^-和 H_2O 的 β 值接近 1，其共价作用不明显，随着 β 值的减小，电子云扩展效应增加，共价性变得较为明显。例如，β 值比 1 小得多的 Br^-和 I^-处于序列的中间或更靠近右端，它们是含有更多共价性的配体。

β 值除用实验确定外，还可用公式计算：

$$1 - \beta = h_X \cdot h_M$$

式中 h_X、h_M分别为配体和金属离子的电子云伸展参数。

7.3.4 分子轨道理论

分子轨道理论认为，由中心原子和配体的原子轨道通过线性组合可以建立一系列配合物的分子轨道。其分子轨道由成键的、非键的和反键的轨道所组成，在整个分子范围内运动。能够有效地组成分子轨道的原子轨道应满足成键三原则：对称性匹配、能量近似、最大重叠。

1. 八面体配合物的分子轨道理论处理

在第一过渡系列中，中心原子的价电子轨道是五条 3d 轨道、一条 4s 轨道和三条 4p 轨道，在八面体场中，这九条轨道中只有六条轨道（4s、$4p_x$、$4p_y$、$4p_z$、$3d_{z^2}$和 $3d_{x^2-y^2}$）在 x、y 和 z 轴上分布，

指向配体,因而这六条轨道可以形成σ键。而另外三条轨道,即$3d_{xy}$、$3d_{xz}$和$3d_{yz}$,因其位于x、y和z轴之间,在八面体场中对于形成σ键对称性不匹配,不适合形成σ键,但可参与形成π键。

根据对称性可以将上述轨道分成以下四类:a_{1g}(4s)、t_{1u}($4p_x$、$4p_y$、$4p_z$)、e_g($3d_{z^2}$、$3d_{x^2-y^2}$)和t_{2g}($3d_{xy}$、$3d_{xz}$、$3d_{yz}$)。前三类能参与形成σ键,最后一类可参与形成π键。

(1) σ成键

假定在八面体配合物中,金属离子轨道能量的一般次序是$(n-1)d<ns<np$,而大多数配体,如H_2O、NH_3、F^-等,用来与金属键合的六条配体σ群轨道的能量都比金属的价轨道能量要低。由此特征可以建立σ键合的八面体配合物的分子轨道能级图。由分子轨道能级图可以发现,原来简并的五条金属d轨道分裂为两组,一组为非键的t_{2g}、一组是反键的e_g^*。

将配体的6对成对电子填入最低能级,即a_{1g}、t_{1u}和e_g分子轨道,由于这些轨道聚集着来自配体的电子,所以具有配体轨道的大部分性质,相当于分子轨道"得到"了来自给予体(配位原子)的电子对。而金属离子的电子则填入t_{2g}和e_g^*轨道,这些轨道的能量接近原金属轨道的能量,因而具有纯金属轨道的大部分性质。

对于d^1、d^2、d^3电子组态的金属离子,其d电子自然填入的是t_{2g}轨道,但d^4、d^5、d^6、d^7就有两种选择,新增加的电子,或是优先填入t_{2g}能级自旋成对,得到低自旋的电子排布,或是优先占据不同的轨道保持自旋平行,得到高自旋的排布。究竟是这两种排列中的哪一种,取决于t_{2g}和e_g^*轨道之间的分裂能和电子成对能的相对大小,若$\Delta_o>P$,得低自旋的电子排布,若$\Delta_o<P$,得高自旋的排布。d^8、d^9、d^{10}也各只有一种排布方式,分别为$t_{2g}^6e_g^{*2}$、$t_{2g}^6e_g^{*3}$、$t_{2g}^6e_g^{*4}$。显然,这些都与晶体场理论的结果一致。

当配体是强σ电子给予体时,如CH_3^-及H^-,e_g能量下降多,反键e_g^*能量上升多,Δ_o增大,这样就有可能使得$\Delta_o>P$,得到低自旋的电子排布;相反,弱的σ电子给予体,如F^-,e_g能量下降少,e_g^*能量上升少,显然,Δ_o较小,有可能使得$\Delta_o<P$,得到高自旋的电子排布。

(2) π成键

金属离子与配体除能生成σ键之外,如果配体中还含有π轨道,则还应考虑它们与具有π成键能力的金属轨道的相互作用。

中心金属离子具有π对称性的价轨道有t_{2g}($3d_{xy}$、$3d_{xz}$、$3d_{yz}$)和t_{1u}($4p_x$、$4p_y$、$4p_z$),但其中的t_{1u}已参与形成σ键,不再加以考虑。

配体有三种类型的π轨道:

① 垂直于金属-配体σ键轴的pπ轨道(如在F^-、Cl^-中);

② 与金属d轨道处于同一平面的配体的dπ轨道(如在膦、胂中);

③ 与金属d轨道处于同一平面的配体的π^*反键分子轨道(如在多原子配体CO、CN^-、py中)。

配体的π轨道与中心离子的t_{2g}轨道重叠形成π键之后,分裂能Δ_o将发生较大变化。

① $M(t_{2g})-L(p\pi)$成键　以$[CoF_6]^{3-}$为例,配体F^-的$2p_x$和$2p_y$轨道($2p_z$已用于生成σ配位键)可与Co^{3+}的t_{2g}轨道形成π分子轨道。由于F^-的已填满电子的2p轨道能量低,π成键的结果使原来非键的t_{2g}分子轨道能量升高而成为t_{2g}^*反键分子轨道,这样就降低了分裂能Δ_o,这就是F^-及其他卤素离子配体在光谱化学序列中处于弱场一端的原因。能形成这类配合物的配体还有

Cl^-、Br^-、I^-、H_2O 和 OH^-等，此类配合物多属高自旋构型。在配合物中，配体的电子占据 $\pi(t_{2g})$ 成键分子轨道，中心金属离子的 d 电子占据高能量的反键 $\pi^*(t_{2g}^*)$ 分子轨道。

② $M(t_{2g})-L(d\pi$ 或 $\pi^*)$成键 烷基膦 PR_3和烷基硫 SR_2等给予体配体以其 P、S 及 As 等有空 dπ 轨道的配位原子的和含有多重键的多原子基团（如 C═O、C═N^-、NO_2^-、$H_2C═CH_2$等）的有空 π^* 分子轨道的给予体配体。与金属 t_{2g}轨道生成的 π 键属于此种类型。

磷和硫采用 sp^3不等性杂化轨道与金属形成 σ 键，此外，P 和 S 配位原子使用空的 3d 轨道参与 π 成键。由于 P 和 S 配位原子的 3d 轨道比已填有 d 电子的金属的 3d 轨道能量高，π 成键使金属的 t_{2g}轨道成为成键的 π 分子轨道，从而能量降低，结果造成分裂能 Δ_o增大。P 和 S 配位原子的 3d 轨道则成为 π^* 反键分子轨道，能级升高。

CO、CN^-、NO_2^-、$H_2C═CH_2$等也可同金属形成 π 键，只是接受电子的是配体的 π^* 反键分子轨道。

金属和配体间的这种 π 成键作用使定域在金属离子上的 d 电子进入 π 成键分子轨道，电子密度从金属离子移向配体。这时金属离子是提供 π 电子的给予体，配体成为 π 电子的接受体而形成反馈 π 键。

π 成键的结果是使分裂能 Δ_o增大，所以这些配体属于强场配体，位于光谱化学序列的右端。

在八面体配合物中，σ 键和反馈 π 键的形成是同时进行的，它们之间产生的协同效应十分重要，这种键合类型也称为 σ-π 配键（参见第 9 章）。

③ π 成键对分裂能的影响 研究表明，π 成键作用对分裂能（亦即光谱化学序列，或配位场强度）的影响是

强的 π 电子给予体 < 弱的 π 电子给予体 < 很小或无 π 相互作用
< 弱的 π 接受体 < 强的 π 接受体

充分理解 π 成键的作用，并结合 σ 键所产生的效应可以进一步理解影响分裂能 Δ 值大小的因素，从而解释光谱化学序列。

弱的 σ 电子给予体和强的 π 电子给予体相结合产生小的分裂能，而强的 σ 电子给予体和强的 π 电子接受体相结合产生大的分裂能，这样便可以合理地说明光谱化学序列。

例如，I^-、Br^-、Cl^-、SCN^-等为强的 π 电子给予体，与金属形成 L→M(π)键，使 t_{2g}^*轨道能量升高，分裂能减小，故这些配体位于光谱化学序列的左端。紧接着的 F^-和 OH^-是弱的 π 电子给予体。H_2O、NH_3（或胺）等或是虽具有 pπ 孤电子对但 π 相互作用很弱的配体，或是不具有 pπ 孤电子对、无 π 相互作用，因而不与金属生成 π 键的配体，Δ_o不减小，它们位于光谱化学序列的中间。同 OH^-相比，H_2O 含有一对 pπ 孤电子对（另一对孤电子对参加 σ 配位），而 OH^-含两对 pπ 孤电子对，因而 H_2O 与金属的 π 相互作用比 OH^-的要弱，所以 H_2O 排在 OH^-之后。然后是弱的 π 电子接受体如联吡啶，或强的 σ 电子给予体如 H^-、CH_3^-等，最后是 CN^-、CO 等强的 π 电子接受体。金属与 CN^-、CO 等配体生成 M→L(π)键，使 t_{2g}轨道能量降低，分裂能增大，因而这些配体位于光谱化学序列的右端。

2. 四面体配合物的分子轨道理论处理

用分子轨道理论处理四面体配合物中的化学成键问题，其方法原理与处理方式与八面体配合物的相同，主要区别在于这两种配合物的对称性不同。

在四面体配合物中，第一过渡系列元素中心原子的价轨道仍是 9 条，其中 4s 轨道具有 a_1 对称性，p_x、p_y、p_z 和 d_{xy}、d_{xz}、d_{yz} 这两组轨道都具有 t_2 的对称性，$d_{x^2-y^2}$ 和 d_{z^2} 具有 e 对称性。

（1）σ 成键

四面体配合物在形成 4 个 σ 键时，中心原子可以采用 s 和 p_x、p_y、p_z 轨道进行组合，也可采用 s 和 d_{xy}、d_{xz}、d_{yz} 轨道进行组合。

在中心原子的 s、$p_x(d_{yz})$、$p_y(d_{xz})$、$p_z(d_{xy})$ 轨道与配体 σ 群轨道重叠组合成的 σ 分子轨道能级图中，可以看到，由于没有考虑 π 键合，中心原子具有 e 对称性的轨道为非键轨道。t_2^* 与 e 间的能量差相当于晶体场理论中 t_2 和 e 间的能量差 Δ_t。由于中心原子 d_{xy}、d_{xz}、d_{yz} 轨道不直接指向配体，中心原子轨道与配体轨道重叠程度较小，从而形成较弱的 σ 键，t_2^* 在能级上升高得并不太多。

（2）π 成键

四面体配合物的 π 成键问题比较复杂，原因是配体原子的坐标系与中心金属原子的坐标系不匹配。四面体中四个配体上的 8 条 π 轨道可组合成三组，分别是 e、t_1、t_2。其中 t_1 组 π 轨道因中心原子没有与其对称性相同的轨道，为非键轨道。对称性为 e 和 t_2 的配体 π 轨道则能与中心原子上的 e 和 t_2 对称性的原子轨道相互作用形成 π 键。

由于在配体的 σ 和 π 群轨道中都有属 t_2 对称性的轨道，因此中心金属原子具有 t_2 对称性的 d 轨道和 p 轨道既能参与 σ 成键又能参与 π 成键，只有具有 e 对称性的 d_{z^2} 和 $d_{x^2-y^2}$ 轨道才只形成 π 键。即在四面体配合物中，π 成键涉及金属的所有 d 轨道（而在八面体配合物中，π 成键只涉及金属的 t_{2g} 一组轨道）。此外，由于 t_2^* 反键分子轨道是 σ 和 π 键的混合轨道，而 e^* 反键分子轨道是纯的 π 键分子轨道，因此很难像八面体配合物那样根据金属和配体的 σ 和 π 成键作用来解释分裂能 Δ_t 的变化。

MnO_4^- 可以理解为是中心原子 Mn^{VII} 的四面体配合物，中心原子 Mn^{VII}，d^0 电子组态，4 个配体 O^{2-} 各提供 6 个电子，共 24 个电子。其中 8 个电子占据 σ 成键轨道 a_1 及 t_2，另外 16 个电子分布在 π 成键轨道 t_2、e 及非键轨道 t_1 中，而 π^* 反键轨道全空着，体系有最大的 σ 及 π 成键效应。

7.4　过渡金属配合物的电子光谱

当分子吸收一定能量的电磁辐射之后，便能由较低的能态跃迁到较高的能态，当辐射能量和两个能态间的能量差满足 $\Delta E = h\nu = hc/\lambda$ 时，该能量才能被物质分子吸收。式中 h 为 Planck 常量，ν 为辐射的频率，λ 为辐射的波长，c 为真空中的光速。

过渡金属配合物的电子光谱属于分子光谱，它是分子中电子在不同能级的分子轨道间跃迁而产生的光谱。

根据电子跃迁的机理，可将过渡金属配合物的电子光谱分为三类：

（1）d 轨道能级之间的跃迁光谱，即配位场光谱；

（2）配体内部的电子转移光谱；

（3）配体至金属离子、金属离子至配体或金属离子至金属离子之间的电荷迁移光谱。

过渡金属配合物的电子光谱有两个特点：

(1) 电子光谱通常不是线状光谱而是带状光谱;

(2) 配合物在可见光区有吸收但强度不大,在紫外光区却常有强度很大的配体本身的吸收带。

过渡金属配合物电子运动所吸收的辐射能量一般处于可见光区或紫外光区,所以这种电子光谱通常也称为可见光谱及紫外光谱。当吸收的辐射能量落在可见光区时,物质就显示出颜色。物质所显示的颜色是它吸收色的互补色。若物质有反射光时,呈现出透过光与反射光的复合色。

7.4.1 配体内部的电子光谱

配体如水和有机分子等在紫外光区经常出现吸收谱带。形成配合物后,这些谱带仍保留在配合物光谱中,但其位置相比原来的位置稍微有一点移动。

只有少数配体的电子光谱出现在可见光区,但几乎所有的配体在紫外光区都有吸收。这些光谱包括了下列三种类型:

(1) 配体(同时还包括溶剂分子)的孤电子对到 σ 反键轨道的跃迁($n \to \sigma^*$)。这种类型的跃迁常发生在水、醇、烷基卤化物等具有孤电子对的分子中。这些物质的紫外吸收特性限制了它们被用作测量光谱的溶剂。例如,水在小于 200 nm 时、氯仿在小于 245 nm 时就变得不透明,此时,用这些溶剂去平衡光谱测定池就存在问题。溶剂的这种临界波长叫该溶剂的截止波长。

(2) 配体孤电子对到 π^* 反键轨道的跃迁($n \to \pi^*$)。如在有 >C═O 基团的醛类和酮类的分子中,孤电子对所占据的非键轨道是最高占据轨道,而 π^* 反键轨道是最低未占据轨道。其间的跃迁吸收出现在紫外光区,强度一般很弱。

(3) 若配体分子存在双键或三键但不含孤电子对,最高占据轨道为 π 成键轨道,最低未占据轨道为 π^* 反键轨道,这时可在紫外光区发生 $\pi \to \pi^*$ 跃迁。这类跃迁出现在烯、双烯、炔和芳香体系中。

发生在配体内部的跃迁,可以具有上述一种,也可同时具有几种。但它们同配位场光谱的区别较为显著,应该说识别它们并不太难。

7.4.2 配位场光谱

配位场光谱是指配合物中心离子的电子光谱。这种光谱是由 d 电子在 d 电子组态衍生出来的能级间跃迁产生的,所以又称为 d-d 跃迁光谱或 d-d 电子光谱。

这种光谱包含一个或多个吸收带,强度比较弱,一般出现在可见光区,所以许多过渡金属配合物都有颜色。

(1) d-d 跃迁光谱的强度

电子在能级间跃迁要服从一定的规则,这些规则称为光谱选择规则,简称光谱选律,满足光谱选律的跃迁概率比较大,称为允许跃迁;不满足光谱选律的跃迁概率很小,称为禁阻跃迁。

光谱选律有两条:

① 自旋选律　又称多重性选择,多重性($2S+1$)相同谱项间的跃迁是允许的跃迁,多重性不同谱项间的跃迁是禁止的跃迁。即 $\Delta S=0$ 是允许跃迁,$\Delta S \neq 0$ 为禁阻跃迁。这是因为 $\Delta S=0$ 意味着电子跃迁不改变自旋状态;而 $\Delta S \neq 0$ 则要改变电子的自旋状态,必须供给更多的能量(交换能),因而是不稳定的状态,概率很小。

② 轨道选律　又称 Laporte 选律、对称性选律或宇称选律。它是说,如果分子有对称中心,

则允许的跃迁是 g→u 或 u→g,而禁阻的跃迁是 g→g 或 u→u。由于角量子数 l 为偶数的轨道具有 g 对称性,而角量子数为奇数的轨道具有 u 对称性,故从对称性的角度来说,$\Delta l=1$、3 的轨道之间的跃迁是允许的,而 $\Delta l=0$、2、4 的轨道之间的跃迁是禁阻的。

上述两条光谱选律中,以自旋选律对光谱的强度影响最大,其次是轨道选律。

如果严格遵守光谱选律,将不会产生过渡金属的 d-d 跃迁,当然也就看不到过渡金属离子的颜色,因为 d-d 跃迁是轨道选律所禁阻的。但事实却相反,过渡金属离子有丰富多彩的颜色,这往往是因为某种原因而使上述禁阻被部分解除,这种禁阻的部分解除称为“松动”。

例如,在多电子体系中,由于自旋-轨道耦合而使自旋和轨道禁阻都得到部分解除。

又如,配合物中,由于某些振动使配合物的对称中心遭到了破坏,d 轨道和 p 轨道的部分混合使 Δl 不严格等于 0 等,都可使 d-d 跃迁的禁阻状态得到部分解除。

然而,虽然上述禁阻被部分解除,但毕竟 d-d 跃迁是属于轨道选律所禁阻的,所以 d-d 跃迁光谱的强度都较弱。

(2) d-d 跃迁吸收峰的半宽度

① 由于振动将使配体-金属之间的键长不停地变化,从而分裂能将随键长的增大而减小。而分裂能的变化将导致配位场谱项之间的能量间隔发生变化,并维持在一定的范围。

② Janh-Teller 效应导致轨道能级进一步分裂,这种分裂常使吸收峰谱带加宽。

③ 自旋-轨道耦合使谱项进一步分裂,从而使谱带加宽。

所以 d-d 跃迁吸收峰的半宽度都较大,d-d 跃迁光谱都是带状光谱。

(3) d-d 跃迁光谱的特点

① 一般包含一个或多个吸收带。

② 强度比较弱,这是因为 d-d 跃迁是轨道选律所禁阻的。

③ 跃迁能量较小,一般出现在可见光区,所以许多过渡金属配合物都有颜色。

(4) d 电子组态的能级

可以用 Orgel 能级图和 T-S 图来表示 d 电子组态的能级。

① Orgel 能级图 图 1.7.1 示出 d^1、d^4、d^6、d^9 电子组态在八面体弱场(高自旋)和四面体场中的 Orgel 能级图。

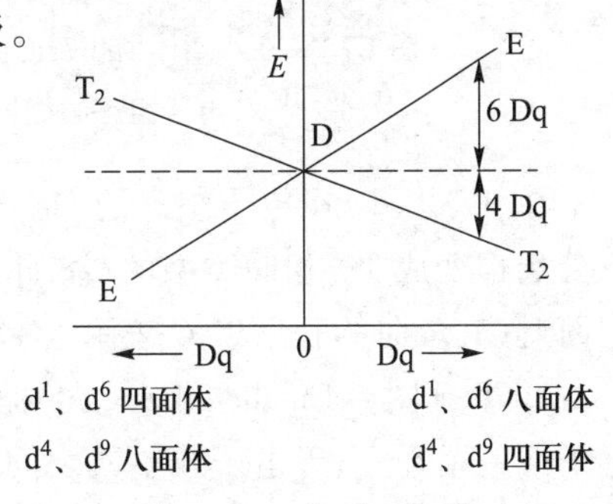

图 1.7.1 d^1、d^4、d^6、d^9 电子组态在八面体弱场(高自旋)和四面体场中的 Orgel 能级图

为什么可以把八面体弱场和四面体场的 d^1、d^4、d^6、d^9 电子组态放到一张图中?这是因为在八面体弱场和四面体场中,d^1、d^9、d^4、d^6 都具有相同的基谱项 D。

可以参照 d 轨道的对称性来理解 D 谱项:

在八面体场中,d 轨道分裂为 e_g 和 t_{2g},同样,D 谱项也能分裂为 E_g 和 T_{2g}。

在四面体场中,d 轨道分裂为 t_2 和 e,同样,D 谱项也能分裂为 T_2 和 E。

d^0、d^5、d^{10} 在八面体弱场和四面体场中都是球形对称的,稳定化能均为 0,其静电行为相同。

d^6 可认为是在 d^5 上增加 1 个电子,犹如在 d^0 上增加 1 个电子成 d^1 一样,因而 d^1 和 d^6 的静电行为应该相同。

d^4 和 d^9 可认为是在 d^0 和 d^5 上增加 4 个电子,因而 d^4 和 d^9 的静电行为也应相同。

d^4和 d^9也可认为是在 d^5和 d^{10}状态上出现了 1 个空穴。1 个空穴相当于 1 个正电子,其静电行为正好与 1 个电子的静电行为相反,在电子最不稳定的地方,正电子就最稳定。因此,可以预期 d^1与 d^4、d^6与 d^9、d^4与 d^6、d^1与 d^9的静电行为都应该相反。

在八面体场中,对于 d^1和 d^6,其能量关系是 $E_g>T_{2g}$;d^4和 d^9与 d^1和 d^6的静电行为相反,其能量关系应为 $E_g<T_{2g}$。

在四面体场中,能级次序正好与八面体场中的相反,因而对于 d^1和 d^6,其能量关系是 $E<T_2$,d^4和 d^9与 d^1和 d^6的静电行为相反,其能量关系应为 $T_2<E$。

在八面体场和四面体场中 d^1、d^6、d^4、d^9电子组态的能量关系表示于图 1.7.2。可以将这些概念用来建立能级图,其中,纵坐标代表谱项的能量,横坐标代表配位场分裂能,于是就得到了 d^1、d^4、d^6、d^9电子组态在配位场中的 Orgel 能级图(图 1.7.1),其中 d^1与 d^4、d^6与 d^9互为倒反,八面体场和四面体场互为倒反。

d^2、d^8、d^3、d^7电子组态的能级图要比 d^1、d^9、d^4、d^6电子组态的复杂。这是因为,除配位场影响外,还有电子之间的排斥作用。

其中,d^2、d^8、d^3、d^7的基谱项均为 F,与 F 有相同自旋多重态的谱项为 P,二者的能量差为 $15B'$。

按照 d^1、d^9、d^4、d^6的思想,d^2与 d^7、d^3与 d^8的静电行为相同,d^3与 d^2、d^3与 d^7、d^2与 d^8、d^7与 d^8的静电行为都相反;同样地,四面体场与八面体场的行为也相反(图 1.7.3)。所以 d^2、d^3、d^7、d^8也可用同一张 Orgel 能级图来表示(图 1.7.4)。

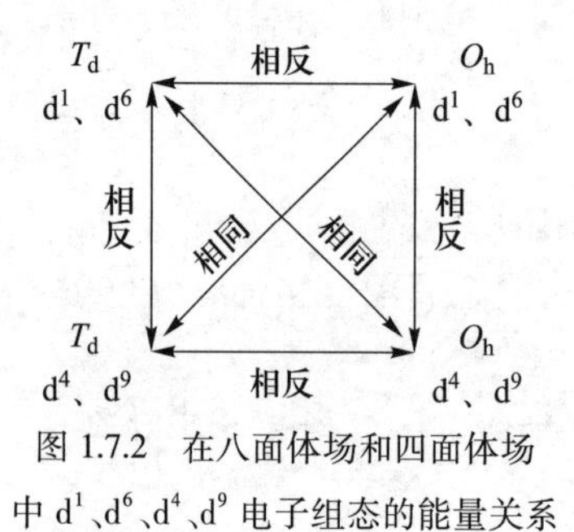

图 1.7.2 在八面体场和四面体场中 d^1、d^6、d^4、d^9 电子组态的能量关系

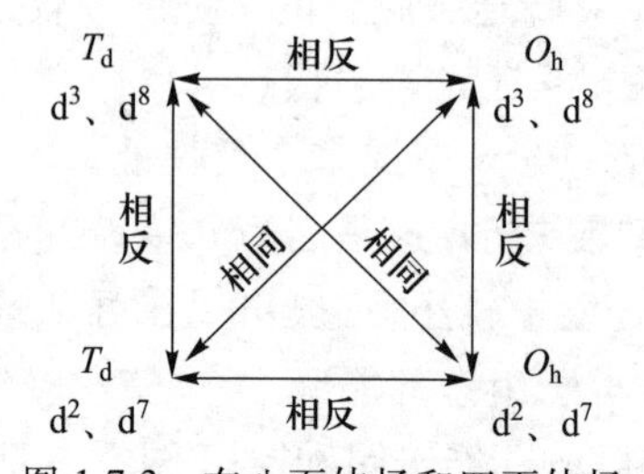

图 1.7.3 在八面体场和四面体场中 d^2、d^3、d^7、d^8 电子组态的能量关系

在 d^2、d^3、d^7、d^8电子组态的 Orgel 能级图中,F 谱项在配位场中分裂为 T_1、T_2和 A_2,而 P 谱项不分裂但变成 T_1;相同类型的线,如 $T_1(P)$和 $T_1(F)$(图的左边)是禁止相交的,它们发生弯曲,互相回避,其弯曲的程度以 C 表示,称为弯曲参数。

② T-S 图 Tanabe 和 Sugano 提出了八面体场中 d^2 ~ d^8电子组态的 T-S 图(d^1、d^9只有一个电子或一个空穴,无电子或空穴之间的相互作用,故无 T-S 图),图 1.7.5 示出的是在八面体场中 d^5电子组态的 T-S 图,其他电子组态的 T-S 图见《中级无机化学》教材。

T-S 图与 Orgel 能级图的区别如下:

对 d^4、d^5、d^6、d^7电子组态,T-S 图既包括高自旋也包括低自旋的能级图(d^2、d^3、d^8只有一种排布,无高、低自旋的区别,所以只有一个象限);有自旋多重度相同的谱项,也有自旋多重度不相同的谱项。

T-S 图用基谱项作为横坐标并取作能量的零点,其余谱项的能级都是相对于它而画出的。

相同电子组态的离子可以应用同一张光谱项图。因为 T-S 图是以谱项能同拉卡参数 B'的比值作纵坐标,以分裂能对拉卡参数 B'的比值作横坐标而作出的。

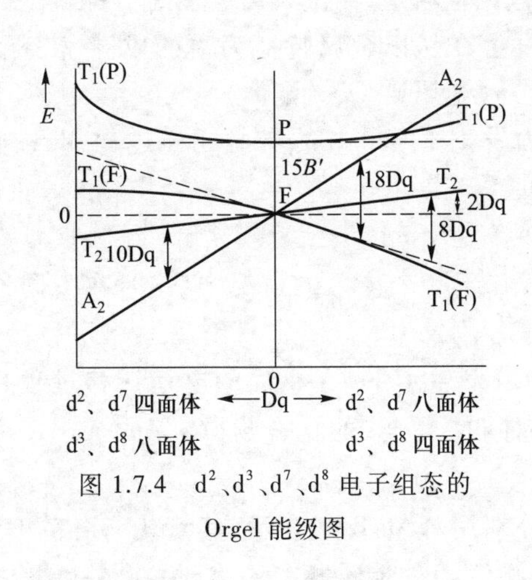

图 1.7.4 d^2、d^3、d^7、d^8 电子组态的Orgel能级图

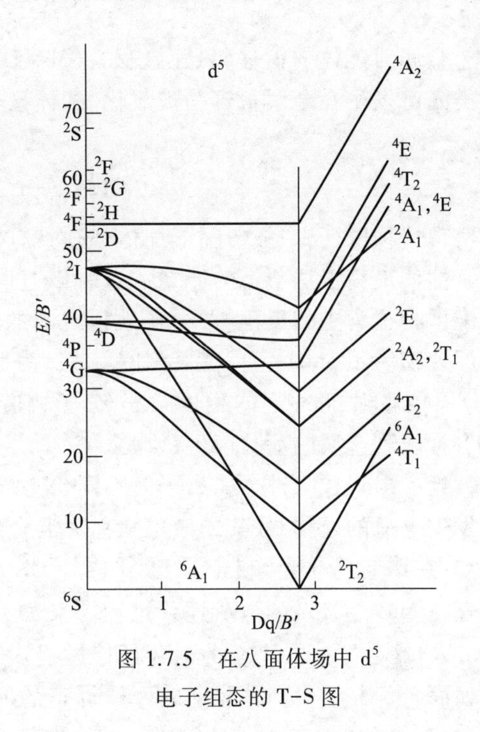

图 1.7.5 在八面体场中 d^5 电子组态的T-S图

根据Orgel能级图和T-S图很容易对过渡金属配合物的d-d跃迁光谱进行指派。有关第一过渡系金属配合物的d-d跃迁光谱在本书第三部分“第一过渡系金属配合物的d-d跃迁光谱”进行专门介绍。

7.4.3 电荷迁移光谱

电荷迁移光谱也常简称为荷移光谱,是由配体轨道与金属轨道之间的电子跃迁产生的。其特点是吸收强度大,跃迁能量高,常出现在紫外光区。

荷移光谱一般有如下三类:

(1) 配体到金属的荷移(还原迁移)(L→M)

这种跃迁相当于金属被还原,配体被氧化,但一般并不实现电子的完全转移。

$$\overset{\delta^-}{M^{n+}\text{—}L^{b-}} \longrightarrow M^{(n-\delta)+} - L^{(b-\delta)-}$$

以配离子$[ML_6]^{(6b-n)-}$为例,预期的四种跃迁为 $\nu_1=\pi\rightarrow\pi^*(t_{2g})$,$\nu_2=\pi\rightarrow\sigma^*(e_g)$,$\nu_3=\sigma\rightarrow\pi^*(t_{2g})$,$\nu_4=\sigma\rightarrow\sigma^*(e_g)$。每一种跃迁都表明电荷由一个主要具有配体性质的轨道迁移到一个主要具有金属性质的轨道中去。所以,金属离子越容易被还原(或金属的氧化性越强)、配体越容易被氧化(或配体的还原性越强),则这种跃迁的能量就越低,跃迁就越容易,产生的荷移光谱的波长就越长,观察到的颜色就越深。

如在 O^{2-}、SCN^-、F^-、Cl^-、Br^-、I^-所形成的配合物中,碘化物颜色最深;在 VO_4^{3-}、CrO_4^{2-}、MnO_4^-系列中,MnO_4^-中的Mn(Ⅶ)比 CrO_4^{2-}中的Cr(Ⅵ)的氧化性强,跃迁能量低,跃迁容易,所以 MnO_4^-吸收500~560 nm(绿色)的光,呈紫红色,CrO_4^{2-}吸收480~490 nm(绿蓝色)的光,呈橙色。

(2) 金属对配体的荷移(氧化迁移) ($M \rightarrow L$)

这类光谱发生在金属很容易被氧化、配体又容易被还原的配合物中：

$$\overset{\delta^-}{\curvearrowright} \quad M^{n+}—L^{b-} \longrightarrow M^{(n+\delta)+} - L^{(b+\delta)-}$$

要实现这种跃迁,一般情况下配体必须具有低能量的空轨道,而金属离子最高占据轨道的能量应高于配体最高占据轨道的能量。这种跃迁一般发生在从以金属特征为主的成键 π 分子轨道到以配体特征为主的反键 π^* 分子轨道之间的跃迁[π(金属)$\rightarrow\pi^*$(配体)]。

如配合物$[Fe(phen)_3]^{2+}$显很深的红色,就是因为发生了 $M \rightarrow L$ 的电荷迁移过程,d 电子由 Fe^{2+}部分地转移到 phen 配体的共轭 π^* 分子轨道之中。

(3) 金属到金属的荷移($M \rightarrow M'$)

这种光谱出现在一种金属离子以不同价态同时存在于一个体系的情况中,这时在不同价态之间常发生电荷的迁移,故其光谱也常称为混合价光谱。

例如,在深蓝色的普鲁士蓝 $KFe^{III}[Fe^{II}(CN)_6]$中就发生了 $Fe^{II} \rightarrow Fe^{III}$ 的电荷迁移过程。在钼蓝中存在 $Mo^{IV} \rightarrow Mo^{V}$ 的电荷迁移过程。又如,在一种叫“黑金”的化合物$[Cs_2Au^{I}Au^{III}Cl_6]$中存在$[Au^{I}Cl_2]^- \rightarrow [Au^{III}Cl_4]^-$的电荷迁移过程。

假如混合价分子中同种元素的两种价态的原子分别用 A 和 B 来表示,其氧化态各为+2 和+3。当这种分子的基态 A(Ⅱ)B(Ⅲ)和激发态 A(Ⅲ)B(Ⅱ)的能量相差不大时,在 A 和 B 之间会有少量的电荷迁移,发生两种状态的混合,如果用 α 表示金属离子的价离域程度(可从光谱数据算得),则

$\alpha \approx 0$ 时,两种金属处于不同的环境中,不发生混合,不产生金属到金属的荷移。电子从 A(Ⅱ)B(Ⅲ)到 A(Ⅲ)B(Ⅱ)需较高的能量从而不出现可见光区的光谱,化合物的性质基本上是 A(Ⅱ)和 B(Ⅲ)两种单核体系的叠加,它们大都是绝缘体。典型的例子是尖晶石 Co_3O_4,其中 Co^{2+}以高自旋态处在四面体间隙中,而 Co^{3+}则以低自旋态处在八面体间隙中。

α 不大但不等于 0 时,两种价态的环境相差不大,两种金属之间常有桥联配体存在。如普鲁士蓝,就是 CN^-桥联了 Fe^{II}和 Fe^{III},在低自旋的 Fe^{II}周围有 6 个 C 配位,在高自旋的 Fe^{III}周围有 6 个 N 配位。

α 值很大时,电子有很大的离域作用,不同价的金属已完全混合,其间已分不清差别。可分为单个分子内的离域(如 I_3^-)及整个晶体内的离域(如非化学计量的氧化镍中,Ni^{2+}和 Ni^{3+}所处的环境完全相同)。后者常表现出金属的导电性和强的磁交换性能。

混合价化合物常表现出不同于单核体系的某些性能,如导电性、磁性和光学性质,因而在化学、固体物理学、地质学和生物学领域中起着重要的作用,已引起人们的广泛兴趣。

7.5　过渡元素的磁性

7.5.1　磁矩的计算

1. 纯自旋磁矩

分子中电子绕核的轨道运动和电子绕本身轴的转动都会产生磁效应。电子绕本身轴的转动

产生自旋角动量,从而产生自旋磁矩;电子绕核的轨道运动具有轨道角动量,产生轨道磁矩。当把分子作为一个整体看时,构成分子的各个电子运动的总和可用一个环电流(称为分子电流)来表示,这个环电流具有一定的磁矩,称为分子磁矩。

在多数情况下,分子磁矩主要是由电子自旋产生的。如果物质的原子或分子轨道中,所有的电子都已配对,那么由配对的电子的自旋产生的小磁场两两大小相等、方向相反,磁效应互相抵消,净磁场等于零。若将这种物质放在外磁场中,在其作用下,将产生一个与外磁场方向相反的诱导磁矩而使其受到外磁场的排斥,因此,没有未成对电子的原子、分子或离子都具有抗磁性。如果物质具有未成对电子,则由单电子的自旋产生的小磁场不能被抵消,净磁场不等于零,这种物质在没有外加磁场时,由于热运动,分子的固有磁矩处于无序状态,指向各个方向的概率相同,因而平均磁矩为零。当将具有未成对电子的物质置于外磁场中时,一方面将产生一个与外磁场方向相反的诱导磁矩,另一方面它的分子磁矩将沿磁场方向取向。由于分子磁矩比诱导磁矩要大得多,总的结果是产生了一个与外磁场方向一致的磁矩,因而受到外磁场的吸引。因此,具有未成对电子的物质都具有顺磁性。

对于过渡金属离子,纯自旋磁矩可根据总自旋量子数进行计算:

$$\mu_{\rm S} = g\sqrt{S(S+1)}\ \text{B.M.}$$

式中 g 为 Lande 因子,对于自由电子,g 通常取 2.0023;S 为总自旋量子数,$S=\sum m_{\rm S}=n/2$(n 为未成对电子数)。故纯自旋磁矩公式也可以写为

$$\mu_{\rm S} = \sqrt{n(n+2)}\ \text{B.M.}$$

此式表明,在忽略轨道运动对磁矩的贡献的情况下,根据测定的磁矩可以计算出某种离子的未成对电子数 n。

不过,按这个公式算出来的磁矩,在少数情况下与实验值不一致,这是忽略了未成对电子的轨道运动对磁矩的贡献之故。

2. 轨道磁性对磁矩的贡献

未成对电子绕核的轨道运动产生轨道角动量,对分子会产生轨道的磁矩贡献,此时磁矩由以下公式计算:

$$\mu_{\rm S+L} = \sqrt{4S(S+1)+L(L+1)}\ \text{B.M.}$$

式中 L 为总轨道角动量量子数。

按照这个公式计算出来的磁矩在大多数情况下也与实验值不一致。这表明在多数情况下,轨道角动量对分子磁矩的贡献很小或没有贡献。

研究表明,轨道角动量对分子磁矩是否有贡献,取决于外磁场改变时电子能否自旋平行地在不同轨道之间再分配。这种分配必须在对称性相同、形状相同的轨道之间进行。

在 $O_{\rm h}$ 及 $T_{\rm d}$ 场中,d 轨道能级分裂成两组,即 $\rm t_{2g}(t_2)$(包括 $\rm d_{\it xy}$、$\rm d_{\it xz}$、$\rm d_{\it yz}$)和 $\rm e_g(e)$(包括 $\rm d_{\it z^2}$、$\rm d_{\it x^2-y^2}$)。由于 $\rm t_{2g}(t_2)$ 和 $\rm e_g(e)$ 两组轨道的空间形状不同,因而外磁场改变时电子不能在 $\rm t_{2g}(t_2)$ 和 $\rm e_g(e)$ 两组轨道之间再分配。对于 $\rm e_g(e)$ 能级所包含的 $\rm d_{\it z^2}$、$\rm d_{\it x^2-y^2}$ 两条简并轨道,由于其形状不相同,对磁矩也不作贡献。但是,对 $\rm t_{2g}(t_2)$ 能级所包含的 $\rm d_{\it xy}$、$\rm d_{\it xz}$、$\rm d_{\it yz}$,由于轨道的对称性和形状均相同,当磁场改变时,电子能自旋平行地在这些轨道中进行再分配,所以它们能对磁矩作出贡献。如 $\rm t_{2g}^4$ 组态的离子,由于对处于某自旋方向的那个单电子来说还有两条对称性和形状都完全相同

的空轨道,所以能对轨道角动量作出贡献。同样,t_{2g}^1、t_{2g}^2、t_{2g}^5组态的离子都会产生轨道磁矩。但当三条轨道各有一个和两个电子时,由于轨道已被占据,电子不能进行自旋平行再分配,轨道磁矩被"冻结"。所以半满和全满的 t_{2g}^3、t_{2g}^6不能对磁矩产生贡献。

进一步的研究发现,所有 t_{2g}^1、t_{2g}^2、t_{2g}^4、t_{2g}^5能对磁矩产生贡献的电子组态都具有 T 基谱项,而其他不能对磁矩产生贡献的电子组态的基谱项均不为 T(或 A、E),所以可以得出结论,具有 T 基谱项的电子组态的轨道运动可以对磁矩产生贡献。

7.5.2 自旋-轨道耦合对磁性的影响

研究还发现,在一些应当没有轨道磁矩贡献的物质中,如 d^8、d^9电子组态的分子,它们的基谱项分别为$^3A_{2g}$、^2E_g,其分子磁矩应等于由纯自旋产生的磁矩。然而实际上,具有这两种电子组态的分子所产生的磁矩却比由纯自旋磁矩公式算出的值要大。再如 d^4高自旋电子组态的分子,基谱项为^5E_g,也应没有轨道磁矩的贡献,但具有这种电子组态的分子的磁矩却比纯自旋磁矩小。这是由于自旋和轨道的相互作用,即产生了自旋-轨道耦合使得一定量的激发态 T 谱项混到了基谱项之中,从而产生了轨道磁矩贡献。

一般地,对于第一过渡系列的金属离子,这种耦合作用较小,可以忽略。但对其他过渡系列、镧系和锕系的金属离子,这种耦合作用较大,必须加以考虑。

自由金属离子的自旋-轨道耦合作用可用单电子的自旋-轨道耦合常数ζ_{nd}或多电子的自旋-轨道耦合常数 λ 来表示。ζ_{nd}与 λ 间的关系为

$$\lambda = \pm \zeta_{nd}/n$$

式中 n 为未成对电子数。当 d 电子数小于 5 时 λ 取正;大于 5 时 λ 取负;等于 5 时 λ 等于 0。

对基谱项为 A 或 E 对称性的配合物,情况比较简单,由自旋-轨道耦合作用引起磁矩的变化可由下式计算:

$$\mu_{eff} = (1 - \alpha\lambda/\Delta)\mu_s$$

其中基谱项为 A_2时,$\alpha=4$,为 A_1时,$\alpha=0$,为 E 时,$\alpha=2$。

基谱项为 T 的离子也会产生自旋-轨道耦合作用,这时情况变得复杂起来,因为,一方面,自旋-轨道耦合使基态谱项产生分裂,另一方面,这种作用还强烈地与温度有关。

7.6 配合物的反应

配合物的反应十分广泛,有取代反应、电子转移反应、分子重排反应和配体上的反应等,下面仅讨论配体取代反应和涉及电子转移的氧化还原反应。

7.6.1 配体取代反应

1. 取代反应的机理

如果取代反应发生在配体之间,这种取代反应称为亲核取代反应:

$$ML_n + Y \longrightarrow ML_{n-1}Y + L$$

其中 Y 为进入配体，L 为离去配体。

如果取代反应发生在金属离子之间，则这种取代反应称为亲电取代反应：

$$ML_n + M' \longrightarrow M'L_n + M$$

一般地，在配合物的取代反应中，较为常见的是亲核取代反应。

(1) 单分子亲核取代机理

单分子亲核取代机理（S_N1）也称为解离（dissociation）机理，或 D 机理。

水溶液中的水合金属离子的配位水被 $S_2O_3^{2-}$、SO_4^{2-}、$edta^{4-}$ 等配体取代的反应，均属于这一类反应。

$$ML_n \longrightarrow ML_{n-1} + L \qquad (慢)$$

$$ML_{n-1} + Y \longrightarrow ML_{n-1}Y \qquad (快)$$

解离机理的特点：首先是旧键断裂，腾出配位空位，然后 Y 占据空位，形成新键。

其中，决定速率的步骤是解离，即 M—L 键的断裂，总反应速率只取决于 ML_n 的浓度，与配体 Y 的浓度无关，因此，此类反应为一级反应，$v = k[ML_n]$，其中，k 为反应的速率常数。

也可以用试样反应完一半所用的时间来衡量反应的速率，这个时间记为 $t_{1/2}$，称为半衰期。

对单分子取代反应的一级反应而言，其速率方程为 $-dX/dt = kX$，$-dX/X = kdt$。反应时间由 0 到 t 及 X 由 X_0 到 X 积分：

$$\int_{X_0}^{X} \frac{dX}{X} = -k\int_{0}^{t} dt$$

$$\ln X - \ln X_0 = -kt。$$

通过变换得　$\ln(X_0/X) = kt$，　$\lg(X_0/X) = kt/2.303$

当试样反应一半时，$X = X_0/2$，$t = t_{1/2}$，于是

$$\begin{aligned} t_{1/2} &= 2.303\lg[X_0/(X_0/2)]/k \\ &= 2.303 \times 0.3010/k \\ &= 0.693/k \end{aligned}$$

例如，已知 $[Cu(H_2O)_6]^{2+}$ 的水交换反应的速率常数为 $8\times 19^9\ s^{-1}$，由此可算出 $[Cu(H_2O)_6]^{2+}$ 的交换反应的半衰期：

$$t_{1/2}([Cu(H_2O)_6]^{2+}) = 0.693/(8 \times 10^9 s^{-1}) = 9 \times 10^{-11}\ s$$

这个时间如此短暂，光在此期间只能传播 $9\times 10^{-11} s \times 3\times 10^{10}\ cm \cdot s^{-1} = 2.7\ cm$。

但对 $[Cr(H_2O)_6]^{2+}$ 而言，$k = 1\times 10^{-7}\ s^{-1}$，由此算出 $[Cr(H_2O)_6]^{2+}$ 的交换反应的半衰期：

$$t_{1/2}([Cr(H_2O)_6]^{2+}) = 0.693/(1 \times 10^{-7}\ s^{-1}) = 6.93 \times 10^6\ s = 80.21\ 天$$

这个时间却是如此漫长。

可见，在研究配合反应时，配合物的动力学性质的差异是非常值得重视的问题。

(2) 双分子亲核取代机理

双分子亲核取代机理(S_N2)亦叫缔合(association)机理,或A机理。反应分两步进行:

$$ML_n + Y \longrightarrow ML_nY \qquad (慢)$$
$$ML_nY \longrightarrow ML_{n-1}Y + L \qquad (快)$$

缔合机理的特点:首先Y进攻反应物,生成较高配位数的中间配合物,然后L基团迅速离去,形成产物。决定反应速率的步骤是配位数增加的活化配合物的形成,因此双分子亲核取代反应的速率既取决于ML_n的浓度,也与Y的浓度相关,这是一个二级反应。

$$v = k[ML_n][Y]$$

某些二价铂配合物在有机溶剂中的取代反应可作为缔合机理的例子。

应当指出,实际反应进行时,通常并非仅按上述两种极端情况发生,在大多数的取代反应中,进入配体的结合与离去配体的解离几乎是同时进行的,因此在现代的文献中又提出了第三种机理——交换机理。

(3) 交换机理

D机理的特点是旧键断裂和新键生成,A机理的特点是新键生成和旧键断裂,实际上是不能分得这么开的。反应过程很可能是Y接近配合物的同时L逐渐离去,进入配体的结合与离去配体的解离几乎是同时进行且相互影响的,所以大部分取代反应都可归结为交换(interchange)机理或I机理。

交换机理又可分为两种情况:

一种是进入配体的键合稍优于离去配体的键的减弱,反应机理倾向于缔合机理,这时称为交换缔合机理(I_a)。

另一种是离去配体的键的减弱稍优于进入配体的键合,反应机理倾向于解离机理,这时称为交换解离机理(I_d)。

大多数取代反应都可归于I_a机理或I_d机理。

(4) 受扩散控制的反应

配合物ML_n和进入配体Y发生碰撞并一起扩散进入由溶剂分子构成的"笼"内,形成相互间作用力较弱的外层配合物ML_n---Y(点线表示Y还未进入ML_n的内配位层),如果这一步是整个反应中最慢的一步,那么这种反应就叫做受扩散控制的反应。

2. 过渡态理论

过渡态理论认为在通常的化学反应过程中,当反应物变为产物时必须吸收一定的能量形成一个不稳定的能量较高的称为过渡态或活化配合物的物种,再由活化配合物生成产物。活化配合物和反应物之间的能量差就是反应的活化能。

具有I机理的取代反应,反应物分子被活化达到能量变化曲线的最高点形成活化配合物,这时分子中的各种键发生伸长或缩短,以利于反应物转变为产物。

具有A机理或D机理的取代反应的能量变化曲线出现两个过渡态和一个能量高于反应物和产物的中间体。其中,A机理的第一个能量高的过渡态是缔合的活化模式,这时反应物分子多了一个新键,生成了一个配位数增加的中间体,接着经过第二个过渡态生成产物,但此时需要的活化能却小得多。D 机理的取代反应能量变化与 A 机理的相类似,只不过 D 机理的第一个过渡态是解离的活化模式,这时反应物分子发生键的断裂,生成配位数减小的中间体,其后的变化也只需要较小的活化能。

要进一步区分是解离机理还是缔合机理,可通过热力学函数进行判断。

反应物变成为过渡态时,其吉布斯自由能变称为活化吉布斯自由能变,记为 $\Delta G^{\neq}$。

$$\Delta G^{\neq} = -RT\ln K^{\neq} = \Delta H^{\neq} - T\Delta S^{\neq}$$

式中 $K^{\neq}$、$\Delta H^{\neq}$、$\Delta S^{\neq}$ 分别叫做活化平衡常数、活化焓变和活化熵变。

按照过渡态理论可以导出反应物通过活化能垒的速率常数方程:

$$\ln k = \ln(k_B T/h) - (\Delta H^{\neq}/RT) + (\Delta S^{\neq}/R)$$

式中 h 为 Planck 常量,k 为速率常数,k_B 为 Boltzmann 常数。

根据 D 机理,由 $ML_n \longrightarrow ML_{n-1} + L$ 可判断要断裂键,必然要消耗大量能量,因而 $\Delta H^{\neq}$ 是一个较大正值,反应中物种数增大,$\Delta S^{\neq}$ 也是一个较大正值。

根据 A 机理,由 $ML_n + Y \longrightarrow ML_nY$ 可判断形成了新键,一般要放出能量,因而总反应 $\Delta H^{\neq}$ 表现为一个较小的正值,反应中物种数减小,$\Delta S^{\neq}$ 为负值。

也可以根据形成过渡态时体积的变化 $\Delta V^{\neq}$ 进行判断,D 机理 $\Delta V^{\neq} > 0$,A 机理 $\Delta V^{\neq} < 0$。

3. 配合物的活性与惰性

配离子发生配体交换反应的能力,是用动力学稳定性的概念来描述的。配体交换反应进行得很快的配合物称为活性配合物,而那些交换反应进行得很慢或实际上观察不到交换的配合物则称为惰性配合物。但事实上,在这两类配合物之间并不存在明显的界限。

Taube 建议,在室温下,0.1 $mol \cdot L^{-1}$ 溶液中 1 min 内能反应完全的配合物,叫活性配合物,多于 1 min 的则是惰性配合物。

应该注意的是,动力学上的活性或惰性与热力学上的稳定性或不稳定性是两个不同范畴的概念,必须严格区分开来。配合物的热力学稳定性或不稳定性取决于反应物和产物的能量差,而配合物的动力学活性或惰性则取决于反应物与活化配合物之间的能量差。

从 $[Co(NH_3)_6]^{3+}$ 和 $[Ni(CN)_4]^{2-}$ 的例子可以看到,配合物的热力学稳定性或不稳定性与动力学活性或惰性之间的差别:

$[Co(NH_3)_6]^{3+}$ 在室温时可以在酸性水溶液中存在数日无变化,说明 H_2O 取代 NH_3 的反应在动力学上是惰性的,但是它在热力学上却是极不稳定的:

$$[Co(NH_3)_6]^{3+} + 6H_2O = [Co(H_2O)_6]^{3+} + 6NH_3 \qquad K^{\ominus} = 10^{25}$$

相反,$[Ni(CN)_4]^{2-}$ 在动力学上是活性的,其配体交换速率极其迅速,甚至无法用一般的实验技术来测定,但研究表明,$[Ni(CN)_4]^{2-}$ 配离子在热力学上却是十分稳定的:

$$[Ni(CN)_4]^{2-} + 4H_2O \rightleftharpoons [Ni(H_2O)_4]^{2+} + 4CN^- \qquad K^{\ominus} = 10^{-22}$$

迄今为止,对于配合物动力学稳定性的差异还没有完全定量的理论,但有一些经验的理论解释:

(1) 简单静电理论

该理论认为,取代反应的主要影响因素是中心离子和进入配体及离去配体的电荷和半径的大小。

对解离机理的反应,中心离子或离去配体的半径越小,电荷越高,则金属-配体键越牢固,不容易断裂,意味着配合物的惰性越大。

对缔合机理的反应,进入配体的半径越小,负电荷越大,越有利于缔合机理的反应,意味着配合物的活性越大。中心离子半径增加使得缔合机理反应易于进行,但中心离子的电荷增加有着相反的影响:一方面使 M—L 键不容易断裂,另一方面又使 M—Y 键更易形成,究竟怎样影响要看两因素的相对大小。

(2) 电子排布理论

该理论认为,过渡金属配合物的反应活性或惰性与金属离子的 d 电子构型有关。

一般地,含有空$(n-1)$d 轨道的配合物是活性的。这是因为,如果配合物中至少含有一条空$(n-1)$d 轨道,那么一个进来的配体(即取代配体)就可以从空轨道的波瓣所对应的方向以较小的静电排斥去接近配合物,并进而发生取代反应。这样的配合物显然是比较活性的。当中心金属没有空$(n-1)$d 轨道时(每条轨道中至少有一个电子),进入配体的孤电子对要么必须填入 nd 轨道,要么$(n-1)$d 轨道上的电子必须被激发到更高能级轨道以便腾出一条空$(n-1)$d 轨道,而这两种情况都需要较高的活化能,这样的配合物显然是惰性的。

(3) 内、外轨理论

该理论认为,外轨型配合物因中心离子和配体之间的键较弱,易于断裂,配体必然易被取代;对于内轨型的配合物,如果中心离子有一条空 t_{2g}轨道(即 d 电子数少于 3),进入配体若是沿此方向进入,则受到的静电排斥就较小,因而易形成新键,故配体也易于被取代。

因此,在八面体配合物中,中心离子如果含有一个或更多的 e_g电子,或者 d 电子数少于 3,则这些配合物都是活性配合物,中心离子不具备这些电子构型的配合物则是惰性配合物。

例如,内轨型配合物$[V(NH_3)_6]^{3+}$(中心离子的电子构型为 $t_{2g}^2e_g^0$,使用d^2sp^3杂化)是活性的,因为它有一条空 t_{2g}轨道(e_g轨道填有来自配体的电子)。而内轨型配合物$[Co(NH_3)_6]^{3+}$(中心离子的电子构型为 $t_{2g}^6e_g^0$,使用 d^2sp^3杂化)是惰性的,因为它没有空 t_{2g}轨道(同样,e_g轨道填有来自配体的电子)。

由此可以推断,具有 d^1、d^2、d^7、d^8、d^9、d^{10}电子组态,外轨型高自旋的 d^4、d^5、d^6电子组态的八面体配合物都是活性配合物;具有 d^3及低自旋的 d^4、d^5、d^6电子组态的内轨型八面体配合物都是惰性配合物。

(4) 配位场理论解释

如果取代反应中的活化配合物中间体的几何构型是已知的,则可以用配位场理论去预测过渡金属配合物的活性和惰性。

从起始的反应配合物到活化配合物的过程中的配位场稳定化能的变化可看成对反应活化能的贡献。

在八面体配合物中,如果反应按解离机理进行,决定反应速率的步骤是八面体配合物解离出一个配体变成一个五配位的四方锥或三角双锥中间体。如果反应按缔合机理进行,则决定反应速率的步骤是八面体配合物同进入配体结合成一个七配位的五角双锥中间体。

按这两种假定所得到的某电子构型的配合物的配位场效应对反应活化能的贡献是

$$\mathrm{CFSE}_{活化配合物(中间体)} - \mathrm{CFSE}_{八面体} = \mathrm{CFAE}$$

CFAE 称为晶体场活化能。

如果 CFAE 是一个正值，说明配合物构型变化时损失了 CFSE，故需要较大的活化能，取代反应不易进行。相反，如果 CFAE 是一个负值或等于 0，说明获得了额外的 CFSE 或无 CFSE 的损失，故反应进行得比较快，相应的配合物是活性的。

如具有 d^3、d^8 电子组态的配合物，按解离机理进行取代时（中间体为四方锥），CFAE = 2.00 Dq（12 Dq→10 Dq），而按缔合机理进行时（中间体为五角双锥），CFAE = 4.26 Dq（12 Dq→7.74 Dq），故这些电子组态的取代反应不管是什么机理都较慢，相应的配合物都是惰性的（而内、外轨理论认为 d^8 电子组态是活性的）。

相反，d^0、d^5（高自旋）、d^{10} 电子组态的配合物，无论是什么机理，其 CFAE = 0；而 d^1、d^2 电子组态的配合物，其 CFAE 为负值，它们一般是活性的。此外，具有 d^4 和 d^9 电子组态的离子，除了 CFSE 的贡献之外，Jahn-Teller 效应使配合物多发生畸变，其中一些键增长并削弱，从而加快了取代反应的进行。

7.6.2　八面体配合物的配体取代反应

1. 水交换反应

水合金属离子的配位水分子和溶剂水分子相互交换的反应称为水交换反应。

$$[M(H_2O)_6]^{n+} + H_2O^* \longrightarrow [M(H_2O)_5(H_2O^*)]^{n+} + H_2O$$

式中 H_2O^* 表示溶剂水分子。水交换反应可以按解离机理或缔合机理进行。

（1）解离机理

$$[M(H_2O)_6]^{n+} \longrightarrow [M(H_2O)_5]^{n+}(四方锥) + H_2O \qquad (慢)$$

$$[M(H_2O)_5]^{n+} + H_2O^* \longrightarrow [M(H_2O)_5(H_2O^*)]^{n+} \qquad (快)$$

此反应为一级反应，其特征是 $\Delta H^{\neq}$、$\Delta S^{\neq}$、$\Delta V^{\neq}$ 都有较大的值。一般发生在中心离子半径小（半径小不利于形成配位数增加的过渡态）、电荷低的情况，此时断裂 $M—OH_2$ 键是反应的关键。

（2）缔合机理

$$[M(H_2O)_6]^{n+} + H_2O^* \longrightarrow [M(H_2O)_6(H_2O^*)]^{n+}(五角双锥) \qquad (慢)$$

$$[M(H_2O)_6(H_2O^*)]^{n+} \longrightarrow [M(H_2O)_5(H_2O^*)]^{n+} + H_2O \qquad (快)$$

此反应也是一级反应（水大量，可看作常数，合并到 k 中），其特征是 $\Delta H^{\neq}$ 为较小正值、$\Delta S^{\neq}<0$、$\Delta V^{\neq}<0$。一般发生在中心离子半径大（半径大有利于形成配位数增加的过渡态）、电荷高的情况，此时生成 $M \leftarrow {}^*OH_2$ 键是反应的关键。

在水交换反应中，由于水合金属离子的配体都是水分子，这就为讨论不同金属离子对取代反应速率的影响提供了方便。

对于碱金属和碱土金属离子，在同一族元素中，随着离子半径的递增，水交换反应速率依次增大，而对于离子半径大小类似的 M^+ 和 M^{2+}，则电荷低的 M^+ 反应快。显然，这是水合金属离子的 $M—OH_2$ 键强随着离子电荷的增加和半径的减小而增加的缘故。键越强，反应越慢。这意味着在水交换反应中,断裂原来的 $M—OH_2$ 键是反应的关键所在,也就是说,反应机理应当是解离机理。此外,其他系列的金属离子如 Al^{3+}、Ga^{3+}、In^{3+} 和 Zn^{2+}、Hg^{2+} 等也遵从上述规律。

对于过渡金属离子,除半径和电荷对反应速率的影响之外,d 电子结构也会产生很大的影响。这主要是从反应物的八面体转变到活性中间体的四方锥或五角双锥时,d 电子的能量发生变化,从而导致晶体场稳定化能发生变化之故。在活性配合物中,CFAE 为负值或 0,反应速率较大;相反,在惰性配合物中,CFAE 为正值,反应缓慢。

2. 水解反应

水解反应包括酸式水解和碱式水解,究竟以哪种形式进行,仅取决于水溶液的 pH。

(1) 酸式水解

当 $pH<3$,$[Co(NH_3)_5X]^{2+}$ 的酸式水解反应可表示为

$$[Co(NH_3)_5X]^{2+} + H_2O \rightleftharpoons [Co(NH_3)_5(H_2O)]^{3+} + X^-$$

解离机理:

$$[Co(NH_3)_5X]^{2+} \longrightarrow [Co(NH_3)_5]^{3+} + X^- \quad (慢)$$

$$[Co(NH_3)_5]^{3+} + H_2O \longrightarrow [Co(NH_3)_5(H_2O)]^{3+} \quad (快)$$

缔合机理:

$$[Co(NH_3)_5X]^{2+} + H_2O \longrightarrow [Co(NH_3)_5X(H_2O)]^{2+} \quad (慢)$$

$$[Co(NH_3)_5X(H_2O)]^{2+} \longrightarrow [Co(NH_3)_5(H_2O)]^{3+} + X^- \quad (快)$$

二者的反应速率都只和配离子的浓度有关,速率方程有相同的形式,$v=k_{酸}[Co(NH_3)_5X^{2+}]$。因此,对反应机理的确定,必须借助于其他证明。通过研究发现:

① 水解速率与 M—X 键的强度有关,说明活化步骤是 M—X 键的断裂。

② 水解速率随离去配体 X 体积的增大而加快,离去配体 X 的体积增大,空间排斥作用增强,有利于离去配体 X 的解离,这与解离机理吻合。

③ 未取代配体 L(这里是 NH_3)的碱性越大,反应速率越快。此时,由于未取代配体 L 的碱性较强,中心金属离子的电荷密度较大,导致 M—X 键削弱,有利于 X 的解离。

这些现象都表明,酸式水解是按解离机理进行的。

不过,酸式水解反应有时也按酸催化机理进行,此时,呈现二级反应的特征:

首先,H^+ 加合到离去配体 X 上,从而导致 M—X 键的削弱。

然后,X 以 HX 的形式离去,留下的空位被水分子占据。

$$[ML_5X]^{n+} + H^+ \rightleftharpoons [ML_5XH]^{(n+1)+} \quad (快,很快平衡)$$

$$[ML_5XH]^{(n+1)+} + H_2O \rightleftharpoons [ML_5(H_2O)]^{(n+1)+} + HX$$

$$v=k[ML_5X^{n+}][H^+]$$

(2) 碱式水解

在碱性溶液中,配合物的水解反应主要是碱式水解。如 $[Co(NH_3)_5X]^{2+}$ 的碱式水解反应可表示如下:

$$[Co(NH_3)_5X]^{2+} + OH^- \longrightarrow [Co(NH_3)_5(OH)]^{2+} + X^-$$

$$v=k_b[Co(NH_3)_5X^{2+}][OH^-]$$

表面看来,这一反应好像是 OH^- 直接取代配位层中的 X^-,但研究结果表明,实际情况并非如此简单。

现在认为,$[Co(NH_3)_5X]^{2+}$ 的碱式水解是按共轭碱解离机理或者 D-CB 机理(过去常用 S_N1-CB 机理表示)进行的:

首先,在 OH^- 的作用下,$[Co(NH_3)_5X]^{2+}$ 很快失去质子生成共轭碱 $[(NH_3)_4Co(NH_2)X]^+$。

然后,共轭碱解离出 X^-,形成五配位中间产物 $[(NH_3)_4Co(NH_2)]^{2+}$。

最后,五配位中间产物与 H_2O 迅速反应,生成产物。

其中第二步反应进行得较慢,是反应速率的控制步骤。

由于脱去质子的配合物具有较低的正电荷,NH_2^- 配体可将其电子密度给缺电子的钴原子,所以脱质子作用能使随后生成的五配位中间产物在某种程度上具有稳定化作用。所以 X^- 从脱去质子的配合物中离去比从原来配合物中离去更容易。

7.6.3 平面正方形配合物的配体取代反应

平面正方形配合物的配体取代反应的动力学研究大多是围绕 Pt(Ⅱ)的一些配合物展开的,这主要是因为 Pt(Ⅱ)配合物比较稳定,它的四配位化合物总是采取平面正方形构型,而且其取代反应速率也比较适合实验室的研究。

平面正方形配合物的配位数比八面体配合物的小,配体间的排斥作用和空间位阻效应都较小,取代基由配合物分子平面的上方或下方进攻将无障碍,这些因素都有利于加合配体,使得平面正方形配合物的取代反应一般都按缔合机理进行。

1. 取代机理

假定进入配体从平面的一侧由将要取代的配体的上方接近配合物,当进入配体接近时,原来的某个配体可能下移,因此中间产物应具有三角双锥的构型。

一般地,其取代机理可分为以下两种。

(1) 离去配体被溶剂分子(如 H_2O)所取代(这一步是决定速率的步骤),然后是进入配体 Y 以较快的速率取代配位溶剂分子。

$ML_3X + S \longrightarrow ML_3S + X$ (慢)(按缔合机理进行,溶剂大量,一级反应)

$ML_3S + Y \longrightarrow ML_3Y + S$ (快)

(2) 进入配体 Y 对离去配体的双分子取代反应。

$$ML_3X + Y \xrightarrow{\text{慢}} ML_3XY \xrightarrow{\text{快}} ML_3Y + X \quad (\text{缔合机理})$$

$$v = k_S[\text{原配合物}] + k_Y[\text{原配合物}][Y]$$

上式表明,取代反应包括两种不同的过程:

一种是由速率方程中第一项所描述的溶剂化过程:首先是溶剂分子 S 进入配合物,形成五配位的三角双锥过渡态中间产物(缔合机理),这是决定反应速率的步骤,而溶剂分子又是大量的,故 k_S 为一级反应速率常数,其后失去 X,进入配体 Y 再取代溶剂分子。

另一种是由速率方程中第二项所表示的直接的双分子取代过程:进入配体 Y 先与配合物 ML_3X 形成五配位的三角双锥过渡态中间产物 ML_3XY,再失去 X 生成产物,反应按缔合机理进行。

一般地,平面正方形配合物的取代反应同时包含上述两种过程,只不过两种过程中有时以某一种为主。

对于配位能力很差的溶剂如苯,观察到的速率公式完全不包括任何 k_S项。在这些溶剂中,全部取代反应的速率依赖于 Y 对配合物的进攻。对于配位能力较强的溶剂,速率方程则为 k_S项所控制,k_S值随溶剂的配位能力的增强而增加。

2. 影响平面正方形配合物取代反应的因素

(1) 进入配体的影响

如果进入配体比离去配体与金属原子更易形成较强的键,那么决定速率的步骤是金属与进入配体之间的成键作用。在这种情况下,反应速率是进入配体的本质的敏感函数,基本上与离去配体的本质无关。

可以用配体的亲核反应活性常数 $n^0_{金属}$ 来量度。$n^0_{金属}$ 反映进入配体的亲核性的大小,$n^0_{金属}$ 越大,取代反应的速率越快。

以 Cl^-取代 *trans*-$[PtA_2ClY]$中的 Y 的反应为例,已知有如下的配体亲核性顺序:

$$OR^- < F^- < Cl^- \approx py \approx NO_2^- < N_3^- < Br^- < I^- < SO_3^{2-} < SCN^- < CN^-$$

其他碱的亲核性顺序是

$$胺 \ll 胺 < 胂 < 膦, \quad 氧 < 硫$$

(2) 离去配体的影响

倘若中心金属与离去配体比与进入配体能形成较强的键,则反应速率是离去配体本质的敏感函数。以反应$[Pt(dien)X]^+ + py \longrightarrow [Pt(dien)py]^{2+} + X^-$为例,取代反应的反应速率随 X 的变化有如下顺序:

$$NO_3^- > H_2O > Cl^- > Br^- > I^- > N_3^- > SCN^- > NO_2^- > CN^-$$

不过,同进入配体相比,离去配体对取代反应速率的影响一般都比较小。

(3) 配体的反位效应

反位效应表示一个配体对其反位上的基团的取代(或交换)速率的影响。

配体可以按照它使反位离去基团活化(对取代反应敏感)的能力排序。一些常见配体的反位效应顺序为

$$H_2O < OH^- < F^- \approx RNH_2 \approx NH_3 < py < Cl^- < Br^- < SCN^- \approx I^- \approx NO_2^-$$
$$\approx C_6H_5^- < SC(NH_2)_2 \approx CH_3^- < NO \approx H^- \approx PR_3 < C_2H_4 \approx CN^- \approx CO$$

反位效应在指导合成预定几何构型配合物时具有很大作用,只要简单改变反应物的引入顺序就可得到不同的异构体。

如以 $K_2[PtCl_4]$与 NH_3反应,由于 Cl^-比 NH_3具有更强烈的反位定向能力,所以彼此成反位的 Cl^-应比与 NH_3分子呈反位的 Cl^-更不稳定,因此,第二个 NH_3分子将取代不稳定的互成反位的 Cl^-中的一个,结果是生成*cis*-$[Pt(NH_3)_2Cl_2]$,即顺铂。

而 *trans*-$[Pt(NH_3)_2Cl_2]$可以用$[Pt(NH_3)_4]^{2+}$与两个 Cl^-的反应来制备。第一步生成$[Pt(NH_3)_3Cl]^+$,其中有两个 NH_3分子互成反位,一个 NH_3分子与 Cl^-成反位。由于反位效应是

NH_3<Cl^-,故与Cl^-成反位的NH_3分子将被Cl^-活化,并在第二步中被取代。

目前已提出多种理论来解释反位效应,如极化理论和π键理论。

极化理论认为,在一个完全对称的平面正方形配合物MX_4中,金属和每个配体的极化作用都相同且彼此抵消,金属离子并不产生偶极,但是当配合物中存在一个可极化性(或变形性)较强的配体L(如I^-)时,中心金属离子的正电荷就使配体L产生一个诱导偶极,反过来它又诱导金属离子产生偶极,结果,对反位上的配体X将产生排斥作用,削弱M—X键,导致取代速率加快。

极化理论成功地解释了反位效应$I^->Br^->Cl^->F^-$等事实,因为这些离子的可极化性越来越小,故反位效应就越来越弱。同样,根据金属离子的大小、极化力和变形性的强弱可以预言同一配体在不同金属离子配合物中的反位效应顺序,如$Pt^{2+}>Pd^{2+}>Ni^{2+}$。Pt(Ⅱ)配合物的反位效应最显著,事实证明确实如此。

π键理论认为,对于平面正方形配合物的取代反应,在形成五配位三角双锥活性中间体时(离去配体、与离去配体成反位的配体及进入配体分别占据赤道平面的三个位置),处于赤道三角平面上具有空的反键π^*轨道的配体L和金属离子形成反馈π键。反馈π键的形成使一部分负电荷从金属离子转移到配体L上,降低了M—X和M—Y方向上的电子密度,有利于进入配体Y的靠近,即有利于三角双锥中间体或缔合过渡态的形成和稳定,从而加快了取代反应的速率。因此,一些强的π成键配体(如CN^-、CO、C_2H_4和PR_3等)的反位效应都很强,出现在反位效应顺序的后端。

应当指出的是,反位效应的顺序也不是绝对的,例外的情况也会发生。而且,配合物配体间的相互影响并不只限于反位效应,也存在着所谓的顺位效应,即相邻(顺位)配体的性质也会影响取代反应的速率。不过,它的作用一般比反位效应弱得多。除此之外,中心离子的电子构型、配合物中惰性配体的空间位阻及进入基团的体积和空间构型等都会影响平面正方形配合物的取代反应。

7.6.4 异构化和外消旋反应

尽管异构化和外消旋反应在机理上与取代反应明显不同,但在反应过程中也涉及解离或缔合步骤,因而也可归入取代反应进行讨论。

7.6.5 电子转移反应

1. 外球机理

按此机理转移电子时,两种配合物的配位界均保持不变,电子须通过两配位界进行传递。

一般地,两种均属于取代惰性的配合物之间的电子转移反应主要按外球机理进行,这时两种配合物进行配体交换的速率较慢,而电子转移的速率较快。

外球机理的基元步骤可能包括:“前身配合物”的生成、“前身配合物”的化学活化与电子传递、弛豫为“后身配合物”、“后身配合物”解离为产物。一般认为,决定反应速率的是第二步,即伴有电子传递的化学活化过程是较慢的步骤。

在失去电子的过程中,M^{Red}—L键的键长要变短,在得到电子的过程中,M^{Ox}—L键的键长要变长。由于原子核运动速率大约要比电子传递速率慢两个数量级,所以在电子传递过程中要调整原子核间距进行原子重排显然来不及,因而M^{Red}—L键和M^{Ox}—L键都将处于一种激发态,这样的激发态将阻碍电子的传递,从而使电子传递速率缓慢,这就说明了为什么第二步是决定整个电子传递反应速率的步骤。可以预料,反应物 Ox 和 Red 的尺寸近乎相等时,其活化能是最小的,电子传递反应的速率最快。

在研究外球机理时还发现,一些含 CN^-、联吡啶或邻二氮菲等 π 配体的配合物,它们的反应速率比含 H_2O、NH_3等单纯 σ 配体的配合物的反应速率要快得多。其原因是,π 配体能够有效地使中心离子的价电子离域到整个配合物,使得氧化剂和还原剂的 π 分子轨道容易重叠,从而降低了电子转移的能垒。

同时还发现,中心离子的电子自旋状态发生变化的电子传递反应的反应速率较慢,这是由于发生电子自旋变化意味着中心离子的对称性发生变化,它要求较大的重排能。例如,$[Co(NH_3)_6]^{2+}$是高自旋的,$[Co(NH_3)_6]^{3+}$是低自旋的,由$[Co(NH_3)_6]^{2+}$氧化为$[Co(NH_3)_6]^{3+}$的反应速率就特别慢,其速率常数的数量级仅为 10^{-9}。

2. 内球机理

按此机理转移电子时,还原剂配合物要先进行配位取代,与氧化剂配合物生成桥联双核过渡态活化配合物,电子再通过配体进行传递。反应过程中伴随键的断裂和形成,金属离子的配位层发生变化。

内球电子转移反应的必要条件是氧化剂配合物是取代惰性的,桥基须具有两对或两对以上的孤电子对。而还原剂配合物则是取代活性的。

内球电子转移反应在溶液中的基元步骤可表述如下:

(1) 首先是通过共用某一配体 X 生成桥联双核前身配合物,X 可用不同的甚至相距很远的配位原子同氧化剂中心离子和还原剂中心离子键合。前身配合物的生成要求还原剂配离子至少应失去一个配体(如水)以便腾出空位同 X 键合。

(2) 由前身配合物的还原剂传递电子到氧化剂之上,并生成后身配合物。

(3) 后身配合物解离得到反应产物。

这类反应一般表现为二级动力学行为:其速率既可能取决于前身配合物的生成,即氧化剂配合物上的配体 X 取代还原剂配合物上的配位水生成桥联双核配合物的过程;也可能取决于步骤中中间体的变形、重排、电子传递或后身配合物的解离。

具有内球机理电子转移反应的一个典型实例:

$$[Co^{III}(NH_3)_5Cl]^{2+} + [Cr^{II}(H_2O)_6]^{2+} + 5H^+ + 5H_2O \longrightarrow [Co^{II}(H_2O)_6]^{2+} + [Cr^{III}(H_2O)_5Cl]^{2+} + 5NH_4^+$$

其中$[Co^{III}(NH_3)_5Cl]^{2+}$是惰性的,而$[Cr^{II}(H_2O)_6]^{2+}$是活性的,可以发生$[Co^{III}(NH_3)_5Cl]^{2+}$对$[Cr^{II}(H_2O)_6]^{2+}$中水的取代,并通过 Cl^- 与 Cr^{2+}配位,形成双核过渡态$[(NH_3)_5Co^{III}ClCr^{II}(H_2O)_5]^{4+}$,然后电子通过桥联 Cl 配体发生转移。

综上所述,对那些取代反应为惰性、不存在成桥配体且具有较低重排能的配合物,电子转移反应通常按外球机理进行;相反,含有成桥配体、取代反应是活性的配合物则主要按内球机理进行。

3. 双电子转移反应

双电子转移反应比较少见,$[Pt(en)_2]^{2+}$催化 *trans*-$[Pt(en)_2Cl_2]^{2+}$中的 Cl^- 和游离 $^*Cl^-$ 的交

换反应可以作为双电子转移反应的例子。$[Pt(en)_2]^{2+}$首先和$^*Cl^-$迅速反应生成一个五配位化合物$[Pt(en)_2{}^*Cl]^+$,然后按内球机理再和 *trans*-$[Pt(en)_2Cl_2]^{2+}$形成桥式配合物,Pt(Ⅱ)通过桥联 Cl 配体将两个电子转移给 Pt(Ⅳ)。

在该过程中,氧化剂和还原剂的氧化态都改变了相同的数值,这样的反应叫做补偿反应。

如果氧化剂和还原剂的氧化态变化不是等量的,则叫做非补偿反应。例如:

$$2Fe^{II} + Tl^{III} \longrightarrow 2Fe^{III} + Tl^{I}$$

反应可能按

$$Tl^{III} + Fe^{II} \longrightarrow Tl^{II} + Fe^{III}$$
$$Tl^{II} + Fe^{II} \longrightarrow Tl^{I} + Fe^{III}$$

机理进行,中间出现了不寻常的 Tl^{II} 物种。

第 8 章　d 区元素(Ⅱ)——元素化学

8.1　d 区元素和过渡元素

d 区元素通常指的就是过渡元素。但最早的过渡元素是指Ⅷ族元素。这是因为过去多使用短式元素周期表,在短式元素周期表中,第四、五、六长周期各占两个横行,Ⅷ族处于由第一个横行向第二个横行的“过渡”的区域。其特点是横向相似,即第四周期的 Fe、Co、Ni 相似,组成了铁系元素;第五周期的 Ru、Rh、Pd,第六周期的 Os、Ir、Pt 两组横向相似,称为铂系元素。

对过渡元素的概念现在有三种不同的理解:

一是所有副族元素,10 个竖行,电子构型为$(n-1)d^{1\sim10}ns^{1\sim2}$(在有的书上,又把这细分成 d 区和 ds 区);

二是除锌分族以外的所有副族元素,9 个竖行,其特点是原子及其重要的氧化态有未充满的 d 亚层,原子的电子构型仍用$(n-1)d^{1\sim10}ns^{1\sim2}$表示;

三是除铜分族和锌分族以外的所有副族元素,8 个竖行,其结构特点是原子有未充满的 d 亚层$(n-1)d^{1\sim9}ns^{1\sim2}$。

对“d 区元素”或“过渡元素”产生三种不同理解的原因是ⅠB Cu 族、ⅡB Zn 族元素有不同于其他副族元素的“独特”性质。其实,ⅢB 族元素也有这种情况。近年来,甚至有人提出不把钪分族和锌分族元素作为 d 区元素,而是作为“桥联族”元素,钪分族桥联 s 区和 d 区,锌分族桥联 d 区和 p 区,它们本身则表现出一定程度的中间过渡特性,前者总是形成不含 d 电子的 M^{3+},而后者总是形成 d^{10}构型的 M^{2+}。

应该说,这些对“过渡”的理解都涵盖着从金属元素到非金属元素的过渡或由 s 区元素到 p 区元素的过渡,各种理解都有各自的道理。第一种理解说明了由金属元素到非金属元素过渡的变化规律,第二种抓住了元素化学性质的共同特征的本质,第三种代表了 d 轨道的电子填充。后一种认识强调了性质的变化。因此,对于“d 区元素”或“过渡元素”的定义,最好不要局限于形式,而是看讨论问题的需要而定。若是从宏观上讨论元素的性质变化规律,为了进行对比,列出的性质中当然应该包括ⅠB、ⅡB 族元素的性质。

为了讨论的方便,可以根据“d 区元素”或“过渡元素”的综合化学性质进行分类:

前过渡元素,ⅣB-ⅦB 族,但涉及第一过渡系时不包括 Mn。位于 d 区的前部,其特征是其高价离子在水溶液中常发生聚合作用。

Mn 到 Cu,后过渡元素,第一过渡系的后部,其特点是以水溶液化学和配位化学为其特征。

Ru、Rh、Pd,Os、Ir、Pt,再加上 Ag、Au,称为贵金属元素,其特征也是具有丰富的配位化学。

第一过渡系称为轻过渡元素,第二、三过渡系称为重过渡元素。第一、二、三过渡系总称为主过渡元素;f 区元素称为内过渡元素。

8.2　d 轨道的特征和过渡元素的价电子层结构

d 区元素有许多不同于 s 区、p 区和 f 区元素的特性,如离子多有颜色、多变价、易形成配合物,大多数化合物都具有顺磁性等。这些特性主要归功于 d 轨道参与了成键作用。因此,在某种程度上来说,过渡元素的化学就是 d 轨道的化学。

8.2.1　d 轨道的特征

(1) d 轨道比 s、p 轨道的数目多,成键可能性大。

(2) $(n-1)$d 轨道的能量与 ns、np 轨道的接近,是易参与成键的内层轨道。

据实验测定发现,$(n-1)$d 与 ns 或 np 轨道的能量差比主族元素的 ns 与 np 轨道的能量差小得多。

(3) d 轨道在空间的取向和角度分布:

五条 d 轨道的角度函数按其极大值在空间的分布可分为两组,一组在轴上,包括 d_{z^2}、$d_{x^2-y^2}$;另一组在轴间夹角 45°线上,包括 d_{xy}、d_{xz}、d_{yz}。

d 轨道都有对称中心,是偶函数,具有 g 对称性。

(4) d 电子的概率径向分布函数的峰的数目为$(n-l)$,显然 d 轨道比同层的 s、p 轨道的峰的数目要少,因而钻到原子核附近的概率小,相应的能量较高,故造成了能级交错现象,使 $E_{(n-1)d}>E_{ns}$。

8.2.2　$(n-1)$d 与 ns 轨道能级

按照徐光宪改进的 Slater 公式 $E=-1312.13(Z^*/n^*)^2\ \text{kJ}\cdot\text{mol}^{-1}$可以计算轨道的能级,式中 Z^* 称为有效原子序数,n^* 称为有效量子数,$n-n^*$ 称为量子亏损。主量子数和有效量子数有以下对应关系:

n	1	2	3	4	5	6
n^*	1	2	3	3.7	4.0	4.2

对于基态 K 原子,若其电子排布为 $1s^22s^22p^63s^23p^64s^1$,则对于 $4s^1$电子:

$$\sigma = 6^{(3p)} \times 0.9 + 2^{(3s)} \times 1 + [6^{(2p)} + 2^{(2s)} + 2^{(1s)}] \times 1 = 17.4$$

$$Z^* = Z - \sigma = 19 - 17.4 = 1.6,\quad n = 4,\quad n^* = 3.7$$

故

$$E(\text{K},4s^1) = -1312.13 \times (1.6/3.7)^2\ \text{kJ}\cdot\text{mol}^{-1} = -245.4\ \text{kJ}\cdot\text{mol}^{-1}$$

如果 K 原子的电子排布为 $1s^22s^22p^63s^23p^63d^1$,则对于 $3d^1$电子:

$$\sigma = [6^{(3p)} + 2^{(3s)} + 6^{(2p)} + 2^{(2s)} + 2^{(1s)}] \times 1 = 18$$

$$Z^* = Z - \sigma = 19 - 18 = 1, \quad n = 3, \quad n^* = 3$$

故 $$E(\mathrm{K}, 3d^1) = -1312.13 \times (1/3)^2 \ \mathrm{kJ \cdot mol^{-1}} = -145.8 \ \mathrm{kJ \cdot mol^{-1}}$$

显然，对于 K，$E_{3d} > E_{4s}$，3d 轨道的能量大于 4s 轨道的能量。

而对于 Sc，若其电子排布为 $1s^2 2s^2 2p^6 3s^2 3p^6 3d^1 4s^2$，则对于 4s 电子：

$$\sigma = 1^{(4s)} \times 0.30 + 1^{(3d)} \times 0.93 + 6^{(3p)} \times 0.90 + (2^{(3s)} + 6^{(2p)} + 2^{(2s)} + 2^{(1s)}) \times 1.00 = 18.63$$

$$Z^* = Z - \sigma = 21 - 18.63 = 2.37$$

故 $$E(\mathrm{Sc}, 4s) = -538.4 \ \mathrm{kJ \cdot mol^{-1}}$$

而对于 $3d^1$ 电子：

$$\sigma = (6^{(3p)} + 2^{(3s)} + 6^{(2p)} + 2^{(2s)} + 2^{(1s)}) \times 1 = 18$$

$$Z^* = Z - \sigma = 21 - 18 = 3$$

$$E(\mathrm{Sc}, 3d^1) = -1312.1 \ \mathrm{kJ \cdot mol^{-1}}$$

此时，$E_{3d} < E_{4s}$，3d 轨道的能量低于 4s 轨道的能量。

通过以上计算可见，当 3d 轨道无电子时，4s 轨道的能量小于 3d 轨道的能量；当 3d 轨道有了电子之后，其能量下降，低于 4s 轨道的能量，此时，3d 电子就成了内层电子。这一方面是因为随着 Z 增加，核电荷增加，对 3d 电子来说其有效核电荷增加；另一方面是因为 3d 电子增加了对 4s 电子的屏蔽作用（3d 电子对 4s 电子的屏蔽常数 $\sigma = 0.93$，4s 电子对 4s 电子的屏蔽常数 $\sigma = 0.30$），结果使 4s 电子的钻穿效应减弱，从而使得 $E_{3d} < E_{4s}$。

除此之外，对于第五周期，5s 轨道与 4d 轨道的能量十分接近；对于第六周期，由于 4f 电子的屏蔽作用使得 6s 轨道和 5d 轨道的能量差值又增加。

8.2.3 过渡元素的电子构型

过渡元素中有几种元素价电子层中的电子排布呈现“特殊”性，如 Cr、Mo 的 $(n-1)d$ 提前达到半满构型，成为 $(n-1)d^5 ns^1$ 构型，而同族的 W 却保持 $5d^4 6s^2$ 构型；Cu、Ag、Au 的 $(n-1)d$ 提前达到全满构型，成为 $(n-1)d^{10} ns^1$ 构型；还有 Nb $4d^4 5s^1$、Ru $4d^7 5s^1$、Rh $4d^8 5s^1$、Pd $4d^{10} 5s^0$、Pt $5d^9 6s^1$ 等。这些元素大多提前达到半满或全满构型或接近半满或全满构型。

有人认为，这是由 Hund 规则所决定的。其实不然，因为 Hund 规则即多轨道规则，是指量子数相同或是说组态一样时的电子排布规则，即必须 n、l 相同，电子数相同。而 Cr 的 $3d^4 4s^2$ 和 $3d^5 4s^1$ 是不同组态的排布，不能用 Hund 规则解释。

上述特殊性可以用交换能解释：

元素的电子构型取决于体系的总能量，根据 Hartree-Fock 自洽场方法，体系总能量等于轨道总能量减去电子之间的相互作用能。对于同一种元素，轨道能可认为保持不变，而对于不同的电子组态，其电子之间的相互作用能可分为静电能和交换能两部分。

（1）静电能 $E_{静电}(C_n^2 J)$

带负电荷的电子之间的库仑排斥力近似地同电子的对数成正比，J 为比例常数，$C_n^2 = n(n-1)/2! = n(n-1)/2$。

(2) 交换能 $E_{交换}$

1 个电子由一种自旋(如自旋为+1/2)变为自旋相反(自旋为-1/2)时的能量变化叫做交换能,它是 Hund 规则的能量来源。由自旋平行变成自旋相反需要交换能;由自旋相反变为自旋平行释放出交换能,放出的交换能削弱了电子之间的静电排斥作用,使电子的稳定性增加。

交换能的大小大致与自旋平行的电子对的数目成正比,相同自旋的电子对数也由组合公式计算。

具有某种组态的电子之间的交换能可按下式计算:

$$E_{交换} = [n_\alpha(n_\alpha - 1)/2 + n_\beta(n_\beta - 1)/2]K$$

式中 n_α 为自旋等于 α(如+1/2)的电子数,n_β 为自旋等于 β(如-1/2)的电子数,K 为交换能相对值。对于第一过渡系元素,K 值在 $-48 \sim -19\ \mathrm{kJ \cdot mol^{-1}}$。

平均交换能为

$$\overline{E}_{交换} = E_{交换}/(n_\alpha + n_\beta)$$

以 Cr 为例,假定有两种电子排布:$3d^4 4s^2$ 和 $3d^5 4s^1$。

对于 d 电子,$E_{交换}$①$=[4(4-1)/2]K=6K$,$E_{交换}$②$=[5(5-1)/2]K=10K$。

假定 $K=-34\ \mathrm{kJ \cdot mol^{-1}}$($-48 \sim -19\ \mathrm{kJ \cdot mol^{-1}}$的中间值),$\Delta E_{交换}=-136\ \mathrm{kJ \cdot mol^{-1}}$。

已知 3d 能级大约比 4s 能级高 $117\ \mathrm{kJ \cdot mol^{-1}}$,4s 电子进入 3d 需要有激发能 $117\ \mathrm{kJ \cdot mol^{-1}}$,但 4s 电子进入 3d 以后将获得交换能 $136\ \mathrm{kJ \cdot mol^{-1}}$,它补偿了激发 4s 电子所需的能量且还有剩余,因而,$3d^5 4s^1$ 电子排布比 $3s^4 4s^2$ 电子排布稳定,从而提前形成半满的相对稳定构型。

同理,可以说明 Cu 提前达到全满构型的原因。

对于第二过渡系元素,由于 5s 和 4d 的能级更为接近,交换能对电子构型的影响更加显著,因而系列中的绝大多数元素,为了取得更稳定的构型,增加交换能,故减少 5s 电子,增加 4d 电子。

对于第三过渡系元素,由于 4f 电子的屏蔽作用,6s 和 5d 的能量差较大,放出的交换能不能补偿电子激发所需的能量,所以只在 Pt 和 Au 才出现提前达到全满构型的情况。

8.3 第一过渡系元素的化学

8.3.1 单质及化合物的制备

1. 单质的提取

(1) 方法

① 以天然状态存在的单质的物理分离法,如淘金。

② 热分解法,例如:

$$2HgO \xrightarrow{\triangle} 2Hg + O_2$$

$$2Ag_2O \xrightarrow{\triangle} 4Ag + O_2$$

③ 热还原法。

以 C 作还原剂：

$$ZnO + C \longrightarrow Zn + CO$$

以 H_2 作还原剂：

$$WO_3 + 3H_2 \xrightarrow{1473\ K} W + 3H_2O$$

以活泼金属作还原剂：

$$Cr_2O_3 + 2Al \longrightarrow 2Cr + Al_2O_3$$
$$TiCl_4 + 2Mg \longrightarrow Ti + 2MgCl_2$$

④ 电解法。

$$NaCl \xrightarrow{电解} Na + \frac{1}{2}Cl_2$$

（2）还原过程的热力学

应用反应的标准吉布斯自由能变 $\Delta_r G_m^{\ominus}$ 可以判断某一金属从其化合物中还原出来的难易以及如何选择还原剂等问题。

而实际上，各种不同金属氧化物还原的难易可由定量比较它们的标准生成吉布斯自由能来确定。氧化物的标准生成吉布斯自由能越负，则氧化物越稳定，金属就越难被还原。

Ellingham 在 1944 年首先将氧化物的标准生成吉布斯自由能对温度作图（以后又对硫化物、氯化物、氟化物等作类似的图形），用以帮助人们判断哪种氧化物更稳定、比较还原剂的强弱、估计还原反应进行的温度条件、选择还原方法等。这种图现在称为自由能-温度图，或 Ellingham 图（参见《中级无机化学》教材中的介绍）。这种图在冶金学上具有特别重要的意义。

2. 过渡金属简单化合物的制备

以卤化物的制备为例，其制备方法有多种：直接卤化、与卤化氢直接反应、金属氧化物的卤化、还原高氧化态卤化物、卤素交换反应和水合卤化物的脱水等。

其中，使水合卤化物脱水当然可以使用加热的方法，但问题是，许多水合卤化物在加热时易发生水解，例如：

$$3CuCl_2 \cdot 2H_2O \xrightarrow{\triangle} Cu_3O_2Cl_2 + 4HCl + 4H_2O$$
$$LnCl_3 \cdot 6H_2O \xrightarrow{\triangle} LnOCl + 2HCl + 5H_2O$$

要制备无水氯化物需在 HCl 气氛下进行，HCl(g) 的存在可抑制水解作用的发生：

$$CuCl_2 \cdot 2H_2O \xrightarrow{\triangle,\ HCl(g)} CuCl_2 + 2H_2O$$

脱水反应也可用化学方法实现，如水合 $SnCl_2$ 与醋酸酐作用脱水的方法及加入亚硫酰二氯的方法等。

亚硫酰二氯与水反应,生成挥发性产物(SO_2和 HCl),将水合卤化物中的水除去。

$$SOCl_2 + H_2O \xlongequal{\quad} SO_2\uparrow + 2HCl\uparrow$$

8.3.2　第一过渡系元素的氧化态

物质的一些与电荷有关的性质,可以通过物种中的元素的氧化态去认识。

例如,已经知道一类通式为 $M_1M_2(SO_4)_2 \cdot 12H_2O$ 的无机化合物叫做矾,其中 M_1 氧化态为 +1,如 Na^+、K^+、Tl^+、NH_4^+,M_2 氧化态为+3,如 Al^{3+}、Cr^{3+}、Ln^{3+}。

当 M_1 为 K,M_2 为 Al^{3+} 时称为明矾;分别为 K^+、Cr^{3+} 时称为铬钾矾;分别为 NH_4^+、Fe^{3+} 时称为铁铵矾。

矾具有相同的晶体结构,有时还可能成为混晶,尽管这些离子的电子构型完全不同。这说明这些由氧化态相同的离子组成的物质的性质与电子构型无关,它们是独立于电子构型、只同氧化态有关的性质。

一般地,晶体结构、物质的溶解性、离子的水化能,沉淀反应的趋势等性质都只与氧化态相关。既然如此,研究元素的氧化态就有特别的意义。

1. 第一过渡系元素的氧化态

关于第一过渡系元素的氧化态的分布,可以归纳为三条规律:

第一过渡系元素的氧化态呈现两头少、中间多、两头低、中间高的趋势。这是由于过渡系元素中前面元素的 d 电子少,而后面元素的 d 电子虽然多,但有效核电荷从左到右增加使 d 轨道能量降低,电子被原子核束缚较牢,不易参与成键。相反,中间元素的 d 电子较多,有效核电荷不大也不太小,因而其氧化态多。

两端元素几乎无变价,而中间的 Mn 的化合价从-3 到+7,多达 11 种。

假如在元素的氧化态分布表中划两条直线:第一条是从 Sc(+3)到 Mn(+7)的直线,处于这条直线的氧化态都是元素较稳定的最高氧化态,它相当于从 Sc 到 Mn 各元素的价电子数的总和。第二条是从 Mn(+2)到 Zn(+2)的直线,处于这条直线的氧化态是各元素的较稳定的低氧化态,相应于元素的原子失去 4s 电子。

2. 影响第一过渡系元素氧化态的因素

(1) 能量因素

形成高氧化态需要失去所有的价电子,这需要消耗很大的电离能,虽然形成化学键可以获得一定的能量,但一般的化学键键能只有几百千焦每摩尔,因此在考虑一种氧化态的稳定性时首先要考虑形成化学键获得的能量能否补偿电离所需要的能量。

(2) 电中性原理

电中性原理是说每个原子上的形式电荷等于 0 或近似等于 0。

为了减小某个原子上所带的电荷——如 MnO_4^-,其中对于 $Mn^{Ⅶ}$,集中了太多的正电荷,因而很不稳定——可以通过转移电子云密度的途径来实现。只有与能分散这些正电荷的原子结合,$Mn^{Ⅶ}$ 才能稳定存在,O^{2-} 就能满足这个要求:一方面 O^{2-} 能向 $Mn^{Ⅶ}$ 提供 σ 电子,另一方面又能提供 pπ 电子。所以,作为一种双给配体,O^{2-} 能有效中和掉 $Mn^{Ⅶ}$ 原子上的过多正电荷,因而 O^{2-} 能使 $Mn^{Ⅶ}$ 稳定。F^- 也是双给配体,不过,由于氟的电负性比氧的电负性大,控制自身电子的能力比较强，因而在稳定高价离子方面不如氧有效，这就是一些元素的高氧化态化合物大都是含氧化合物的原因。

(3) 成键方式

① 配位原子与中心原子之间以 σ 单键结合，中心原子通常呈普通的中等氧化态，如 $[Cu(NH_3)_6]^{2+}$、$[Fe(H_2O)_6]^{3+}$等。

$$L \xrightarrow{\sigma} M$$

② 配位原子与中心原子之间以多重键结合，且 σ 和 π 方向相同，则中心原子通常呈现高氧化态，如 MnO_4^-、CrO_4^{2-}等。

$$L \underset{\pi}{\overset{\sigma}{\rightrightarrows}} M$$

③ 配位原子与中心原子之间以多重键结合，而 σ 和 π 方向相反，则中心原子通常呈现低氧化态，如 $Ni(CO)_4$、$Fe(CO)_5$等。

$$L \underset{\pi}{\overset{\sigma}{\rightleftarrows}} M$$

8.3.3 第一过渡系元素化学

最高价氧化物呈现氧化性、钒酸盐具有缩合性、M(Ⅲ)氧化态的相对稳定性和高氧化态的物种与 H_2O_2 的显色反应是锰前元素 Sc、Ti、V、Cr 的共同特征。

锰有多变的氧化态，锰与同周期元素的相似性大于与同族元素的相似性。而锰后元素 Fe、Co、Ni 的水平相似性更为明显，所以 Fe、Co、Ni 能合起来称为铁系元素。

锰的多变氧化态可以通过锰的自由能-氧化态图（参见《中级无机化学》教材中的介绍）进行讨论。

对于 Fe，通过 Fe-H_2O 体系的 E-pH 图（见《中级无机化学》教材中的介绍）可以说明介质的酸碱性对 Fe 物种氧化还原性的影响。

对于 Co，配位场的强度可以影响 Co 物种的氧化还原性，另外，Co^{2+}的颜色变化问题也特别令人感兴趣。

Co^{2+}配合物的颜色分为两类：

一是四面体和八面体配合物可呈现不同的颜色，如在水溶液中：

$$\underset{\text{粉红，八面体}}{[Co(H_2O)_6]^{2+}} \underset{H_2O}{\overset{Cl^-}{\rightleftharpoons}} \underset{\text{深蓝，四面体}}{[CoCl_4]^{2-}}$$

这种因结构不同而产生的颜色可用配位场分裂能来解释：

(1) Cl^-的配位场比 H_2O 的配位场弱，因而 Cl^-的分裂能小；

(2) 在四面体场中 d 轨道受配体的排斥作用比在八面体场中要弱，在四面体场中的分裂能要比在八面体场中的分裂能小[$\Delta_t = (4/9)\Delta_o$]。

因此，d 电子在 Cl^- 四面体场中跃迁所需能量较 H_2O 八面体场中的小，吸收白光中的长波长光就可达到跃迁的目的，从而呈现出较深的颜色。

二是相同构型的配合物因配体的场强不同而引起的颜色差异，如实验室使用的变色硅胶。

变色硅胶的颜色变化与温度的关系为

$$\underset{\text{粉红}}{CoCl_2 \cdot 6H_2O} \xrightarrow{323\ K} \underset{\text{粉红}}{CoCl_2 \cdot 4H_2O} \xrightarrow{331\ K} \underset{\text{紫红}}{CoCl_2 \cdot 2H_2O} \xrightarrow{413\ K} \underset{\text{蓝}}{CoCl_2}$$

$CoCl_2 \cdot 6H_2O$、$CoCl_2 \cdot 4H_2O$、$CoCl_2 \cdot 2H_2O$、$CoCl_2$ 均为配位数为 6 的八面体配合物。其中 $CoCl_2 \cdot 6H_2O$、$CoCl_2 \cdot 4H_2O$ 为 $[CoCl_2(H_2O)_4]$ 结构，前者多余的 2 分子 H_2O 填充在晶格的空隙之中。$CoCl_2 \cdot 2H_2O$ 有链状 $[Co(\mu_2\text{-}Cl)_4(H_2O)_2]$ 结构，而在 $CoCl_2$ 中的 Cl^- 被三个 Co^{2+} 共用，每个 Co^{2+} 与 6 个 Cl^- 配位，所以有 $CoCl_{6\times1/3}=CoCl_2$。

上述化合物的颜色可以根据光谱化学序列解释。由于 H_2O 的配位场比 Cl^- 的配位场强，因而配离子中 H_2O 越多，Δ_o 越大。随着 Co 的八面体配离子中配体 Cl^- 的数目增多，上述 4 个配离子的 Δ_o 依次变为 104 $kJ \cdot mol^{-1}$、104 $kJ \cdot mol^{-1}$、96 $kJ \cdot mol^{-1}$、86 $kJ \cdot mol^{-1}$。Δ_o 减小，被吸收的光的波长逐渐向长波长方向移动，因而化合物呈现的颜色向短波长方向移动，即由粉红色逐渐变为蓝色。

这一性质用于制作显影墨水和变色硅胶。稀的 $CoCl_2$ 水溶液在纸张上不显色，加热时脱水显蓝痕。含有 $CoCl_2$ 的干燥硅胶显蓝色，吸收空气中的水分后则变成粉红色。硅胶的颜色变化反映了环境的干湿程度。

有关 Co(Ⅱ) 的水、氨、氰根配离子的稳定性，亦即配位场的强度怎么去影响 Co 物种的氧化还原性的讨论参见本书第三部分中“配合物电对的电极电势”部分内容。

关于 Cu 的价态问题已经知道以下两点：

(1) Cu^{I} 能在固体或配离子中稳定存在，但在水溶液中 Cu^+ 却不如 Cu^{2+} 稳定，Cu^+ 可以歧化为 Cu^{2+} 和 Cu；

(2) Cu^{I} 在气态中稳定，Cu^{II} 在溶液中稳定。

这是什么原因？Cu^{2+} 的电子构型为 d^9，而 Cu^+ 的为 d^{10}，难道全满的结构还不如未充满结构稳定吗？可研究下面的两个循环。

在气态时：

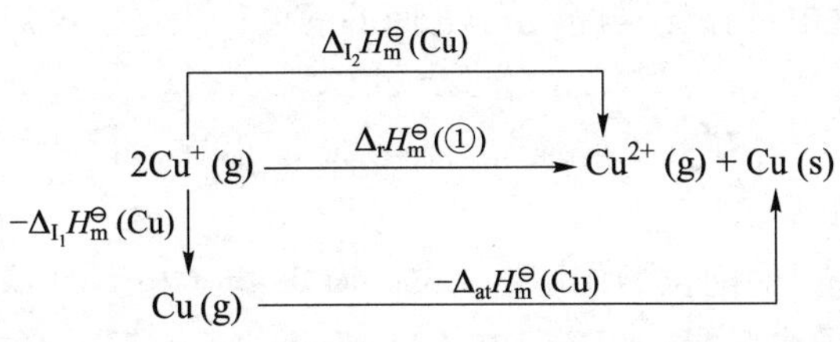

$$\begin{array}{ccc} & \xrightarrow{\Delta_{I_2}H_m^\ominus(Cu)} & \\ 2Cu^+(g) & \xrightarrow{\Delta_r H_m^\ominus(①)} & Cu^{2+}(g)+Cu(s) \\ \downarrow{\scriptstyle -\Delta_{I_1}H_m^\ominus(Cu)} & & \uparrow \\ Cu(g) & \xrightarrow{-\Delta_{at}H_m^\ominus(Cu)} & \end{array} \qquad ①$$

$$\begin{aligned} \Delta_r H_m^\ominus(①) &= (\Delta_{I_2}H_m^\ominus - \Delta_{I_1}H_m^\ominus - \Delta_{at}H_m^\ominus)_{Cu} \\ &= 1957\ kJ \cdot mol^{-1} - 745.6\ kJ \cdot mol^{-1} - 339.3\ kJ \cdot mol^{-1} \\ &= 872.1\ kJ \cdot mol^{-1} \end{aligned}$$

显然，在气态时，Cu^+的歧化趋势极小，造成Cu^+稳定的决定因素是Cu的第二电离能比第一电离能和金属的原子化焓之和大得多。

在水溶液中：

$$\begin{array}{ccc} Cu^+(g) & \xrightarrow{\Delta_{I_2}H_m^\ominus(Cu)} & Cu^{2+}(g) \\ \uparrow -\Delta_{hyd}H_m^\ominus(Cu^+) & & \downarrow \Delta_{hyd}H_m^\ominus(Cu^{2+}) \\ 2Cu^+(aq) & \xrightarrow{\Delta_r H_m^\ominus(②)} & Cu^{2+}(aq) + Cu(s) \\ \downarrow -\Delta_{hyd}H_m^\ominus(Cu^+) & & \uparrow -\Delta_{at}H_m^\ominus(Cu) \\ Cu^+(g) & \xrightarrow{-\Delta_{I_1}H_m^\ominus(Cu)} & Cu(g) \end{array} \qquad ②$$

$$\begin{aligned} \Delta_r H_m^\ominus(②) &= -2\Delta_{hyd}H_m^\ominus(Cu^+) + \Delta_{hyd}H_m^\ominus(Cu^{2+}) + (\Delta_{I_2}H_m^\ominus - \Delta_{I_1}H_m^\ominus - \Delta_{at}H_m^\ominus)_{Cu} \\ &= \Delta_{hyd}H_m^\ominus(Cu^{2+}) - 2\Delta_{hyd}H_m^\ominus(Cu^+) + \Delta_r H_m^\ominus(①) \\ &= -2100\ kJ\cdot mol^{-1} - 2\times(-592.9)\ kJ\cdot mol^{-1} + 872.1\ kJ\cdot mol^{-1} \\ &= -42.1\ kJ\cdot mol^{-1} \end{aligned}$$

表明在水溶液中，Cu^+很容易歧化为Cu^{2+}和Cu。这是由于Cu^{2+}的水合焓很大，它补偿了Cu^+气态歧化标准反应焓变和$Cu^+(aq)$的脱水焓后还有剩余，从而改变了反应自发进行的方向。

Cu^{2+}的水合焓比Cu^+的水合焓大，可从离子的构型去解释。

如果将水合焓分解为三部分：

(1) M^{n+}与H_2O从相距无限远到离子处于球形对称的静电场中的焓变记为$\Delta_r H_m^\ominus$(球)；

(2) 将离子从球形场变为正八面体场的焓变记为$\Delta_r H_m^\ominus(O_h)$；

(3) 离子与水分子产生共价相互作用的焓变记为$\Delta_r H_m^\ominus$(共价)。

根据金属离子与水分子之间作用的本质特征，上述第一、二项归为静电作用能，合起来记为$\Delta_r H_m^\ominus$(静)，第三项为共价作用能$\Delta_r H_m^\ominus$(共价)，于是

$$\begin{aligned} \Delta_{hyd}H_m^\ominus &= \Delta_r H_m^\ominus(\text{球}) + \Delta_r H_m^\ominus(O_h) + \Delta_r H_m^\ominus(\text{共价}) \\ &= \Delta_r H_m^\ominus(\text{静}) + \Delta_r H_m^\ominus(\text{共价}) \end{aligned}$$

从铜离子水合焓的能量分解结果可以看到：

(1) 在铜离子水合焓中，铜离子与水分子之间的静电作用占了绝对优势，其中Cu^+占80.8%，Cu^{2+}占92.8%。

(2) 共价作用在Cu^+中占有重要的地位，接近20%，而在Cu^{2+}中，共价作用相对较小，仅占7.21%。

(3) d^9电子构型的Cu^{2+}的配位场作用占4.3%，而d^{10}电子构型的Cu^+没有这一项。

(4) 除此之外，d^9电子构型的Cu^{2+}还存在Jahn-Teller畸变稳定化能。

综上所述，在水溶液中，Cu^{2+}比Cu^+稳定的主要原因是Cu^{2+}与水的静电作用远大于Cu^+与水的静电作用。

归根到底，一是Cu^{2+}比Cu^+的电荷大一倍，离子半径又小于Cu^+的离子半径；二是Cu^{2+}为d^9

电子构型,在水分子配位场的作用下,发生 d 轨道能级分裂,得到配位场稳定化能和 Jahn-Teller 畸变稳定化能。

因此,尽管 Cu^+ 的共价作用能大于 Cu^{2+} 的共价作用能,但由于 Cu^{2+} 具有上述特有的因素,故在极性溶剂水中,Cu^{2+} 的水合能远比 Cu^+ 的大,大到足够破坏 Cu^+ 的 d^{10} 相对稳定的电子构型,使之向 d^9 电子构型的 Cu^{2+} 转变。

溶剂化能对 Cu 的各种氧化态的稳定性的影响,还可从 Cu 在乙腈中的电极电势图得到证实。

$$Cu^{2+} \xrightarrow{1.242\ V} Cu^{+} \xrightarrow{-0.118\ V} Cu \qquad (Cu^{2+} \xrightarrow{0.562\ V} Cu)$$

在乙腈中,$E^{\ominus}_{左} > E^{\ominus}_{右}$,$Cu^+$ 已经不能歧化。这是因为在乙腈及丙醇、丙酮、硝基苯等极性较水弱的溶剂中,离子与溶剂间的静电作用比在水中时明显减弱,因而 Cu^{2+} 溶剂化所放出的能量不足以补偿 Cu^+ 的去溶剂化能和电离能,以致 Cu^+ 可以稳定存在。

此外,如果配体与铜离子之间所形成的键的共价成分大,则 Cu^+ 就比 Cu^{2+} 稳定,如 CuCl、CuI、$[Cu(CN)_2]^-$ 等。相反,如果配体与 Cu^{2+} 之间的静电作用大,则 Cu^{2+} 就可以稳定存在,如 CuF_2 就是如此。

下面是有关铜的一些熟悉的电极电势图:

$$Cu^{2+} \xrightarrow{0.538\ V} CuCl \xrightarrow{0.137\ V} Cu$$

$$Cu^{2+} \xrightarrow{0.86\ V} CuI \xrightarrow{-0.185\ V} Cu$$

$$Cu^{2+} \xrightarrow{1.12\ V、} [Cu(CN)_2]^- \xrightarrow{-0.43\ V} Cu$$

也都是 $E^{\ominus}_{左} > E^{\ominus}_{右}$,$Cu^+$ 的物种皆不能歧化。

8.4　重过渡元素的化学

重过渡元素是指第二、三过渡系元素。

一般地,一方面,同一副族的第二、三过渡系元素与第一过渡系元素在化学性质上有某种相似性;另一方面,两种较重元素又与其同族较轻的第一种元素有区别。例如:

(1) Co^{2+} 可形成相当数目的四面体和八面体配合物,Co^{2+} 是水溶液中的特征价态,但 Rh^{2+} 仅能形成少许配合物,Ir^{2+} 的情况目前未知。

(2) Mn^{2+} 很稳定,Tc^{2+} 和 Re^{2+} 仅知存在于少数配合物中。

(3) Cr^{3+} 形成许多胺配阳离子,Mo^{3+}、W^{3+} 只形成几种这样的配合物,且没有一种是特别稳定的。

(4) $Cr^{Ⅵ}$ 化合物是强氧化剂,而 $Mo^{Ⅵ}$ 和 $W^{Ⅵ}$ 都十分稳定,且能形成较多的多核含氧阴离子。

然而并非是说同一副族的三种过渡元素在化学性质上就没有相似性,相似性还是有的,如

Rh^{3+}配合物就同Co^{3+}配合物很相似。不过，就整体而言，同一副族的第二、三过渡系元素较为相似，与第一过渡系元素的差别较大。

8.4.1 重过渡元素与第一过渡系元素性质比较

1. 电子构型

在第一过渡系中Cr和Cu提前达到半满和全满构型。而在第二过渡系中，Nb、Mo、Ru、Rh、Pd、Ag和第三过渡系的Pt和Au都具有特殊的电子构型。这是由于第二过渡系的5s和4d能级更为接近，交换能对电子构型的影响较显著；而对于大多数的第三过渡系元素，由于4f电子的屏蔽作用，6s和5d的能量差较大，放出的交换能不能补偿电子激发所需的能量。

2. 金属的原子化焓

重过渡元素通常比第一过渡系元素具有大得多的原子化焓，如具有同样电子构型的Mn、Tc、Re三种元素，其原子化焓分别为279 $kJ \cdot mol^{-1}$、649 $kJ \cdot mol^{-1}$、791 $kJ \cdot mol^{-1}$。原因是：随着主量子数增大，d轨道在空间伸展范围变大，参与形成金属键的能力增强。

原子化焓大意味着金属键强，因而原子能够紧密结合在一起，不容易分开，从而使得由这些原子形成的金属的熔点、沸点高，硬度大。

3. 电离能

对应于s电子电离的第一、第二电离能，三个过渡系的差别不太大。但对应于d电子电离的第三电离能，往往是第一过渡系成员的最高。例如：

	Ti	Zr	Hf
第一电离能/($kJ \cdot mol^{-1}$)	658	660	642
第二电离能/($kJ \cdot mol^{-1}$)	1310	1267	1438
第三电离能/($kJ \cdot mol^{-1}$)	2652(最大)	2218	2248

造成这种差别的原因是3d与4s能级的能量差比4d与5s或5d与6s能级的能量差要大。

4. 半径

第三过渡系元素的原子和离子的半径，由于镧系收缩的影响而与第二过渡系同族元素原子和同价态离子的半径接近，但与较轻的第一过渡系元素的原子和离子的半径有较大区别。

第二、三过渡系半径接近，决定了它们在性质上具有相似性。对于那些由半径决定的性质表现得特别明显，如晶格能、溶剂化能、配合物的生成常数、配位数等，甚至影响到它们在自然界的存在，第二、三过渡系元素通常是伴生存在，且彼此难以分离。

5. 氧化态

对于第二、三过渡系的较重元素来说，高氧化态一般较第一过渡系元素稳定得多。例如，Mo、W、Tc、Re可形成高价态含氧阴离子，它们不易被还原，而第一过渡系元素的类似化合物如果存在，则都是强氧化剂。

与此相反，较低价态，特别是+2、+3价的配合物和水合离子的化学，在较轻元素的化学中很广泛，但对大多数较重元素来说，却是不重要的。

将第一过渡系与第二、三过渡系进行比较,可以发现:

(1) 第二、三过渡系元素的自由能-氧化态图彼此特别相似(这种相似归因于镧系收缩对第三过渡系的影响),而与第一过渡系元素相应的图形有明显区别。

(2) 第一过渡系元素比第二、三过渡系同族元素显示更强的金属活泼性,容易出现低氧化态,它们的 $E^{\ominus}(M^{2+}/M)$ 均为负值,一般都能从非氧化性酸中置换出氢;而第二、三过渡系元素金属活泼性较差,除少数之外,$E^{\ominus}(M^{2+}/M)$ 一般为正值。

(3) 尽管第二、三过渡系元素金属活泼性较差,但在强氧化剂的作用和苛刻条件下,却可呈现稳定的高氧化态直到与族数相同。

(4) 同一过渡系元素的最高氧化态氧化物的 $E^{\ominus}$ 值随原子序数的递增而增大,即氧化性随原子序数的递增而增强。例如:

	Ta_2O_5	WO_3	ReO_4
$E^{\ominus}(M^{n+}/M)/V$	-0.81	-0.09	0.37

(5) 同族过渡元素最高氧化态含氧酸的电极电势随周期数的增加而略有下降。例如:

	MnO_4^-	TcO_4^-	ReO_4^-
$E^{\ominus}(MO_4^-/M)/V$	0.741	0.47	0.37

表明它们的氧化性随周期数的增加而逐渐减弱,趋向于稳定。

6. 磁性

物质磁性主要是由成单电子的自旋运动和电子绕核运动的轨道运动所产生的,量子力学论证表明:

第一过渡系元素的配合物中,由于中心金属原子的半径较小,中心原子的d轨道受配位场的影响较大,轨道运动对磁矩贡献被周围配位原子的电场所抑制,发生冻结,几乎完全消失,但自旋运动不受电场影响而只受磁场影响,故可以认为,磁矩主要是由电子的自旋运动确定的。因而对于第一过渡系:

$$\mu_S = \sqrt{4S(S+1)}\ \text{B.M.} \quad 或 \quad \mu_S = \sqrt{n(n+2)}\ \text{B.M.}$$

所以,由第一过渡系元素的配合物的磁化率就能得出成单电子数目,并因而得出各氧化态离子的d轨道的电子排列情况。

但对于第二、三过渡系元素,轨道运动未被阻止或抑制,从而存在较明显的自旋-轨道耦合作用,纯自旋关系不再适用,因而磁矩计算需采用较复杂的公式:

$$\mu_{S+L} = \sqrt{4S(S+1)+L(L+1)}\ \text{B.M.}$$

7. 自旋成对倾向

较重元素的一个重要特性是具有 d^4、d^5、d^6、d^7 电子组态的离子倾向于生成低自旋配合物。

造成这种自旋成对的倾向主要有两种原因:

从空间看，4d 和 5d 轨道大于 3d 轨道，因而在一个轨道中被两个电子占据所产生的电子之间的排斥作用在 4d 和 5d 轨道中比 3d 轨道中要显著减小，换句话说就是它们的成对能 P 较小。

从分裂能看，5d 轨道产生的分裂能要比 4d 轨道大，而 4d 轨道产生的分裂能又比 3d 轨道的大。一般地，同族、同氧化态的重金属离子的相应配合物的分裂能之比，从第一过渡系到第二、三过渡系大致为 1∶1.5∶2。如$[M(NH_3)_6]^{3+}$，当 M = Co、Rh、Ir 时，Δ_o各为 23000 cm^{-1}、34000 cm^{-1} 和 41000 cm^{-1}。

8. 金属-金属键合作用

一般地，较重的过渡元素比第一过渡系元素更易形成强的金属-金属键，若将含有金属-金属键的化合物看作金属的碎片，则就不难应用前面介绍的原子化焓和金属键的强度得到解释。

8.4.2 重过渡系元素化学

1. 高熔点稀有金属

在重过渡系元素中，除 Re 以外，Zr 和 Hf、Nb 和 Ta、Mo 和 W 三对元素都属于高熔点的稀有金属。由于镧系收缩的影响，这些成对元素的原子半径或离子半径十分相近，因而性质极为相似，它们的相互分离成为无机化学中的难题之一。

(1) Zr 和 Hf

目前还未发现 Hf 的独立矿物，它总存在于锆矿物中，其含量大约是锆含量的 2%。

重要的 Zr 的矿物是锆英石($ZrSiO_4$)，此矿物有很高的化学稳定性和对热稳定性。

金属锆有一个特殊的性能，即热中子俘获截面非常小，可作原子能反应堆中的结构材料。

而铪的性质正相反，热中子俘获截面很大，因而如欲将 Zr 用在原子能反应堆中，就必须将其中所含的 Hf 除去。

Zr-Hf 分离的方法有多种：

早期的分离方法是分步结晶或分步沉淀，利用的原理如下：

① MF_4或 $K_2[MF_6]$型配合物在 HF 酸中的溶解度的差异。

$K_2[HfF_6]$在氢氟酸中的溶解度大，而 $K_2[ZrF_6]$在氢氟酸中的溶解度小，进行反复的多次溶解结晶操作可分离开 Zr 和 Hf。

② $MOCl_2 \cdot 8H_2O$ 在盐酸中的溶解度有差异。

当盐酸浓度小于 9 $mol \cdot L^{-1}$时，$HfOCl_2 \cdot 8H_2O$ 和 $ZrOCl_2 \cdot 8H_2O$ 的溶解度相差不多，但当盐酸的浓度更高时，则铪盐的溶解度将比锆盐的小，因此在浓盐酸中反复进行重结晶时，Hf 就富集于固相之中。

③ 在 673~723 K 条件下，Zr 有如下反应：

$$3ZrCl_4(\text{易挥发}) + Zr \longrightarrow 4ZrCl_3(\text{难挥发})$$

而 Hf 却无此反应，利用这种差异，可将两元素分离。

目前分离 Zr、Hf 的方法是离子交换法或溶剂萃取法：

利用强碱型酚醛树脂阴离子交换剂可将 Zr、Hf 分离；

在溶剂萃取中是利用 Zr、Hf 的硝酸溶液，以磷酸三丁酯或三辛胺 N_{235}的甲基异丁基酮溶液萃取，锆较易进入有机溶剂相而 Hf 留在水溶液中。

(2) Nb 和 Ta

Nb 和 Ta 的最重要矿物是铌铁矿和钽铁矿,它是铁和锰的铌酸盐和钽酸盐,通式可写作(Fe、Mn)(Nb、Ta)$_2$O$_6$。

Nb 和 Ta 不仅矿物类型相同,而且常共生在一起,当矿物中以 Nb 为主就称为铌铁矿,若以 Ta 为主就称为钽铁矿。

用碱熔融矿物得到多铌酸盐或多钽酸盐,再用稀酸处理得 Nb 或 Ta 的氧化物 M_2O_5,用活泼金属或碳还原可得金属铌和钽。

金属钽具有一系列特殊的性能:首先,它的化学稳定性特别高,除氢氟酸外可抗许多酸的腐蚀,抗王水的侵蚀甚至超过 Pt,因而可用来制作化工设备和实验室器皿。其次,钽及钽合金具有超高温的高强度性能,如火箭喷嘴温度超过 3588 K,但碳化钽的熔点可达 4153 K,因而,在钽-钨合金上涂上碳化钽就可制作火箭喷嘴。最后,由于钽的低反应性不会被人体排斥,因而可用来制作修复骨折所需的金属板、螺钉和金属丝等。

在 Nb 和 Ta 的化合物中,最重要的是它们的氟化物。

Nb 和 Ta 的五氟化物(MF_5)都是挥发性的白色固体,易吸水也易水解,它们都具有四聚体的结构。固体的结构单元是 MF_6 八面体,八面体通过共用一个顶点而连接起来。$(NbF_5)_4$ 中端基 Nb—F 键键长 177 pm,桥基 Nb—F 键键长206 pm。而 NbF_4 却具有层状结构,它是通过 NbF_6 八面体在赤道平面内共用四个顶角而构成的,TaF_4 还未制得。

当 Nb 和 Ta 的氧化物溶于氢氟酸时,可生成 Nb 和 Ta 的含氟配合酸:

$$M_2O_5 + 14HF \longrightarrow 2H_2[MF_7] + 5H_2O$$

它们的盐以钾盐最重要。其中七氟合铌酸钾($K_2[NbF_7]$)易水解:

$$K_2[NbF_7] + H_2O \longrightarrow K_2[NbOF_5] + 2HF$$

氢氟酸的存在可抑制水解的发生。而 $K_2[TaF_7]$ 则不水解。

Nb 和 Ta 的分离可利用含氟配合物在氢氟酸中溶解度的差别实现:

当氢氟酸的含量在 5%~7%时,$K_2[NbF_7]$ 的溶解度比 $K_2[TaF_7]$ 的大很多,因此,采用分级结晶法可将 Nb 和 Ta 分开。

除上述氟配合物外,还有 $[MF_6]^-$、$[NbOF_6]^{3-}$、$[TaF_8]^{3-}$ 等离子,其结构分别为八面体、单冠三棱柱、对顶四方锥。

其他卤化物发现的如下:

MCl_5　气态时为单分子三角双锥;固态时为二聚体,两个 MCl_6 八面体通过一个棱边连接起来。

MCl_4 与 NbI_4(TaI_4 未发现)　异质同晶体,都是线型多聚体,其结构是许多八面体通过棱边连接成的长链。这些化合物有一个特性,即金属原子并不处于八面体的正中心位置,而是发生了偏离并且两两成对,构成弱的金属键 M—M。这样,原来成单的电子就相互配对,从而化合物显示出反磁性。

(3) Mo 和 W

Mo 和 W 的化学,主要特征有二:

一是氧化态为+6的化合物比同族元素 Cr 要稳定；

二是它们的含氧酸及其盐比同族 Cr 更为复杂。

① 氧化物 Mo 和 W 的氧化物有多种，制备方法有

$$2MoS_2 + 7O_2 \longrightarrow 2MoO_3(\text{白色，熔点 1068 K}) + 4SO_2$$

$$WO_3 \cdot H_2O \longrightarrow WO_3(\text{黄色，熔点 1746 K}) + H_2O$$

MoO_3和 WO_3易溶于 NaOH 溶液：

$$MoO_3(WO_3) + 2NaOH \longrightarrow Na_2MoO_4(Na_2WO_4) + H_2O$$

② 简单钼（钨）酸 用酸酸化钼酸盐溶液，实验条件不同，可以制得组成和结构不同的四种简单钼酸：

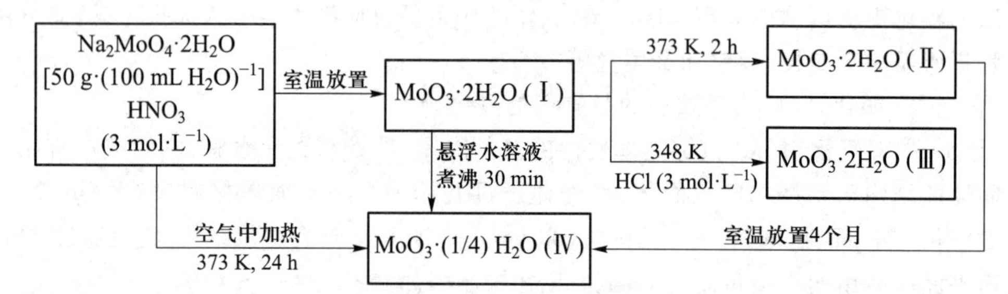

核磁共振研究表明，在所谓“钼酸”中的 H 完全存在于 H_2O 分子中而不是在 Mo-O-H 中，所以实际上钼酸并不是传统意义上的酸而是 MoO_3的水合物。

用盐酸酸化钨酸钠溶液，室温下得到的白色沉淀的组成是 $WO_3 \cdot 2H_2O$，习惯上叫白钨酸。

将溶液在煮沸条件下得到的是黄色沉淀，组成为 $WO_3 \cdot H_2O$，习惯上叫黄钨酸。

简单钨酸和简单钼酸类似，实际上不是酸而是 WO_3的水合物。

③ 钨青铜 早在 1824 年，Wöhler 就发现，在红热时用 H_2还原钨酸钠，得到外表像青铜的化学惰性物质。随后，人们又找到各种可以制备相似物质的方法。如在 H_2中加热 Na、K 或碱土金属的钨酸盐或多钨酸盐，对熔融钨酸盐进行电解还原，如用 Na、W 或 Zn 还原钨酸钠。

这些反应的产物都称为钨青铜。它们是一种非整比化合物，通式为 M_xWO_3（当 M = Na 时，$0<x<1$）。

钨青铜的颜色随组成的不同而有很大变化，如 $x\approx0.9$ 时为金黄色，$x\approx0.6$时为橙红色，$x\approx0.45$ 时为红紫色，$x\approx0.3$ 时为暗蓝色。

在化学上，钨青铜都极为惰性，具有半金属性，有金属光泽和导电性，但电导率却随温度的升高而增大。它们的化学惰性表现在不溶于水和抵抗除氢氟酸以外的一切酸，但它们可在碱存在下被氧化，例如：

$$Na_xWO_3 + NaOH + O_2 \longrightarrow Na_2WO_4 + H_2O$$

它们也能将硝酸银的氨水溶液还原为金属银。

从结构上看，在 Na_xWO_3中，每去掉一个 Na^+，则有一个 W 原子从 W(Ⅴ)变为 W(Ⅵ)。所以在这种有缺陷的 Na_xWO_3中，有$(1-x)$个 W(Ⅵ)和$(1-x)$个空 Na^+的位置。完全纯的 $NaWO_3$（即 Na 原子数的最大极限，$x=1$）还未制得，只是一种理想化合物。完全纯的 WO_3（Na 原子数的最小

极限 $x=0$)具有稍微畸变的 WO_6 八面体按立方晶体结构排布的结构。实际上钨青铜的组成近于 $Na_{0.3}WO_3 \sim Na_{0.9}WO_3$。

钨青铜的导电性,可认为是其中的一切钨原子都是 W(Ⅵ),Na 为 Na(0),Na 的价电子像在金属钠中一样,在 WO_3 的晶格中自由运动。

锂也可形成钨青铜,但无导电性。

④ 同多酸、杂多酸及其盐　钼、钨重要的、特征的性质之一是能生成多种多钼酸和多钨酸及其盐。在元素周期表中可形成多酸的元素还有 V^{V}、Nb^{V}、Ta^{V}、Cr^{VI} 和 U^{VI} 等,不过,它们生成多酸和多酸盐的能力有限得多。

例如,在水溶液中,CrO_4^{2-} 与 $Cr_2O_7^{2-}$ 两种离子处于平衡状态:

$$2CrO_4^{2-} + 2H^+ \rightleftharpoons Cr_2O_7^{2-} + H_2O$$

在酸性溶液中 $Cr_2O_7^{2-}$ 占优势,在碱性溶液中则是 CrO_4^{2-} 占优势。由上式也可看出,$Cr_2O_7^{2-}$ 是由 H_2CrO_4 酸脱水并通过氧桥把酸根连接起来的。如果 H^+ 浓度很大,还可形成 $Cr_3O_{10}^{2-}$ 或 $Cr_4O_{13}^{2-}$ 等离子。

上述由两个或两个以上的简单含氧酸分子缩水而成的酸叫多酸。如果多酸中所含酸根属于同一种,就叫同多酸;如果多酸是由不同酸根缩合而成的,则叫杂多酸。

同多钼酸盐　同多钼酸盐仅含钼、氢与氧。当酸化钼(Ⅵ)酸盐溶液时,则钼酸根离子按步骤缩合成为多钼酸根离子,缩合的全过程可以认为开始于 MoO_4^{2-} 的部分中和,随后去水生成氧桥键。

缩合的步骤、过程和机理都很复杂。当强碱性钼酸盐溶液的 pH 下降到 6 左右时,聚合作用就可检测出来,此时检测出的是 $Mo_7O_{24}^{6-}$:

$$8H^+ + 7MoO_4^{2-} = Mo_7O_{24}^{6-} + 4H_2O$$

在更强的酸性溶液中,则生成 $Mo_8O_{26}^{4-}$。酸性更强时,又发生解聚:

$$\underset{\text{正钼酸盐}}{MoO_4^{2-}} \xrightarrow{pH=6} \underset{\text{仲钼酸盐}}{Mo_7O_{24}^{6-}} \xrightarrow{pH=1.5\sim2.9} \underset{\text{八钼酸盐}}{Mo_8O_{26}^{4-}} \xrightarrow{pH<1} \underset{\text{钼酸}}{MoO_3 \cdot 2H_2O}$$

同多钨酸盐　钨酸盐体系的一般行为十分类似于钼酸盐体系。同样,在溶液中的聚集过程随溶液 pH 下降而加强。

$$\underset{\text{正钨酸盐}}{WO_4^{2-}(aq)} \underset{\text{煮沸},OH^-}{\overset{pH=6\sim7,\text{快}}{\rightleftharpoons}} \underset{\text{仲钨酸盐A}}{W_6O_{19}^{2-}} \xrightarrow{H_2O,\text{慢}} \underset{\text{仲钨酸盐B}}{W_{12}O_{41}^{10-} \text{或} H_2W_{12}O_{42}^{10-}}$$

正钨酸盐 $\underset{OH^-}{\overset{pH=1}{\rightleftharpoons}}$ 钨酸;仲钨酸盐A $\xrightarrow{pH=3.3}$ φ-偏钨酸盐;仲钨酸盐B $\xrightarrow{H^+}$ 偏钨酸盐

$$\underset{\text{钨酸}}{WO_3 \cdot 2H_2O} \xleftarrow{pH<1} \underset{\varphi\text{-偏钨酸盐}}{H_3W_6O_{21}^{3-}} \rightleftharpoons \underset{\text{偏钨酸盐}}{H_2W_{12}O_{40}^{6-}}$$

杂多酸及其盐　Mo、W 的杂多酸是由含有其他含氧阴离子(如 PO_4^{3-}、SiO_4^{4-})或钼酸盐和钨酸盐的混合溶液经酸化生成的。在杂多酸根离子中,其他含氧阴离子提供中心,MoO_6 和 WO_6 八面体通过共用氧原子顶点而与其他 MoO_6 和 WO_6 八面体连接而聚集在中心的周围。中心基团经常是含氧阴离子,如 PO_4^{3-}、SiO_4^{4-}、BiO_4^{3-} 等,但包括 Al、Ge、Sn、As、Pb、Se、Te、I 和许多过渡元素在内的其他元素也可作为中心。MoO_6 或 WO_6 八面体与 P、Si、Bi 或其他中心原子的比例经常为 1 : 12、

1∶9 或 1∶6,其他比例虽然也有,但很少出现。

		杂多酸根离子的化学式
1∶12	A 组:P^{V}、As^{V}、Si^{IV}、Ge^{IV}、Ti^{IV}、Zr^{IV}	$XMo_{12}O_{40}^{(8-n)-}$(n 为杂原子氧化态)
	B 组:Ce^{IV}、Th^{IV}	$XMo_{12}O_{42}^{(12-n)-}$
1∶9	Mn^{IV}、Ni^{IV}	$XMo_{9}O_{32}^{(16-n)-}$
1∶6	Te^{VI}、I^{VII}、Co^{III}、Al^{III}、Cr^{III}、Fe^{III}、Rh^{III}	$XMo_{6}O_{24}^{(12-n)-}$

最熟悉的杂多酸盐是检验磷酸盐时将磷酸盐与钼酸铵和硝酸溶液共热所析出的黄色磷钼酸铵$(NH_4)_3[PMo_{12}O_{40}]$沉淀。

经 X 射线衍射研究表明:在一切情况下,钨和钼原子都位于由氧原子构成的八面体的中心,八面体通过共用顶角和边而构成同多酸或杂多酸的结构。

例如,$Mo_6O_{19}^{2-}$是由六个 MoO_6八面体单元构成的大的八面体结构,这种大八面体被称为超八面体。在 MoO_6的六个氧原子中有四个氧原子是由两个 MoO_6八面体共享的,一个氧原子为六个八面体共享,剩下一个氧原子不与其他正八面体共享,所以:

$$Mo : O = 1 : (1 + 4 \times 1/2 + 1 \times 1/6) = 6 : 19$$

上面的 A 组杂多酸如 $PMo_{12}O_{40}^{3-}$的结构可认为是三个共边 MoO_6八面体组成一组,再由这样的四组八面体按四面体方式围绕 PO_4四面体分布,组成一个超四面体的结构。

B 组杂多酸的结构还不太清楚。

另一类杂多酸是由几个共边的 MoO_6八面体组成一组(组与组不一定完全一样),然后,六个这样的组按八面体方式围绕一个杂原子所构成的。再从这样的结构中移去一些 MoO_6八面体便可演变成其他类型结构的杂多酸。

如六个 MoO_6八面体围绕一个杂原子构成一个环形结构,其上方和下方各加上三个共边的八面体,就得到 1∶12 型结构;如果再从这种 1∶12 型结构中交错地移去环上的三个八面体便得到 1∶9 型结构;若移去的是上方和下方的六个 MoO_6八面体便得到 1∶6 环形结构的阴离子。

(4) Tc 和 Re

Tc 和 Re 发现很晚,分别是在 1937 年和 1925 年被发现的,这说明了在自然界找到它们的困难性。这是由于它们在自然界含量极少,又无集中形成的独立矿物。Re 是在自然界发现的最后一种稳定元素,辉钼矿中含有 Re。Tc 是放射性元素,可由人工核反应制得,事实上 Tc 是第一种人工制得的元素,用中子轰击钼靶可制得 Tc。

$$^{98}_{42}Mo + ^{1}_{0}n \longrightarrow ^{99}_{42}Mo \longrightarrow ^{99}_{43}Tc$$

现在主要从铀裂变产物(含 Tc 6%)分离得到 Tc,Tc 经氧化变成 Tc_2O_7,再经蒸馏可得纯 Tc_2O_7,由 Tc_2O_7经化学还原或电解制取纯锝。

$$Tc_2O_7 \xrightarrow{NH_3 \cdot H_2O} NH_4TcO_4 \xrightarrow{H_2,加热,还原} Tc$$

$$Tc_2O_7 \xrightarrow[电解]{H_2SO_4(1\ mol \cdot L^{-1})} Tc$$

Re主要从焙烧辉钼矿MoS_2(含少量ReS_2)或铜矿的烟道灰中提取。在焙烧辉钼矿时,Re转变为挥发性的Re_2O_7进入烟灰,黄色的高铼酸酐(Re_2O_7)易溶于水,溶于水后生成无色的高铼酸($HReO_4$)溶液,然后用水浸取,将浸取液浓缩,再加入KCl,就可析出高铼酸钾($KReO_4$)结晶。

这几种氧化态为+7的铼的化合物比相应的锰的化合物要稳定得多,且具有特别的意义。

在1073 K左右用H_2还原$KReO_4$可制得金属铼:

$$2KReO_4 + 7H_2 = 2Re + 2KOH + 6H_2O$$

然后用水和盐酸除去KOH,得到铼的粉末,再经过压紧和焙烧,就可制得块状的金属铼。

金属铼具有高熔点、高强度和耐腐蚀的优良性能,它的可塑性也很好,可以进行冷加工,尤其是铼合金在高温下仍能保持足够的强度,且不太容易被空气氧化。在火箭导弹和宇宙飞船上使用的仪器和高温部件所用的材料,采用的就是金属铼及铼合金,如铼与钨和钼所组成的合金等。

将Tc和Re比较,虽然Re的原子序数比Tc的增加了32,电子层增多了一层,然而Re的电离能和电负性却都是增大而不是减小,这是重过渡系元素的共性,其根本的原因还是第六周期过渡元素受到镧系收缩的影响。

Tc和Re是Mn的同族元素。同Mn相比,Tc和Re有两点比较特殊:

① Mn^{2+}盐无论对氧化或还原都非常稳定,而相当于Mn^{2+}盐的Tc^{2+}盐和Re^{2+}盐还未发现。

② $KMnO_4$是强氧化剂,而$KTcO_4$和$KReO_4$的氧化性都弱得多。

2. 铂系金属

铂系金属最显著的特征:一是化学惰性;二是就大部分物理性质而言,其水平相似性较为明显,但就化学性质而言,又表现出垂直相似性,这是镧系收缩所造成的。

下面是几个令人感兴趣的铂系金属化合物的例子:

$[Pd^{II}(NH_3)_2Cl_2]\cdot[Pd^{IV}(NH_3)_2Cl_4]$　其晶体为链状结构,平面正方形的$[Pd^{II}(NH_3)_2Cl_2]$和$[Pd^{IV}(NH_3)_2Cl_2]^{2+}$单元互相堆积在彼此顶部之上,其中沿Pd—Cl┄Pd—Cl链的方向上表现出最大的导电性,从而该化合物成了一种各向异性的半导体材料。造成这一奇特性质的原因是填有电子的Pd^{II}的d_{z^2}轨道(d^8,平面正方形)和空的Pd^{IV}的d_{z^2}轨道(d^6,八面体,低自旋)与氯原子的p_z轨道相互重叠而成键。

$K_2[Pt(CN)_4]Br_{0.3}\cdot 3H_2O$　此化合物也显示单一方向的导电性。平面正方形的$[Pt(CN)_4]^{2-}$单元互相堆积在彼此的顶部上,Pt的d_{z^2}轨道上都充填电子,这些充填电子的d_{z^2}轨道重叠起来沿着Pt链产生了一个不定域的能带。在没有Br原子的情况下,这个能带是充满的,但Br原子起了电子接受体的作用,从每一个$[Pt(CN)_4]^{2-}$单元上平均取走0.3个电子,因而这个d_{z^2}能带仅被部分充满,从而出现金属的导电性。

具有各向异性导电性能的化合物还有$[Pt(NH_3)_4]^{2+}[PtCl_4]^{2-}$、$[Pt(NH_3)_4]^{2+}[Pt(SCN)_4]^{2-}$、$[Cu(NH_3)_4]^{2+}[PtCl_4]^{2-}$和$[Pt(en)Cl_2]$等。

顺铂　顺铂是铂的顺式配合物,如*cis*-$[PtCl_2(NH_3)_2]$与*cis*-$[PtCl_2(en)]$等。对它们的兴趣在于,人们发现其有抑制细胞分裂特别是抑制癌细胞增生的作用,服用顺铂药物可以不同程度地缓解病情或延长患者的生命。

为什么只有顺式构象才具有抗癌活性?有人认为,这是由于只有顺式构象才能在不太多地改变它的结构和构象的情况下和肿瘤细胞DNA分子结合,生成一种中间化合物,从而破坏了

DNA 的复制，抑制肿瘤细胞的分裂。

8.5 ⅠB、ⅡB 族重金属元素

1. 4d 轨道的稳定性

在ⅠB 族元素中，Ag 的不少性质都呈现特殊性，往往不是最小就是最大。例如，第一电离能变化趋势为“╲╱”，而第二电离能变化趋势为“╱╲”；再如特征氧化态，Cu 为+1、+2，Ag 为+1，Au 为+1、+3。这说明 4d 轨道特别稳定，即 d 轨道稳定性有如下次序：

$$3d < 4d > 5d$$

这种趋势可以由电子的松紧效应得到解释：3d、4d、5d 有松、紧、松的变化规律。4d 紧说明 4d 轨道特别稳定，因此 Ag 原子的 4d 电子对外层 5s 电子的屏蔽比较好，导致 5s 的有效核电荷比理想状态要小，所以银的第一电离能最小，而第二、第三电离能就最大。Cu 的 3d 和 Au 的 5d 松，对外层电子的屏蔽比较差，导致 4s、6s 的有效核电荷比理想状态要大。所以，Ag 的第一电离能最小，第二、第三电离能大，Cu 和 Au 的第一电离能较大，第二、第三电离能较小。这就影响并决定了 Ag 的特征氧化态为+1，而 Cu 出现+2 氧化态，Au 出现+3 氧化态。

4d 轨道的稳定性从第五周期 d 区元素的外围电子构型也可看出：

原子	Y	Zr	Nb	Mo	Tc	Ru	Rh	Pd	Ag	Cd
4d	1	2	4	5	6	7	8	10	10	10
5s	2	2	1	1	1	1	1	0	1	2

可以看到：从 Nb 到 Ag 连续七种元素，它们的外围电子中无 $5s^2$ 结构；甚至还出现两处不同寻常的特殊结构：一处是 Tc $4d^6 5s^1$，不惜打破半满和全满稳定的规则，另一处是 Pd $4d^{10} 5s^0$，不惜违背外层必须有电子的规则。

这些事实都说明在过渡元素中 4d 轨道的稳定性比较大。

2. 关于 Cu、Ag、Au 和 Zn、Cd、Hg 的活泼性问题

在化学性质上，Zn、Cd、Hg 比 Cu、Ag、Au 活泼。初看起来，似乎难以理解，因为，从原子结构看，Cu、Ag、Au 的 s 轨道未充满，而 Zn、Cd、Hg 的 s 外壳层是完全封闭的；从周期系看，Zn、Cd、Hg 位于 Cu、Ag、Au 之后，因而有效核电荷更大，半径更小，吸引电子的能力更强，应该更不活泼。那么怎么理解 Cu、Ag、Au 与 Zn、Cd、Hg 的活泼性呢？

在研究元素的性质之时首先应明确所说的性质是元素单个原子的性质还是元素单质的性质。

前面对 Cu、Ag、Au 和 Zn、Cd、Hg 所进行的电子构型和周期系递变关系所进行的分析，实际上都是从微观的角度来分析单个原子的性质。然而，单质的性质却与由原子构成分子或晶体的方式即化学键有关。例如，由磷原子可以形成白磷、红磷和黑磷，它们的性质相差甚远。同样，由金属原子构成的金属固体，其性质应取决于金属键和金属晶格的性质。

下面分别对Cu、Ag、Au与Zn、Cd、Hg单个原子性质和单质性质进行比较：

(1) 单个原子

Cu、Ag、Au、Zn、Cd、Hg的电离能(单位为 $kJ \cdot mol^{-1}$)：

	I_1	I_2	I_3		I_1	I_2	I_3		I_1	I_2	I_3
Cu	745	1958	3554	Ag	731	2073	3361	Au	890	1978	—
Zn	906	1733	3833	Cd	868	1631	3616	Hg	1007	1810	3300

可以看到Cu、Ag、Au的I_1(相应于电离出s电子)和I_3(相应于电离出d电子)都比Zn、Cd、Hg的相应值小,故可认为前者的原子吸引外层电子的能力比后者差,故前者电离出相应电子层的电子比后者容易。而I_2的次序相反,这是由于对Cu、Ag、Au而言,是3d、4d和5d电子的电离能,而对于Zn、Cd、Hg而言,却是4s、5s和6s电子的电离能,理所当然后者的I_2应比前者小。

因此,从电离能的比较可以得出结论：

就单个原子考虑,Cu、Ag、Au比Zn、Cd、Hg活泼,这与从电子结构和周期系变化所做的推断完全一致。

(2) 金属单质

已知金属的活动性顺序为Zn、Cd、H、Cu、Hg、Ag、Au,即Zn排在Cu之前,Cd排在Ag之前,Hg排在Au之前。此外,还知道,Zn可从盐酸中置换出H_2,而Cu却不能。可见就金属单质而言,Zn、Cd、Hg应比Cu、Ag、Au活泼。

下面探讨造成这种活泼性差别的原因。

设计一个从酸中置换出H_2的反应：$M(s) + 2H^+(aq) \xlongequal{} H_2(g) + M^{2+}(aq)$,反应的标准吉布斯自由能变为$\Delta_r G_m^\ominus$,焓变为$\Delta_r H_m^\ominus$,当忽略过程的熵变时有$\Delta_r G_m^\ominus \approx \Delta_r H_m^\ominus$。

$\Delta_r H_m^\ominus$可由下列热化学循环求出：

$$\begin{array}{ccccccc}
M^{2+}(aq) & + & H_2(g) & \xrightarrow{\Delta_r H_m^\ominus} & 2H^+(aq) & + & M(s) \\
\downarrow {\scriptstyle -\Delta_{hyd}H_m^\ominus(M^{2+})} & & \downarrow {\scriptstyle 2\Delta_{atm}H_m^\ominus(H)} & & \uparrow {\scriptstyle 2\Delta_{hyd}H_m^\ominus(H^+)} & & \uparrow {\scriptstyle -\Delta_{at}H_m^\ominus(M)} \\
M^{2+}(g) & + & 2H(g) & \xrightarrow[2\Delta_I H_m^\ominus(H)]{-\Delta_{I_1+I_2}H_m^\ominus(M)} & 2H^+(g) & + & M(g)
\end{array}$$

$$\Delta_r H_m^\ominus(\text{电池}) = 2(\Delta_{at}H_m^\ominus + \Delta_I H_m^\ominus + \Delta_{hyd}H_m^\ominus)_H - (\Delta_{at}H_m^\ominus + \Delta_{I_1+I_2}H_m^\ominus + \Delta_{hyd}H_m^\ominus)_M$$

对于不同金属的上述反应,$2(\Delta_{at}H_m^\ominus + \Delta_I H_m^\ominus + \Delta_{hyd}H_m^\ominus)_H$为一定值,而$\Delta_{I_1+I_2}H_m^\ominus$可用$I_1+I_2$代替。于是

$$\Delta_r H_m^\ominus = (\Delta_{at}H_m^\ominus + I_1 + I_2 + \Delta_{hyd}H_m^\ominus)_M + \text{常数}$$

对于Cu：

$$\begin{aligned}
\Delta_r H_m^\ominus &= 338\ kJ \cdot mol^{-1} + 745\ kJ \cdot mol^{-1} + 1958\ kJ \cdot mol^{-1} + (-2099\ kJ \cdot mol^{-1}) + \text{常数} \\
&= 338\ kJ \cdot mol^{-1} + 604\ kJ \cdot mol^{-1} + \text{常数}
\end{aligned}$$

对于 Zn：

$$\Delta_r H_m^{\ominus} = 131\ \text{kJ}\cdot\text{mol}^{-1} + 906\ \text{kJ}\cdot\text{mol}^{-1} + 1733\ \text{kJ}\cdot\text{mol}^{-1} + (-2046\ \text{kJ}\cdot\text{mol}^{-1}) + \text{常数}$$
$$= 131\ \text{kJ}\cdot\text{mol}^{-1} + 593\ \text{kJ}\cdot\text{mol}^{-1} + \text{常数}$$

可见，Cu 的 I_1 比 Zn 的 I_1 小，I_2 比 Zn 的大，Cu 总电离焓比 Zn 的稍大，但 Cu 的水合焓（负值）也稍大，两项相加，其和十分接近。因而电离焓和水合焓不是引起 Zn 和 Cu 性质差异悬殊的原因。

事实上，造成这种差异的主要原因是原子化焓，Cu 的是 338 $\text{kJ}\cdot\text{mol}^{-1}$，Zn 的是 131 $\text{kJ}\cdot\text{mol}^{-1}$，即 Zn 比 Cu 活泼的主要原因是 Zn 的原子化焓比 Cu 的小得多。

金属单质的原子化焓是其金属键强度的量度，而金属键的强度又同“可用于成键”的平均未成对电子数有关。这里的“可用于成键”的电子数是指处于最低激发态的成键电子数。根据推断，Cu 的最低激发态为 $3d^8 4s^1 4p^2$，可参与成键的未成对电子数为 5；Zn 的最低激发态为 $3d^{10}4s^1 4p^1$，可参与成键的未成对电子数为 2。

由于 Zn 的 10 个 3d 电子都进入原子实内部，所以 d 电子能量低，不能参与形成金属键，故其金属键较弱，原子化焓小，故化学性质活泼；而 Cu 的 d 轨道刚刚充满，d 电子能量高，有部分还能激发成键。因此，Cu 的金属键较强，因而单质 Cu 的化学性质不活泼。

Cd、Hg 也存在与 Zn 相似的情况，Cd、Hg 的原子化焓最低，Hg 是唯一的液态金属。

由此可得出结论：

① 比较元素的性质应明确是单个原子的性质还是金属单质的性质。

② 就单个原子而言，由电离能发现，Cu、Ag、Au 比 Zn、Cd、Hg 活泼。

③ 就金属单质而言，Zn、Cd、Hg 比 Cu、Ag、Au 活泼。

8.6　过渡元素的氧化还原性

8.6.1　第一过渡系电对 M^{2+}/M 的电极电势

过渡金属电对 M^{2+}/M 的电极电势 $E^{\ominus}(M^{2+}/M)$ 可由下列反应的 $\Delta_r G_m^{\ominus}$ 求算：

$$M(s) + 2H^+(aq) \xlongequal{\quad} H_2(g) + M^{2+}(aq)$$

若将该反应设计成一个原电池，并忽略过程的熵变，则

$$\Delta_r G_m^{\ominus} \approx \Delta_r H_m^{\ominus}(\text{电池}) \approx -2FE^{\ominus}(\text{电池}) = 2FE^{\ominus}(M^{2+}/M)$$
$$\Delta_r H_m^{\ominus}(\text{电池}) = (\Delta_{at} H_m^{\ominus} + \Delta_{I_1+I_2} H_m^{\ominus} + \Delta_{hyd} H_m^{\ominus})_M + \text{常数}$$

即过渡金属电对 M^{2+}/M 的电极电势 $E^{\ominus}$ 取决于金属单质的原子化焓，第一、第二电离能之和及+2 价离子的水合焓。表 1.8.1 列出了第一过渡系元素的 $\Delta_r H_m^{\ominus}$ 及电极电势，并图示于图 1.8.1 中。

$\Delta_{at} H_m^{\ominus}$（曲线④）　呈双峰状。金属原子化需要破坏金属键，而金属键的强度与成单 d 电子的数目有关，由 Ca 的 0 到 Mn 的 5 再到 Zn 的 0，破坏金属键需要消耗的能量应有近似抛物线式的变化规律；但另一方面，金属原子化使具有正常键合的相邻原子的自旋-自旋耦合解体，使自旋平行的电子对数目增多，释放出交换能。根据交换能的概念，未成对的电子数越多释放出的交换能越多，因而这部分能量应有近似反抛物线形。将二者加和将得到曲线④。

表 1.8.1 第一过渡系元素的 $\Delta_r H_m^\ominus$ 及电极电势

元素		Ca	Sc	Ti	V	Cr	Mn	Fe	Co	Ni	Cu	Zn
$\frac{\Delta_{I_1+I_2} H_m^\ominus}{kJ \cdot mol^{-1}}$		1735	1866	1968	2063	2245	2226	2320	2404	2490	2703	2639
$\frac{\Delta_{at} H_m^\ominus}{kJ \cdot mol^{-1}}$		178	378	470	515	397	281	417	425	430	339	131
$\frac{\Delta_{hyd} H_m^\ominus}{kJ \cdot mol^{-1}}$	实验值	1586.6	—	1866.1	1895.4	1949.7	1867.7	1954.3	2037.6	2076.9	2119.2	2060.6
	扣除 LFSE 后的值				1714.8	1850.1	1867.7	1904.9	1948.8	1932.8		
$\frac{\Delta_r H_m^\ominus}{kJ \cdot mol^{-1}}$		−549.6	—	−304.1	−193.4	−183.7	−238.7	−93.3	−84	−32.9	+42.8	−166.6
$\frac{E^\ominus(M^{2+}/M)}{V}$		−2.87	—	−1.63	−1.18	−0.91	−1.18	−0.44	−0.277	−0.23	+0.34	−0.763

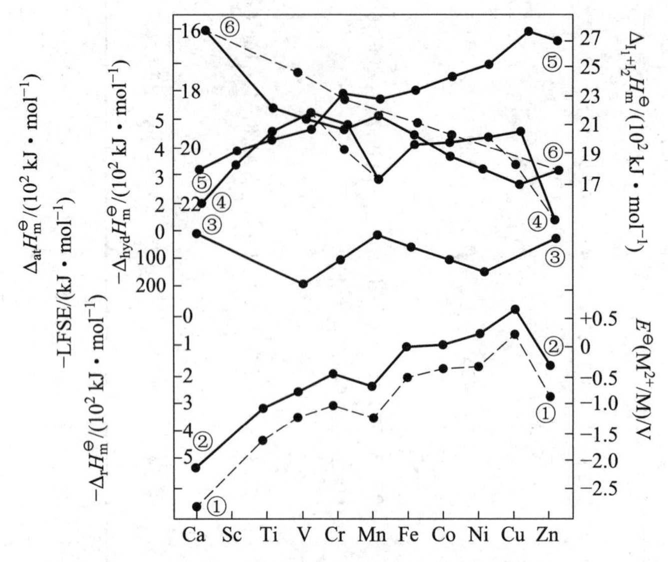

图 1.8.1 第一过渡系元素的一些热数据的图示

$\Delta_{I_1+I_2}H_m^{\ominus}$(曲线⑤) 总趋势是增加的,但在 Cr 和 Cu 处出现了凸起。其总趋势归因于有效核电荷的增加,凸起则是其余元素都是 $3d^n4s^2$,而 Cr 为$3d^54s^1$、Cu 为 $3d^{10}4s^1$之故。

$\Delta_{hyd}H_m^{\ominus}$(曲线⑥) 呈反双峰状。反双峰变化归因于配位场稳定化能(曲线③)的贡献。

将这三条曲线加起来,再加上关于氢的各项得到图中表示 $\Delta_rH_m^{\ominus}$的曲线②。该曲线从左到右向上倾斜,很明显,这是由 $\Delta_{I_1+I_2}H_m^{\ominus}$所控制的。曲线的不规则性归于 $\Delta_{at}H_m^{\ominus}$和 $\Delta_{hyd}H_m^{\ominus}$的变化,前者呈双峰状,后者呈反双峰状,只是后者变化的幅度比前者小(这是因为配位场稳定化能的贡献不是太大),二者叠加再加到 $\Delta_{I_1+I_2}H_m^{\ominus}$之上就得到 $\Delta_rH_m^{\ominus}$的变化趋势。可以看到,除个别地方外,$\Delta_rH_m^{\ominus}$的整体变化都与原子化焓的变化一致,只是幅度稍小一些而已。

曲线①为 $E^{\ominus}(M^{2+}/M)$的变化曲线,它与 $\Delta_rH_m^{\ominus}$的曲线基本平行。从这条曲线可以看到,Fe、Co、Ni 及 Cu 的还原性均不如 Zn 的还原性,这是由于这四种元素的成单 d 电子对强化金属键作出了贡献,Zn 没有成单的 d 电子,没有这种贡献,所以 Zn 的还原性强。Mn 的还原性大于 Cr 的还原性,这是因为 Mn^{2+}的五个成单 d 电子的特殊稳定性和 Cr 由 $3d^54s^1$转变为 $3d^4$要失去一个 d 电子所需消耗的能量较多。

8.6.2 第一过渡系电对 M^{3+}/M^{2+}的电极电势

过渡金属电对 M^{3+}/M^{2+}的电极电势 $E^{\ominus}(M^{3+}/M^{2+})$可由反应的 $\Delta_rG_m^{\ominus}$求算。

$$M^{3+}(aq) + \frac{1}{2}H_2(g) = H^+(aq) + M^{2+}(aq)$$

由于反应是在溶液中进行的,因而与单质无关,不受原子化焓的影响。将该反应设计成一个原电池,并忽略过程的熵变,则

$$\Delta_rG_m^{\ominus} \approx \Delta_rH_m^{\ominus}(\text{电池}) \approx -FE^{\ominus}(\text{电池}) = -FE^{\ominus}(M^{3+}/M^{2+})$$

对于该反应，可以设计一个热化学循环：

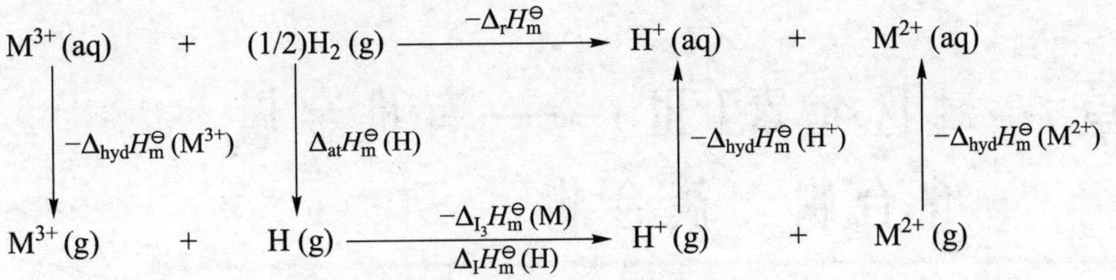

$$
\begin{array}{ccccccc}
M^{3+}(aq) & + & (1/2)H_2(g) & \xrightarrow{-\Delta_r H_m^{\ominus}} & H^+(aq) & + & M^{2+}(aq) \\
\downarrow -\Delta_{hyd}H_m^{\ominus}(M^{3+}) & & \downarrow \Delta_{at}H_m^{\ominus}(H) & & \uparrow -\Delta_{hyd}H_m^{\ominus}(H^+) & & \uparrow -\Delta_{hyd}H_m^{\ominus}(M^{2+}) \\
M^{3+}(g) & + & H(g) & \xrightarrow[\Delta_I H_m^{\ominus}(H)]{-\Delta_{I_3}H_m^{\ominus}(M)} & H^+(g) & + & M^{2+}(g)
\end{array}
$$

$$
\begin{aligned}
\Delta_r H_m^{\ominus}(\text{电池}) &= (\Delta_{at}H_m^{\ominus} + \Delta_I H_m^{\ominus} + \Delta_{hyd}H_m^{\ominus})_H - [\Delta_{hyd}H_m^{\ominus}(M^{3+}) + \Delta_{I_3}H_m^{\ominus} - \Delta_{hyd}H_m^{\ominus}(M^{2+})]_M \\
&= -[\Delta_{hyd}H_m^{\ominus}(M^{3+}) + \Delta_{I_3}H_m^{\ominus} - \Delta_{hyd}H_m^{\ominus}(M^{2+})]_M + \text{常数}
\end{aligned}
$$

即过渡金属电对 M^{3+}/M^{2+} 的电极电势 $E^{\ominus}$ 取决于原子的第三电离能和两种离子的水合焓之差。由于 $\Delta_{I_3}H_m^{\ominus}$ 比 $\Delta_{hyd}H_m^{\ominus}$ 大得多，所以影响电对电极电势 $E^{\ominus}$ 的决定因素为 $\Delta_{I_3}H_m^{\ominus}$，由下列数据可看出 $\Delta_{I_3}H_m^{\ominus}$ 和 $E^{\ominus}$ 二者之间的关系。

元素	Ca	Sc	Ti	V	Cr	Mn	Fe	Co	Ni	Cu	Zn
$\Delta_{I_3}H_m^{\ominus}/(kJ\cdot mol^{-1})$	4912	2389	2652	2828	2987	3248	2957	3232	3393	3554	3833
$E^{\ominus}(M^{3+}/M^{2+})/V$	—	—	−0.37	−0.256	−0.41	+1.51	+0.77	+1.81	—	—	—

反常的情况是 $E^{\ominus}(Cr^{3+}/Cr^{2+})$ 突出地低，这是由于 Cr^{2+} 的 $t_{2g}^3e_g^1$ 转变为 Cr^{3+} 的 $t_{2g}^3e_g^0$，伴随着配位场稳定化能的增加，有额外的能量放出，而其他离子，如 $Ti^{2+}(t_{2g}^2)$、$V^{2+}(t_{2g}^3)$ 转变为 M^{3+} 时都有配位场稳定化能的损失。

第9章 d区元素(Ⅲ)——有机金属化合物 簇合物

9.1 有效原子序数规则

9.1.1 有效原子序数规则

有效原子序数(effective atomic number,EAN)规则是说化合物中金属原子的总电子数加上配体所提供的σ电子数之和等于下一个稀有气体原子的有效原子序数,或金属原子的价电子数加上配体所提供的σ电子数之和等于18或等于最邻近的下一个稀有气体原子的价电子数。

EAN规则亦称为18电子规则,这个规则实际上是金属原子与配体成键时倾向于尽可能完全使用它的九条价轨道(五条d轨道、一条s轨道、三条p轨道)的表现。

需要指出的是,有些时候,它不是18电子而是16电子。这是因为18电子意味着全部d、s、p价轨道都被利用,金属外面电子过多,意味着负电荷累积,此时假定能以反馈键M→L的形式将负电荷转移至配体,则18电子结构的配合物稳定性较强;如果配体生成反馈键的能力较弱,不能从金属原子上移去很多的电子云密度时,则形成16电子结构的配合物。某些有机过渡金属化合物的金属原子周围仅有16个电子,也往往表现出同样的稳定性,甚至更稳定。例如,$Pt(PEt_3)_2RCl$在与py的反应过程中生成了三角双锥结构的18电子中间体$Pt(PEt_3)_2R(py)Cl$,最终又变成平面正方形的16电子产物$Pt(PEt_3)_2R(py)$。正因为此,EAN规则有时被直接称为18电子和16电子规则。

EAN规则是从实验中总结出来的,用它可以指导有机金属化合物和羰基化合物的研究工作。

按照下列规则确定电子数:

(1) 把配合物看成给体-受体的加合物,配体给予电子,金属接受电子。

(2) 经典单齿配体,如胺、膦、卤离子、CO、H^-、烷基阴离子R^-和芳基阴离子Ar^-,都看作二电子给予体。

(3) NO为三电子配体。

(4) η^n是键合到金属上的一个配体上的配位原子数n的速记符号。η表示“hapto”,源于希腊文“haptein”,是固定的意思。η^n型给予体,如η^1-$C_5H_5^-$为σ给予体,而η^5-$C_5H_5^-$、η^6-C_6H_6等为π给予体。其中,对电中性给予体,n就是给予的电子数;对阴离子给予体,如η^1-$C_5H_5^-$和

η^5-$C_5H_5^-$,则给予的电子数分别为 2 和 6。但在计算总电子数时,为简化起见,有时则将其当成是电中性的,此时,n 为给予的电子数,当然,这时中心金属离子的电荷也要相应地减少。

(5) M—M 键和桥联基团(如 M—CO—M)中的化学键表示共用电子对,规定一条化学键给一个金属贡献一个电子。

(6) 在配合阴离子或配合阳离子的情况下,可以把离子的电荷算在金属上,负电荷增加电子,正电荷减去电子。

9.1.2　EAN 规则的应用

1. 估计羰基化合物的稳定性

稳定的结构是 18 电子或 16 电子结构,奇数电子的羰基化合物可通过下列三种方式得到稳定:

(1) 从还原剂夺得一个电子成为阴离子$[M(CO)_n]^-$。

(2) 与其他含有一个未成对电子的原子或基团以共价键结合成 $HM(CO)_n$或 $M(CO)_nX$。

(3) 彼此结合成为二聚体。

2. 估计反应的方向或产物

如在 $Cr(CO)_6$ 和 C_6H_6 的反应中,由于苯分子是一个六电子给予体,可取代出三个 CO 分子,因此预期其产物为 $Cr(C_6H_6)(CO)_3$ 和 CO。

又如在 $Mn_2(CO)_{10}$和 Na 的反应中,由于 $Mn_2(CO)_{10}$的总价电子数等于 34,平均一个 Mn 的电子数为 17,为奇电子体系,因而预期可从 Na 夺得一个电子成为阴离子,即产物为$[Mn(CO)_5]^-$和 Na^+。

3. 估算多原子分子中存在的 M—M 键数,并推测其结构

如 $Ir_4(CO)_{12}$,4Ir 的电子数为 $4\times9=36$,12CO 的电子数为 $12\times2=24$,电子总数等于 60,平均每个 Ir 周围有 15 电子。

按 EAN 规则,每个 Ir 还缺三个电子,因而每个 Ir 必须同另三个金属形成三条 M—M 键方能达到 18 电子的要求,显然通过形成四面体原子簇的结构,就可达到此目的。

4. 预测化合物的稳定性

如二茂铁鎓离子$[Fe(\eta^5\text{-}C_5H_5)_2]^+$为 17 电子结构、二茂钴$Co(\eta^5\text{-}C_5H_5)_2$为 19 电子结构,可以预料它们分别可以得到一个电子和失去一个电子成为 18 电子结构,故前者是一种氧化剂,后者是一种还原剂。

需要指出的是,有些配合物并不符合 EAN 规则。事实上,18 电子规则将配合物的稳定性看成仅取决于中心原子必须具有稀有气体的电子构型,本质上未涉及键合的复杂情况,对金属的价态、配体的性质、浓度、溶剂等影响因素也未加考虑。

以 $V(CO)_6$ 为例,它周围只有 17 个价电子,预料它须形成二聚体才能变得稳定,但实际上 $V_2(CO)_{12}$还不如 $V(CO)_6$ 稳定。其原因是空间位阻妨碍二聚体的形成。因为当形成 $V_2(CO)_{12}$时,V 的配位数变为 7,配体过于拥挤,配体之间的排斥作用超过了二聚体中 V-V 的成键作用,所以最终稳定的是 $V(CO)_6$ 而不是二聚体。

9.2 金属羰基化合物

9.2.1 概述

金属羰基化合物(简称羰合物)是金属特别是过渡金属与中性配体 CO 形成的一类化合物,如 $Fe(CO)_5$。虽然 CO 不是有机物,但是因为羰合物中 M 与 CO 之间形成的是 M—C 键,所以习惯上把它们归属于有机金属化合物。

金属羰基化合物有单核、双核和多核之分,还有异核羰合物如 $(CO)_5MnCo(CO)_4$、混配型羰合物如 $Mn(CO)_3(\eta^5-C_5H_5)$、羰基配阴离子如 $[Co(CO)_4]^-$ 和 $[V(CO)_6]^-$、羰基配阳离子如 $[Mn(CO)_6]^+$、羰基氢化物如 $MnH(CO)_6$、羰基卤化物如 $M(CO)_4X_2$(M = W、Mo,X = Br、I)等。

金属羰基化合物有下列三个显著特点:

(1) 金属与 CO 之间的化学键很强。虽然 CO 并不是一种很强的 Lewis 碱,但它却能够同金属形成很强的化学键。如在 $Ni(CO)_4$ 中,Ni—C 键键长为183.8 pm,键能为 147 $kJ \cdot mol^{-1}$,这个键能值与 I—I 键键能值(150 $kJ \cdot mol^{-1}$)和C—O单键键能值(142 $kJ \cdot mol^{-1}$)相差不多。

(2) 在这类化合物中,中心原子总是呈现出较低的氧化态,通常为 0,有时也为接近 0 的正值或负值。氧化态低使得有可能电子占满 dπ-MO,从而使 M→L 的 π 电子转移成为可能。

(3) 这些化合物大多服从有效原子序数规则。

最早发现的金属羰基化合物是$Ni(CO)_4$,它是在 1890 年被 Mond 发现的。将 CO 通过还原镍丝,然后再燃烧,就发出绿色的光亮火焰(纯净的 CO 燃烧时发出蓝色火焰)。若将这种气体冷却,则得到一种无色液体;若加热这种气体,则分解出 Ni 和 CO,其反应如下:

$$Ni + 4CO \xrightarrow{\text{常温常压}} Ni(CO)_4(\text{mp} -25\ ℃) \xrightarrow{\triangle} Ni + 4CO$$

1891 年,Mond 还发现 CO 在 493 K 和 2×10^7 Pa 下通过还原 Fe 粉能比较容易地制得 $Fe(CO)_5$:

$$Fe + 5CO \xrightarrow{493\ K,20\ MPa} Fe(CO)_5$$

由于 Fe、Co、Ni 的相似性,它们常常共存。但是由于金属 Fe、Co、Ni 同 CO 的反应条件不同(Co 也必须在高压下才能与 CO 化合),从而利用上述反应可将 Ni 同 Fe 和 Co 分离,并制取高纯度的 Ni。

继羰基 Ni 及羰基 Fe 被发现之后,人们又陆续制得了许多其他过渡金属羰基化合物。

大多数羰合物都是挥发性固体或憎水液体,它们都不同程度地溶解于非极性溶剂。羰合物熔点低、易升华,是典型的共价化合物。除 $V(CO)_6$ 和钴的羰合物以外,其他的羰合物在空气中都可以稳定存在,但受热会分解。在使用液态的 $Fe(CO)_5$ 和 $Ni(CO)_4$ 时更应小心,因为它们有毒,与空气中混合时会发生爆炸。

9.2.2 CO 的性质

1. 分子轨道

CO 是有机金属化学中最常见的 π 接受体(π 酸)配体,主要通过 C 原子与金属原子成键。

在CO的四条被电子占据的分子轨道中(见图1.1.2),4σ成键轨道由于电子云大部分集中在C、O核之间,不能拿出来给予其他原子,因此,能给予中心金属原子电子对的只有3σ、1π和5σ的电子。其中,3σ和5σ分别具有氧和碳的孤电子对的性质,3σ的能量比5σ的低。除少数情况之外,氧很难将其3σ电子对拿出来给予中心金属原子,因此,可能与中心金属原子形成σ配键的就只有1π和C原子的5σ电子。

2. CO的配位方式

CO分子可以以多种方式与金属配位。

(1) 端基配位和侧基配位

端基配位是指CO中C原子上的孤电子对5σ填入金属离子的空轨道,生成σ配键,其结构单元为直线形或接近直线形。侧基配位是指CO中的1π电子填入金属离子的空轨道。

实验发现,在大多数情况下,CO都是端基配位。侧基配位通常出现在下列情况中:

5σ C≡O
1π
M_1—M_2

此时,CO可认为是一个四电子给予体,它一方面以5σ孤电子对同M_1配位,同时又以1π电子同M_2配位。

然而,不管是端基配位还是侧基配位,配位的过程都是CO将电子填入金属的空轨道,结果将使金属原子上集中了过多的负电荷。为了不使中心金属原子上累积过多负电荷,中心金属原子可以将自己的d电子反馈到CO分子上,形成反馈π键。显然,CO分子中能够接受中心金属原子反馈的d电子的轨道只能是最低未占据的$2\pi^*$反键轨道。

反馈π键的形成,使电子从中心金属原子转入CO的π^*轨道(等价于CO的非键σ电子转入了π^*轨道),其结果使C≡O键的强度削弱和金属-配体间的键增强,表现在C≡O键键长增加(由自由CO的112.8 pm增加到115 pm),C—O间的伸缩振动频率下降(由自由CO的2143 cm^{-1}下降到大约2000 cm^{-1}),而M—C间的键长却缩短。这些实验事实不仅支持反馈键的论述,也表明了反馈键的形成使得CO内部键削弱和中心原子与配体的键合加强。

σ配键和反馈π键的形成是同时进行的,称为协同成键,这种协同成键作用生成的键称为σ-π键。这种协同作用十分重要,因为金属的电子反馈进入CO的π^*轨道,减少了由于生成σ配键引起的金属上增多的负电荷,而且从整体来看,又使CO的电子云密度增大,从而增加了CO的Lewis碱度,即给电子能力,给电子能力加强,结果又使σ配键加强;另一方面,CO把电子流向金属生成σ配键,则使CO的电子云密度减小,加强了CO接受反馈π电子的能力,即CO的Lewis酸性增加;同时金属原子周围因生成σ配键而积累的负电荷能促使反馈π键的形成,即σ配键的形成加强了π键。

(2) 边桥基配位

边桥基配位出现在双核或多核羰基化合物中,用符号“μ_2-CO”表示,“μ_2”表示桥联两个原子。CO作为两电子配体,一方面能够同时和两个金属原子的空轨道重叠,另一方面金属原子充满电子的轨道也能同CO的π^*反键轨道相互作用,形成反馈键。结果是CO作为一座桥将两个金属连接到一起。

(3) 半桥基配位

半桥基配位,实际上是一种高度不对称的边桥基配位,出现在电荷不对称的双核或多核羰基化合物中。

例如,有这样一个体系,其中 Fe→Fe′配键的形成导致电荷分布的极性(即 $Fe^{\delta+}$→$Fe'^{\delta-}$),这时就可能出现 CO 半桥基配位。此时,CO 将它的 5σ 孤电子对给予带部分正电荷的 $Fe^{\delta+}$原子,生成 σ 配键;同时也以空 π^* 反键轨道接受来自带部分负电荷的 $Fe'^{\delta-}$的 d 电子,形成反馈 π 键。即 CO 与 $Fe^{\delta+}$之间是通常的端基配位;与此同时,CO 又从 $Fe'^{\delta-}$原子接受电子形成反馈 π 键。结果降低了 $Fe'^{\delta-}$上的负电荷,中和了 $Fe^{\delta+}$上多余的正电荷,从而配合物分子得以稳定。

(4) 面桥基配位

在多核羰基化合物中,一个 CO 可以和三个金属原子结合形成面桥基,面桥基一般用"μ_3-CO"表示,"μ_3"表示桥联三个原子。在配位时,CO 的碳原子上含孤电子对的轨道可以同符号相同的三个金属原子的组合轨道相重叠,而 CO 上的空 $2\pi^*$ 反键轨道又能从对称性相匹配的金属原子的组合轨道接受电子,形成反馈 π 键。

下面列出 CO 配位后 C—O 间的伸缩振动频率的变化:

	$(CH_3)_2C=O$	自由 CO	端基 CO	桥基 CO	面桥基 CO
ν_{CO}/cm^{-1}	1750	2143	2000±100	1800±75	1625

9.3 金属类羰基配合物

N_2、NO^+、CN^-、CS 和 CO 分子是等电子体,还有 CNR 及ⅤA 族的+3 价化合物 AR_3 等,它们在同过渡金属成键时与 CO 很类似,故将它们称为类羰基配体。它们同样可以既作为 σ 电子给予体(Lewis 碱),又作为 π 电子接受体(Lewis 酸)起作用。

9.3.1 分子氮配合物

1. 分子氮配合物的化学键

N_2(见图 1.1.1)和 CO 是等电子分子,结构相似,两个 N 原子由两条 π 键和一条 σ 键连接。预期 N_2 分子会同 CO 分子一样同过渡金属形成配合物。在配位时,氮原子上的孤电子对占据过渡金属的空价电子轨道形成 σ 键,与此同时,金属的 d 电子反馈到 N_2 分子的 π^* 轨道,形成反馈 π 键。

但是,N_2 和 CO 在成键能力上是有差别的。将 N_2 和 CO 的分子轨道能级进行比较发现,N_2 的最高占据轨道低于 CO 的最高占据轨道,说明 N_2 分子不容易给出电子形成 σ 键,它是比 CO 弱的 σ 电子给予体;而 N_2 的次最高占据轨道也略低于 CO 的次最高占据轨道,说明 N_2 的 π 电子也较 CO 难以给出;N_2 的最低未占据轨道的能级却高于 CO 的最低未占据轨道的能级,说明 N_2 分子不容易接受电子形成反馈 π 键。因此,N_2 的 σ 电子的给予能力和 π 电子的接受能力都不如 CO,故分子氮配合物没有羰合物那样容易形成。

2. N_2 分子的配位方式

(1) 端基配位

与金属羰基化合物相似,其 σ-π 成键相当于 N_2 分子将其 σ 孤电子对转移到 π^* 反键轨道,其结果是 N≡N 之间键级减小,键强削弱,N≡N 键键长增长。红外光谱研究表明,分子氮配合物中 N_2 分子的伸缩振动频率一般比自由氮分子小 100~300 cm^{-1},最多可达 600 cm^{-1}。这表明,分子氮配合物中的 N_2 分子得到了一定程度的活化,而 N_2 分子的活化是 N_2 分子进一步还原到 NH_3 的先决条件。可以说,N_2 分子的活化为人们从空气中直接固氮打开了一扇大门,而这正是人们长久以来所梦寐以求的目标。

(2) 侧基配位和桥基配位　N_2 分子进行侧基配位时,其次最高占据轨道提供电子给金属的空轨道,形成 σ 型的三中心配位键,而金属充满的 d 轨道同时又和 N_2 分子的最低未占据空轨道形成 π 型三中心反馈键,其 σ-π 协同作用和端基配位的情况基本类似。不过,侧基配位时 N_2 分子的内层次最高占据轨道与金属空轨道重叠不太好,因而这类配合物较不稳定。

N_2 分子还可以作为桥基配体同过渡金属形成双核配合物,两个氮原子既可以同时以端基配位方式,也可以同时以侧基配位方式,还可以以端基-侧基配位方式将两个金属桥联。

分子氮配合物对研究生物固氮和氮、氢化合合成 NH_3 的机理,对于推进化学模拟生物固氮的研究、寻找合成氨的新型催化剂以实现在温和条件下合成氨等方面都具有重要的理论意义和实际意义,所以引起了人们的普遍关注,成为当今无机化学中非常活跃的一个研究领域。

9.3.2　亚硝酰基配合物

含有 NO 配体的配合物叫亚硝酰基配合物。

NO 比 CO 多一个电子,该电子处在 2π(或 π^*)反键轨道上:$(1\sigma)^2(2\sigma)^2(3\sigma)^2(4\sigma)^2(1\pi)^4(5\sigma)^2(2\pi)^1$。预期 NO 易失去该电子形成 NO^+(亚硝酰基阳离子),NO^+ 与 CO 是等电子体。气态 NO 的键长为 115.1 pm,ν_{NO} = 1904 cm^{-1}。NO^+ 的键长为 106.2pm,ν_{NO^+} 增加到 2376 cm^{-1}。

NO 的端基配位方式有两种情况:

第一种情况,也是大多数情况下,NO 以直线形同过渡金属配位,此时,处于反键 π^* 轨道上的那个电子首先转移到金属原子上形成 NO^+,$M + NO \longrightarrow NO^+ + M^-$,$NO^+$ 与金属 M^- 的配位方式同 CO 一样,即 NO^+ 向金属 M^- 提供一对电子形成 σ 配键,而 M^- 提供 d 电子、NO^+ 的反键 π^* 轨道接受 M^- 的 d 电子形成反馈 π 键,亦即形成 σ-π 键体系。直线形一般出现在贫电子体系中。从化学计量关系看,两个 NO 可替代三个双电子配体。

另一种情况,NO 以弯曲形同过渡金属配位,此时 NO 作为一电子给予体给出一个电子,金属给出一个电子,形成 σ 单键,而 N 原子上还余一对孤电子对,正因为这一对孤电子对才导致 M—N—O 弯曲,其中的 N 原子采取 sp^2 杂化, M—N≡O 键角接近 120°。弯曲形一般出现在富电子体系中。

当 NO 同其他配体一起与金属形成混配型配合物时,如果是贫电子体系,M—NO 为直线形,NO 作为三电子给予体配位;而在富电子体系中,M—NO为弯曲形,NO 作为一电子给予体配位。例如,$[Co(二胂)NO]^{2+}$ 中 M—NO 键呈直线形,NO 是三电子给予体,整个离子满足 18 电子规则。但是当和 SCN^-(二电子给予体)反应后,Co 的价层又增加了一对电子,此时 NO 变成为一电子给予体,结果$[Co(二胂)(NO)(NCS)]^+$ 仍然遵从 18 电子规则,不过,Co—NO 键变为弯曲形,Co—N≡O 键角为 135°,典型的弯曲形亚硝酰基配合物还有 $[Co(en)_2Cl(NO)]^+$、$[IrCl(CO)(PPh_3)(NO)]^+$、$Ir(CH_3)(PPh_3)_2(NO)$ 等。

一般说来,弯曲形的 M—N 键比直线形的键稍长,其 ν_{NO}(1526~1690 cm^{-1})又比直线形

(1800~1900 cm^{-1})的低。

除端基配位外,NO 还可以以桥基方式配位,有连二桥式和连三桥式之分。其中与金属所生成的 σ 单键所需的电子由 NO 和金属原子共同供给,但这些情况比较少见。μ_2-NO 配体向一个金属提供 2 个电子,而向另一个金属原子提供 1 个电子; μ_3-NO 桥联时,NO 给每个金属提供 1 个电子,ν_{NO}为1320 cm^{-1},但这种情况极为少见。

单纯的亚硝酰基配合物比较少见,到目前为止只得到了 $Cr(NO)_4$。而混配型配合物则为数较多,如 $V(CO)_5(NO)$、$(\eta^5-C_5H_5)Cr(NO)_2Cl$、$(\eta^5-C_5H_5)Mo\cdot(CO)_2(NO)$、$(\eta^5-C_5H_5)_3Mn_3(NO)_4$、$[(\eta^5-C_5H_5)Fe(NO)]_2$、$Fe(CO)_2(NO)_2$、$Co(CO)_3(NO)$、$Ni(\eta^5-C_5H_5)(NO)$、$Mn(CO)_4(NO)$。

上述 CO、N_2、NO 等配体,均为 σ 电子对给予体,所以是 Lewis 碱;但同时又都有不同程度的接受反馈 π 电子的能力,因而又都是 Lewis 酸。类似的配体还有很多,如 CN^-、AR_3^-、醇、酰胺等。它们中有许多以接受 π 电子而形成反馈 π 键为主,据此,人们将这类配体称为 π 酸配体,由这类配体形成的配合物称为 π 酸配合物。

9.4 烷基配合物

σ 键合的烷基是单电子配体,现已制得的过渡金属与甲基形成的二元 σ 键合物有$Ti(CH_3)_4$、$Cr(CH_3)_4$、$W(CH_3)_6$、$Re(CH_3)_6$ 等,这些化合物一般都不如过渡后金属元素的烷基化合物稳定。过渡金属与其他烷基构成的二元有机金属化合物更不稳定,因而大部分未能制备出来或仅作为不稳定的中间体存在。

在烷基配合物中过渡金属和 sp^3 杂化的碳原子有两种成键类型:一种是通常的金属-烷基配位($M—CH_2R$),烷基配合物的 M—C 键中的碳原子为 sp^3 杂化,M—C 键缺少 π 键成分;另一种是烷基配体作桥基配体。

9.5 金属-卡宾和卡拜化合物

在有机金属化合物中,金属和卡宾(carbene)或卡拜(carbyne)形成的化合物分别含有 M═C 双键和 M≡C 三键。

金属-卡宾化合物可用通式 $L_nM═CR_2$ 表示,金属-卡拜化合物可用通式 $L_nM≡CR$ 表示。已知的 R 有 H、烷基、芳基、$SiMe_3$、NEt_2、PMe_2、SPh 和 Cl 等。

金属-卡宾化合物和金属-卡拜化合物都有两种不同的键合方式,分别是 Fischer 型和 Schrock 型。

Fischer 型的特征:金属的氧化态低,含 π 接受配体 L,卡宾或卡拜碳原子含 π 给予体取代基 R,这类碳原子带部分正电荷,因而具有亲电性。

Schrock 型的特征:金属的氧化态高,无 π 接受配体 L,无 π 给予体取代基 R,这类卡宾或卡拜碳原子带部分负电荷,因而具有亲核性。

过渡金属-卡宾化合物除在卡宾碳原子部位的亲电或亲核反应外,和其他配合物类似,也可发生配体取代反应和氧化还原反应等一系列反应。

和金属-卡宾化合物类似,金属-卡拜化合物也可发生一系列的亲核或亲电反应,但分子轨道法的计算表明,无论是 Fischer 型还是 Schrock 型的中性金属-卡拜化合物,三键的极性方向均可表示为 $\overset{\delta+}{M}\equiv\overset{\delta-}{C}$,因此,可以预示,亲核试剂总是向金属原子进攻,而亲电试剂总向卡拜碳原子进攻。

金属-卡拜化合物可通过加成反应转变为金属-卡宾化合物。

9.6　不饱和链烃配合物

过渡金属的不饱和链烃配合物是以链状的烯烃、炔烃、π 烯丙基等 π 配体与过渡金属形成的一类重要的有机金属化合物。

同 π 酸配合物相比,其成键特征是配体的 π 电子填入中心离子的空轨道,因此称为 π 配合物。

9.6.1　链烯烃配合物

Zeise 盐 $K[Pt(\eta^2\text{-}C_2H_4)Cl_3]$ 是过渡金属链烯烃配合物的典型实例,早在 1825 年就被 Zeise 合成出来,但直到 1954 年才确定它的结构。

在 Zeise 盐中,Pt(Ⅱ)与三个氯原子共处一个平面,该平面与乙烯分子的C═C键键轴垂直,并交于 C═C 键键轴的中点,这样一来,三个氯原子与 C═C 键的中点组成的平面接近平面正方形。

Zeise 盐阴离子 $[Pt(\eta^2\text{-}C_2H_4)Cl_3]^-$ 的中心离子 Pt(Ⅱ)具有 d^8 电子构型,在形成配合物时,它以其空 dsp^2 杂化轨道分别接受来自配体 Cl^- 的孤电子对和乙烯分子的成键 π 电子。

当乙烯和 Pt(Ⅱ)成键时,乙烯充满电子的 π 轨道和 Pt(Ⅱ)离子的 dsp^2 杂化轨道重叠,形成三中心 σ 配键 $Pt\leftarrow\begin{matrix}C\\ \|\\ C\end{matrix}$,其中 Pt(Ⅱ)是电子对接受体,乙烯分子是电子对给予体;同时 Pt(Ⅱ)离子充满电子的 d 轨道和乙烯的反键 π^* 轨道重叠形成另一个三中心反馈 π 键, $Pt\rightarrow\begin{matrix}C\\ \|\\ C\end{matrix}$,此时,Pt(Ⅱ)是电子的给予体,乙烯分子是电子的接受体。因此,Pt(Ⅱ)和 C_2H_4 之间的化学键为 σ-π键。

乙烯成键 π 轨道的给电子能力并不强,但由于反馈 π 键的作用,促使乙烯的 π 键电子向中心金属原子的空 σ 轨道上转移,从而加强了 σ 配键。这就是某些过渡金属[如 d^{10} 电子构型的 Cu(Ⅰ)、Ag(Ⅰ)、Hg(Ⅱ)、Pd(0)、Pt(0)和 d^8 电子构型的 Pt(Ⅱ)、Pd(Ⅱ)、Ir(Ⅰ)、Ni(Ⅱ)等]

由于价态低、d 电子多、易反馈电子形成反馈 π 键，所以能与乙烯形成稳定化合物的原因。

Pt(Ⅱ)和乙烯间 σ-π 键的形成削弱了乙烯 C═C 键的强度，在 Zeise 盐晶体中，乙烯 C═C 键键长从自由乙烯分子的 133.7 pm 增加到 137 pm，C═C 键的伸缩振动频率则从自由乙烯分子的 1623 cm^{-1}降低到 1526 cm^{-1}。这意味着乙烯分子受到了活化，容易进行化学反应。事实上，烯烃和过渡金属配位后，确实容易发生加氢反应。因此，许多过渡金属化合物都是烯烃氢化的良好催化剂。

需要指出的是，如果配体含有一个以上的双键时，那么配体分子就可以提供一对以上的 π 电子形成多个 σ-π 键，起多齿配体的作用。

9.6.2 炔烃配合物

和烯烃配体类似，炔烃配体也是用 π 电子对与金属原子配位的。与烯烃不同的是炔烃有两组相互垂直的 π 和 π^* 轨道，这两套轨道可以同时参与同一个金属成键，生成很强的 M—炔键单核配合物，也可以各自同各自的金属相互作用，生成多核配合物，炔烃在其中起桥基的作用。因此，炔烃可以同一个金属原子，也可以同两个、三个或四个金属原子配位。在那些多核配合物中，炔烃是桥基配体。

炔烃配合物与烯烃配合物有许多相似之处，例如，乙炔可以代替 Zeise 盐中的乙烯形成 $[Pt(\eta^2-C_2H_2)Cl_3]^-$。炔烃配位后 C≡C 键键长从原来的 120 pm 增至 124~140 pm，带 R 取代基的炔烃配位后，R—C≡C 键角则从 180°减小到 140°~160°，R 取代基远离金属原子。

9.7 金属环多烯化合物

过渡金属化合物是环多烯化合物，这类化合物都有夹心型结构，即过渡金属原子夹在两个环烯配体之间，因而被戏称为“sandwich compound”(三明治化合物)，其中最典型的是二茂铁和二苯铬。而且，已经发现，几乎所有的 d 区过渡金属都可以生成类似于二茂铁的配合物。

生成夹心型化合物的金属元素主要是过渡元素中的ⅣB～ⅦB 族和除 Pt 外的Ⅷ族元素。镧系和锕系元素也能生成夹心型化合物，但其结构和键型与 d 区元素的有所不同。

夹心型化合物中的环多烯配体以 π 电子数为 6 的环戊二烯阴离子($C_5H_5^-$)和苯(C_6H_6)最为重要。

9.7.1 茂夹心型化合物

1. 环戊二烯阴离子

环戊二烯阴离子 $C_5H_5^-$ 简称茂(Cp)，它可直接从环戊二烯 C_5H_6 制备或从含有环戊二烯阴离子的金属盐或共价化合物获得。最常用的试剂是环戊二烯钠(NaC_5H_5)，它直接由环戊二烯制得：

$$C_{10}H_{12} \xrightarrow{\triangle} 2C_5H_6 \xrightarrow[\text{THF}]{\text{Na 砂}} 2NaC_5H_5 + H_2$$

环戊二烯阴离子配体主要以两种结构方式与过渡金属原子配位：一种是$C_5H_5^-$作为一个对称

的 π 配体(含 6 个 π 电子)与金属原子配位,5 个环碳原子与金属原子等距离,C—C 键键长相等,这种成键方式表示为 η^5-$C_5H_5^-$,称为五齿配体;另一种 $C_5H_5^-$ 是一个单齿配体,M—C 键为 σ 键,环中的烯键不参与配位,这种键合方式表示为 σ-$C_5H_5^-$ 或 η^1-$C_5H_5^-$。茂夹心型化合物是按第一种配位方式生成的化合物。

2. 二茂铁的结构

X 射线测定表明,在二茂铁中 Fe 原子对称地夹在两个茂环平面之间,两个茂环之间的距离为 332 pm,所有 C—C 键键长为 140.3 pm,Fe—C 键键长为204.5 pm,由此可得 $\angle CFeC_{max}$ = 67°26′。

茂环可以采取交错型(多存在于固相)和重叠型(多存在于气相)两种构型方式排布。两种构型的能量比较接近,其旋转势垒只有(3.8±1.3) kJ · mol^{-1},远远低于它的升华热 68.16 kJ · mol^{-1},因此,在气相中仍有相当一部分分子是或者接近是交错型构型。

3. 茂夹心型化合物的化学键

茂夹心型化合物二茂铁 Fe(η^5-C_5H_5)$_2$ 的定性分子轨道能级图见图1.9.1,其中每个茂环都可以看作正五角形的,有 5 条 π 分子轨道。它们构成一组强成键、一组二重简并的弱成键和另一组二重简并的强反键分子轨道(图 1.9.2),两个茂环共组成 10 条配体群 π 轨道,分别具有 a、e_1 和 e_2 对称性。

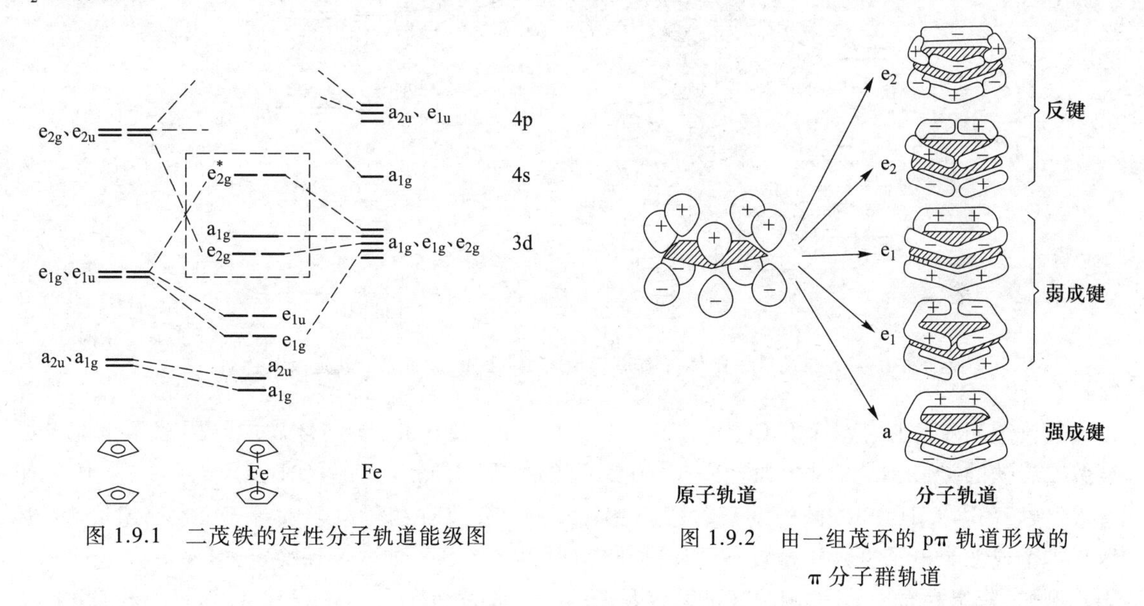

图 1.9.1　二茂铁的定性分子轨道能级图

图 1.9.2　由一组茂环的 pπ 轨道形成的 π 分子群轨道

在图 1.9.1 中,左边是配体两个茂环的 10 条 π 轨道,右边是第一系列过渡元素的 9 条价轨道(3d、4s、4p),中间是两个茂环的 π 轨道和金属价轨道组成的 19 条分子轨道,其中有 9 条成键和非键分子轨道、10 条反键分子轨道(能量较高的反键轨道在图中未全部画出),图中虚线框里表示的是前线轨道。

由 Cp 的配体群轨道与 Fe 原子的价轨道按对称性匹配原则组成的二茂铁的分子轨道示于图 1.9.3 中。由图可见,配体 e_{2u} 轨道在铁原子中找不到对称性与之相当的原子轨道,因而仍保留原来轨道的能级成为非键轨道。配体的 a_{2u}、a_{1g}、e_{1u} 轨道虽然与铁原子的相应轨道对称性相当,但是,由于配体群轨道的轨道瓣的空隙碰巧处于金属 d_{z^2}、p_z、$p_y(p_x)$轨道的锥形节面上,因而在金属轨道与配体群轨道间仅存在微弱作用(微小重叠),反映出来是能级差太大,也不能成键,分别成为非键轨道。只有配体的 e_{1g}轨道与铁原子的 e_{1g}轨道不仅对称性相当,而且能级也最接近,故能形成两个强的 π 键(见图 1.9.1)。因此,Fe^{2+}的 6 个价电子和两个茂环的 12 个电子共 18 个电子(正好符合 EAN 规则),分别填入 a_{1g}、a_{2u}、e_{1g}、e_{1u}、e_{2g}和 a_{1g}等 9 条成键和非键分子轨道中,10 条反键轨道全空,所以二茂铁分子是十分稳定的。分子中不存在单电子,因而二茂铁具有反磁性。另外,由于填充的轨道或者是 a,或者是成对的 e_1和 e_2,所以它们是主轴对称的,可以推测不存在高的转动势垒。所有这些都与实验事实相符。

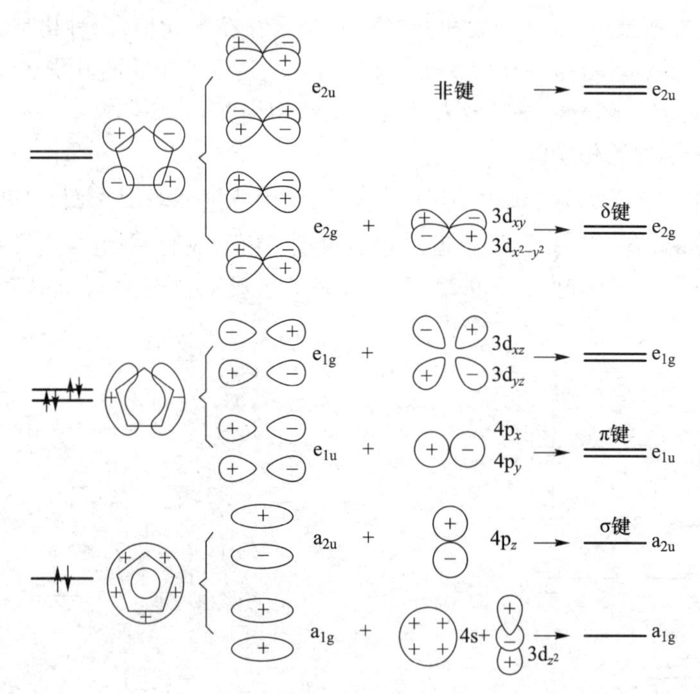

图 1.9.3　二茂铁中配体群轨道和与之相匹配的金属原子轨道及其组合

过渡金属 Ti(Ⅱ)、V(Ⅱ)、Cr(Ⅱ)、Mn(Ⅱ)、Co(Ⅱ)、Ni(Ⅱ)等与环戊二烯阴离子也能形成类似二茂铁的夹心型化合物,如$(\eta^5-C_5H_5)_2V$、$(\eta^5-C_5H_5)_2Cr$、$(\eta^5-C_5H_5)_2Co$、$(\eta^5-C_5H_5)_2Ni$等。但是,$(\eta^5-C_5H_5)_2Co$ 的价电子数等于 19,$(\eta^5-C_5H_5)_2Ni$ 的价电子数等于 20,都超过 18,必然有一个或两个电子进入能量较高的反键轨道,所以二者都不如二茂铁稳定,容易失去电子而氧化。例如,紫黑色的$(\eta^5-C_5H_5)_2Co$ 很容易氧化,生成黄色的$[(\eta^5-C_5H_5)_2Co]^+$。与此相反,$(\eta^5-C_5H_5)_2V$ 的价电子数为 15,$(\eta^5-C_5H_5)_2Cr$ 的价电子数为 16,二者都是缺电子体系,这时,非键分子轨道只能部分充满,为了尽可能达到 18 电子构型,它们容易加合其他给电子的配体。

9.7.2　苯夹心型化合物

重要性仅次于茂夹心型配合物的是苯夹心型配合物,在苯夹心型配合物中以二苯铬最稳定。将金属卤化物、苯、三卤化铝和金属铝一起反应即得二苯铬阳离子,产物在碱性介质中再经连二硫酸钠还原,便得到 0 价的金属夹心型化合物$(C_6H_6)_2Cr$。

二苯铬是一种反磁性的棕黑色固体,熔点为 284~285 ℃,物理性质与二茂铁相似,但热稳定性不如二茂铁。在 573 K 时分解,微溶于有机溶剂,在空气中徐徐氧化成黄色顺磁性的 $[(\eta^6-C_6H_6)_2Cr]^+$,它在空气中稳定,但对光敏感,易发生芳香性取代反应。

二苯铬也具有夹心结构,成键方式和分子轨道能级图都与二茂铁的类似,18 个价电子(Cr 提供 6 个电子,两个 C_6H_6 提供 12 个电子)全部填入成键或非键分子轨道,故该配合物也是抗磁性的。

二苯铬和二茂铁是等电子体。二者的主要差别是二苯铬失电子的能力大于二茂铁失电子的能力。前者可被空气氧化,后者在空气中稳定。二茂铁只有在受到化学氧化或电化学氧化时才生成与二苯铬(Ⅰ)阳离子类似的 $[(C_5H_5)_2Fe]^+$,这是由于 Fe(Ⅱ)的有效核电荷比 Cr(0)的有效核电荷高,使得它周围的电子难以失去。

9.7.3　环辛四烯夹心型化合物

环辛四烯(C_8H_8,COT)能和过渡元素、镧系元素或锕系元素生成与二茂铁类似的夹心型化合物。

COT 环为平面结构,U^{4+} 对称地夹在两个 COT 环之间。$U(COT)_2$ 是一种稳定的绿色晶体,200 ℃时也不分解。

9.8　金属原子簇化合物

金属原子簇化合物(简称簇合物)通常是指 3 个或 3 个以上的金属原子直接键合形成的多面体结构的化合物。

金属簇合物按配体的种类可分类为羰基簇、卤素簇等;按成簇金属元素的异同可分类为同核簇和异核簇;按照成簇金属原子数分类,则有三核簇、四核簇、五核簇……

9.8.1　金属-金属键

按照定义,在簇合物中,金属原子之间是直接键合的,即含 M—M 金属键是簇合物的重要标志。

1. $Mn_2(CO)_{10}$ 中的金属键

按照 18 电子规则,$Mn_2(CO)_{10}$ 有 2×7+10×2=34 个电子,平均每个 Mn 原子有 17 个电子,可以预料在它们的分子中必定存在一个 Mn—Mn 金属键。

氧化态为 0 的 Mn 原子有 7 个价电子,在成键时锰进行了 d^2sp^3 杂化,原来的 7 个电子中,有 6 个占据没有参与杂化的 3 条 d 轨道(另一个电子占据杂化轨道)。6 条杂化轨道中的 5 条用以接受来自 5 个羰基配体的孤电子对,另外一条已充填一个单电子的 d^2sp^3 杂化轨道与另一个锰原子的同样轨道重叠形成 Mn—Mn 金属键。因此,每一个锰都是八面体构型的,而且 OC—Mn—Mn—CO 处于一条直线上。

2. $Co_2(CO)_6(\mu_2\text{-}CO)_2$ 中的金属键

$Co_2(CO)_8$ 有 3 种异构体，其中 $Co_2(CO)_6(\mu_2\text{-}CO)_2$ 异构体有 2 个边桥羰基，分别桥接 2 个钴原子，除此之外，每个钴原子还和 3 个端羰基相连，由于$Co_2(CO)_8$的价电子数为 2×9+8×2=34，平均每个 Co 原子有 17 个电子，预期它们中也存在一个金属键。所以对于每一个钴原子，它的配位数也是 6，也应通过 d^2sp^3 杂化轨道成键。

在 $Co_2(CO)_8$ 中，氧化态为 0 的 Co 原子有 9 个价电子，其中 6 个占据 3 条 d 轨道，剩下的 3 个电子以单电子的形式填入 3 条 d^2sp^3 杂化轨道中，并分别与 2 个 μ_2-CO 和另一个 Co 原子的同样轨道重叠形成 σ 键，余下 3 条空的 d^2sp^3 杂化轨道容纳来自 3 个端羰基的孤电子对。不过，由于 d^2sp^3 杂化轨道之间的夹角为 90°，可以预料，要满足 2 个边桥羰基桥接 2 个钴原子，则 2 个金属原子必须以弯曲的方式才能进行 $d^2sp^3\text{-}d^2sp^3$ 轨道的重叠（图 1.9.4）。

3. $[Re_2Cl_8]^{2-}$ 中的金属键

在上两个例子中，金属键都是单键，而在$[Re_2Cl_8]^{2-}$中，Re 与 Re 之间的金属键却是四重的。该离子有 2×4+8×2=24 个价电子，平均一个 Re 原子有 12 个电子，因此，必须和另一个 Re 原子生成四重金属键才能达到 16 电子结构（由于 Cl^- 接受反馈 π 电子的能力较弱，不能分散中心金属原子累积的负电荷，故只能达到 16 电子结构）。

$[Re_2Cl_8]^{2-}$ 具有 D_{4h} 对称性，Re—Re 键为 C_4 轴，4 个 Cl 原子在 Re 原子周围形成近似平面正方形的排列（图 1.9.5）。

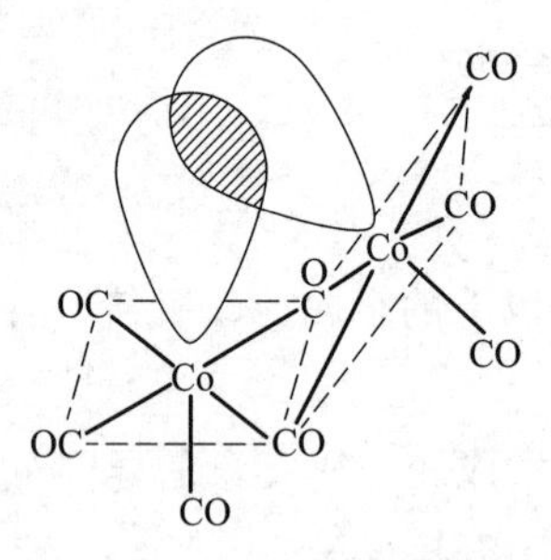

图 1.9.4 $Co_2(CO)_8$ 的结构

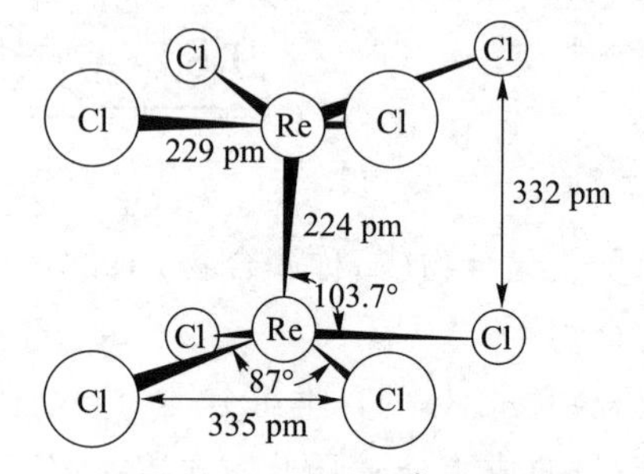

图 1.9.5 $[Re_2Cl_8]^{2-}$ 的结构

定性的分子轨道理论认为，Re 的 $d_{x^2-y^2}$轨道用来同 Cl 形成金属-配体 σ 键（$d_{x^2-y^2}$与 s、p_x、p_y 轨道杂化，产生四条 dsp^2 杂化轨道，用来接受 4 个 Cl^-配体的孤电子对，形成 4 条正常的 σ 键），其余 4 条 d 轨道相互重叠形成 Re—Re 金属键。分子轨道为 $\sigma(d_{z^2}-d_{z^2})$、$\pi(d_{xz}-d_{xz}, d_{yz}-d_{yz})$ 和 $\delta(d_{xy}-d_{xy})$ 3 类，它们分别属于 D_{4h}群的 a_{1g}、e_u和 b_{2g}对称类别。

$[Re_2Cl_8]^{2-}$共有 24 个价电子，8 个 Re—Cl 键用去 16 个价电子，剩下 8 个价电子用来构成 Re—Re键。它们填充在 1 条 σ、2 条 π 和 1 条 δ 分子轨道中，共得到 4 条成键分子轨道，相当于 1 个四重键。如此高的键级可说明金属-金属键缩短了。Re—Re 四重键的键能为 300~500 kJ·mol^{-1}，比一般单键或双键的键能都高，故含四重键的$[Re_2Cl_8]^{2-}$能够稳定存在。

$[Re_2Cl_8]^{2-}$的结构为重叠型，即上下 Cl 原子对齐成四方柱形，Cl—Cl 键键长为 332 pm，小于其 van der Waals 半径（约 350 pm），表明 Cl—Cl 之间部分键合。假如把$[Re_2Cl_8]^{2-}$中的某一个 Re—Cl平面旋转 45°使其成交错型，这时，虽然降低了 Re—Cl 键的排斥能，但两个 Re 原子的 d_{xy}

轨道不再重叠,δ 键因此而遭破坏,键级降低,键能减小,这就是$[Re_2Cl_8]^{2-}$不采取交错型而采取重叠型的理由,这完全是由于 δ 键对空间构型所起的重要作用。不过,由于 d_{z^2}轨道重叠最大,d_{xz}和 d_{yz}其次,d_{xy}最小,所以 Re—Re 四重键中 δ 成分对总键能的贡献较小。

Mo、W 也能生成含四重键的化合物,如$[Mo_2Cl_8]^{4-}$。

9.8.2　18 电子规则在簇合物中的应用

18 电子规则也适用于讨论簇合物的成键作用。也就是说,低氧化态过渡金属簇合物的稳定性是由于金属原子的价层有 18 个电子,如果价电子数不是 18,则由生成金属-金属键来补足。

假定配合物具有 M_nL_m的形式,其中 L 为配体,这些配体可以是 1 电子给予体、2 电子给予体或 5 电子给予体等。再假定每个金属的价电子数为 V,一个配体 L 提供的电子数为 W,则总的价电子数为 $Vn+Wm\pm d$。其中,d 为配合物所带的电荷。

为了满足 18 电子规则,需要的电子数为 $18n$,其间的差额为 $18n-(Vn+Wm\pm d)$,这就是两中心金属键所需要的电子数。因此:

M—M 键的数目 = $[18n-(Vn+Wm\pm d)]/2$

= {满足 18 电子规则所需电子数 − [金属的总价电子数 + 配体提供的总电子数 ± 离子的电荷数(阴离子取 +,阳离子取 −)]}/2

上式为 18 电子规则在簇合物中的应用公式,此公式除能计算 M—M 键的数目从而推测羰基簇的骨架结构之外,还可以预测某些簇合物中存在的多重键的数目。

若羰基簇的通式为 $M_n(CO)_m$,每个金属的价电子数为 V,CO 提供 2 个电子,则 $M_n(CO)_m$的实际总价电子数等于 $Vn+2m$。因此羰基簇中的 M—M 键的数目等于$[18n-(Vn+2m)]/2$。

以 $Os_3(\mu_2\text{-}H)_2(CO)_{10}$为例。配体提供电子数 = 10×2+2×2 = 24,金属 Os_3^{2+} 价电子数 = 3×8−2 = 22,总电子数 = 46,M—M 键数 = (18×3−46)/2 = 4。

3 个金属原子 4 个金属键,可以有 Os ═Os ═Os 和 OS / \ OS═OS 两种排布方式,结构分析表明配合物具有环丙烯的结构(图 1.9.6),结构中的氢桥原子与形成二重键的两个 Os 原子连接。

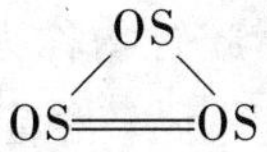

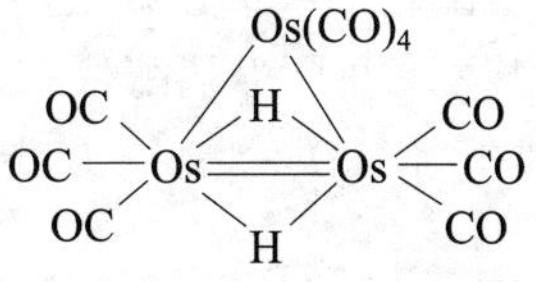

Os(CO)₄ H OC CO OC—Os═Os—CO OC H CO

图 1.9.6　$Os_3(\mu_2\text{-}H)_2(CO)_{10}$的结构

需要指出的是,18 电子规则对三核羰基簇、四核羰基簇的应用是成功的,但对多核羰基簇来说有局限性,有时和实际情况严重不符,其原因是 18 电子规则不适合骨架电子高度离域的体系。

9.8.3 形成 M—M 键的因素

形成 M—M 键的因素包括：

（1）低的氧化态。

（2）适宜的价轨道。

这常表现在对于任何一族过渡元素，其第二、三过渡系的元素比第一过渡系的元素更易形成M—M键。

造成以上两种因素的原因是 d 轨道的大小问题，因为 M—M 键的形成主要依靠 d 轨道的重叠，当金属处于高氧化态时，d 轨道收缩，不利于 d 轨道的互相重叠。相反，当金属呈低氧化态时，其价层轨道得以扩张，这样，有利于金属之间价层轨道的充分重叠，而同时金属芯体之间的排斥作用又不致过大。因此，M—M 键通常出现在金属原子处于低氧化态的化合物中。同时，由于 3d 轨道在空间的伸展范围小于 4d 和 5d 轨迹，因而只有第二、三过渡系列的元素才更易形成簇合物。

（3）适宜的配体。

价层中太多的电子会相互排斥，从而妨碍 M—M 键的形成。因此，只有当存在能够从 dπ 轨道中拉走电子的 π 酸配体如 CO、NO、PPh_3、Cp 等时，金属簇合物才能广泛形成。这也从另一角度解释了为什么低价卤化物和硫、硒、碲化物中只有过渡金属的前几族的元素，如 Nb、Ta、Mo、W、Tc 和 Re 的 M—M 键的化合物是常见的，而对于 Fe 系和 Pt 系的金属则是不常见的。原因就是前几族元素价电子较少，排斥较弱。

总之，当金属原子具有较低的氧化态和适宜的价轨道，并存在适宜的配体时，才有可能形成含 M—M 键的簇合物。

9.8.4 过渡金属羰基簇

配体为 CO 的过渡金属簇合物称为过渡金属羰基簇。由于 CO 是一种较强的 σ 电子给予体和 π 电子接受体，所以羰基簇比较稳定，数量也较多。

CO 在羰基簇中可以发挥不同的功能：

单核羰基簇　　端基配位

双核羰基簇　　端基配位+边桥基配位+半桥基配位

多核羰基簇　　端基配位+边桥基配位+半桥基配位+面桥基配位

在双核羰基簇和多核羰基簇中，上述 CO 的配位方式可以同时出现，也可以出现其中的几种。

一般地，原子越小，越容易形成桥式结构。因此，同一族元素，从上而下非桥式配合物稳定性增加。

羰基簇一般根据所含金属原子及金属键的多少而采取不同的结构，例如：

三核　直线形（两个 M—M）、角形（两个 M—M）、三角形（三个 M—M）；

四核　四边形（四个 M—M）、蝶形（五个 M—M）、四面体（六个 M—M）；

五核　四方锥（八个 M—M）、三角双锥（九个 M—M）；

六核　三棱柱（九个 M—M）、加冠四方锥（十一个 M—M）、八面体（十二个 M—M）、反三棱柱(十二个 M—M)、双冠四面体(十二个 M—M)。

9.8.5 过渡金属卤素簇

过渡金属卤素簇在数量上远不及羰基簇那样多,而且,卤素簇的成键特点也与羰基簇不同。由卤素簇的特点可以很好地理解这一点:

(1) 卤素的电负性较大,不是一种好的 σ 电子给予体,且配体相互间排斥力大,导致骨架不稳定。

(2) 卤素的 π^* 反键轨道能级太高,不易同金属生成 $d\pi\rightarrow\pi^*$ 反馈键,即分散中心金属离子的负电荷累积能力不强。

(3) 在羰基簇中,金属的 d 轨道大多参与形成 $d\pi\rightarrow\pi^*$ 反馈键,因而羰基簇的金属与金属间大都为单键,多重键较少。而在卤素簇中,金属的 d 轨道多用来参与形成金属之间的多重键,只有少数用来同配体形成 σ 键,如$[Re_2Cl_8]^{2-}$。

(4) 中心原子的氧化态一般比羰基化合物高,d 轨道紧缩(如果氧化态低,卤素阴离子的 σ 配位将使负电荷累积,相反,如果氧化态高,则可中和这些负电荷),不易参与生成 $d\pi\rightarrow\pi^*$ 反馈键。

(5) 由于卤素不易用 π^* 反键轨道从金属中移走负电荷,所以中心金属的负电荷累积造成大多数卤素簇不遵守 18 电子规则或 16 电子规则。

以$[Re_2Cl_8]^{2-}$为例,$2Re^{3+}$电子数为 $2\times(7-3)=8$,$8Cl^-$电子数为 16,4(M—M)为 8,总价电子数=32,平均每个 Re 原子有 16 个电子,双核离子遵守有效原子序数规则。

对于$[Mo_6Cl_8]^{4+}$,Mo_6^{12+} 电子数为 $6\times6-12=24$,$8Cl^-$电子数为 16,总价电子数=40,每个 Mo 原子有 40/6 个电子,该卤素簇很难用 18 电子规则或 16 电子规则描述。实际上,在$[Mo_6Cl_8]^{4+}$的结构中,6 个钼原子构成 1 个八面体,在八面体的每个面之上都有 1 个氯原子。因此,Cl^-应为面桥基配位,$[Mo_6Cl_8]^{4+}$应写做$[Mo_6(\mu_3\text{-}Cl)_8]^{4+}$。如果把 8 个 Cl^-取掉,则剩下 Mo_6^{12+},其价电子数为 $6\times6-12=24$,共 12 对,而八面体共 12 条棱边,正好足够沿着八面体的每条棱边形成 1 个 2c-2e 的 Mo—Mo 键。

在$[Nb_6Cl_{12}]^{2+}$中,Nb_6^{14+} 和 12 Cl^-的总价电子数$=(6\times5-14)+24=40$,每个 Nb 原子也有 40/6 个电子,同样很难用 18 电子规则或 16 电子规则描述。在其结构中,6 个 Nb 原子也形成 1 个八面体,然后在八面体的每条棱边的上方有 1 个氯原子,因此其化学式实际为$[Nb_6(\mu_2\text{-}Cl)_{12}]^{2+}$。同样,如果把 12 个 Cl^-取掉,则 6 个 Nb 原子还剩下 16 个价电子。八面体有 8 个面,相当于每个面只有 2 个电子,即形成的是3c-2e的金属键。

这些例子进一步说明,用有效原子序数规则处理卤素簇时要十分小心。

9.9 应用有机金属化合物和簇合物的催化反应

许多有机金属化合物和簇合物具有显著的催化活性,目前已经成为有机化学工业的重要催化剂。有机金属化合物和簇合物的催化反应很多,下面举例说明其作用。

著名的聚合反应实例是丙烯在 Ziegler-Natta 催化剂作用下聚合生成聚丙烯的反应，典型的 Ziegler-Natta 催化剂是用 $Al(C_2H_5)_3$ 和 $TiCl_4$ 或 $TiCl_3$ 制备的。若用 $TiCl_4$，第一步反应是 Ti(Ⅳ) 还原为 Ti(Ⅲ)，并在 $TiCl_3$ 晶体中 Ti 原子上产生配位空位（该空位也可能被溶剂分子占有）：

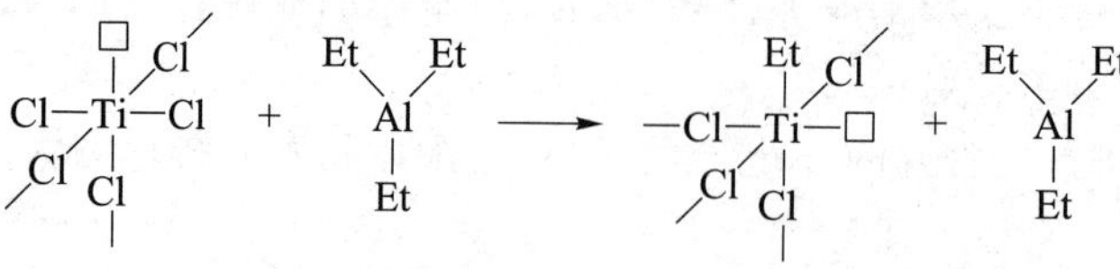

□ Cl Cl—Ti—Cl Cl Cl + Et Et Al Et ⟶ Et Cl —Cl—Ti—□ Cl Cl + Et Et Al Et （其中□表示空位）

丙烯分子在空位配位，且经插入反应，形成四中心的过渡态，烷基迁移到丙烯上，得到一个新的 Ti-烷基配合物。在钛离子重新出现的空位上后被丙烯分子配位，接着又进行烷基的迁移，如此不断循环，最后得到聚丙烯。即

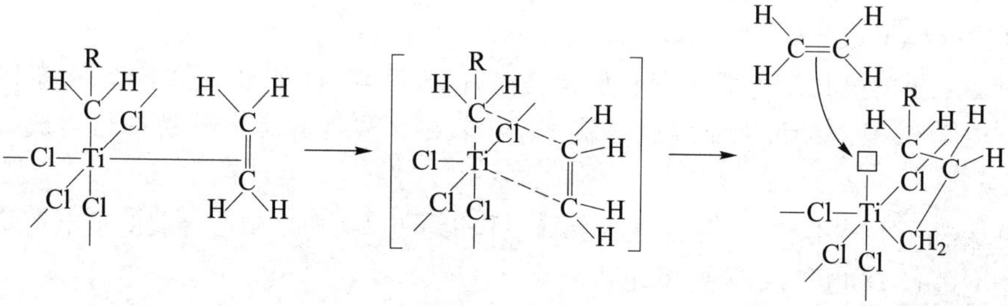

R H H C Cl —Cl—Ti Cl Cl H H C C H H ⟶ [R H H C Cl Cl—Ti Cl Cl C H C H H H] ⟶ H H C=C H H R H H H C C H □ Cl —Cl—Ti CH₂ Cl Cl

这一聚合反应的重要特点是，由于受到配位在钛离子上的 R 和 Cl^- 配体空间位阻的影响，丙烯的配位和烷基的迁移只能以一定的方式进行，从而得到立体定向的聚合物。

羰基氧化加成反应的典型实例是甲醇在铑羰基化合物的催化作用下转化为醋酸：

$$CH_3OH + CO \xrightarrow[\text{HI 活化剂}]{\text{铑催化剂}} CH_3COOH$$

以前由甲醇和 CO 合成醋酸需要在高压（$6.5\times10^7 \sim 7.0\times10^7$ Pa）下才能进行，目前使用一种铑羰基化合物 $[RhI_2(CO)_2]^-$ 作为催化剂可以在低压下使 CO“插入”甲醇中，其反应催化机理如图 1.9.7 所示。

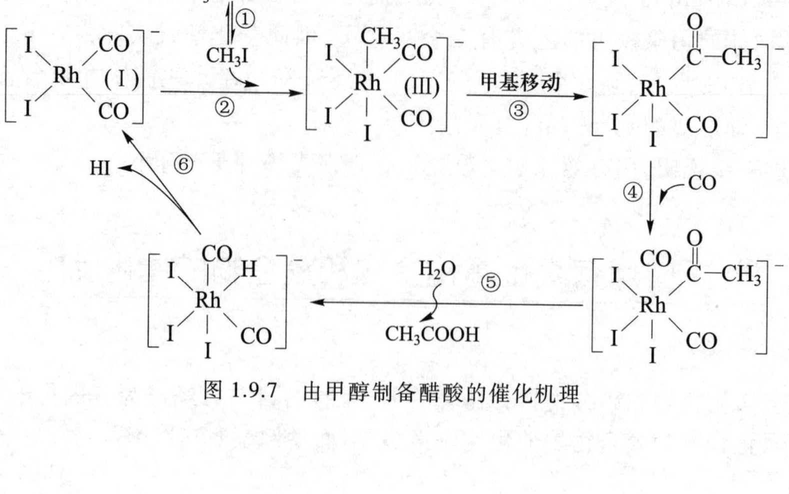

CH_3OH+HI ① CH_3I

$[I_2Rh(CO)_2]^-$ (Ⅰ) ⟶② $[I_3Rh(CH_3)(CO)_2]^-$ (Ⅲ) ⟶甲基移动 ③ $[I_3Rh(COCH_3)(CO)]^-$

④ CO ⟶ $[I_3Rh(CO)_2(COCH_3)]^-$ ⟶⑤ H_2O, CH_3COOH ⟶ $[I_3Rh(CO)_2H]^-$ ⟶⑥ HI

图 1.9.7 由甲醇制备醋酸的催化机理

具体步骤包括：

① 甲醇与碘化氢作用生成碘甲烷。

② 碘甲烷与$[RhI_2(CO)_2]^-$作用生成六配位的铑的甲基配合物。

③ 甲基移动变为五配位的甲酰基配合物。

④ 五配位的甲酰基配合物加合 CO 变为六配位的化合物。

⑤ 六配位的化合物水解生成醋酸和铑的氢配合物。

⑥ 铑的氢配合物脱去碘化氢变为$[RhI_2(CO)_2]^-$。

其中第②步为氧化加成反应，第④步为插入反应，第⑤步为还原消除反应，而 Rh 的氧化态则在+1 和+3 之间来回变化。

关于金属簇合物均相催化的动力学研究报道很多，以 $Ru_3(CO)_{12}$ 催化水煤气变换的反应为例：

$$CO + H_2O \xrightarrow{Ru_3(CO)_{12}} H_2 + CO_2$$

研究结果表明，反应中，三核钌的原子簇阴离子$[Ru_3(CO)_{11}H]^-$是催化活性体，它和 CO 及 H_2O 反应生成 $Ru_3(CO)_{12}$ 及 H_2，其反应机理及催化循环过程如图 1.9.8 所示。

$$Ru_3(CO)_{12} + OH^- \longrightarrow [Ru_3(CO)_{11}H]^- + CO_2$$

$$[Ru_3(CO)_{11}H]^- + CO \longrightarrow [Ru_3(CO)_{12}H]^-$$

$$[Ru_3(CO)_{12}H]^- + H_2O \longrightarrow Ru_3(CO)_{12} + H_2 + OH^-$$

$Ru_3(CO)_{12}$ $\xrightarrow{OH^-\ \ CO_2}$ $[Ru_3(CO)_{11}H]^-$

$[Ru_3(CO)_{11}H]^-$ $\xrightarrow{CO}$ $[Ru_3(CO)_{12}H]^-$ 或 $[Ru_3(CO)_{11}(CHO)]^-$

$[Ru_3(CO)_{12}H]^-$ $\xrightarrow{H_2O}$ $Ru_3(CO)_{12}$ + H_2+OH^-

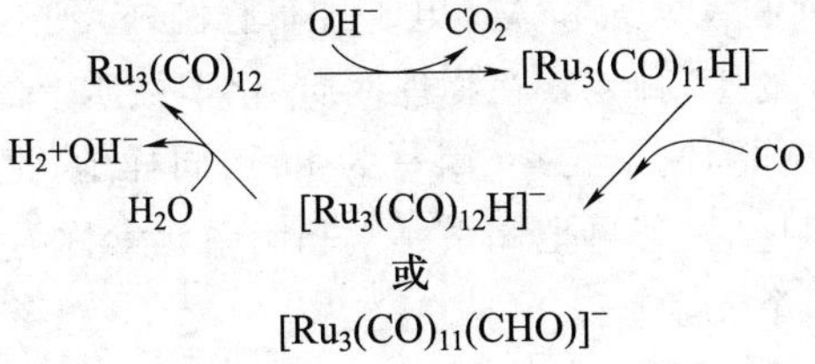

图 1.9.8　$Ru_3(CO)_{12}$催化水煤气变换的反应机理及催化循环过程

第 10 章　f 区元素

10.1　概　　述

镧系元素和锕系元素通常称为 f 区元素。f 区元素一般是指最后一个电子填入 $(n-2)$f 亚层的元素，也称为“内过渡元素”，把镧系元素称为第一内过渡系，锕系元素称为第二内过渡系。这样一来，由于 La 和 Ac 两个原子的基态电子组态中不含 f 电子，因而有人认为，这两种元素不属于 f 区元素而属于过渡元素，故由 Ce 到 Lu 的 14 种元素称为镧系元素（镧系元素不含镧），由 Th 到 Lr 的 14 种元素称为锕系元素（锕系元素不含锕）。但又有人认为，由于 Lu 和 Lr 的电子结构和物理性质、化学性质与第四、第五周期过渡元素的相似，因而 Lu 和 Lr 应属于过渡元素，La（电子排布有例外）到 Yb 的 14 种镧系元素和 Ac（电子排布有例外）到 No 的 14 种锕系元素才属于 f 区元素。然而，由于 La 到 Lu 的 15 种元素在物理性质、化学性质上的相似性和连续性，人们习惯上把 La 到 Lu 的 15 种元素统称为镧系元素（简写为 Ln），同样地，把 Ac 到 Lr 的 15 种元素统称为锕系元素（简写为 An）。但这时，若再把镧系元素和锕系元素称为 f 区元素就不妥切，因为 f 轨道只有 7 条，f 区只能容纳 14 个元素。

有些书常将镧系与“稀土”等同使用。事实上，镧系和稀土是两个完全不同的概念。“稀土元素”包括 Sc、Y 和镧系元素共 17 种元素，而“镧系元素”不包括 Sc 和 Y。之所以把 Sc、Y 和镧系元素称为“土”是因其氧化物似“土”，难溶于水，之所以叫“稀”是因其“稀少”。事实上，“稀土”是历史遗留下来的名词，其实稀土并不“稀”，只是由于这些元素在地壳中分布分散，提取、分离都较困难，人们对它们的系统研究开始较晚所以才称为“稀”。稀土元素中的 Sc，同其余 16 种元素相比，由于离子半径小，性质差别大，在自然界有自己的矿物，不和其他稀土元素共生，在性质上与 Al 更为接近。而 Y^{3+} 的半径（89.3 pm）与 Ho^{3+} 的半径（89.4 pm）接近，在物理性质和化学性质上都非常类似于镧系元素，且在自然界常与镧系元素共生。

为了研究方便，人们常将稀土元素分成组，按照它们的电子层结构、离子半径及由此反映的物理性质、化学性质，将从 La 到 Eu 的七种元素称为“轻稀土”或铈组稀土，把从 Gd 到 Lu（包括 Sc、Y）称为“重稀土”或钇组稀土。但这种划分并不十分严格，分离工艺不同，分法也不同。

10.1.1　镧系元素的价电子层结构

镧系元素气态原子的 4f 轨道的充填呈现两种电子构型，即 $4f^{n-1}5d^16s^2$ 和 $4f^n6s^2$。其中 La、

Gd、Lu 的 $4f^{n-1}5d^1 6s^2$ 的构型可以用 f^0（f 轨道全空）、f^7（半满）、f^{14}（全满）的 Hund 规则来说明，但 Ce 的结构尚不能得到满意的解释，有人认为是接近全空的缘故。这两种电子构型可以用来说明镧系元素化学性质的差异。

这些元素在参加化学反应时需要失去其价电子，由于 4f 轨道被外层电子有效地屏蔽着，且 $E_{4f}<E_{5d}$，因而在电子构型为 $4f^n 6s^2$ 的情况下，f 电子要参与反应，必须先由 4f 轨道跃迁到 5d 轨道。这样，由于电子构型不同，所需激发能不同，元素的化学活泼性就有了差异，同时，激发的结果增加了一个成键电子，成键时可以多释放出一份成键能。对大多数镧系的原子，其成键能大于激发能，从而导致 4f 电子向 5d 轨道跃迁。但对于少数原子，如 Eu 和 Yb，由于 4f 轨道处于半满和全满的稳定状态，要使 4f 电子激发必须破坏这种稳定结构，因而所需激发能较大，这使得 Eu、Yb 两元素在化学反应中往往只以 $6s^2$ 电子参与反应。

镧系元素在固态时的电子构型与气态时的电子构型不尽相同，除 Eu 和 Yb 仍保持 $4f^n 6s^2$ 电子构型以外，其余原子在固态时都为 $4f^{n-1}5d^1 6s^2$ 的电子构型。

从气态到固态，其实质是原子间通过金属键的形式结合成为金属晶体，这个过程就是价层轨道的重叠。为了增加成键电子，镧系元素倾向于将 f 电子激发到 d 轨道，实验表明，镧系元素在形成金属键时的成键电子数，除 Eu 和 Yb 为 2，为 $6s^2$ 参与成键之外，Ce（成键电子数 3.1）和其余元素成键电子数皆为 3，都正好是其 5d 和 6s 电子参与了成键。

10.1.2　原子半径和离子半径

随着原子序数依次增加，15 种镧系元素的原子半径和相同价态的离子半径变化的总趋势是减小的，这称为“镧系收缩”。

研究表明：镧系收缩 90% 的因素归因于依次填充的 $(n-2)$f 电子的屏蔽常数 σ 可能略小于 1.00，对核电荷的屏蔽不够完全，使有效核电荷 Z^* 递增；而 10% 来源于相对论性效应，重元素的相对论性收缩较为显著。

由于镧系收缩的影响，使第二、三过渡系的 Zr 与 Hf、Nb 与 Ta、Mo 与 W 三对元素的半径相近，化学性质相似，分离困难。

研究镧系元素的原子半径随原子序数的变化的趋势可见：一方面，镧系元素原子半径从 La 的 187.7 pm 到 Lu 的 173.4 pm，共缩小了 14.3 pm，尽管平均每两个相邻元素之间半径缩小只有 (14.3/14) pm ≈ 1 pm，但其累积效应却是很显著的。另一方面，原子半径不是单调地减小，而是一条两峰一谷的曲线。

镧系元素 +3 价离子从 f^0 的 La^{3+} 到 f^{14} 的 Lu^{3+}，依次增加 4f 电子，因而随着原子序数的增加，一方面，离子的半径依次单调减小，且收缩的程度比原子半径的大，由 La^{3+} 的 106.1 pm 到 Lu^{3+} 的 84.8 pm，共缩小了 21.3 pm，平均每两个相邻元素之间半径缩小了 (21.3/14) pm ≈ 1.5 pm。另一方面，离子半径随原子序数的变化，在具有 f^7 的中点 Gd^{3+} 处，出现微小波动，由其相邻离子半径的差值的大小可以看出：

	Pm^{3+}	Sm^{3+}	Eu^{3+}	Gd^{3+}	Tb^{3+}	Dy^{3+}
r/pm	97.9	96.4	95.0	93.8	92.3	90.8
Δ/pm		1.5	1.4	1.2	1.5	1.5

Y^{3+}的半径为 89.3 pm，落在 Ho^{3+} 和 Er^{3+} 之间，故钇常与镧系元素共生，而 Sc^{3+} 的半径为 73.29 pm，远小于镧系离子的半径，故钪一般不和其他稀土元素共生。

10.1.3 Ln^{3+}的碱度及镧系离子的分离

某种金属离子吸引电子或阴离子的能力称为该金属离子的“相对碱度”，引力越强，碱度越弱。碱度的强弱可用金属离子的离子势（$\phi=Z/r$）来量度，离子势越大（即半径小，电荷高），碱度越弱。对于镧系电荷相同的离子，随着原子序数增加，离子半径减小，离子势逐渐增大，离子的碱度减弱。

利用 Ln^{3+} 半径的微小差别，亦即碱度的微小差别，可以对镧系离子进行分离。

如 Ln^{3+} 水解生成 $Ln(OH)_3$ 沉淀的趋势随原子序数的增加（即碱度减弱）而增加，当加入 NaOH 时，溶解度最小、碱度最弱的 Lu^{3+} 将最先以 $Lu(OH)_3$ 的形式沉淀出来，而溶解度最大、碱度最强的 La^{3+} 将在最后以 $La(OH)_3$ 的形式沉淀。

又如 Ln^{3+} 生成配合物的稳定性多是随离子半径减小、即碱度减弱而增大的。例如在 H 型阳离子交换树脂上使 Ln^{3+} 溶液流下，这时将发生 Ln^{3+} 与 H^+ 的交换而被吸附在阳离子交换柱上。然后，用螯合剂（如 EDTA）在适当的 pH 和流速下淋洗，此时，半径较小、碱度较弱、能形成较稳定配合物的重镧系离子将从交换柱上最先被淋洗出来。假如条件控制得好，各种 Ln^{3+} 可以全部被分离开，至少可以被分成几组。当这个过程在串联起来的若干个交换柱上进行时（类似于多次分离），其分离效果就更好。

关于镧系的分离，必须强调的是，利用非+3 价离子与 Ln^{3+} 的化合物在性质上的较大差异来进行分离远比纯粹利用 Ln^{3+} 的碱度的微小差异来分离更为容易。例如，Ce^{4+} 在 HNO_3 溶液中用磷酸三丁酯萃取时，Ce^{4+} 比其他+3 价镧系离子更易被萃取到有机相中，因而能首先与其他+3 价镧系离子分离。这当然是因为 Ce^{4+} 的离子势比其余+3 价镧系离子的离子势更大，碱度更弱，与有机溶剂磷酸三丁酯更容易生成溶剂合物（称为萃合物）而进入有机相。

总之，镧系离子的分离首先是利用非+3 价离子在性质上的较大差异，如将 Ce^{3+} 氧化成 Ce^{4+}，将 Eu^{3+} 还原成 Eu^{2+} 等，然后再根据各个离子碱度的微小差异，利用生成配合物或萃合物能力上的差别以离子交换或溶剂萃取的方法来进行的。有时还辅以溶解度的差别，如控制 pH 使氢氧化物分级沉淀或某些盐类的分级结晶等来达到分组或分离成单一元素的目的。

10.2 镧系元素的一些性质

10.2.1 氧化态

镧系元素的特征氧化态是+3，这是由于镧系元素的原子的第一、第二、第三电离能之和不是很大，成键时释放出来的能量足以弥补原子在电离时能量的消耗，因此，它们的+3 氧化态都是稳定的。除+3 特征氧化态之外，Ce、Tb 及 Pr 等还可显+4 氧化态，Eu、Yb 及 Sm 等可显+2 氧化态，这些显示非+3 氧化态的诸元素有规律地分布在 La、Gd、Lu 附近。

这种在 La、Gd、Lu 附近显示非+3 氧化态的现象可由原子结构的规律变化得到解释：La^{3+}、Gd^{3+}、Lu^{3+}分别具有 4f 轨道全空、半满、全满的稳定电子层结构，因而比稳定结构多一个 f 电子的 Ce^{3+}和 Tb^{3+}有可能再多失去 1 个 f 电子而呈现+4 氧化态，比稳定结构少一个 f 电子的 Eu^{3+}和 Yb^{3+}有可能少失去一个电子而呈现+2 氧化态。显然，镧系离子氧化态变化的周期性规律正是镧系元素电子层排布呈现周期性规律的反映。

除此之外，还可从热力学的角度对氧化态变化进行分析。

1. 镧系元素+2 氧化态的稳定性

以 LnX_2 的氧化反应为例：

$$LnX_2(s) + \frac{1}{2}X_2(\text{参考态}) \longrightarrow LnX_3(s) \qquad \Delta_r H_m^\ominus$$

显然，反应的 $\Delta_r H_m^\ominus$ 的绝对值越大，$LnX_2(s)$越稳定。

写出这个反应的 Born-Haber 热化学循环：

$$\begin{array}{ccc}
LnX_2(s) \quad + \quad \frac{1}{2}X_2(\text{参考态}) & \xrightarrow{\Delta_r H_m^\ominus} & LnX_3(s) \\
\downarrow L_2 \qquad\qquad \downarrow \Delta_f H_m^\ominus(X^-, g) & & \downarrow L_3 \\
Ln^{2+}(g) + 2X^-(g) + X^-(g) & \xrightarrow{I_3} & Ln^{3+}(g) + 3X^-(g)
\end{array}$$

忽略能与焓之间的差别，由此有

$$\Delta_r H_m^\ominus = I_3 + L_2 - L_3 + \Delta_f H_m^\ominus(X^-, g)$$

式中 I_3 为镧系元素原子的第三电离能，L_2、L_3 分别是 $LnX_2(s)$、$LnX_3(s)$的晶格能，对于同一类型的反应，$\Delta_f H_m^\ominus(X^-, g)$为常数，熵变也假定是常数并忽略不计，这样，反应的标准吉布斯自由能变可写为

$$\Delta_r G_m^\ominus \approx \Delta_r H_m^\ominus = I_3 + L_2 - L_3 + \text{常数}$$

根据卡普斯钦斯基晶格能公式：

$$L = \frac{1.079 \times 10^5 \times \nu \times Z_+ \times Z_-}{r_+ + r_-}$$

对于同一类型阴离子的化合物，其晶格能的变化只取决于离子半径 r_+的变化。由于镧系元素的 Ln^{2+}、Ln^{3+}离子半径随原子序数的变化基本上是平滑的，因而晶格能的变化也基本上是平滑的，L_2 与 L_3 二者之差的变化也应是平滑的，所以上述$\Delta_r H_m^\ominus$的变化将取决于相应的 I_3 的变化。根据电离能数值可以得到镧系元素+2 价离子 Ln^{2+}对于氧化反应的稳定性次序为

$$La^{2+} < Ce^{2+} < Pr^{2+} < Nd^{2+} < Pm^{2+} < Sm^{2+} < Eu^{2+} \gg Gd^{2+} <$$
$$Tb^{2+} < Dy^{2+} > Ho^{2+} > Er^{2+} < Tm^{2+} < Yb^{2+} > Lu^{2+}$$

其中最稳定的是 Eu^{2+}和 Yb^{2+}。

2. 镧系元素+4 氧化态的稳定性

镧系元素+4 氧化态的稳定性可以用前面+2 氧化态稳定性的讨论方法进行类似的讨论。

$$
\begin{array}{ccccc}
LnX_4(s) & \xrightarrow{\Delta_r H_m^\ominus} & LnX_3(s) & + & \frac{1}{2}X_2\text{(参考态)} \\
\downarrow L_4 & & \downarrow L_3 & & \downarrow \Delta_f H_m^\ominus(X^-, g) \\
Ln^{4+}(g) + 4X^-(g) & \xrightarrow{-I_4} & Ln^{3+}(g) + 3X^-(g) & + & X^-(g)
\end{array}
$$

$$\Delta_r G_m^\ominus \approx \Delta_r H_m^\ominus \approx -I_4 + L_4 - L_3 + \text{常数}$$

式中 I_4 为镧系元素的第四电离能，L_3、L_4 分别是 $LnX_3(s)$、$LnX_4(s)$的晶格能。根据前面叙述的理由可得 $\Delta_r G_m^\ominus$ 的变化将由 I_4 所决定，I_4 值越大，上述反应的自发趋势就越大，意味着 LnX_4 越不稳定。因此，根据镧系元素的第四电离能数据可以得到+4 氧化态稳定性的次序：

$$La^{4+} \ll Ce^{4+} > Pr^{4+} > Nd^{4+} > Pm^{4+} > Sm^{4+} > Eu^{4+} > Gd^{4+} \ll$$
$$Tb^{4+} > Dy^{4+} > Ho^{4+} \approx Er^{4+} \approx Tm^{4+} > Yb^{4+} > Lu^{4+}$$

其中 Ce 的 I_4 最小，其次是 Pr 和 Tb，说明这些元素的+4 氧化态相对比较稳定。

10.2.2 镧系元素的光学性质

1. 镧系离子的电子吸收光谱和颜色

镧系离子的颜色来源于：

(1) 荷移跃迁

即电荷从配体的分子轨道向金属离子空轨道的跃迁。其光谱的谱带具有较大的强度和较短的波长，且受配体及金属离子的氧化还原性影响。

(2) f-d 跃迁

即光谱选律允许的跃迁(u→g)。谱线强度大，一般出现在紫外光区，其中+2 价离子也可能出现在可见光区。

(3) f-f 跃迁

即光谱选律禁阻的跃迁(u→u)。然而，由于中心离子与配体的电子振动耦合、晶格振动和自旋-轨道耦合等会使禁阻产生松动，从而使 f-f 跃迁得以实现。

由于除 La^{3+} 和 Lu^{3+} 的 4f 轨道为全空和全满外，其余+3 价离子的 4f 电子都可以在 7 条 4f 轨道之间任意排布，从而产生多种多样的电子能级，这种能级不但比主族元素的多，而且也比 d 区过渡元素的多，因此，+3 价镧系离子可以吸收从紫外光区、可见光区到近红外光区的各种波长的辐射。据报道，具有未充满 f 电子轨道的原子或离子的光谱约有 3 万条可以观察到的谱线。

+3 价镧系离子的主要吸收及其显示的颜色具有以下规律：

① 具有 f^0、f^{14}结构的 La^{3+}、Lu^{3+}在 200~1000 nm 的可见光区无吸收，故无颜色；

② 具有 f^1、f^6、f^7、f^8(接近 f 轨道全空或半满)结构的离子的吸收峰大部分在紫外光区(<380 nm)，显示无色或略带淡粉红色；

③ 具有 f^{13}(接近 f 轨道全满)结构的离子的吸收峰位于红外光区(>780 nm)，所以也显示无色；

④ 具有 $f^{2\sim5}$、$f^{9\sim12}$结构的离子的吸收峰大部分处于可见光区，所以显示出丰富多彩的颜色；

⑤ 具有 f^x 和 f^{14-x} 结构的离子显示相同的颜色。

2. 镧系离子的电子能级

根据镧系离子的能级图可以探讨它们的电子吸收光谱。

首先确定镧系离子的基态光谱项。

以 Gd^{3+} 为例，它有 7 个 4f 电子，根据 Hund 规则，这 7 个电子自旋平行地分布在 7 条 4f 轨道中，故 $S=\sum m_s=7\times1/2=7/2$，$L=\sum m_l=3+2+1+0+(-1)+(-2)+(-3)=0$，且 4f 电子数 $=7$，$J=L+S=0+7/2=7/2$（若 4f 电子数小于 7，$J=L-S$），按照 $^{2S+1}L_J$ 可以写出 Gd^{3+} 的基态光谱项：$^8S_{7/2}$。其他离子的基态光谱项可以按同样的方法写出。

研究发现，在 Gd^{3+} 两边的离子，角量子数相同，基态光谱项对称分布，这是由于 4f 轨道上未成对电子数目在 Gd^{3+} 两边是等数目递减的。

然后再确定电子的吸收光谱。

镧系离子的电子吸收光谱产生于镧系离子的基态电子向其激发态的跃迁，换个说法是由基态谱项向其他激发态谱项的跃迁。

例如，Pr^{3+} 的电子组态为 $4f^2$，基态谱项为 $^3H_4$，其他激发态谱项包括 $^3H_5$、$^3H_6$、$^3F_2$、$^3F_3$、$^3F_4$、$^1G_4$、$^1D_2$ 和 $^3P_0$、$^3P_1$、$^3P_2$ 等。实验观察到 $PrCl_3$ 水溶液有三个比较尖锐的弱吸收带（482.2 nm、469 nm、444.5 nm），分别相应于 $^3H_4\rightarrow{}^3P_0$、$^3P_1$、$^3P_2$（自旋相同）的跃迁，还有一个较宽的由 $^3H_4\rightarrow{}^1D_2$ 产生的吸收带（自旋不同），位于 588.5 nm 处。

3. 镧系离子的超灵敏跃迁

在 Pr^{3+} 水溶液的电子吸收光谱中，由 $^3H_4\rightarrow{}^3P_2$ 的吸收强度明显地比其他吸收的强度大。由于 f-f 跃迁是为光谱选律所禁阻的跃迁，虽然因禁阻松动而使 f-f 跃迁得以实现，但毕竟在理论上这种跃迁所产生的谱线强度是不大的。然而，可能是由于配体的碱性、溶剂的极性、配合物的对称性及配位数等多种因素的影响，亦即离子周围环境的变化，再加上镧系离子本身的性质等诸因素的综合作用，使镧系离子的某些 f-f 跃迁吸收带的强度明显增大，远远超过其他的跃迁，这种跃迁被称为超灵敏跃迁。

4. 镧系激光

激光是电子受激跃迁到高能级，然后辐射出相位、频率、方向等完全相同的光，它的特点是颜色很纯，即波长单一，能量高度集中。激光的用途很广，可用于材料加工、医疗、精密计量、测距、同位素分离、催化、引发核聚变、大气污染监测、军事技术等各个方面。

根据镧系离子的能级图可以探讨它们的激光发生机制。以钕钇铝石榴石晶体中 Nd^{3+} 的激光为例，当光源照射在钕钇铝石榴石上时，原来处于基态 $^4I_{9/2}$ 能级上的电子吸收能量后被激发到 $^4F_{3/2}$ 及其上方各能级上，在这些激发态能级中，平均寿命约为 10^{-9} s，但其中唯 $^4F_{3/2}$ 的寿命较长，约为 2.3×10^{-4} s。寿命较短的激发态分别快速地通过无辐射跃迁集中到 $^4F_{3/2}$ 能级上（无辐射跃迁放出的能量以热能的方式转移给 Nd^{3+} 周围的基体晶体），然后再由 $^4F_{3/2}$ 集中向下跃迁，这种跃迁既可以到 $^4I_{13/2}$、$^4I_{11/2}$，也可到 $^4I_{9/2}$，但到 $^4I_{11/2}$ 的概率最大。这样，瞬间就得到了强度很大、波长一定、位相相同的激光光束。

5. 镧系荧光

荧光是指物质受光照射时所发出的光，照射停止发光也停止。

通过 Eu^{3+} 的能级图可以了解荧光的发光机理。首先外来光使基质激发，然后基质将能量传递给 Eu^{3+} 的基态 $^7F_0$ 使其跃迁到激发态 $^5D_1$、$^5D_0$，最后由 $^5D_1$ 和 $^5D_0$ 回跃到 $^7F_J(J=0,1,2,3,4,5)$ 而发出各种波长的线状光谱，波长范围为 530~710 nm。

这种跃迁是量子化的，因而光谱都应是线状光谱，强度不同，综合起来显示红色。较常使用的显示红色荧光的材料的基质是氧化钇，由铕激活；而由铕激活的硅酸盐、磷酸盐、锆酸盐、钡镁铝酸盐基质显示蓝色荧光；铽激活的磷酸盐、硅酸盐、铈镁铝酸盐基质显示绿色荧光。

10.2.3 镧系元素的磁学性质

原子、离子或分子的磁效应来自电子的轨道运动和自旋运动。

对大多数 d 区第一过渡系元素，其轨道对磁性的贡献往往被作为环境的配体的电场的相互作用所抵消，致使其磁矩符合简单自旋磁矩的计算公式。在外磁场改变时，少数元素的电子能自旋平行地在不同轨道之间进行再分配（具有 T 基谱项的电子组态），其轨道运动可以产生对磁矩的贡献；同时，对某些离子组态，自旋-轨道耦合也会对磁性产生贡献。

对于镧系离子，由于 4f 电子能被 5s 和 5p 电子很好地屏蔽，配体环境的电场对其影响很小，所以 4f 电子在轨道中运动的磁效应不能被抵消，计算磁矩时应同时考虑轨道运动、电子自旋两个方面的影响，而且，自旋-轨道耦合作用显著，必须加以考虑，所以镧系离子的磁性由下式决定：

$$\mu = g\sqrt{J(J+1)}\ \text{B.M.}$$

式中 J 为总角动量，g 为 Lande 因子。

$$g = 1 + \frac{S(S+1) + J(J+1) - L(L+1)}{2J(J+1)}$$

式中 S 为自旋角动量，L 为轨道角动量。当 f^n 的 $n \geqslant 7$ 时，$J=L+S$；$n<7$ 时，$J=L-S$。

以 Pr^{3+} 为例：Pr^{3+}，$4f^2$，$n=2<7$，$J=L-S=5-1=4$，$S=2\times1/2=1$，$L=3+2=5$。

$$\begin{aligned} g &= 1 + \frac{1(1+1) + 4(4+1) - 5(5+1)}{2\times4(4+1)} \\ &= 1 + \frac{2+20-30}{40} = 1 - \frac{1}{5} = \frac{4}{5} \end{aligned}$$

$$\mu = \frac{4}{5}\sqrt{4(4+1)}\ \text{B.M.} = 3.58\ \text{B.M.}$$

除 Sm^{3+} 和 Eu^{3+} 外，镧系离子的实验磁矩和计算磁矩都很一致，Sm^{3+} 和 Eu^{3+} 的不一致被认为是实验磁矩包含了较低激发态的贡献。

在镧系离子的磁矩对原子序数所作的图中可以看到一个呈双峰形状的变化，之所以呈双峰状是由于镧系离子的总角动量呈现周期性变化。

10.2.4 镧系元素的放射性

在镧系元素的 300 多种核素中，只有 9 种核素具有放射性。但是，根据国家对放射性的规定，凡是比放射性小于 10^{-10} Ci · g^{-1}(3.7 Bq · g^{-1})的固体物质都属非放射性物质。按照这个标准，只有钐和镥超过了标准，然而，由于它们在天然稀土混合物中含量很小，即使是纯净的氧化钐和氧化镥，其放射性也比夜光表小得多，因此镧系元素本身不作为放射元素处理。

10.3 镧系元素性质递变的规律性

10.3.1 单向变化

在镧系元素离子半径随原子序数变化的图中可以看到镧系元素性质的单向变化规律。

属于镧系元素性质单向变化的还有有效核电荷、标准电极电势、配合物的稳定常数，一些化合物的密度和熔点和溶解度，氢氧化物沉淀的 pH，离子势等与离子状态有关的物理性质、化学性质，此时镧系元素性质的相似性大于相异性。性质递变是以单调渐变为主，故称为单向变化。

镧系元素的这些由离子制约的性质之所以呈单向变化是因为离子的电子结构呈单向变化。即从 La^{3+} 到 Lu^{3+}，+3 价离子的电子构型是 $4f^0 \rightarrow 4f^{14}$，由于 4f 电子对核的屏蔽不完全，使有效核电荷单向增加，核对外面的引力逐渐增加。

10.3.2 Gd 断效应

从前面镧系元素的离子半径随原子序数的变化中已经看到，在 Gd^{3+} 处微有不连续性。Gd 位于 15 种镧系元素所构成的序列的正中央，其+3 价离子有半满的 f^7 稳定结构，这种结构的电子屏蔽效应大，有效核电荷相对较小，从而使半径收缩幅度减小，因而半径略有增大，从而出现 Gd 断现象，这称为 Gd 断效应。

既然半径增大，其碱度必然增加，导致配合物稳定常数等性质有所降低，所以配合物稳定常数大多数也出现 Gd 断现象。

10.3.3 峰谷效应(双峰效应)

在镧系元素的原子半径随原子序数的变化中可以看到，在 Eu 和 Yb 处出现峰和在 Ce 处出现谷的现象，这称为“峰谷效应”或“双峰效应”。

除原子半径外，原子体积、密度，原子的热膨胀系数，第三电离能，前三个电离能的总和，原子的电负性，一些化合物的熔点、沸点等的变化也出现这种峰谷效应。

造成这种两峰一谷的原因有三个：

第一个原因是电子的精细结构。据计算，Eu、Gd、Yb、Lu 的电子精细结构分别为 $4f^7 5d^{0.5262} 6s^{1.2147} 6p^{0.2591}$、$4f^7 5d^2 6s^1$、$4f^{14} 5d^{0.2635} 6s^{1.2251} 6p^{0.5114}$、$4f^{14} 5d^{1.8235} 6s^1 6p^{0.1765}$。金属的原子半径与相邻原子之间的电子云相互重叠(成键作用)程度有关，Eu 和 Yb 只用少量 d 电子参与成键，成键电子总数为 2，而其他原子(如 Gd、Lu)能使用较多的 d 电子参与成键，成键电子总数为 3(Ce 为3.1)，成键作用的差别造成了原子半径的差别。故在 Eu 和 Yb 处出现两个峰值，在 Ce 处微凹成一小谷，其余镧系元素随原子序数的增大，半径均匀减小。

第二个原因是 Eu 和 Yb 的碱土性。Eu 和 Yb 在电子结构上与碱土金属十分相似，这种相似性使得 Eu 和 Yb 的物理性质和化学性质更接近于碱土金属，其原子半径也接近于碱土金属。

第三个原因是 Hund 规则。Eu(f^7)和 Yb(f^{14})分别是半满和全满的结构，这种结构稳定，屏蔽效应强，有效核电荷小，核对外层电子吸引力小，故半径较大。

10.3.4　奇偶变化

镧系元素在地壳中的丰度随原子序数的增加而出现奇偶变化的规律：原子序数为偶数的元素，其丰度总是比紧靠它的原子序数为奇数的元素大。除丰度之外，镧系元素的热中子吸收截面也呈现类似的奇偶变化规律。

原子序数是原子核内质子数的代表，偶原子序数的元素意味着核内质子数为偶数。已经知道，核内无论是质子还是中子，在基态时总以自旋相反配对存在，由于原子序数为偶数的元素能满足这种自旋相反配对的要求，因而能量较低，所以就特别稳定，既然该原子核特别稳定，那么它在地壳中的丰度就大。稳定的原子核吸收热中子后仍然很稳定，反之，奇原子序数的核本身不稳定，吸收热中子后变得更不稳定，所以吸收热中子的数目有限。

10.3.5　周期性变化

镧系离子的基态光谱项、离子的颜色等随原子序数的增大而呈现出周期性的变化现象，半满的 $4f^7$ 结构的 Gd 把镧系其余 14 种元素分成了两个小周期。

例如，以 Gd^{3+} 为中心，两边离子的角动量量子数、自旋量子数相同，基态光谱项对称分布；具有 f^3 的 Nd^{3+} 和具有 f^{11} 的 Er^{3+} 都有相同的光谱项 ^4I 且均为淡紫色。此外，镧系元素的第一电离能、非+3 氧化态等性质也呈现出周期性变化规律。

显然，镧系元素性质的周期性变化是和原子或离子的电子层结构密切相关的，那么，随着原子序数的增加，电子依次充填周期性地组成了相似的结构体系。因此，凡是与电子结构有关的性质，都应该呈现周期性变化的规律。

上述具有 f^x 与 f^{14-x} 结构的离子颜色相同，就是因为未成对 f 电子数相同，电子跃迁需要的能量相近。

10.3.6　三分组效应

如果把镧系元素的氯化物和水合氯化物的标准溶解焓对原子序数作图，可以得到三条直线，从而把镧系元素分成铈组（包括 La、Ce、Pr、Nd、Pm、Sm 六种元素）、铽组（包括 Eu、Gd、Tb、Dy 四种元素）和镱组（包括 Ho、Er、Tm、Yb、Lu 五种元素）三组，这称为三分组效应。

三分组效应是将镧系或稀土元素分为轻、中、重三组的分组法的热力学依据，然而对这种三分组效应的电子结构解释还有待进一步的认识。

10.3.7　四分组效应

在 15 种镧系元素的液-液萃取体系中，以 $\lg D$（D 为萃取分配比，表示某元素在有机相和水相中浓度的比值）对原子序数作图能够用四条平滑的曲线将图上描出的 15 个点分成四个四元组，钆的那个点为第二组和第三组所共用，第一组和第二组的曲线延长线在 60 号（Nd）和 61 号（Pm）元素之间的区域相交，第三组和第四组的曲线的延长线在 67 号（Ho）和 68 号（Er）元素间的区域相交,交点相当于 $f^{3.5}$ 和 $f^{10.5}$ 充填,这种现象称为四分组效应。

四分组效应可从量子力学和热力学的角度进行解释:

量子力学认为,四分组效应的四条曲线的交点分别在60~61号(Nd~Pm)、64号(Gd)和67~68号(Ho~Er)元素,其f电子构型各相应于 $f^{3.5}$、f^{7}、$f^{10.5}$,换句话说,相应于4f轨道的1/4、2/4和3/4充满。也就是说,除了众所熟知的半满、全满稳定结构外,1/4充满和3/4充满也是一种稳定结构,这种1/4和3/4满壳层效应,据认为是电子云收缩比例在小数点后第三位上的变化所引起的。一般地,1/4和3/4充满的稳定化能量只有半满稳定化能量的1/6。既然是稳定结构,屏蔽就大一些,有效核电荷就小一些,配合物的稳定性就差一些,在水溶液中的溶解度就小一些。

就热力学角度讲,萃取过程往往伴随配合物的形成过程,而配合物的稳定性无疑会影响它们各自的萃取性能,而配合物的稳定性又和电子层的结构有关。

10.3.8 双-双效应

若将两相邻元素的萃取分离系数 β($\beta=D_{Z+1}/D_Z$,D 为萃取分配比,Z 为原子序数)对 Z 作图,出现了"双-双效应"的规律。

在14个 β 值中有四个极大值,四个极小值。极大值是La-Ce、Pm-Sm、Gd-Tb、Er-Tm的线,极小值是Pr-Nd、Eu-Gd、Dy-Ho、Yb-Lu的线。Gd把图形分成变化趋势相同的La-Gd和Gd-Lu两个部分。Nd-Pm和Ho-Er两双元素分别把La-Gd和Gd-Lu两个部分分成了两套三个 β 值小组,其 β 值分别介于两套三个 β 值小组之间。

"双-双效应"的依据仍然源于 f^0、$f^{3.5}$、f^7、$f^{10.5}$、f^{14} 结构的稳定性。事实上,"双-双效应"的图形是由四组相似图形所构成的,"双-双效应"是在"四分组效应"基础上发展起来的。

10.3.9 斜W效应

若将镧系离子的EDTA配合物的稳定常数的对数值对离子的总角动量作图,可得到一个斜的W形图形,称为"斜W效应"。镧系离子的催化反应的活化能也有类似的性质。

"斜W效应"规律认为,影响性质的因素是总角动量而不是原子序数或f电子的数目。

观察一下斜W图形,$L=0$ 的La、Gd和Lu,其f电子构型分别为 f^0、f^7、f^{14},它们处于W形的起点、中点和终点,$L=6$ 的Nd-Pm对和Ho-Er对,为W形图形的底,其交点分别相应于1/4和3/4充满的结构,Gd处于特殊的地位,为两个小组的突变点。从这个意义讲,"斜W效应"规律也是以将镧系分成两个小组的Gd为突变点,以Nd-Pm对和Ho-Er对为每组的中心,与"双-双效应"和"四分组效应"相似。

10.4 镧系元素的配合物

10.4.1 f电子的配位场效应

在球形对称的情况下,4f轨道是七重简并的,能量相同,最多容纳14个电子。而在八面体场中,这7条4f轨道可分裂为三组:f_δ,三重简并;f_ε,三重简并;f_β,单重态。

从八面体场中的角度分布图可以看到：f_{δ}直接与配体迎头相碰，能量较高；f_{ε}指向立方体的棱的中央，与配体的排斥作用有所下降，它的能量比 f_{δ}的能量低；而 f_{β}指向立方体的顶角，与配体位置错开，相距最远，所以能量最低。

由于4f轨道被 $5s^2$ 和 $5p^6$ 外层电子所屏蔽，受配体电场影响小，所以镧系元素的分裂能很小。光谱研究表明，其分裂能 Δ_o大约为 1 $kJ \cdot mol^{-1}$，即约100 cm^{-1}（d 区元素的分裂能约为30000 cm^{-1}，是其300倍）。也就是说，镧系离子的配合物的配位场效应是十分微小的。所以，在镧系离子的配合物中，f 电子的排布都是高自旋的，f 电子尽可能成单地排列在7条轨道上。

根据 f 电子的排布可以算出各镧系离子稳定化作用的能量。

10.4.2 镧系配合物的特点

对镧系离子、过渡离子和碱土离子的配合物的一些性质进行比较可见，镧系配合物与过渡配合物差别比较大，与碱土配合物更加接近。

镧系离子的外层电子构型是稀有气体型原子的构型，它的4f电子被 $5s^2$ 和 $5p^6$ 外层电子所屏蔽，一般不易参与成键，而且 f 轨道的配位场稳定化能很小，所以镧系配合物主要表现为离子型键，只靠静电作用结合到一起。

与同价过渡离子相比，镧系离子半径较大，碱度较大，离子势较小，所以对配位基团的静电引力较小，键的强度较弱，而过渡离子既有较强烈的共价作用，也有较强烈的静电作用。

由于镧系离子与配位基团的作用力小，所以配位基团的活动性较大，交换反应速率快，以至有的配合物虽然可以制备得到固体，但在溶液中却是不存在的；相反，有的配合物仅能在溶液中检测到它们的存在，却无法使它们从溶液中析出。与此相比较，过渡配合物一般比较稳定，也就易于制备。

具有稀有气体构型的镧系离子是属于硬酸的离子，一般和硬碱离子如 O^{2-}、F^-等配位较为稳定。因此，在水溶液中由于水分子的竞争能力强，所以一些配位能力较弱的原子（如 N、S 等）不能取代镧系水合离子中的水分子。与之相比，过渡离子属于软酸离子，一般和软碱离子如 S^{2-}、N^{3-}等配位较为稳定。因此，过渡配合物比镧系配合物的种类要多得多，对一些镧系离子的 N 和 S 的配合物，只能在非水溶剂或无溶剂条件下制备。

尽管镧系离子的电荷和离子半径均大于碱土离子，其离子势比较接近，而且，它们的外层电子构型相同，所以，相比于过渡离子的配位性，镧系离子的配位性与碱土离子的配位性比过渡离子的配位性要更加接近一些。

10.5 稀土材料

含有稀土元素的材料被称为稀土材料，因其结构的特殊性及优异的物、化、磁、光、电等性能，稀土材料有非常广泛的用途。按照材料的不同功能，稀土材料可以分为稀土永磁材料、稀土超磁性伸缩材料、稀土超导材料、稀土磁光材料、稀土磁致冷材料、稀土激光材料和稀土储氢材料等。稀土材料作为新型的材料资源被人们视为21世纪最具有竞争价值的资源。

10.6 锕系理论

在还未了解锫和钚的性质之前，人们把 Ac、Th、Pa、U 分别作为ⅢB、ⅣB、ⅤB 和ⅥB 族的最后一种元素来处理。其中 Ac 以+3 氧化态的盐存在，且其氟化物同 La 的氟化物同晶，似乎属于ⅢB 族毫无疑问；Th 几乎总是以+4 氧化态存在，似乎它应是ⅣB 族元素；而 U 形成的各种氧化态的化合物中特别稳定的是+6 氧化态，而+6 氧化态是 Mo 和 W 的典型氧化态，因而人们将 U 当作ⅥB 族元素；至于 Pa，当时制备困难，研究较少，但根据元素在周期中的前后关系认为它可能是ⅤB 族元素。

到了 1944 年，人工合成得到了 $_{96}Cm$。以后，U 和 Cm 之间的 Np、Pu、Am 都相继被发现，而这些元素都有+3 氧化态的化合物。更值得注意的是，它们的+3 氧化态离子的吸收光谱与对应的镧系离子的吸收光谱特别相似，也出现了同镧系收缩类似的从 $Ac^{3+} \rightarrow Cm^{3+}$ 的收缩现象。因此，美国核物理学家 Seaberg 提出了锕系理论，他认为 $_{90}Th$ 并不是过去认为的ⅣB 族元素，$_{92}U$ 也不是ⅥB族元素，而是同镧系元素相似，Ac、Th、Pa、U 及 Np、Pu、Am、Cm 等一起组成了锕系元素。锕系元素依次增加的电子充填在 5f 轨道中。

锕系理论是无机化学领域的一个重大发现，它的发现再一次肯定了元素周期系理论的伟大指导意义。

10.7 锕系元素的特点

10.7.1 锕系元素的电子组态和氧化态

锕系元素的电子组态可用通式 $5f^{0\sim14}6d^{0\sim2}7s^2$ 来表示。同镧系元素相比，可以说是大同小异，但 Ac、Th、Pa、U、Np 保持 d 电子的倾向比镧系强。

锕系的特征氧化态仍为+3，但比镧系更易出现其他氧化态，尚有+2、+4、+5、+6、+7 等氧化态。以相应于 Gd($4f^7$)的锕系元素 Cm($5f^7$)为中点，前一半容易出现大于+3 的高氧化态，从 Ac 到 U 最稳定的氧化态依次为+3、+4、+5、+6(递增)，从 U 到 Am 依次为+6、+5、+4、+3(递减)。这是由于和镧系的 4f→5d 激发能相比时，锕系的前一半元素从 5f→6d 的激发能较小(即 5f 和 6d 的能量更接近)，易失去更多的 f 电子而呈现高价态。

在后一半的锕系元素中，除了主要的+3 氧化态外，从 Cf→No 的一些元素出现了不稳定的+2 氧化态。这是由于和镧系相比时，随着有效核电荷的增加，5f 轨道在空间伸展的范围逐渐变小，锕系的后一半元素从 5f→6d 的激发能较大，故出现了只失去 $7s^2$ 电子的+2 氧化态，且随原子序数的增加，+2 氧化态的稳定性趋于增大，事实上，No 的+2 氧化态是最稳定的氧化态。

10.7.2 原子半径和离子半径

由于 5f 电子与 4f 电子一样，屏蔽效应差，所以从 Ac 到 Lr 的有效核电荷逐渐增加，相应地其原子半径和离子半径也逐渐减小，这就是类似于镧系收缩的锕系收缩现象，但同镧系元素相比，锕系元素的收缩程度要小一些。

10.7.3 离子颜色和电子光谱

锕系元素离子的颜色也被认为是 f-f 跃迁所产生的吸收光谱。锕系与镧系相似，即 f 轨道全空、半满或与此接近的离子的颜色均为无色，其他组态的离子均显色。例如：

$$\left.\begin{array}{ll} Ac^{3+}(La^{3+}) & f^0 \\ Pa^{4+}(Ce^{3+}) & f^1 \\ Cm^{3+}(Gd^{3+}) & f^7 \end{array}\right\}\text{无色} \qquad U^{3+}(Nd^{3+}) \quad f^3 \quad \text{浅红色}$$

U、Np、Pu、Am 的高氧化态离子电荷高、水解倾向大，在水溶液中多以含氧离子如 UO_2^+、NpO_2^+、PuO_2^+、AmO_2^+、UO_2^{2+}、NpO_2^{2+}、PuO_2^{2+}、AmO_2^{2+} 的形式存在。因此，除 f-f 跃迁外，还有电荷迁移所产生的吸收光谱。

锕系元素的离子在水溶液中的电子光谱可分为两种情况：Pu^{3+} 及 Pu^{3+} 之前的较轻的锕系离子的光谱在一定程度上类似于 d 区过渡元素离子的光谱，即吸收带较宽，为带状光谱；Am^{3+} 及 Am^{3+} 之后的较重的锕系离子的光谱类似于镧系离子的光谱，即吸收带很窄，类似于线状光谱。这种差异可以用 5f 轨道的伸展程度不同来解释：

Pu^{3+} 及 Pu^{3+} 之前的轻锕系离子，由于核电荷比重元素少，5f 轨道受核的影响相对较弱，因而 5f 轨道伸展较远，或者说是暴露较多，因而与配体轨道相互作用显著，受配体的影响，吸收带变宽，因而就光谱的形状而言有点类似于 d 区过渡元素的 d-d 跃迁吸收光谱。

对于 Am^{3+} 及 Am^{3+} 之后的锕系离子，由于核电荷的增加，5f 轨道受核的影响而不断收缩，f→f 跃迁受配体的影响变小，因而使这些离子的 f-f 跃迁吸收光谱类似于镧系离子的电子光谱。

10.7.4 磁性

锕系元素的电子很多，相互间的影响很复杂，因而很难从理论上预测其磁性。现在只初步知道一些超铀元素离子的顺磁性与镧系元素的相应离子有明显的平行关系。但实验值比计算值要低，这可能是由 5f 电子受配体一定程度的影响所造成的，因为配位场在一定程度上可以消灭或削弱轨道对磁矩的贡献。

10.7.5 锕系元素的标准电极电势

下面列出几种锕系元素的电极电势图：

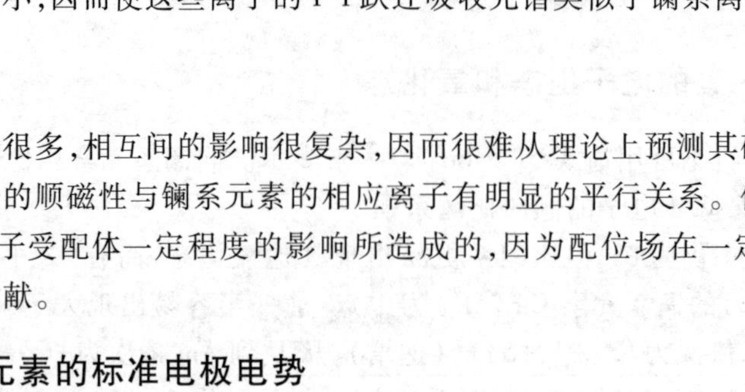

$$UO_2^{2+} \xrightarrow{0.063\ V} UO_2^+ \xrightarrow{0.58\ V} U^{4+} \xrightarrow{-0.631\ V} U^{3+} \xrightarrow{-1.80\ V} U$$

0.32 V

0.938 V

$$NpO_2^{2+} \xrightarrow{1.137\ V} NpO_2^+ \xrightarrow{0.739\ V} Np^{4+} \xrightarrow{0.155\ V} Np^{3+} \xrightarrow{-1.83\ V} Np$$

0.447 V

0.677 V

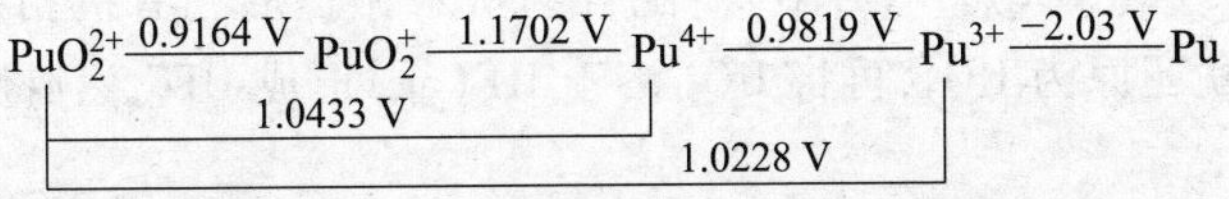

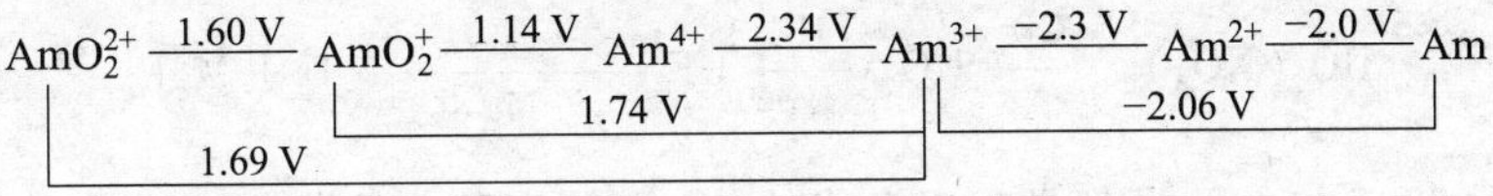

$$PuO_2^{2+} \xrightarrow{0.9164\ V} PuO_2^{+} \xrightarrow{1.1702\ V} Pu^{4+} \xrightarrow{0.9819\ V} Pu^{3+} \xrightarrow{-2.03\ V} Pu$$

PuO_2^{2+} — Pu^{4+}：1.0433 V；PuO_2^{2+} — Pu^{3+}：1.0228 V

$$AmO_2^{2+} \xrightarrow{1.60\ V} AmO_2^{+} \xrightarrow{1.14\ V} Am^{4+} \xrightarrow{2.34\ V} Am^{3+} \xrightarrow{-2.3\ V} Am^{2+} \xrightarrow{-2.0\ V} Am$$

AmO_2^{+} — Am^{3+}：1.74 V；AmO_2^{2+} — Am^{3+}：1.69 V；Am^{3+} — Am：−2.06 V

可见,锕系元素金属都是和镧系元素金属差不多的强还原剂(氧化为+3 价),其中锕最强;+6 价离子的氧化性则是 AmO_2^{2+} 最强;+2 价离子也有很强的还原性。

10.7.6　形成配合物的能力

锕系元素的5f 轨道在空间伸展的范围超过了 6s 和 6p 轨道,一般认为可以参与共价成键(这与镧系元素不同,在镧系元素中,4f 轨道因受 $5s^2 5p^6$ 的屏蔽不参与形成共价键,与配体主要是通过静电引力结合),所以锕系元素形成配合物的能力远大于镧系元素。锕系元素与 X^-、NO_3^-、SO_4^{2-}、PO_4^{3-}、$C_2O_4^{2-}$ 等都能形成配合物。

对同一元素而言,锕系离子形成配合物的能力一般为

$$M^{4+} > M^{3+} > MO_2^{2+} > MO_2^{+}$$

对配体而言,与同一离子形成配合物的能力是

$$F^- > NO_3^-(\text{双齿}) > Cl^- > ClO_4^- \qquad CO_3^{2-} > C_2O_4^{2-} > SO_4^{2-}$$

锕系元素也能生成有机金属化合物,二环辛四烯与铀生成的茂形夹心化合物就是典型的例子。

10.7.7　锕系元素的放射性

镧系元素中只有钷(Pm)是放射性元素,而锕系元素中所有元素都有放射性。这是因为锕系元素的原子核所含质子很多,斥力很大,从而使得原子核变得不稳定。

10.8　锕系元素的存在与制备

除了 Th 和 U 在自然界中存在矿物外,其余锕系元素都是铀自然衰变产生的次生元素和人工合成的元素。

钍的重要矿物有独居石($REPO_4$)、钍石($ThO_2 \cdot SiO_2$)和方钍石(ThO_2),从独居石提取稀土时,可分离出 $Th(OH)_4$(获取钍的重要原料之一)。用酸溶解$Th(OH)_4$,再用磷酸三丁酯进行萃取分离,从溶液中沉淀出氧化钍,再按下述步骤制得金属钍:

$$ThO_2 \xrightarrow[600\ ℃]{HF(g)} ThF_4 \xrightarrow{Ca} Th + CaF_2$$

铀在自然界中主要存在于沥青铀矿,其主要成分为 U_3O_8。从沥青铀矿提取铀的方法很复

杂，但最后都是将硝酸铀酰[$UO_2(NO_3)_2 \cdot (H_2O)_4$]配合物从水相提取到有机相而得到分离，金属铀则是利用 CO 将硝酸铀酰还原为 UO_2，再将 UO_2 溶于 HF(ag)形成 UF_4，然后用 Mg 进行还原得到金属铀。

$$UO_2(NO_3)_2 \xrightarrow[\triangle]{CO} UO_2 \xrightarrow[\triangle]{HF} UF_4 \xrightarrow[\text{与 Mg 共热}]{\text{压力}} U + MgF_2$$

从原子序数 93 开始的元素都是人工合成的(参见本书第二部分第 12 章有关内容)。

第 11 章　无机元素的生物学效应

11.1　生物分子

一个活的机体必须具有信息传递、生殖、新陈代谢、调节和适应环境等功能。从化学角度上看,这些功能无非是生物分子之间有组织的化学反应的表现,无机元素的生物学效应大多是通过与生物分子的相互作用而发生的。在大多数情况下,金属元素在生物体内不以自由离子形式存在,而是与配体形成生物分子金属配位化合物。因此,在本质上金属元素与生物分子的作用都属于配位化学范畴。那些存在于生物体内、具有生物功能并与金属配位的配体称为生物配体。

生物配体大体可分为三类:

① 简单阴离子　如 F^-、Cl^-、Br^-、I^-、OH^-、SO_4^{2-}、HCO_3^- 和 HPO_4^{2-} 等;

② 小分子物质　如水、氢气、氨、卟啉、咕啉、核苷酸和氨基酸等;

③ 大分子物质　如蛋白质、多糖和核酸等。

11.1.1　氨基酸、多肽和蛋白质

蛋白质是由 L 型的 α-氨基酸通过肽键(—CONH—)组合而成的。蛋白质可降解为较小的肽,肽进一步水解成为氨基酸。

在氨基酸分子$\left(\begin{array}{c}\mathrm{HOOC—\underset{\displaystyle|\atop\displaystyle NH_2}{CH}—R}\end{array}\right)$中,侧链 R 可以是羟甲基、巯甲基、卞基、烃基和杂环等。正是具有不同特征侧链的氨基酸的不同排列顺序,才形成了各种各样的具有不同生物功能的蛋白质。

一个氨基酸分子的 α-羧基与另一氨基酸分子的 α-氨基通过脱水缩合形成肽键:

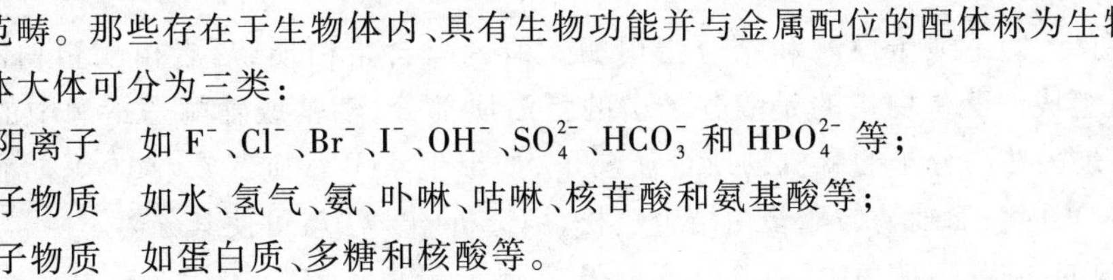

$$\mathrm{H_2N—\overset{R_1}{\overset{|}{CH}}—COOH + H_2N—\underset{R_2}{\underset{|}{CH}}—COOH \xrightarrow{-H_2O} H_2N—\overset{R_1}{\overset{|}{CH}}—\boxed{\overset{O}{\overset{\|}{C}}—\underset{H}{\underset{|}{N}}}—\underset{R_2}{\underset{|}{CH}}—COOH}$$

肽键

而使两个氨基酸连接起来。由两个氨基酸形成的化合物称为二肽,由多个氨基酸形成的化合物叫多肽。蛋白质就是由成百上千个氨基酸通过肽键连接起来的多肽链,多肽链中相当于氨基酸的单元结构称为氨基酸残基。

一个氨基酸至少有两种可解离的基团：氨基和羧基，它们通常形成两性离子。在多肽和蛋白质分子中，除相邻氨基酸残基之间所形成的肽键之外，还有末端—NH_3^+和—COO^-及侧链基团，这些基团都有能键合金属离子的活性。这是金属离子通过蛋白分子发挥自身生物学效应的基础之一。

由于蛋白质在几乎所有的生物过程中都起着极其重要的作用，因此研究蛋白质的结构与功能的关系是从分子水平上去认识生命现象的一个重要方面。

从氨基酸到肽，体现了从量变到质变的飞跃，从简单的多肽到蛋白质又是一个飞跃，蛋白质已不是一种简单的有机化合物。蛋白质的相对分子质量可高达10^6，小的也在10^4以上。蛋白质结构十分复杂，除氨基酸组成序列这种一级结构之外，还有更高级的二级、三级及四级结构。

11.1.2 酶

酶是一类特殊的具有专一催化活性的蛋白质。通常按其所作用的底物的名称来命名，所谓底物是指与酶作用的化合物，如催化H_2O_2分解的酶称为过氧化氢酶。与人工催化剂相比，酶的催化效率高，具有高度的专一性，反应条件温和。不同细胞内的酶系统不同，而且不同的酶系统又有不同的生物控制系统，从而保证了生物体内的反应在规定部位按规定程序和规定程度进行，确保生命活动的高度有序性。

1. 酶的分类

酶分为两类，即单纯蛋白酶和结合蛋白酶。前者只含蛋白质，后者由酶蛋白和辅基（或辅酶）两部分所组成。酶蛋白指的是酶分子中的蛋白质部分，辅基或辅酶是指酶中的非蛋白质部分，它们可以是一些小分子的有机物或金属离子，如维生素B_{12}、血红素、Zn^{2+}等。辅基与酶蛋白结合牢固，不易分离；而辅酶与酶蛋白结合疏松，用透析的方法就可使其分离。

在已发现的3000多种酶中，有1/4至1/3需要金属离子参与才能充分发挥它们的催化功能。按照酶对金属亲和力的大小，可以将这些酶划分为金属酶和金属激活酶。金属酶中的酶蛋白与金属离子结合得比较牢固且金属离子处于酶的活性中心。而金属激活酶与金属离子的结合不如金属酶牢固，且金属离子不在酶的活性中心。在提取分离过程中，金属酶一般不会发生金属离子的解离丢失现象，而金属激活酶则常要发生金属离子的解离。金属离子丢失会导致酶活性消失，不过在加入适当金属离子后，酶的活性一般可以重新获得。

金属离子在活化各种酶时的功能大致可以归结如下：

(1) 固定酶蛋白的几何构型，以保证只有特定结构的底物才可与之结合；

(2) 通过与底物和酶蛋白形成混合配合物而使底物与酶蛋白相互靠近，从而有助于酶蛋白发生作用；

(3) 在反应中作为电子传递体，使底物被氧化或被还原。

2. 酶的作用机理学说

(1) 锁钥学说

锁钥学说认为，酶与底物的关系如同锁和钥匙的关系一样。酶分子像一把锁，而底物像一把钥匙。当酶和底物的空间构象正好能相互完全弥合时，才能像钥匙将锁打开一样，产生相互作用。这种比喻一方面说明了酶催化的专一性，另一方面也说明了酶与其作用的底物之间的复杂空间关系。

(2) 诱导契合学说

诱导契合学说认为,酶的结合部位(活性中心)的空间构象和底物的空间构象,在它们结合以前,并不是互相弥合得很好,但一旦它们以一个结合点结合后,会引起其他结合点的空间位置发生变化,使它们能与底物的对应部分充分结合。即酶在与底物的结合过程中经过了“诱导—空间构象改变—契合”这样一个连续的过程。

锁钥学说与诱导契合学说的本质区别在于,前一种学说认为酶的构象是始终不变的,即活性中心被假设为预先定形的,像锁一样,具有刚性,而后一学说则认为酶的活性中心是柔性的,具有可塑性或可变性,刚中有柔。在后一学说看来,酶的活性中心起始时可能并不完全适合于底物分子的构象,但可以被底物诱导而发生变化,形成一种与底物结合部位完全互补的空间构象。

11.1.3　核酸及其相关化合物

核酸是生物遗传连续性及性状表达的基础,与蛋白质一起构成了生命存在的物质基础。从化学结构上讲,核酸是由嘌呤和嘧啶碱基、糖以及磷酸所组成的大分子化合物。根据结构中戊糖2′位有无氧原子而将核酸区分为脱氧核糖核酸(DNA)和核糖核酸(RNA)。前者由腺嘌呤、鸟嘌呤、胞嘧啶以及胸腺嘧啶等碱基和脱氧核糖组成。后者则由腺嘌呤、鸟嘌呤、胞嘧啶和尿嘧啶等碱基和核糖组成。

腺嘌呤和鸟嘌呤 9 位的 N[一般用 N(9)表示],胞嘧啶、胸腺嘧啶、尿嘧啶的N(1)与核糖(或脱氧核糖)相结合,构成核苷,核苷再与磷酸形成核苷酸。

核酸中,糖环上的 C(5′)羟基及相邻核苷酸 C(3′)羟基与同一磷酸分子形成磷酸酯,依次延续,形成一条长链。真正的 DNA 分子是由两条多核苷酸长链彼此互补,以双螺旋结构形成的。DNA 是遗传基因携带者。将 DNA 分子中的脱氧核糖以核糖代替,胸腺嘧啶以尿嘧啶代替,即成为 RNA。

从生物机能上看,RNA 有核糖体 RNA、信使 RNA 和转移 RNA 之分,在生命过程中各自都有其重要作用。从化学观点看,上述生物分子中都存在良好的配位环境,因而在体内作用过程中,往往涉及对无机离子的结合或争夺。

11.2　细　　胞

生命的本质是一系列化学反应,这些反应与其他化学反应在本质上没有区别。但是在生命过程中的反应是高度有序的组合。正是这些有序组合的化学反应才使生命得以存在,才能实现由低级运动形式向高级运动形式的转化。

从某种意义上讲,细胞就像一个微反应器,细胞膜(反应器壁)起着一种间隔作用,反应器的行为被细胞膜所控制。一些外界的刺激,如神经冲动和某些由腺体分泌而来的特殊化学物质,能够影响细胞膜的行为。细胞中反应物的流入和生成物的流出取决于细胞膜和细胞成分的特性。对于不同的物质,细胞膜具有不同的选择性通透,从而决定了这些离子的分布和功能。如 s 区金属离子,由于细胞膜的作用,Mg^{2+} 和 K^{+}集中于细胞之内,参与细胞内变化过程;而 Ca^{2+}却被排斥在细胞膜之外，使得 Ca^{2+} 被利用来作为牙齿、骨骼、壳体中的结构因素及细胞外酶的活化剂。

11.3 生命元素

11.3.1 分类

已发现约 30 种元素与生物界的生存和发展关系密切，人们将这些元素称为生命元素。根据体内功能的不同，又可将生命元素分为必需元素、有益元素及有害元素。

对元素在生物体中作用的"定位"是生物体在自然进化过程中对元素的选择与演化的结果。经过分析比较，生命必需元素在血浆中的百分组成与海水组成类似，从而强有力地支持了生命起源的海滩学说。

所谓必需元素是指维持生命正常活动不可缺少的元素，必需元素符合下述几个条件：

(1) 存在于生物体的所有健康组织中；

(2) 在每个物种中有一个相对恒定的浓度范围；

(3) 从体内过多排出这种元素会引起生理反常，但再补充后生理功能又恢复。

目前已发现的必需元素至少有 18 种。必需元素又可分为宏量元素和微量元素两类。

有益元素是指那些存在不足时，生物体虽可维持生命但相当孱弱的元素，已发现的有益元素大致有 8 种。

有害元素是指因环境污染或饮食不洁而进入生物体内的元素，常见的有铅、镉、汞等，它们的存在往往有害于生物体正常功能的发挥。

还有 20~30 种元素在生物体内也普遍存在，但存在浓度差别很大，生物学作用还不十分清楚。

需要指出的是，有益元素、有害元素之间并不存在截然的界限，相信随着人们认识水平和仪器测试水平的提高，生命元素的概念和内容还将不断修正和发展。事实上，许多元素在适当浓度、适当范围内对生物体是有益的，但当越过某一临界浓度时就有害了，它们完全遵循从"量变"到"质变"的事物发展规律。

将生命元素与元素周期表联系起来分析是很有趣的：

构成生物体的 11 种宏量元素（非金属元素 7 种：C、H、O、N、S、Cl 和 P，金属元素 4 种：Ca、K、Na 和 Mg）的相对原子质量都非常小，全部属于原子序数小于 20 的轻元素，而且都是主族元素。其中，C、H、O、N、P 和 S 是组成生物体内蛋白质、脂肪、糖类和核糖核酸的主要元素；Na、K、Cl 是组成体液的重要成分；Ca 是骨骼的主要组成部分。宏量元素约占人体总质量的 99.95%。

18 种必需微量和痕量元素中，非金属元素有 6 种（F、I、Se、Si、As 和 B），金属元素 12 种（Fe、Zn、Cu、Mn、Mo、Co、Cr、V、Ni、Cd、Sn 和 Pb）。属于 d 区元素的有 8 种，其中 7 种集中于第一过渡系，第二过渡系只有钼为必需元素。有人认为生物以钼作为必需元素，是因为生命起源于海洋，而在海洋中钼的存在量较其他重金属多得多。微量和痕量元素约占人体总质量的 0.05%。

必需微量和痕量元素与宏量元素之间以钙为分界线，只有硼、氟与硅例外，它们虽属必需微量元素，但原子序数也在 20 之内。原子序数大于 34（Se）的仅有钼、锡、碘 3 种必需微量元素。

原子序数大于 53(I)的 39 种元素,至今从未发现有什么生理意义。从钒到锌 8 种过渡金属元素对于高等动物来讲是必需的元素,它们既是多种金属蛋白的组成成分,也是金属酶的组成成分。原子序数介于 23~34 的两种元素镓和锗的生命必需性正在证实中,已有不少资料表明锗的某些化合物对于延年益寿、防病治病具有一定的功效。同样,对于原子序数为 35 的溴的生命必需性也在研究中。

镧系元素在生物体中含量甚微,人们对它们的生物功能了解得也很少,但大量的实验事实表明镧系离子和许多生物大分子或小分子都有不同程度的结合力,对生物体内多种酶具有激活和抑制作用,对机体许多疾病有不同程度的防治作用。

11.3.2 最适营养浓度定律

法国科学家在研究了锰元素对植物生长的影响后,提出了最适营养浓度定律。其内容是,植物缺少某种必需元素时就不能成活,当该元素含量适当时,植物就能茁壮成长,但过量时又会影响植物的生长。最适营养浓度定律也适用于人类。例如,硒是一种重要的生命必需元素,每人每天摄取 10^{-4} g 较为适宜,若长期日摄入低于 5×10^{-5} g,可引起癌症、心肌损害及贫血等疾患,而过多摄入又可导致腹泻和神经官能症等毒性反应。

11.4 无机元素的生物学效应

无机元素在生命过程中发挥着重要作用,但就作用类型来讲,主要可概括为对体内生理生化过程的触发和控制作用,对蛋白质等生物大分子的结构调整、改变其反应性的作用,接纳电对作为 Lewis 酸对体内生化反应发挥催化作用,参与体内电子传递过程、促进体内有氧代谢过程的完成等。

11.4.1 主族元素的生物学效应

生命必需元素各有不同的生物学作用,健康的机体要求这些元素不仅要存在于机体内,而且还必须在恰当的部位、以恰当的量和恰当的氧化态同恰当的结合对象相结合。

在 26 种生命必需元素(包括必需元素和有益元素)中,有 17 种为主族元素,其中的主族非金属元素是机体结构分子如蛋白质、糖类、脂肪及负责能量储存和传递的 ADP 和 ATP 等的主要成分,其生物功能通过这些生物分子而体现。

其余主族生命必需元素主要为 Na^+、K^+、Mg^{2+}、Ca^{2+}(和 Cl^-)等,它们常常以自由移动的离子形式存在,维持着体液和细胞中的电荷平衡,维持血液和其他体液系统离子强度等作用。

下面仅就 Na^+ 和 K^+、Mg^{2+} 和 Ca^{2+} 以及非金属元素 Se 和 I 的生物学效应做些介绍。

1. 钠和钾

Na^+ 和 K^+ 都具有稳定的壳层结构,它们给生物体系提供电解质环境,对维持体液的酸碱平衡、参与某些物质的吸收等方面都具有重要的作用。它们与配体之间的作用多是静电相互作用,一般不具有强的配合作用,但有强的键合需求。它们是硬阳离子,对含氧配体具有强的亲和性,大环配体或蛋白质可与之配合形成稳定的结合体。钾和钠的生物功能包括：

(1) 保持神经肌肉的应激性

Na^+和K^+起着传递神经脉冲的功能。由于“钠泵”的作用，细胞内K^+的浓度大于细胞外K^+的浓度，细胞内Na^+的浓度则小于细胞外Na^+的浓度。在一般情况下，细胞膜的“钾通道”开启，K^+通过细胞膜扩散到细胞外，致使膜外带正电荷，膜内带负电荷，形成膜电位。而当神经肌肉兴奋时，“钠通道”开启，对Na^+有更大通透性，Na^+通过细胞膜扩散到细胞内，使膜外带负电荷。这样，兴奋部位的膜和未兴奋部位的膜间就产生了称为动作电位的电位差，这种动作电位在神经传递信号以及肌肉对刺激的反应中起着支配作用。

“钠泵”又称离子泵，一般认为其作用机制主要涉及磷酸蛋白质和三磷酸腺与钾形成的化合物的交互作用。磷酸蛋白质与钾形成的化合物(KP)比与钠形成的化合物稳定。KP通过膜进入细胞内，经三磷酸腺苷(ATP)的磷酸化作用而释放出磷酸化的磷酸蛋白质(PP)和K^+，同时ATP转化为ADP。PP易于同Na^+结合，并将Na^+带到膜外，在那里发生去磷化作用生成原来的磷酸蛋白并释放出Na^+。离子泵的能量来源于ATP→ADP的变化过程。在每次循环中，ATP可搬运三个Na^+出细胞和2个K^+(或H^+)进细胞。伴随3个Na^+的排出和2个K^+的进入，一个多余的正电荷运到了细胞外。这样就在膜的内、外产生了一个电荷梯度，膜电位因而就形成了。

(2) 保持一定的渗透压

渗透压的变化将直接影响机体对水的吸收和体内水的转移，保持一定的渗透压是机体正常生命活动的需要。Na^+和K^+对维持和调节体液渗透压有重要作用。当细胞外Na^+或K^+浓度升高时，水由细胞内转移到细胞外，引起细胞皱缩；相反，水由细胞外转移到细胞内而引起细胞肿胀。

(3) 维持体液酸碱平衡

体液中任何一种酸性物质或碱性物质过多，都会导致酸碱平衡失调，体液酸碱性的相对恒定对保证正常的物质代谢和生理机能具有十分重要的意义。由Na^+或K^+参与的各种缓冲体系是维持体液酸碱平衡的重要因素。

(4) 参与某些物质的吸收过程

体液中的Na^+可参与氨基酸和糖的吸收，氨基酸的吸收主要在小肠中进行。

其中，Na^+的主要作用在于维持渗透压和膜电位，当然细胞内Na^+的排出也与氨基酸和糖进入细胞的传递过程相关联。K^+的离子半径较大，电荷密度较Na^+的小，因而具有扩散通过疏水溶液的能力，如K^+扩散通过脂质蛋白细胞膜几乎与扩散通过水一样容易。同时，K^+作为某些酶的辅基，也具有稳定细胞内部结构的作用。如糖分解所必需的丙酮酸激酶就需要高浓度的K^+，而此酶却被Na^+所抑制。在核糖体内进行蛋白质合成是最关键的生命过程，为了获得大的活性，也需要高浓度的K^+。

2. 镁和钙

镁和钙在整个细胞新陈代谢过程中起着各种重要的结构稳定作用和催化作用。像Na^+和K^+一样，Mg^{2+}和Ca^{2+}也有助于维持膜电位差，并负责传递神经信息。这两种金属离子在脂蛋白质中桥联邻近羧酸根从而强化了细胞膜。事实上，在没有Ca^{2+}的情况下细胞膜将成为多孔状。一般地，这两种离子在像多磷酸盐这样的弱碱中心上作为催化剂使用。

镁是一种细胞内部结构的稳定剂和细胞内酶的辅因子。细胞核酸以镁配合物的形式存在，由于镁倾向于与磷酸根结合，所以镁对 DNA 复制和蛋白质生物合成是必不可少的（近年发现白血病患者体内 Mg 含量较低）。镁在绿色植物的光合作用中也有着非常重要的作用，叶绿素分子中 Mg^{2+}扮演着结构中心和活性中心的作用，叶绿素能利用以红光（680 nm）为主的可见光，为光合作用提供能量。

Ca^{2+}具有多样性的生物功能：

第一，钙可作为信使，在传递神经信息、触发肌肉收缩和激素的释放、调节心律等过程中都起重要作用。钙之所以能作为信使，是因为它的浓度可敏捷地对外部刺激作出响应。这种变化由肌钙蛋白 C 所控制，肌钙蛋白 C 引发 Ca^{2+}键合于其上，导致 Ca^{2+}的浓度变化。

第二，Ca^{2+}是形成多种酶所必不可少的一部分。如在胰蛋白酶中，三个 Ca^{2+}存在于三个结构区域中，其中一个 Ca^{2+}处于蛋白质表面因而具有催化作用。钙也作为细胞外酶的辅因子参与体内许多重要的生理过程，如血液凝结、乳汁分泌等。

第三，参与体内凝血过程。当机体组织或血管壁受到损伤时，血液流出血管外，血液凝固成块，起到止血作用。因此从某种意义上来看，血液凝固是机体自身的一种保护性生理过程。上述三个过程中都有 Ca^{2+}的参加，因此，如果能够设法除去血液中的 Ca^{2+}就能永远防止凝血。如柠檬酸钠可与血浆中的 Ca^{2+}形成不易解离的可溶性配合物柠檬酸钠钙，因而降低了血浆中游离态 Ca^{2+}的浓度，故在临床上输血时常用柠檬酸钠作为抗凝剂。

第四，钙在体内最主要的作用是作为骨头、牙齿及外壳中羟基磷灰石的组成部分，羟基磷灰石的近似组成可表示为 $[Ca_3(PO_4)_2]_3 \cdot Ca(OH)_2$，在生理 pH 条件下是难溶性的。体内对钙的沉积有一个非常好的控制办法，就是将沉淀作为骨质或壳体材料通过血流转移到适当区域沉积下来。

3. 硒

硒是一种毒性较大的元素。当硒以低浓度存在时，有助于防止肝坏死，并能促进人和动物的生长，由此才将其列为一种必需微量元素。近几十年来，人们逐渐认识到微量硒对生命过程的重大作用。如血液中红细胞所含血红蛋白是一种铁蛋白，这种铁蛋白只有在所含铁处于+2 价时才具有载氧活性，但这种铁蛋白与过氧化氢相遇后，很易氧化为高铁血红蛋白，从而失去载氧活性。谷胱甘肽过氧化物酶存在时可有效防止过氧化氢对亚铁血红蛋白的破坏，而硒是谷胱甘肽过氧化物酶的活性中心。近来的研究还表明，硒代半胱氨酸是多种酶辅基的必需成分。

4. 碘

健康成人体内含有 15~20 mg 的碘，主要以甲状腺激素即甲状腺素和三碘甲状腺原氨酸的形式存在于甲状腺中。碘的代谢与甲状腺机能有密切关系，缺碘症状主要是甲状腺肿大、发育迟缓、生殖系统异常等。

11.4.2　副族元素的生物学效应

作为生命必需元素的过渡金属离子在体内的浓度都很小，它们的许多确切作用还未被人们所知晓。不过从化学的角度来讲，它们的生物功能可概括为三类：

（1）参与生物体内的氧化还原过程

具有可变氧化态的过渡金属，如 Fe（Ⅱ、Ⅲ）、Cu（Ⅰ、Ⅱ）、Co（Ⅰ、Ⅱ、Ⅲ）、Mn（Ⅱ、Ⅲ）、Mo（Ⅳ、Ⅴ、Ⅵ）等，常存在于与氧化还原过程有关的金属酶和金属蛋白的活性部位，参与生物体内的氧化还原过程。

(2) 作为 Lewis 酸

过渡金属离子因体积小和电荷高,因而都是较强的 Lewis 酸,易接受底物的电子发生配位作用而使底物活化。各种金属离子的 Lewis 酸强度不同,其强度随着金属离子电荷的增加和离子半径的递减而增大。对于过渡金属来说,配位场强度等其他因素的影响也是重要的,因此+2 价离子的配合物的稳定性也呈现出 Irving-Williams 序列。

(3) 稳定核酸构型

近年来发现,核酸的合成涉及许多金属离子。除主族金属 Mg、Ca、Sr、Ba、Al 外,还包括过渡金属 Cr、Mn、Fe、Ni 和 Zn。目前认为,这些金属都与核酸构型的稳定性有关。已证明 Zn 可在 DNA 的两股间桥联,在 Zn(Ⅱ)存在时,即使 DNA 熔化,两股也不分开。但 Cu(Ⅱ)的存在则能引起 DNA 的两股分离。

现就一些比较重要的过渡金属元素的生物学效应分述如下,内容主要涉及高等动物。

1. 铁

动物体内的铁大部分以与蛋白质相结合的形式(血红蛋白、肌红蛋白、铁蛋白及转铁蛋白等)存在,以自由金属离子形式存在的量极少。另外尚有不足 1%的铁以细胞色素为主的其他血红素蛋白和黄素酶的形式存在。

血液中的铁主要以血红蛋白的形式存在于红细胞中,而在血浆中铁则以转铁蛋白形式存在。转铁蛋白作为铁的传递体循环于血液中,在铁的代谢中起重要作用。

生物体内的天然氧载体具有可逆载氧能力,能把从外界吸入体内的氧气运送到各种组织,供细胞内进行维持生命所必需的各种氧化作用。铁的存在是血红蛋白具有载氧功能的主要原因。

2. 锌

人体内共有大约 18 种含锌金属酶和 14 种锌激活酶。锌酶涉及生命过程的各个方面。如碳酸酐酶是一种相对分子质量高达 30000 的锌酶,它具有一系列的生物功能,包括光合成、钙化、维持血液 pH、离子输送和 CO_2 交换等,该酶是目前所知道的催化效率最高的酶之一。

羧肽酶是体内重要的肽水解酶,是一种典型的锌酶,它对体内蛋白质的水解具有重要作用。缺乏锌时该酶活性降低,但补充锌后活性又可恢复。体内许多脱氢酶,如乳酸脱氢酶、苹果酸脱氢酶等都是锌酶。体内促进磷脂水解的磷酸酯酶的主要活性成分也是锌。另有一些含锌酶则有助于控制从 HCO_3^- 形成 CO_2 的速率及消化蛋白质。

锌也是合成 DNA、RNA 和蛋白质所必需的,缺乏锌的大白鼠 DNA、RNA 和蛋白质的合成量降低。此外,DNA 合成时的基因活化过程也需要锌。实验还证明,锌在加速伤口愈合、视网膜定位、视觉反应中起着重要作用。

3. 铜

人体内大约有 12 种含铜酶,这些含铜酶具有从铁的利用到皮肤的着色等多种生物学效应。

红细胞中的铜 60%以上以铜蛋白即血球铜蛋白的形式存在。血球铜蛋白也被称为超氧化物歧化酶(SOD),该酶分子中含有两个铜离子和两个锌离子,铜离子是催化中心,锌离子只起次要的结构作用。SOD 有防御氧阴离子自由基的毒性、抗辐射损伤、预防衰老以及防止肿瘤和炎症等重要作用。

血浆中的铜大多以血浆铜蓝蛋白的形式存在,血浆铜蓝蛋白是相对分子质量约为 160000 的

α_2-球蛋白。它是一种与铁代谢过程有关的氧化酶,对铜的输送没有特别的作用。

在软体动物和甲壳类动物的血液中,存在含铜的呼吸色素蛋白——血蓝蛋白。血蓝蛋白和脊椎动物的血红蛋白一样与分子氧相结合,发挥氧载体的作用。

铜缺乏时,新生儿会表现出运动失调症状,毛发色素也会缺乏,羊毛的角化和骨的形成也会受到影响。

4. 钼

钼在动物生长中的必需性是在1953年被证明的。实验发现黄素酶(黄嘌呤氧化酶)是含钼的金属酶,其活性受钼支配。此外,生物体内的醛氧化酶、硝酸盐还原酶、亚硫酸氧化酶、固氮酶等都是含钼的金属酶。

5. 钴

钴是一种人体必需微量元素。钴的生物学效应主要是它在B_{12}系列辅酶中的作用。维生素B_{12}是重要的含钴生物配位化合物,又称为氰钴氨酸,Co^{3+}处于咕啉环的中心位置。

哺乳动物肝中的维生素B_{12}有80%以辅酶的形式存在。维生素B_{12}在生物体内的功能实际上是通过辅酶B_{12}参与碳的代谢作用,促进核酸和蛋白质合成,促进叶酸储存、硫醇活化、骨磷脂形成,促进红细胞发育与成熟。因此,维生素B_{12}能有效地治疗恶性贫血。动物和人体所需维生素B_{12},一部分从食物中摄取,另一部分由肠道中的细菌合成。

钴离子也是某些酶必需的辅因子,但只发现其中的甘氨酰甘氨酸二肽酶存在于动物体内。

6. 钒、铬、锰、镍

已经证明这几种元素是生命必需微量元素,但它们在人体内的浓度很小,其作用机理尚不十分明确。而且,一旦它们在体内的浓度超过一定界限,又将成为致畸和致癌物质。

11.4.3　稀土元素的生物学效应

稀土离子与不同的生物分子都有一定的亲和力,对许多体内酶具有抑制或激活作用。以稀土离子为中心的许多配合物具有各式各样的药用活性,其药用价值包括以下几个方面:

(1) 抗凝血作用;

(2) 抗炎、杀菌和抑菌作用;

(3) 降血糖、抗癌、抗动脉粥样硬化等。

(4) 促进植物的生长发育,可作微肥使用。

但是,人们对稀土元素在生物体内的作用机理、积累、代谢和远期毒性等了解得不够清楚,如果贸然大量使用,则可能产生急、慢性中毒等严重后果。况且,稀土元素的生物学作用是复杂的,尚有许多问题需要探索和解决。从细胞、分子水平上加强对稀土元素与人体相互关系的研究显得十分重要。

11.4.4　重金属的毒性

金属的毒性与其所处化学形态关系十分密切。例如,无机金属盐与有机态的金属化合物毒性差别很大。一般来讲,有机金属化合物较之无机盐更易被机体吸收,并且在体内分布时也比较容易通过细胞膜,通过血脑屏障进入脑部等,从这个方面看有机形态应比无机形态毒性大。但实际上情况要复杂得多,无机盐虽然透过膜比较困难,但与核酸、蛋白质的结合能力比较强,因而细胞毒性往往也比较强，所以应两者兼顾才能讨论或理解毒性的相对大小。

1. 重金属的毒性涉及的范围很广

毒性大的金属通常都是重金属元素，如铅、汞、铊、镉等。由于铅的污染无处不在，玩具、化妆品、餐具、颜料等都是铅的污染源，因而应十分重视对铅污染的防治。慢性铅中毒会引起儿童生长、发育迟钝，行为障碍，多动，智力低下。铅逐年蓄积，可加速脑的衰老和智力减退。

汞也是一种很危险的有毒重金属元素。在自然界，汞的污染源相当多。日本在二战后暴发的水俣病就是由慢性汞中毒引起的，以无机汞为催化剂的乙醛制造厂排含甲基汞$(CH_3)_2Hg$的废水，流入水俣海域并在那里的鱼类中蓄积，以这种鱼为食的当地居民就发生了水俣病。

2. 致癌性和致畸性

有些重金属具有致癌性和致畸性。如以重铬酸盐形式存在的Cr(Ⅵ)具有致癌性，这是由于Cr(Ⅵ)与核酸结合的能力较强，使正常细胞失去了固有属性而发生癌变。与Cr(Ⅵ)属同种元素的Cr(Ⅲ)尚未发现有这一属性。近年还有报道认为钒与肺癌有关。在长期从事与镍有关工作的人群中，肺癌、副鼻腔癌的发病率较高，推断羰基镍等有机镍的危害性很大。

致畸性与致癌性一样，也是一种重要的毒性表现方式。现已查明，锌、镉、汞（特别是甲基汞）、硒、镍等金属具有致畸性。

3. 重金属中毒的解除

西医主要通过螯合疗法来解毒，常用的有EDTA、二巯基丙醇等配位剂。另外，利用不同金属离子间的拮抗作用也可以治疗重金属中毒，如锌的摄入有助于减轻镉的毒性。

中医则通过药物内所含的微量元素调整人体内微量元素的平衡来解毒。

生物体本身对重金属中毒有一定的耐受性和自身解毒机制。重金属摄入过多时，体内会诱导产生金属硫蛋白。金属硫蛋白分子中带有很多巯基，对重金属的结合能力很强，因此在体内重金属（特别是镉和锌）水平升高时，它便能有效地降低重金属水平，缓和毒性症状。

第12章 放射性和核化学

原子核通过自发衰变或人工轰击而进行的核反应与化学反应有根本的不同：

第一，化学反应涉及核外电子的变化，但核反应的结果是原子核发生了变化；

第二，化学反应不产生新的元素，但在核反应中原子核发生复合或裂分，嬗变为另一种元素；

第三，化学反应中各同位素的反应是相似的，而核反应中各同位素的反应不同；

第四，化学反应与化学键有关，核反应与化学键无关；

第五，化学反应吸收和放出的能量为 $10 \sim 10^3\ kJ \cdot mol^{-1}$，而核反应的能量变化在 $10^8 \sim 10^9\ kJ \cdot mol^{-1}$；

最后，在化学反应中，反应前后物质的总质量不变，但在核反应中会发生质量亏损。

12.1 放射性衰变过程——自发核反应

12.1.1 基本粒子简介

基本粒子泛指比原子核小的物质单元，包括电子、中子、质子、光子，以及在宇宙射线和高能原子核实验中所发现的一系列粒子。已经发现的基本粒子有 30 余种，连同它们的共振态（基本粒子相互碰撞时，会在短时间内形成由两个、三个粒子结合在一起的粒子）共有 300 余种。许多基本粒子都有对应的反粒子。

每一种基本粒子都有确定的质量、电荷、自旋和平均寿命，它们多数是不稳定的，在经历一定的平均寿命后转化为别种基本粒子。

根据基本粒子的静止质量大小及其他性质差异可将基本粒子分为四类：光子、轻子、介子和重子（包括核子、超子）。一些重要的基本粒子的性质已经确定并列成了表，认识这些基本粒子的特性对了解放射性衰变具有重要意义。

物质是无限可分的，基本粒子的概念将随着人们对物质结构认识的进展而不断发展。事实上，“基本粒子”也有其内部结构，因而不能认为“基本粒子”就是物质最后的最简单且基本的组成单元，而且，也并非所有的基本粒子都存在于原子核中，一些基本粒子，如正电子、介子、中微子等都是核子（质子和中子的总称）-核子以及质-能相互作用的副产物。

正电子在独立存在时是稳定的，但与电子相遇时就一起转化为一对光子。

反质子 p^- 与质子具有相同的特征，只是电荷相反，在自然界中反质子不能稳定存在，因为它能同物质相互作用而迅速毁灭。

当由一个中子 $_0^1n$ 变为一个质子 $_1^1p$ 和一个电子 $_{-1}^{0}e$（三个粒子的自旋均为 1/2）时，为了平衡自旋需要生成一个中微子 $_0^0\nu$。中微子的静止质量极小，且远小于电子质量，电中性，自旋 1/2，以光速运动，几乎不被物质所吸收，穿透力极强。

可以将中子看成被等量的负电荷所围绕的质子，作为一个整体，中子是电中性的。

12.1.2 放射性射线

天然放射性核素在衰变时可以放出三种射线：

1. α 射线（$_2^4He^{2+}$）

α 射线是带两个正电荷的氦核流，粒子的质量约为氢原子的四倍，速度约为光速的 1/15，电离作用强，穿透本领小，0.1 mm 厚的铝箔即可阻止或吸收 α 射线。

母核放射出 α 射线后，子体的核电荷和质量数与母体相比分别减少 2 和 4。子核在元素周期表中左移两格，如 $_{88}^{226}Ra \longrightarrow _{86}^{222}Rn^{2-} + _2^4He^{2+}$。

一般认为，只有质量数大于 209 的核素才能发生 α 衰变，因此，209 是构成一个稳定核的最大核子数。

2. β 射线（$_{-1}^{0}\beta$ 或 $_{-1}^{0}e$）

β 射线是带负电荷的电子流，速度与光速接近，电离作用弱，穿透能力约为 α 射线的 100 倍。

核中中子衰变产生 $_{-1}^{0}\beta$：$_0^1n \longrightarrow _1^1p + _{-1}^{0}e + _0^0\nu$，核素经 β 衰变后，质量数保持不变，但子核的核电荷较母核增加一个单位，在元素周期表中位置右移一格。例如：

$$_{82}^{210}Pb \longrightarrow _{83}^{210}Bi + _{-1}^{0}e$$

3. γ 射线

γ 射线是原子核由激发态回到低能态时发射出的一种射线，它是一种波长极短的电磁波（高能光子），不为电场、磁场所偏转，显示电中性，比 X 射线的穿透力还强，因而有硬射线之称，可透过 200 mm 厚的铁板或 88 mm 厚的铅板，没有质量，其光谱类似于元素的原子光谱。

发射出 γ 射线后，原子核的质量数和电荷数保持不变，只是能量发生了变化。

人工放射性核素还可以有其他衰变方式，如正电子 β^+、中子 n、X 射线及 K 电子俘获等。

（1）β^+ 射线（$_{+1}^{0}\beta$ 或 $_{+1}^{0}e$）

作为电子的反物质 β^+，它的质量和电子相同，电荷也相同，只是符号相反。β^+ 衰变可看成核中的质子转化为中子的过程：$_1^1p \longrightarrow _0^1n + _{+1}^{0}e + _0^0\nu$。当 β^+ 粒子中和一个电子时，放出两个能量为 0.51 MeV 的 γ 光子（这种现象叫“湮没”）。

$$\beta^+ + \beta^- \longrightarrow 2\gamma$$

（2）K 电子俘获

人工富质子核可以从核外 K 层俘获一个轨道电子，将核中的一个质子转化为一个中子和一个中微子：

$$_1^1p + _{-1}^{0}e \longrightarrow _0^1n + _0^0\nu$$

$$^{7}_{4}Be + ^{0}_{-1}e(K) \longrightarrow ^{7}_{3}Li + ^{0}_{0}\nu$$

在 K 电子俘获的同时还会伴随 X 射线的放出，这是由处于较高能级的电子跳回 K 层，补充空缺所造成的。

(3) 中子衰变($^{1}_{0}n$)　具有高中子数的核都可能发生中子衰变，不过，由于核中中子的结合能较高，所以中子衰变较为稀少。

$$^{87}_{36}Kr \longrightarrow ^{86}_{36}Kr + ^{1}_{0}n + ^{0}_{0}\nu$$

12.1.3　放射性衰变系

在自然界中出现的天然放射性核素，按其质量，可以划分为 Th 系、U 系和 Ac 系三个系列。其中 Th、U 和 Ac 是三个系列中半衰期最长的成员。它们通过一系列的 α 衰变和 β 衰变，变成原子序数为 82 的铅的同位素。系与系间没有交叉，即一个序列的核不能衰变为另一序列的核。

Th($4n$)系，包括 13 种核素，由$^{232}_{90}Th \xrightarrow{10\text{ 步衰变}} ^{208}_{82}Pb$；

U($4n+2$)系，包括 18 种核素，由$^{238}_{92}U \xrightarrow{14\text{ 步衰变}} ^{206}_{82}Pb$；

Ac($4n+3$)系，包括 15 种核素，由$^{235}_{92}U \xrightarrow{3\text{ 步衰变}} ^{227}_{89}Ac \xrightarrow{8\text{ 步衰变}} ^{207}_{82}Pb$。

括号中的数字表示一个特定系列的所有成员其质量数都可以恰好被 4 整除，或者被 4 整除后的余数为 2 或 3。

系列的衰变步骤可根据系列的始末成员的质量和核电荷及 α、β 射线的知识所获得。例如，对 Th 系，假定放射了 a 个 α 粒子和 b 个 β 粒子，则

质量数变化为　$232-208=4a, a=6$；

核电荷变化为　$90-82=2a-b, b=4$。

即$^{232}_{90}Th$ 经过 6 次 α 衰变和 4 次 β 衰变(共 10 步衰变)变为$^{208}_{82}Pb$。

在发现了人造的铀后元素之后，又增添了镎系，Np 系与 Th、U、Ac 三系有明显的差别，它的最终产物为$^{209}_{83}Bi$ 而不是$_{82}Pb$。

Np($4n+1$)系，包括 15 种核素，由$^{241}_{94}Pu \xrightarrow{2\text{ 步衰变}} ^{237}_{93}Np \xrightarrow{11\text{ 步衰变}} ^{209}_{83}Bi$。

12.2　放射性衰变动力学

12.2.1　衰变速率和半衰期

1. 放射性衰变定律

放射性衰变速率 R(或放射性物质的放射活性 A)正比于放射核的数量 N。由于 R 或 A 都是放射性核随时间 t 的变化速率，所以

$$R = A = -\mathrm{d}N/\mathrm{d}t \propto N$$

或

$$R = A = -\mathrm{d}N/\mathrm{d}t = \lambda \cdot N$$

式中 λ 为衰变常数，与核的本性有关，负号表明 N 随时间的增加而减少。整理方程有

$$dN/N = -\lambda \cdot dt$$
$$\ln N = -\lambda \cdot t + C$$

式中 C 为积分常数，当 $t=0$ 时，$C=\ln N_0$，式中 N_0 为 N 的初始值。所以

$$\ln N - \ln N_0 = -\lambda \cdot t$$

即
$$N = N_0 e^{-\lambda \cdot t}$$

或
$$t = -\frac{2.303}{\lambda}\lg(N/N_0)$$

这就是放射性衰变定律。

使用两套单位来计量衰变的速率：

居(里)(Ci)，定义为一个放射源每秒发生 3.70×10^{10} 次衰变；

卢(瑟福)(rd)，定义为每秒衰变 1×10^6 次。显然，1 Ci = 3.70×10^4 rd。

2. 半衰期和平均寿命

放射性样品衰变掉一半所用的时间称为半衰期，记为 $t_{1/2}$，它是特定核素的一个特征性质。由于 $N=N_0/2$，所以，根据放射性衰变定律：

$$t_{1/2} = -\frac{2.303}{\lambda}\lg\frac{1}{2} = \frac{2.303}{\lambda}\lg 2 = 0.693/\lambda$$

以 $\lg N$ 对时间 t 作图可以间接测定半衰期：

$$\lg N = \lg N_0 - \lambda \cdot t/2.303 = \lg N_0 - 0.693t/(2.303t_{1/2})$$

直线的斜率为 $-0.693t/(2.303t_{1/2})$，由此可算出 $t_{1/2}$。

平均寿命是样品中放射性原子的平均寿命：

$$t_{平均} = \frac{1}{N_0}\int_{N_0}^{0} t\mathrm{d}N = \frac{1}{N_0}\int_0^{\infty} t(-\lambda N\mathrm{d}t) = -\frac{\lambda}{N_0}\int_0^{\infty} N_0 e^{-\lambda \cdot t} t\mathrm{d}t = \frac{1}{\lambda} = \frac{t_{1/2}}{0.693}$$

知道了 $t_{1/2}$ 即不难计算出 $t_{平均}$。

例 1 1 g RbCl(相对分子质量 120.9)样品的放射活性为 0.478 mrd，已知样品含27.85%的 ^{87}Rb，求 ^{87}Rb 的 $t_{1/2}$ 和 $t_{平均}$。

解：1 g RbCl 中含 ^{87}Rb 的原子数 N 为

$$N = \frac{6.022 \times 10^{23}}{120.9} \times 1 \times 0.2785 = 1.39 \times 10^{21}$$

由于　$$R = \lambda \cdot N = -\frac{dN}{dt} = 0.478\ \text{mrd} = 0.478 \times 10^{-3} \times 10^{6}\text{次} \cdot s^{-1} = 478\ \text{次} \cdot s^{-1}$$

$$\lambda = \frac{478}{N} = [478/(1.39 \times 10^{21})]\ s^{-1} = 3.44 \times 10^{-19}\ s^{-1}$$

所以　$$t_{1/2} = 0.693/\lambda = [0.693/(3.44 \times 10^{-19})]\ s = 6.4 \times 10^{10}\ y$$

$$t_{\text{平均}} = 6.4 \times 10^{10} \times \frac{1}{0.693}\ y = 9.2 \times 10^{10}\ y$$

3. 地球年龄及年代鉴定

根据矿物中不同核素的相对丰度(w)和有关的 $t_{1/2}$ 可以进行地球年龄及年代的鉴定。

例如,有一种沥青铀矿,其中 $w(^{238}U):w(^{206}Pb)=22:1$,已知 ^{238}U 的半衰期为 4.5×10^{9} y,且假定所有的 ^{206}Pb 都是由 ^{238}U 衰变得到,则

$$n(^{238}U):n(^{206}Pb)=(22/238):(1/206)=19:1$$

设地球诞生时 ^{238}U 为20 mol, ^{206}Pb 为 0 mol,则

$$t_{\text{地球}} = \frac{2.303}{\lambda}\lg\frac{^{238}U\text{ 的原始量}}{^{238}U\text{ 的现有量}}$$

$$= \frac{2.303}{0.693/(4.5 \times 10^{9} y)}\lg\frac{20}{19} = 3.3 \times 10^{8}\ y$$

按照同样的原理,只要测出死亡植物中 $n(^{14}_{6}C):n(^{12}_{6}C)$ 的值即可近似地计算其死亡的年代。其根据是大气中由于宇宙射线内的中子与 $^{14}_{7}N$ 反应不停地生成 $^{14}_{6}C$($^{14}_{7}N + {}^{1}_{0}n \longrightarrow {}^{14}_{6}C + {}^{1}_{1}p$),而 $^{14}_{6}C$ 也发生衰变($^{14}_{6}C \longrightarrow {}^{14}_{7}N + {}^{0}_{-1}e + {}^{0}_{0}\nu$, $t_{1/2}=5720$ y),当达到平衡时,大气中 CO_2 的 $n(^{14}_{6}C):n(^{12}_{6}C)=10^{-12}$。活着的动、植物从大气中吸收 CO_2,动物和人食取植物,因而都有同样的 $n(^{14}_{6}C):n(^{12}_{6}C)$ 值。当动、植物死亡后,吸入 $^{14}_{6}C$ 活动停止,而 $^{14}_{6}C$ 的衰变却不间断地进行,故 $n(^{14}_{6}C):n(^{12}_{6}C)$ 值下降。设法测得此比值并与活体中的比值 10^{-12} 比较,即可算出动、植物死亡的时间。

例 2　测得某古尸 $n(^{14}_{6}C):n(^{12}_{6}C)$ 值为 0.5×10^{-12},计算古尸的年代。

解:由　$$\lg\frac{N}{N_0} = -\lambda \cdot t/2.303$$

则　$$\lambda = -\frac{2.303}{t}\lg\frac{N}{N_0}$$

又 $\lambda=0.693/t_{1/2}$, $t_{1/2}=5720$ y, $N_0=10^{-12}$, $N=0.5\times10^{-12}$,所以

$$t = \frac{5720\ y \times 2.303}{0.693}\lg\frac{10^{-12}}{0.5 \times 10^{-12}} = 5722\ y$$

12.2.2　反应级数

所有的衰变反应都是一级反应,因为衰变不依赖核外的任何因素。例如, $^{131}_{53}I$ 释放出一个 β

粒子而发生衰变：

$$^{131}_{53}\mathrm{I} \longrightarrow {}^{131}_{54}\mathrm{Xe} + {}^{0}_{-1}\mathrm{e} + {}^{0}_{0}\nu$$

其衰变反应的速率表达式可写为

$$A = R = \lambda \cdot N$$

12.3 核的稳定性和放射性衰变类型的预测

12.3.1 中子和质子的稳定比例

前述 β^+或 β 辐射以及 K 电子俘获都是核内质子与中子的转化过程，但究竟取何种方式显然取决于核内中子数与质子数的相对比例 N/P。对于原子序数较小（Z 小于 20）的元素，最稳定的核是核中 $N=P$，或 $N/P=1$。质子数增加，质子-质子排斥增大，以致需要更多的中子以降低质子间的斥力，从而形成稳定的核。因而 N/P 可以逐渐增大到约 1.6，超过这个比值，可发生自发裂变。

中子数富余的核（具有高的 N/P 值）将以子核比值减小的方式衰变，这可以有以下两种方式：

（1）β 辐射　此时，一个中子转变为一个质子，N/P 减小，例如：

$$^{14}_{6}\mathrm{C} \longrightarrow {}^{14}_{7}\mathrm{N} + {}^{0}_{-1}\mathrm{e}$$

$$^{141}_{56}\mathrm{Ba} \xrightarrow{-\beta} {}^{141}_{57}\mathrm{La} \xrightarrow{-\beta} {}^{141}_{58}\mathrm{Ce} \xrightarrow{-\beta} {}^{141}_{59}\mathrm{Pr}$$

（2）中子辐射　例如：

$$^{87}_{36}\mathrm{Kr} \longrightarrow {}^{86}_{36}\mathrm{Kr} + {}^{1}_{0}\mathrm{n}$$

另一方面，若核中质子富余（有低的 N/P 值），则衰变产生的是正电子辐射以减少它的核电荷。例如：

$$^{19}_{10}\mathrm{Ne} \longrightarrow {}^{19}_{9}\mathrm{F} + {}^{0}_{+1}\mathrm{e}$$

12.3.2 核子的奇偶性

对天然存在的稳定核素进行统计发现，原子序数为偶数的元素的稳定同位素的数目远远大于原子序数为奇数的元素的稳定同位素的数目。具有奇原子序数的元素的稳定同位素的数目总不会超过两个，但具有偶原子序数的元素的稳定同位素却有很多。

在天然存在的核素中，具有质子、中子为偶-偶组成的核素的数目大于具有偶-奇、奇-偶、奇-奇组成的核素的总和，具有奇-奇组成的稳定核素极少见。

多数元素的质子数和中子数都为偶数这一事实是核中核子成对的一个证据，就像核外的电子成对一样，核内的质子和中子也是成对的。

12.3.3　幻数理论

稳定的天然同位素的核子常出现一些神奇数字(称为幻数)。对质子,幻数为 2,8,20,28,50 和 82;对中子,幻数为 2,8,20,28,50,82 和 126。具有幻数个质子或中子的原子核,通常要比在元素周期表中与之相邻的原子更稳定。

电子也有幻数,分别为 2,10,18,36,54 和 86,恰好是稀有气体的原子序数。

原子核中幻数的出现表明原子核有能级。

12.4　质量亏损和核结合能

按照 Einstein 的质能相当定律,$E=mc^2$,一定的质量必定与确定的能量相当。例如,与 1 g 的质量所相当的能量为

$$
\begin{aligned}
E &= mc^2 \\
&= 10^{-3}\ \mathrm{kg} \times (2.9979 \times 10^{8}\ \mathrm{m \cdot s^{-1}})^2 \\
&= 8.987 \times 10^{13}\ \mathrm{m^2 \cdot kg \cdot s^{-2}} \\
&= 8.987 \times 10^{10}\ \mathrm{kJ}
\end{aligned}
$$

约为 2700 t 标准煤燃烧所放出的热量。

与 1 u(原子质量单位)的质量(1.66054×10^{-27} kg)相当的能量为

$$
\begin{aligned}
E &= 1.66054 \times 10^{-27} \times (2.9979 \times 10^{8})^2\ \mathrm{m^2 \cdot kg \cdot s^{-2}} \\
&= 1.49239 \times 10^{-13}\ \mathrm{kJ}
\end{aligned}
$$

由于 1 MeV$=1.60218\times10^{-16}$ kJ,所以,与 1 u 的质量相当的能量为

$$
\begin{aligned}
E &= [1.49239 \times 10^{-13}/(1.60218 \times 10^{-16})]\ \mathrm{MeV} \\
&\approx 931.5\ \mathrm{MeV}
\end{aligned}
$$

质能相当定律说明,质量是能量的另一种形式。静止的粒子所具有的能量与它的静止质量成正比,运动着的粒子比静止时质量大,因为它具有静止质量和由于它的动能所增加的质量。

一个稳定的核所具有的能量必定小于它的组元粒子的能量之和,否则它就不能生成,对应地,一个稳定核的质量必定小于组成它的各组元粒子的质量,其间的差额叫做质量亏损。

质量亏损是可以计算的。以 $^{9}_{4}$Be 核为例,铍核含 4 个质子和 5 个中子,已知一个质子的质量等于 1.00728 u,一个中子的质量等于 1.00867 u,一个电子的质量等于 0.00054858 u,铍的原子质量为 9.01219 u,所以,质量亏损:

$$
\begin{aligned}
\Delta m &= [(4 \times 1.00728 + 5 \times 1.00867) - (9.01219 - 4 \times 0.00054858)]\mathrm{u} \\
&= 0.06247\ \mathrm{u}
\end{aligned}
$$

根据质能相当定律可以算出由自由核子结合成 $^{9}_{4}$Be 核时放出的能量,称为核的结合能(B)。

$$B = 0.06247 \times 931.5\ \text{MeV}$$
$$= 58.2\ \text{MeV}$$

核的结合能因核内核子数不同而不同，因此，特定的核素有特定的结合能，为了比较各种核素核的稳定性，可以计算核素的平均结合能($\bar{B}$)。

$$\text{平均结合能}\ \bar{B} = \text{总结合能}\ B/\text{核子数}\ A$$

因此，${}^{9}_{4}Be$ 核的平均结合能为(58.2/9) MeV = 6.5 MeV；而${}^{2}_{1}H$、${}^{4}_{2}He$ 和${}^{56}_{26}Fe$ 核的平均结合能分别为1.075 MeV、7 MeV 和 8.79 MeV。

平均结合能的大小反映了原子核的稳定性。

12.5　核裂变与核聚变

12.5.1　核裂变

原子核发生自发分裂或在受到其他粒子轰击时分裂为两个质量相近的核裂块(也有分裂为更多裂块的情形，但概率很小)，同时还可能放出中子的过程叫核裂变。

原子核裂变时，释发出巨大的能量。这是因为，重核的平均结合能较小，不稳定，在分裂为平均结合能大的较轻的核素时，有部分结合能释放。

以慢中子轰击${}^{235}U$ 为例，裂变产物有从 ${}_{30}Zn$ 到 ${}_{64}Gd$ 等 30 多种元素和 200 种以上的放射性核素，但质量数均不小于 72、不大于 162，其中概率最大(60%)的为 $A = 95$ 和 139，假定这是${}^{95}Sr$ 和${}^{139}Xe$，则

	${}^{235}U$	+	${}^{1}n$	$\longrightarrow$	${}^{95}Sr$	+	${}^{139}Xe$	+	$2{}^{1}n$
质量/u	235.0423		1.00867		94.9058		138.9055		1.00867

$$\Delta m = (235.0423 + 1.00867 - 94.9058 - 138.9055 - 2 \times 1.00867)\ \text{u}$$
$$= 0.2223\ \text{u}$$

或
$$\Delta E = 207\ \text{MeV}$$

${}^{235}U$ 核在裂变时，可能放出 2~4 个次级中子，假定其中有两个能发生进一步的裂变反应，即一分为二、二分为四……则在 n 次之后，将获得 2^n 个中子。计算表明，在 10^{-6} s 中有大约 85 个裂变，以致 15 kg ${}^{235}U$ 在差不多不需什么时间产生的裂变就能放出 10^{12} kJ 能量，这样将引起猛烈的爆炸。

总之，只要倍增系数 $K(=N/N_0$，N_0 为前一代的中子数，N 为后一代的中子数)大于 1，即使 $K = 1.001$，最后必然引起核爆炸。除${}^{235}U$ 之外，${}^{233}U$ 和${}^{239}Pu$ 也具有相同的性质。第二次世界大战中美国投在日本广岛、长崎的原子弹，其中一颗是铀弹，另一颗则是钚弹。

慢中子引起${}^{235}U$ 裂变的概率比快中子大，而${}^{235}U$ 裂变产生的次级中子为快中子。为了进行可控制的慢中子链式裂变反应，设计了称为核反应堆的装置。堆中置入核燃料${}^{235}U$，开始裂变产生的快中子在与减速剂重水或石墨多次碰撞中速率被减慢成慢中子，并在铀燃料中插入可移动

的能吸收多余中子的 Cd(或 Gd、B 等)控制棒,使倍增系数恰好等于 1。这样就可以让链式裂变缓慢进行并放出大量的热能。

核反应的热能如果用热交换器产生高压水蒸气,推动汽轮机带动发电机用以发电,这样得到的电通常称为核电。核电的成本低,核燃料容易运输和储备,比燃煤干净。

利用核反应堆可以制取放射性同位素或其他核燃料,如用中子轰击$^{59}_{27}Co$、$^{238}_{92}U$和$^{232}_{90}Th$ 分别得到$^{60}_{27}Co$、$^{239}_{92}U$ 和$^{233}_{90}Th$。前者用于癌症化疗,而$^{239}_{92}U$ 和$^{233}_{90}Th$ 分别经过两次 β 衰变变成新的核燃料$^{239}_{94}Pu$和$^{233}_{92}U$。

12.5.2 核聚变

轻原子核在相遇时聚合为较重的原子核并放出巨大能量的过程叫核聚变。例如:

$$^{2}H + ^{2}H \longrightarrow ^{3}He + ^{1}n \qquad \text{放出 3.25 MeV 的能量}$$

$$^{2}H + ^{2}H \longrightarrow ^{3}H + ^{1}H \qquad \text{放出 4.00 MeV 的能量}$$

$$^{3}H + ^{2}H \longrightarrow ^{4}He + ^{1}n \qquad \text{放出 17.6 MeV 的能量}$$

$$^{3}He + ^{2}H \longrightarrow ^{4}He + ^{1}H \qquad \text{放出 18.3 MeV 的能量}$$

四个反应的总和耗掉了六个^{2}H,放出了 43.2 MeV 的能量,平均每个^{2}H 放出 7.2 MeV,单位核子放出能量为 3.6 MeV。

通过比较发现,单位质量 ^{235}U 裂变放出的能量为(207/235) MeV = 0.88 MeV,只是单位质量^{2}H 聚变能量 3.6 MeV 的四分之一左右。

聚变反应必须在高温条件下(加热使氘核获得足够的动能以克服氘核间的斥力)才能进行,所需温度在 10^{8} ℃以上,故聚变反应也称为热核反应,所谓氢弹实际上是用 ^{235}U 裂变产生 10^{8} ℃以上的高温引发氢的同位素聚变的热核反应。当然这样的热核爆炸目前是无法控制的。

太阳是一个巨大的聚变能源。太阳上有 140 亿立方千米的^{1}H,每天都在进行着聚变反应:

$$4\,^{1}_{1}H \longrightarrow ^{4}_{2}He + 2\,^{0}_{+1}e$$

并有 6×10^{18} kJ 的能量到达地球表面,养育全人类和所有生物。

12.6 超重元素的合成

12.6.1 超重元素的合成

由一个运动的粒子如 α($^{4}_{2}He^{2+}$)、$β^-$($^{0}_{-1}e$)、$β^+$($^{0}_{+1}e$)、γ($^{0}_{0}γ$)、d($^{2}_{1}H$)、p($^{1}_{1}H$)、n($^{1}_{0}n$)等和一个目标核发生碰撞而引发的核反应称为诱导核反应,其中运动粒子称为轰击粒子,静止的粒子称为靶核。例如,用 α 粒子轰击^{14}N 核,产生一个质子和^{17}O。

$$^{14}_{7}N + ^{4}_{2}He \longrightarrow ^{17}_{8}O + ^{1}_{1}H$$

诱导核反应有时又被称为粒子-粒子反应,因为一种粒子是反应物,另一种粒子是产物。诱导核反应也叫嬗变反应，即由一种元素转变为另一种元素的反应。至今，用诱导核反应已经合成出了 2000 多种（人工）放射性核素。

当轰击粒子是带正电荷的粒子时，它必须有很高的动能才能克服它们与靶核之间的静电排斥。为使轰击粒子具有必需的能量，必须用加速器对轰击粒子加速。用加速的多电荷“重”离子作轰击粒子的核反应已经合成出原子序数从 99 到 118 的超铀元素，使元素周期表的第七周期填充完整。例如，在 1974 年，Seaberg 就用直线加速器成功地合成了 106 号元素𬭳（Sg）：

$$^{249}_{98}\mathrm{Cf} + {}^{18}_{8}\mathrm{O} \longrightarrow {}^{263}_{106}\mathrm{Sg} + 4{}^{1}_{0}\mathrm{n}$$

中子不带电荷，带正电荷的靶核对它没有排斥作用，而且热能中子也有足够的动能与靶核反应，一个典型的例子是

$$^{59}_{27}\mathrm{Co} + {}^{1}_{0}\mathrm{n} \longrightarrow {}^{60}_{27}\mathrm{Co} + {}^{0}_{0}\gamma$$

这样的反应又叫中子俘获，用中子俘获反应能合成质量数最高为 257（Fm）的各种元素的同位素。

前面曾经提到，用加速的多电荷“重”离子作轰击粒子的核反应可以合成出原子序数从 99 到 109 的超铀元素。若能将这种核反应引申到原子序数更高的起始物质，也许可以合成出原子序数更大的超重元素。

超重元素一般是指原子序数为 110~126 的元素（也有人认为是指原子序数从 108~128 的元素），随着原子序数的增加，这些人工合成元素的寿命越来越短（如 104 号元素只能存在 0.1~0.5 s），且合成出来的原子的数目也越来越少，因而使人们对新元素的发现产生一些错觉，认为重元素的发现是不大可能的。

科学工作者对元素能否稳定存在作了一些探讨，并提出了“稳定岛”假说。“稳定岛”假说认为，形成稳定同位素是在一定的范围内出现，在这个范围内组成了一个稳定同位素区，其四周被不稳定的同位素“海洋”包围着，稳定同位素在不稳定同位素中形成了如屹立在“海洋”中的“山脉”或称“稳定岛”。按此，在105~106 号元素附近开始进入不稳定海洋，越过海洋，出现稳定岛，这个岛相应于质子数的范围为 110~126 或 108~128，中子数的范围为 176~190。岛中最高的山峰相应于原子序数为 114、中子数为 184 的元素，岛的周围为不稳定的元素。有人预测 $Z=114$ 的元素的半衰期可达到 10^{16} y。这种半衰期较长的元素似乎应在自然界中存在，目前科学工作者正在广泛地寻找这种元素，但尚未发现。

但是，合成超重元素的艰巨性体现在超重元素原子核的不稳定性、合成的困难性和测试技术的局限性三个方面。

首先，前已述及，原子核的稳定性受两个因素的制约：一是原子核的质量数，二是 N/P。随着原子序数的增加，核电荷不断增加，以致需要更多的中子以降低质子间的斥力。此时，N/P 增加，核的质量数增加，结果是核变得太大而不稳定，可发生自发的裂变。

其次，人工核反应随着质量数的增加而变得更加困难。此时，若使用的轰击粒子“核弹”太轻，则会被强大的靶核电荷排斥而达不到复合的目的。如果核弹的能量太大，结合的核太“热”，也会导致复合核的裂变。然而，即使达到上述要求，由于核反应中由非平衡状态自发地趋于平衡状态的“弛豫现象”，使得有效轰击率大大降低。据报道，在合成 109 号元素䥑（Mt）的实验中，核

弹粒子^{58}Fe和靶核粒子^{209}Bi在10^{14}次接触中,只有一次成功。对靶核轰击了一周之久,才鉴定到一个 109 号元素鿏的原子核。

最后,由于原子核越重越不稳定,半衰期也越来越短,这样,必然给测试工作带来极大的困难。因为要完成必要的鉴定工作是需要时间的。如果新核的半衰期太短[如 107 号元素𬭛(Bh)为$(1\sim2)\times10^{-3}$ s,108 号元素𬭶(Hs)也只为2×10^{-3} s],要在短时间内完成化学实验工作是非常困难的,而如果对一种新元素缺乏应有的化学鉴定,那就难以准确地评价该元素的性质和地位。

目前,尽管在合成超重元素方面存在上述种种困难,但科学家一直在顽强地探索着,已经发现了一系列新的元素,完成了对第七周期所有元素的发现,并且还在为合成更多超重元素的目标而顽强地努力着。事实上,目前世界上很多地方都在改建或新建更强大的加速器,以提高加速粒子能量。在测试方面也发展了许多快速、有效的检测方法以适应短寿命元素的化学鉴定工作。人们有理由相信,随着科学技术的飞速发展,人类甚至可以发现元素周期表中第八周期的某些超重元素的核素。

12.6.2 周期系的远景

由于对超重元素的工作必然会涉及"稳定岛"元素在元素周期表中的位置及其化学性质的预测工作,按电子层理论和计算的结果,在元素周期表中将会有第八周期,甚至更高的周期。

根据电子填充规律,各亚层最多容纳的电子数目为

亚　层	s	p	d	f	g	h
电子数	2	6	10	14	18	22

5g 亚层可容纳 18 个电子,因此,第八、第九两个周期元素数目各可达 50 种,这两个周期中将会有"超锕系"和"新超锕系"元素。第八周期相应的能级组次序为 8s5g6f7d8p,第九周期的为 9s6g7f8d9p。

至于此预言是否正确,有待今后科学实践的检验。

第二部分

习题选解

第1章　习题解答

1. 分别用4个量子数表示磷原子的5个价电子$3s^2 3p^3$。

解：

量子数	n	l	m	m_s
$3s^2$	3	0	0	+1/2
	3	0	0	−1/2
$3p^3$	3	1	1	+1/2
	3	1	0	+1/2
	3	1	−1	+1/2

2. 已知氢原子基态的波函数为$\psi=[1/(\pi a_0^3)]^{1/2}\cdot e^{-r/a_0}$，式中$r$是电子离核的距离，$a_0$的数值为52.9 pm，是氢原子的第一个Bohr轨道的半径。计算在离核为52.9 pm（即a_0）的空间某一点上：

（1）ψ_{1s}的数值；

（2）电子出现的概率密度ρ；

（3）在1 pm^3体积中电子出现的概率P。

解：（1）
$$\psi_{1s}=[1/(\pi a_0^3)]^{1/2}\cdot e^{-r/a_0}$$
$$=\{1/[\pi\times(52.9\ pm)^3]\}^{1/2}\cdot e^{-52.9/52.9}$$
$$=5.4\times10^{-4}\ pm^{-3/2}$$

（2）$\rho=\psi_{1s}^*\psi_{1s}=|\psi_{1s}|^2=(5.4\times10^{-4}\ pm^{-3/2})^2=2.9\times10^{-7}\ pm^{-3}$

（3）$P=|\psi_{1s}|^2 d\tau=(2.9\times10^{-7}\ pm^{-3})\times1\ pm^3=2.9\times10^{-7}$

3. 外围电子构型满足下列条件之一的是哪一类或哪一种元素？

（1）具有2个p电子；

（2）有2个$n=4$、$l=0$的电子，6个$n=3$、$l=2$的电子；

（3）3d全充满，4s只有1个电子的元素。

解：（1）ns^2np^2，ⅣA族元素。

（2）$3d^6 4s^2$，Fe元素。

（3）$3d^{10}4s^1$，Cu元素。

4. 某元素 A 能直接与ⅦA 族中某元素 B 反应，反应时生成 A 的最高氧化值的化合物 AB_n，在此化合物中 B 的含量为 83.5%，而在相应的氧化物中，氧的质量占 53.3%。AB_n 为无色透明液体，沸点为 57.6℃，对空气的相对密度约为 5.9。试回答：

（1）元素 A、B 的名称；

（2）元素 A 属第几周期、第几族；

（3）最高价氧化物的化学式。

解：$M_r(AB_n)/29$（空气的相对分子质量）$= 5.9/1$

$M_r(AB_n) = 5.9 \times 29 = 171.1$

在 AB_n 中，A 的质量占 $100\% - 83.5\% = 16.5\%$

$M_r(A) = M_r(AB_n) \times 16.5\% = 171.1 \times 16.5\% = 28.2$，则 A 可能为元素 Si。

$M_r(SiO_2) = 28.2 + 16 \times 2 = 60.2$

$2M_r(O)/M_r(SiO_2) = 32 / 60.2 = 53.2\%$，与题意相符，因此可以证实 A 为元素 Si。

Si 元素能直接与ⅦA 族元素生成四卤化硅，所以可以确定 AB_n中的 $n=4$。

由 $M_r(A) + 4M_r(B) = M_r(AB_4) = 171.1$

$4M_r(B) = 171.1 - M_r(A) = 171.1 - 28.2 = 142.9$

$M_r(B) = 142.9/4 = 35.7$

可以确定 B 元素为 Cl。所以

（1）A 为 Si 元素，B 为 Cl 元素；

（2）元素 A 属第三周期ⅣA 族；

（3）最高价氧化物的化学式为 SiO_2。

5. 说明下列等电子离子的半径值在数值上为什么有差别：

（1）F^-（133 pm）与 O^{2-}（136 pm）；

（2）Na^+（98 pm）、Mg^{2+}（74 pm）和 Al^{3+}（57 pm）。

解：（1）O 与 F 同属第三周期的元素，n 相同，核电荷 Z 依次增大，有效核电荷 Z^* 也依次增大，故 $r(F)$ 小于 $r(O)$。由中性原子得电子变成阴离子，半径增大，且负电荷越高半径越大，故进一步使 $r(F^-)$ 小于 $r(O^{2-})$。

（2）Na、Mg 和 Al 同属第二周期的元素，n 相同，核电荷 Z 依次增大，有效核电荷 Z^* 也依次增大，故 $r(Na)$ 大于 $r(Mg)$，$r(Mg)$ 又大于 $r(Al)$。由中性原子失电子变成阳离子，半径减小，且正电荷越高半径越小，故进一步使 $r(Na^+)$ 大于 $r(Mg^{2+})$，$r(Mg^{2+})$ 又大于 $r(Al^{3+})$。

6. 为什么镓（Ga）的原子半径比铝（Al）的小？

解：对于同一主族元素，原子半径常是由上而下随有效主量子数的增大而增大的。但第四周期的 p 区元素，因在前经过 d 区和 ds 区，$(n-1)$ 层出现了 d 电子，d 电子的屏蔽常数小于 1，使得有效核电荷增加较多，核对外面的电子的吸引力增加较多，所以出现了类似于"镧系收缩"的"钪系收缩"现象，这就是镓的原子半径反而比铝的小的原因。

7. 试解释硼的第一电离能小于铍的第一电离能，而硼的第二电离能却大于铍的第二电离能的事实。

解：铍和硼的第一、第二电离过程为

Be　$1s^22s^2 \rightarrow 1s^22s^1 \rightarrow 1s^2$

B　$1s^2 2s^2 2p^1 \rightarrow 1s^2 2s^2 \rightarrow 1s^2 2s^1$

可见：

(1) 硼第一电离失去 $2p^1$ 电子而出现全满的稳定结构，比较容易；铍第一电离失去 $2s^2$ 上的 1 个电子，破坏了全满的稳定结构，比较困难。所以硼的第一电离能小于铍的第一电离能。

(2) 硼第二电离失去 $2s^2$ 上的 1 个电子，破坏了全满的稳定结构，比较困难；铍第二电离失去 $2s^1$ 上的 1 个电子而出现全满的稳定结构，比较容易。所以硼的第二电离能却大于铍的第二电离能。

8. 根据 I_1-Z 关系图，指出其中的例外并解释原因。

解：过渡元素的 I_1 随着原子序数的增加变化不规则。

对于主族元素，同族元素的 I_1 随着 Z 的增加而减少。

同周期主族元素，I_1 随 Z 的变化总的趋势基本上是随原子序数的增加而增加，但有曲折和反常现象：如由 Li—Ne，并非单调上升，Be、N、Ne 都较相邻元素高，这是能量相同的轨道当电子填充出现全空、半满、全满时能量较低之故。

其中，Li 为 $2s^1$，其 I_1 较低；Be 为 $2s^2$，s 亚层全满，能量较低，失电子困难，I_1 较高；B 为 $2s^2 2p^1$，失去 1 个电子变为 p 轨道全空的 $2s^2 2p^0$，失电子容易，故 I_1 反而比 Be 的 I_1 低。

同理，N 是 $2s^2 2p^3$，p 轨道半满，比较稳定，能量低，故 I_1 较高，而 O 失去一个电子可得 p^3 半满结构，所以其 I_1 反而比 N 的 I_1 低。

Ne 为 p^6 全充满稳定结构，在该周期中其 I_1 最高。

9. 试用改进的 Slater 法计算第二周期元素的屏蔽常数 σ，并以此对原子半径变化给以解释。

解：Li　$1s^2 2s^1$　$\sigma[2s] = 2^{(1s)} \times 0.85 = 1.7$

$Z^* = Z - \sigma = 3 - 1.7 = 1.3$

Be　$1s^2 2s^2$　$\sigma[2s] = 2^{(1s)} \times 0.85 + 0.30^{(2s)} = 2.0$

$Z^* = 4 - 2.0 = 2.0$

B　$1s^2 2s^2 2p^1$　$\sigma[2p] = 2^{(1s)} \times 1.00 + 2^{(2s)} \times 0.35 = 2.7$

$Z^* = 5 - 2.7 = 2.3$

C　$1s^2 2s^2 2p^2$　$\sigma[2p] = 2^{(1s)} \times 1.00 + 2^{(2s)} \times 0.35 + 0.31^{(2p)} = 3.01$

$Z^* = 6 - 3.01 = 2.99$

N　$1s^2 2s^2 2p^3$　$\sigma[2p] = 2^{(1s)} \times 1.00 + 2^{(2s)} \times 0.35 + 2^{(2p)} \times 0.31 = 3.32$

$Z^* = 7 - 3.32 = 3.68$

O　$1s^2 2s^2 2p^3 2p'^1$　$\sigma[2p'] = 2^{(1s)} \times 1.00 + 2^{(2s)} \times 0.41 + 3^{(2p)} \times 0.37 = 3.93$

$Z^* = 8 - 3.93 = 4.07$

F　$1s^2 2s^2 2p^3 2p'^2$　$\sigma[2p'] = 2^{(1s)} \times 1.00 + 2^{(2s)} \times 0.41 + 3^{(2p)} \times 0.37 + 0.31^{(2p')} = 4.24$

$Z^* = 9 - 4.24 = 4.76$

Ne　$1s^2 2s^2 2p^3 2p'^3$　$\sigma[2p'] = 2^{(1s)} \times 1.00 + 2^{(2s)} \times 0.41 + 3^{(2p)} \times 0.37 + 2^{(2p')} \times 0.31 = 4.55$

$Z^* = 10 - 4.55 = 5.45$

由以上计算可知，随着原子序数增加，作用于最外层电子上的有效核电荷逐渐增大，原子半径逐渐减小。

10. 用 Slater 规则分别计算 Li 原子的 I_1、I_2 和 I_3。

解: 根据 Slater 规则分别写出 Li、Li^+、Li^{2+} 的电子层结构并计算屏蔽常数和有效核电荷。

Li　$1s^22s^1$　$\sigma[2s] = 2^{(1s)} \times 0.85 = 1.7$　$Z^* = 1.3$

Li^+　$1s^2$　$\sigma[1s^2] = 0.30^{(1s)}$　$Z^* = 2.7$

Li^{2+}　$Z^* = 3.0$

$E = -13.6 \times (Z^*/n^*)^2$

$E(Li,2s) = -13.6 \times (1.3/2)^2$ eV

$E(Li,1s) = -13.6 \times (2.7/1)^2$ eV

$E(Li,1s) = -13.6 \times (3.0/1)^2$ eV

$I_1 = E(Li^+) - E(Li)$

$= 2 \times E(Li,1s) - [E(Li,2s) + 2E(Li,1s)]$

$= 13.6 \times (1.3/2)^2$ eV

$= 5.746$ eV

$I_2 = E(Li^{2+}) - E(Li^+)$

$= 1 \times E(Li,1s) - 2 \times E(Li,1s)$

$= \{-13.6 \times (3.0/1)^2 - 2 \times [-13.6 \times (2.7/1)^2]\}$ eV

$= 75.89$ eV

$I_3 = E(Li^{3+}) - E(Li^{2+})$

$= -1 \times E(Li,1s)$

$= 13.6 \times (3/1)^2$ eV

$= 122.4$ eV

11. 已知 Ca(Z=20)原子的电子结构为 $1s^22s^22p^63s^23p^64s^2$,用徐光宪的方法确定 3s 轨道上的 1 个电子的屏蔽常数 σ,并计算该电子的有效核电荷 Z^* 和以 eV 为单位的能量 E(3s)。

解:(1) 根据教材中表 1.2 和表 1.3,各屏蔽电子对 3s 电子的屏蔽常数如下:

$\sigma[3s] = 1^{(3s)} \times 0.30 + 3^{(3p)} \times 0.25 + 3^{(3p')} \times 0.23 + 2^{(2s)} \times 1.00 + 6^{(2p)} \times 0.90 + 2^{(1s)} \times 1.00$

$= 11.14$

(2) $Z^*(3s) = Z - \sigma(3s) = 20 - 11.14 = 8.86$,对 3s 电子,$n^* = 3$

(3) $E(3s) = -13.6(Z^{*2}/n^{*2})$

$= -13.6 \times (8.86^2/3^2)$ eV $= -118.62$ eV

12. 讨论 ⅤA 族元素电负性交替变化的原因。

解: ⅤA 族由上到下电负性交替变化的原因是由于原子模型的松紧规律引起的周期反常现象。

N　$2s^22p^3$　松紧规律引起偏松,$1s^2$ 屏蔽小引起偏紧,总效应是偏紧,故电负性大;

P　$3s^23p^3$　同第二、四周期元素相比,总效应是偏松,故电负性小;

As　$4s^24p^3$　松紧规律引起偏紧,$3d^{10}$屏蔽小引起偏紧,总效应是偏紧,故电负性大;

Sb　$5s^25p^3$　松紧规律引起偏松,$4d^{10}$屏蔽小引起偏紧,总效应是偏松,故电负性小;

Bi　$6s^26p^3$　松紧规律引起偏紧,$5d^{10}$屏蔽小引起偏紧,总效应是偏紧,故电负性大。

查表：N(3.04)　P(2.19)　As(2.18)　Sb(2.05)　Bi(2.02)

$\Delta\chi$　0.85　0.01　0.13　0.03

(大)　(小)　(大)　(小)

13. 已知在 $Cl_3P—O—SbCl_5$ 中 P—O—Sb 的键角为 165°，写出 P、O、Sb 的杂化态。

解： P　sp^3，3 个 Cl—P σ 键，1 对孤电子对；

O　sp^3，6 个价电子配成 3 对孤电子对，占据 3 条 sp^3 轨道；空出 1 条轨道接受来自 P 原子的孤电子对；

Sb　sp^3d^2，5 个 Cl—P σ 键，1 条空轨道接受来自 O 原子的孤电子对。

在氧原子上有两对孤电子对，P—O—Sb 呈 165°，而不是小于 119°27′，是因为空间效应的影响。

14. 偶氮染料是一种有许多用途的有机染料，许多偶氮染料是由偶氮苯（$C_{12}H_{10}N_2$）衍生的，其中一个与偶氮苯分子很相近的物质是氢化偶氮苯（$C_{12}H_{12}N_2$），这两种物质的 Lewis 结构如下：

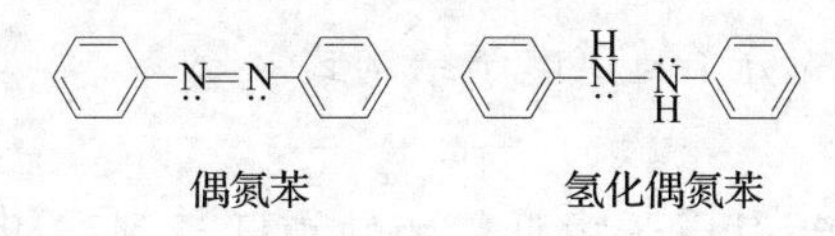

偶氮苯　　氢化偶氮苯

（1）在每种物质中，N 原子的杂化方式是什么？

（2）在每一种物质中，N 和 C 原子还有多少价轨道未被杂化？

（3）预测每一种物质中 N—N—C 的键角。

（4）有人说 $C_{12}H_{10}N_2$ 的 π 电子比 $C_{12}H_{12}N_2$ 有更大程度的重叠，讨论这种观点，并说出你的答案是 $C_{12}H_{10}N_2$ 还是 $C_{12}H_{12}N_2$。

（5）$C_{12}H_{10}N_2$ 的所有原子在同一个平面，而 $C_{12}H_{12}N_2$ 不是。这种现象是否与（4）中的观点一致？

（6）$C_{12}H_{10}N_2$ 呈深橘红色，而 $C_{12}H_{12}N_2$ 几乎无色，试讨论这种现象。

解：（1）在偶氮苯中，氮的杂化方式是 sp^2；氢化偶氮苯氮的杂化方式是 sp^3。

（2）在偶氮苯中，2 个 N 原子的价轨道中各有 1 条 p 轨道未参与杂化，12 个 C 原子各有 1 条 p 轨道未参与杂化；氢化偶氮苯中，N 原子所有的价轨道都参与了杂化，12 个 C 原子各有 1 条 p 轨道未参与杂化。

（3）偶氮苯中，N—N—C 的键角稍小于 120°；氢化偶氮苯中 N—N—C 的键角稍小于 109°28′。

（4）$C_{12}H_{10}N_2$ 中的所有原子在同一个平面，所以比 $C_{12}H_{12}N_2$ 的 π 电子有更大程度的重叠。

（5）这种现象与（4）中观点一致。

（6）$C_{12}H_{10}N_2$ 中同一平面的 14 个原子形成大 π 键，体系能量降低，吸收波长向长波移动，所以出现深橘红色。

15. 讨论有关 H_2CO_3 分子中各原子间的成键情况。

解： H_2CO_3 分子中 C 原子基态时价电子构型为 $2s^22p^2$，成键时有 1 个 2s 电子跃迁至 2p 轨道，然后采取 sp^2 杂化，3 条 sp^2 杂化轨道分别与 3 个 O 原子的 2p 单电子轨道重叠，形成 3 个

C—O σ键。其中 2 个 O 原子中的另外 1 条 2p 单电子轨道与 H 原子的 1s 轨道重叠,形成 2 个 O—H σ键。C 原子上未参加杂化的 2p 轨道与另一个 O 原子的 2p 单电子轨道肩并肩重合形成一个 p-p π 键。

16. 写出下面阳离子的分子轨道的电子结构式:

(1) B_2^+;

(2) Li_2^+;

(3) N_2^+;

(4) Ne_2^{2+}。

解:(1) B_2^+,$(\sigma_{1s})^2(\sigma_{1s}^*)^2(\sigma_{2s})^2(\sigma_{2s}^*)^2(\pi_{2p})^1$

(2) Li_2^+,$(\sigma_{1s})^2(\sigma_{1s}^*)^2(\sigma_{2s})^1$

(3) N_2^+,$(\sigma_{1s})^2(\sigma_{1s}^*)^2(\sigma_{2s})^2(\sigma_{2s}^*)^2(\pi_{2p})^4(\sigma_{2p})^1$

(4) Ne_2^{2+},$(\sigma_{1s})^2(\sigma_{1s}^*)^2(\sigma_{2s})^2(\sigma_{2s}^*)^2(\sigma_{2p})^2(\pi_{2p})^4(\pi_{2p}^*)^4$

17. 考虑 H_2^+ 和 H_2^-:

(1) 画出其分子轨道能级图。

(2) 用分子轨道写出它们的分子轨道电子结构式。

(3) 它们的键级各是多少?

(4) 假设 H_2^+ 被光激发,使得其电子由低能级轨道跃迁到高能级轨道,猜测激发态的 H_2^+ 是否将消失,并解释。

解:(1)

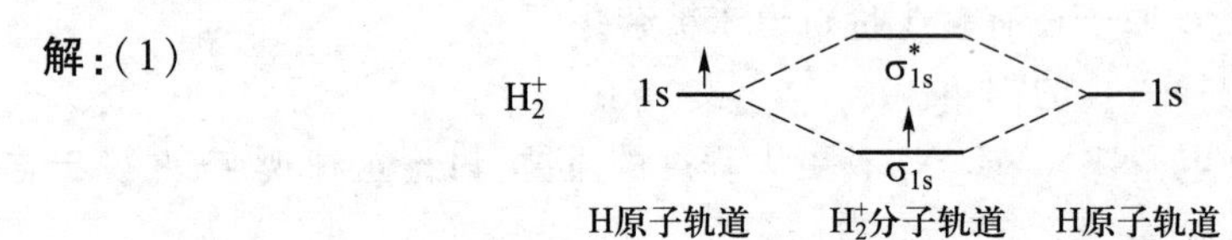

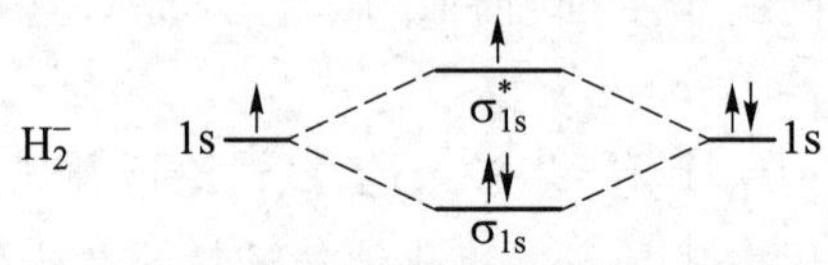

(2) H_2^+:$(\sigma_{1s})^1$;H_2^-:$(\sigma_{1s})^2(\sigma_{1s}^*)^1$。

(3) H_2^+:键级为 0.5;H_2^-:键级为 0.5。

(4) H_2^+ 将分解。因为当 H_2^+ 中的$(\sigma_{1s})^1$ 电子被光激发到反键轨道(σ_{1s}^*)中时,体系的能量比键合前基态 H 原子的能量还高,因此 H_2^+ 不能稳定存在。

18. 判断下列离子的磁性:O_2^+,N_2^{2-},Li_2^+,O_2^{2-}。

解:O_2^+ $(\sigma_{1s})^2(\sigma_{1s}^*)^2(\sigma_{2s})^2(\sigma_{2s}^*)^2(\sigma_{2p})^2(\pi_{2p})^4(\pi_{2p}^*)^1$ (顺磁性)

N_2^{2-} $(\sigma_{1s})^2(\sigma_{1s}^*)^2(\sigma_{2s})^2(\sigma_{2s}^*)^2(\pi_{2p})^4(\sigma_{2p})^2(\pi_{2p}^*)^2$ (顺磁性)

Li_2^+ $(\sigma_{1s})^2(\sigma_{1s}^*)^2(\sigma_{2s})^1$ (顺磁性)

O_2^{2-} $(\sigma_{1s})^2(\sigma_{1s}^*)^2(\sigma_{2s})^2(\sigma_{2s}^*)^2(\sigma_{2p})^2(\pi_{2p})^4(\pi_{2p}^*)^4$ (反磁性)

19. 计算第三周期双原子分子 Na_2→Cl_2 的键级。

解:根据下面第三周期双原子分子的分子轨道能级图可以充填电子从而计算从 Na_2 到 Cl_2 各分子的键级。

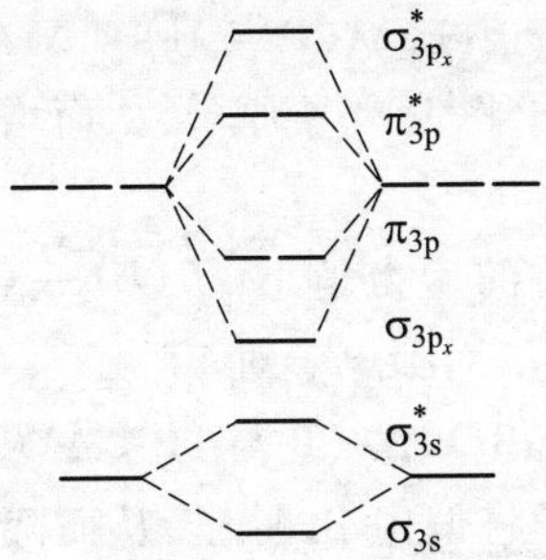

	Na_2	Mg_2	Al_2	Si_2	P_2	S_2	Cl_2
$\sigma_{3p_x}^*$							
π_{3p}^*						1+1	2+2
π_{3p}				1+1	2+2	2+2	2+2
σ_{3p_x}			2	2	2	2	2
σ_{3s}^*	0	2	2	2	2	2	2
σ_{3s}	2	2	2	2	2	2	2
键级	1	0	1	2	3	2	1

20. 查阅相关键能数据,计算下列各气相反应的焓变 $\Delta_r H_m^\ominus$。

(1) $CHBr_3 + Cl_2 \longrightarrow CBr_3Cl + HCl$

(2) $C\equiv O + H—O—H \longrightarrow O=C=O + H—H$

解:(1) $\Delta_r H_m^\ominus = D(C—H) + D(Cl—Cl) - D(C—Cl) - D(H—Cl)$

$= (411 + 242 - 397 - 431)\ kJ \cdot mol^{-1}$

$= -175\ kJ \cdot mol^{-1}$

(2) $\Delta_r H_m^\ominus = 2D(O—H) + D(C\equiv O) - 2D(C=O) - D(H—H)$

$= (2 \times 467 + 1\,076 - 2 \times 749 - 436)\ kJ \cdot mol^{-1}$

$= 76\ kJ \cdot mol^{-1}$

21. 利用键能数据求出合成氨反应 $3H_2 + N_2 \xlongequal{} 2NH_3$ 的反应焓。

解:$3H_2 + N_2 \xlongequal{} 2NH_3$

$\Delta_r H_m^\ominus = 3\Delta_b H_m^\ominus(H—H) + \Delta_b H_m^\ominus(N\equiv N) - 2 \times 3\Delta_b H_m^\ominus(N—H)$

$= (3 \times 436 + 946 - 6 \times 389)\ kJ \cdot mol^{-1}$

$= -80\ kJ \cdot mol^{-1}$

$\Delta_r H_m^\ominus = 2\Delta_f H_m^\ominus(NH_3) - 3\Delta_f H_m^\ominus(H_2) - \Delta_f H_m^\ominus(N_2)$

$= [2 \times (-46.11) - 3 \times 0 - 0]\ kJ \cdot mol^{-1}$

$= -92.22\ kJ \cdot mol^{-1}$

22. 下列各对分子中哪一个的键长长,为什么? 哪一个的键角大,为什么?

$CH_4, NH_3; OF_2, OCl_2; NH_3, NF_3; PH_3, NH_3; NO_2, NO_2^-; PI_3, PBr_3$。

解:根据 $r_{AB} = r_A + r_B - c|\chi_A - \chi_B|$,可见,键长取决于参与成键的两个原子的半径之和及电负性之差,半径越大,键长越长,电负性差值越大,键长越短。

在 CH_4、NH_3 对中,键长:C—H > N—H,原因是 $r(C) > r(N)$,$\Delta\chi$(N 与 H)又比 $\Delta\chi$(C 与 H)差得大;键角:∠HCH > ∠HNH,原因是在 N 原子上有 1 对孤电子对,受孤电子对的影响,键角变小。

在 OF_2、OCl_2 对中,键长:O—F < O—Cl,原因是 $r(Cl) > r(F)$,而 $\Delta\chi$(O 与 F)又比 $\Delta\chi$(O 与 Cl)差得大;键角:∠FOF < ∠ClOCl,原因是电负性 $\chi(F) > \chi(Cl)$,成键电子将偏向 F,从而降低成键电子对间的斥力,键角变小。

在 NH_3、NF_3 对中，键长：N—H < N—F，原因是 r(F) > r(H)，尽管 $\Delta\chi$(N 与 H) < $\Delta\chi$(N 与 F)，但 $\Delta\chi$(N 与 H)同 $\Delta\chi$(N 与 F)相差并不太多；键角：∠FNF < ∠HNH，原因是电负性 χ(F) > χ(H)，成键电子将偏向 F 原子，从而降低成键电子对间的斥力，键角变小。

在 PH_3、NH_3 对中，键长：P—H > N—H，原因是 r(P) > r(N)，$\Delta\chi$(P 与 H) < $\Delta\chi$(N 与 H)；键角：∠HPH < ∠HNH，原因是电负性 χ(N) > χ(P)，成键电子将偏向 N 原子，从而增加了成键电子对间的斥力，键角变大。

在 NO_2、NO_2^- 对中，前者只有一个孤电子，对成键电子对的斥力稍小，所以 N—O 键长略短；键角：前者大于后者，原因是前者只有一个孤电子，而后者是一对孤电子对。

在 PI_3、PBr_3 对中，键长：P—I > P—Br，原因是 r(I) > r(Br)，$\Delta\chi$(P 与 I) < $\Delta\chi$(P 与 Br)；键角：∠IPI > ∠BrPBr，原因是电负性 χ(I) < χ(Br)，成键电子将偏向 Br 原子，从而降低成键电子对间的斥力，键角变小。

23. 什么叫偶极矩？为什么 NH_3 的偶极矩(5.0×10^{-30} C·m)比 NF_3 的(0.7×10^{-30} C·m)要大得多？

解：偶极矩用来衡量键和分子的极性。偶极矩是一个矢量，其大小等于偶极的长度与电荷的乘积，其方向是由偶极的正端到偶极的负端。

显然，键或分子的极性越大，偶极矩就越大。

一个分子的偶极矩等于分子中各分偶极矩(包括各极性键产生的偶极矩和孤电子对产生的偶极矩等)的矢量和。

对 NH_3，: $N^{3.0}$—$H^{2.1}$，$\mu_{孤电子对}$(由 N 原子指向与 H 原子相反的一侧)和由 3 个 N—H 键的 $\mu_{键}$(N—H) 得到的 $\mu_{键}(NH_3)$，二者方向相同(H 原子方向为正，N 原子方向为负)，加和的结果使得 $\mu(NH_3)$较大；而 NF_3，: $N^{3.0}$—$F^{4.0}$，$\mu_{孤电子对}$(由 N 原子指向与 F 原子相反的一侧)和 $\mu_{键}$(N 原子方向为正，F 原子方向为负)二者方向相反，由于 $\mu_{键}$ 大于 $\mu_{孤电子对}$，部分抵消的结果，NF_3 的偶极矩较小，N 原子方向为正，F 原子方向为负。

24. H_2O 分子，O—H 键键长 96 pm，H—O—H 键角 104.5°，偶极矩 6.17×10^{-30} C·m(1.85 D)。

(1) O—H 键偶极矩指向哪个方向？水分子偶极矩的矢量和指向哪个方向？

(2) 计算 O—H 键的键偶极矩的大小。

解：(1) O—H 键偶极矩指向 O 原子，水分子偶极矩的矢量和的方向沿 H—O—H 键角的角平分线指向 O 原子。

(2) ① 根据余弦定律，O—H 键偶极矩 $= (6.17\times10^{-30}\ \text{C}\cdot\text{m}/2)/\cos(104.5/2)$

$= 5.04\times10^{-30}\ \text{C}\cdot\text{m}$。

② 已知 $\chi(\text{O}) = 3.44$，$\chi(\text{H}) = 2.20$，$\Delta\chi = 1.24$，$1\text{e}^- = 1.6\times10^{-19}$ C，$1\text{D} = 3.336\times10^{-30}$ C·m。

故 O—H 键的离子性分数 $= [1 - \text{e}^{-(1.24)^2/4}]\% = 31.91\%$

O—H 键的键偶极矩 $= q\cdot l = 0.3191\times1.6\times10^{-19}\ \text{C}\times96\times10^{-12}\ \text{m} = 4.9\times10^{-30}\ \text{C}\cdot\text{m}$

25. 预测 CO、CO_2 和 CO_3^{2-} 中 C—O 键键长的顺序。

解：CO 分子中 C—O 键是三键，CO_2 分子中 C—O 键是双键，CO_3^{2-} 中C—O 键包含 1 个 σ 键，并与另外两个 O 原子共用 1 个三中心四电子大 π 键，所以其键长大小顺序为 CO < CO_2 < CO_3^{2-}。

26. 按键的极性从大到小的顺序排列下列每组键：

（1）C—F，O—F，Be—F；

（2）N—Br，P—Br，O—Br；

（3）C—S，B—F，N—O。

解：可根据电负性差值判断题中各组化合物化学键的极性，电负性差值越大，则化学键极性越大。所以有

（1）C—F：　$\Delta\chi = 3.98 - 2.55 = 1.43$

O-F：　$\Delta\chi = 3.98 - 3.44 = 0.54$

Be-F：　$\Delta\chi = 3.98 - 1.57 = 2.41$

键的极性大小顺序为 Be—F > C—F > O—F。

（2）N—Br：　$\Delta\chi = 3.04 - 2.96 = 0.08$

P—Br：　$\Delta\chi = 2.96 - 2.19 = 0.77$

O—Br：　$\Delta\chi = 3.44 - 2.96 = 0.48$

键的极性大小顺序为 P—Br > O—Br > N—Br。

（3）C—S：　$\Delta\chi = 2.58 - 2.55 = 0.03$

B—F：　$\Delta\chi = 3.98 - 2.04 = 1.94$

N—O：　$\Delta\chi = 3.44 - 3.04 = 0.40$

键的极性大小顺序为 B-F > N-O > C-S。

27. 用杂化轨道理论说明下列化合物由基态原子形成分子的过程并判断分子的空间构型和分子极性：$COCl_2$，NCl_3，PCl_5。

解：$COCl_2$　C 原子为 $COCl_2$ 的中心原子。基态时 C 原子价电子构型为$2s^2 2p^2$，当 C 原子与 O 原子、Cl 原子相遇形成 $COCl_2$ 分子时，C 原子 2s 轨道的 1 个电子激发到 1 条空的 2p 轨道，然后采用 sp^2 杂化形成 3 条 sp^2 杂化轨道。其中的 2 条 sp^2 杂化轨道分别与 2 个 Cl 原子的 3p 单电子轨道重叠形成 2 个 C—Cl σ 键，另一条 sp^2 杂化轨道和 O 原子的 2p 单电子轨道形成 C—O σ 键，O 原子另一条 2p 单电子轨道与 C 原子未参加杂化的 2p 轨道肩并肩重叠形成 π 键。$COCl_2$ 分子构型是三角形，为极性分子。

NCl_3　N 原子为 NCl_3 的中心原子。基态时 N 原子价电子构型为 $2s^2 2p^3$，当 N 原子与 Cl 原子相遇形成 NCl_3 分子时，N 原子采取 sp^3 杂化形成 4 条 sp^3 杂化轨道。其中的 3 条 sp^3 杂化轨道分别与 3 个 Cl 原子的 3p 单电子轨道重叠形成 3 个 C—Cl σ 键，另一条 sp^3 轨道被孤电子对占据。NCl_3 分子构型是三角锥，为极性分子。

PCl_5　P 原子为 PCl_5 的中心原子。基态时 P 原子价电子构型为 $3s^2 3p^3 3d^0$，当 P 原子与 Cl 原子相遇形成 PCl_5 分子时，P 原子采取 sp^3d 杂化形成 5 条 sp^3d 杂化轨道。5 条杂化轨道分别与 5 个 Cl 的 3p 单电子轨道重叠，形成 5 个 P—Cl σ 键，PCl_5 分子构型是三角双锥，为非极性分子。

28. 分别用杂化轨道理论和价层电子对互斥理论分别说明下列分子或离子的几何构型：PCl_4^+，HCN，H_2Te，Br_3^-。

解：PCl_4^+　根据杂化轨道理论，PCl_4^+ 中的中心原子 P 其成键方式可以理解为 P^+的价轨道采用 sp^3 杂化与 4 个 Cl 原子分别形成 4 条 σ 键，其分子的几何构型为正四面体。根据价层电子对互斥理论，PCl_4^+ 中的 P 原子的价层电子对数 $=4+(5-4\times1-1)/2=4$，其中孤电子对数为 0，所以

PCl_4^+ 的几何构型为正四面体。

HCN 根据杂化轨道理论，HCN 分子中的中心原子 C 其成键方式可以理解为 C 原子的价轨道采用 sp 杂化与 1 个 H 原子和 1 个 N 原子分别形成 2 条 σ 键，C 原子未参与杂化的 2 条 2p 轨道与 N 原子的 2p 轨道肩并肩重叠形成 2 条 π 键。其分子的几何构型为直线形。根据价层电子对互斥理论，HCN 中的 C 原子的价层电子对数 = 2+(4−1−3)/2 = 2，其中孤电子对数为 0，所以 HCN 分子的几何构型为直线形。

H_2Te 根据杂化轨道理论，H_2Te 分子中的中心原子 Te 其成键方式可理解为 Te 原子的价轨道采用 sp^3 杂化与 2 个 H 原子分别形成 2 个 σ 键，另外 2 条 sp^3 杂化轨道被孤电子对占据，其分子的几何构型为 V 形。根据价层电子对互斥理论，H_2Te 中的 Te 原子的价层电子对数 = 2+(6−2×1)/2 = 4，其中孤电子对数为 2，所以 H_2Te 分子的几何构型为 V 形。

Br_3^- 根据杂化轨道理论，Br_3^- 中的中心原子 Br 其成键方式可以理解为 Br 原子的价轨道采用 sp^3d 杂化与 2 个 Br 原子形成 2 个 σ 键，另外 3 条 sp^3d 杂化轨道被孤电子对占据，其分子的几何构型为直线形。根据价层电子对互斥理论，Br_3^- 中的 Br 原子的价层电子对数 = 2+(7−2×1+1)/2 = 5，其中孤电子对数为 3，所以 Br_3^- 的几何构型为直线形。

29. 根据下列物质的 Lewis 结构判断其 σ 键和 π 键的数目。

(1) CO_2；(2) NCS^-；(3) H_2CO；(4) HCO(OH)，其中碳原子连接了一个氢原子和两个氧原子。

解：(1) :Ö=C=Ö:，分子中有 2 个 σ 键，2 个 π 键；

(2) [:N≡C—S̤̈:]⁻，分子中有 2 个 σ 键，2 个 π 键；

(3) 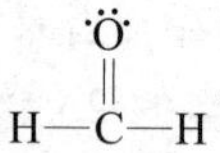
```
   :Ö
    ‖
H—C—H
```
，分子中有 3 个 σ 键，1 个 π 键；

(4) 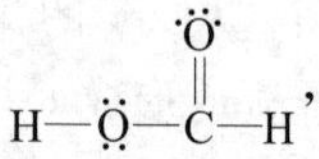
```
        :Ö
         ‖
H—Ö—C—H
```
，分子中有 4 个 σ 键，1 个 π 键。

30. 写出下列分子中 Sb 原子的价电子结构和 Sb 周围各原子的几何排布。

(1) $(Me_3P)SbCl_3$； (2) $(Me_3P)_2SbCl_3$； (3) $(Me_3P)SbCl_5$； (4) $(Me_3P)_2SbCl_5$。

解：(1) $(Me_3P)SbCl_3$ Sb 原子的价电子结构为 $5s^25p^3$，Sb 原子进行了 sp^3d 杂化，周围各原子的几何排布为变形四面体
```
 Me       Cl
   \      |  ╱:
Me—P → Sb
   /      |  \
 Me       Cl  Cl
```
。

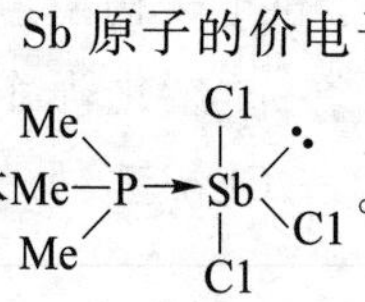

(2) $(Me_3P)_2SbCl_3$ 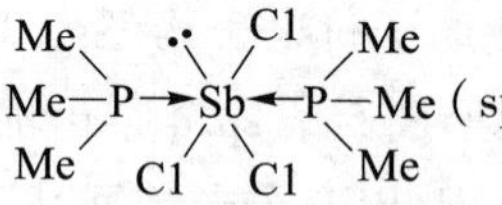
```
 Me    :  Cl    Me
   \    \ |    /
Me—P → Sb ← P—Me
   /    / \    \
 Me   Cl   Cl   Me
```
(sp^3d^2)，四方锥。

(3) $(Me_3P)SbCl_5$ 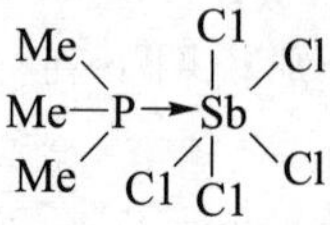
```
 Me       Cl
   \      |  Cl
Me—P → Sb
   /   /  |  \
 Me  Cl   Cl  Cl
```
(sp^3d^2)，八面体。

(4) $(Me_3P)_2SbCl_5$ 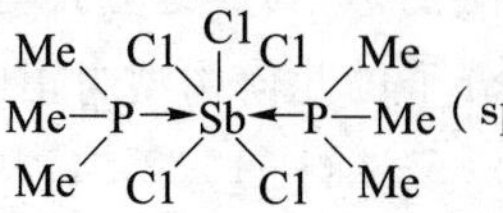
```
 Me   Cl  Cl Cl   Me
   \    \ | /    /
Me—P → Sb ← P—Me
   /    /   \    \
 Me   Cl     Cl   Me
```
(sp^3d^3)，五角双锥。

31. 在$(Cl_5Ru)_2O$中Ru—O—Ru的键角为180°,写出O原子的杂化状态,说明Ru—O—Ru有大键角的理由。

解: sp杂化,空间效应。

32. 写出下列分子或离子的几何构型和其中心原子的杂化状态:

$$F_2SeO,\ SnCl_2,\ I_3^-,\ IO_2F_2^-$$

解: F_2SeO 三角锥,sp^3; $SnCl_2$ V形,sp^2;

$I_3^-(I^-I_2)$ 直线形,sp^3d; $IO_2F_2^-$ 变形四面体,sp^3d。

33. 写出下列分子或离子所属点群:

$$C_2H_4,\ CO_3^{2-},\ trans\text{-}N_2F_2,\ NO_2^-,\ B_2H_6,\ HCN$$

解:

C_2H_4	CO_3^{2-}	*trans*-N_2F_2	NO_2^-	B_2H_6	HCN
D_{2h}	D_{3h}	C_{2h}	C_{2v}	C_{2v}	$C_{\infty h}$

34. 用VSEPR理论预言下列分子或离子的结构,并写出它们所属的点群:

$$SnCl_2,\ SnCl_3^-,\ ICl_2^-,\ ICl_4^-,\ GaCl_3,\ TeF_5^-$$

解:

	$SnCl_2$	$SnCl_3^-$	ICl_2^-
BP	2	3	2
LP	(4-2)/2=1	(4+1-3)/2=1	(7+1-2)/2=3
VP	3	4	5
	AB_2E_1	AB_3E_1	AB_2E_3
	V形	三角锥	直线
	C_{2v}	C_{2v}	$D_{\infty h}$

	ICl_4^-	$GaCl_3$	TeF_5^-
BP	4	3	5
LP	(7+1-4)/2=2	(3-3)/2=0	(6+1-5)/2=1
VP	6	3	6
	AB_4E_2	AB_3	AB_5E_1
	平面四边形	三角形	四方锥
	D_{4h}	D_{3h}	C_{4v}

35. 用Walsh图解释下列事实:

(1) N_3^-和I_3^-是直线形的;

(2) NO_2^+是直线形的,NO_2是弯曲形的。

解:(1) N_3^-有16个电子,占据π_g、π_u、σ_u、σ_g、σ_1、σ_2等能级,直线形能量最低,故为直线形;I_3^-有22个电子,比N_3^-多出的6个电子占据了π_u^*,σ_g^*,直线形能量低,故为直线形。

(2) NO_2^+有16个电子,与N_3^-相同,NO_2有17个电子,占据了$4a_1$能级,弯曲形能量最低,故为弯曲形。

36. p区和d区各族元素由上而下氧化态的变化规律有何不同?试用相对论性效应作出

解释。

解：d 区 由上而下生成低价氧化态离子型化合物逐渐变难，而生成高氧化态共价型化合物逐渐容易，这与相对论性效应有关。一般地，低氧化态呈离子性，是由于 ns 电子的失去，而高氧化态呈共价性，是由于 ns 和 $(n-1)$d 电子的偏移。由于 ns 轨道的相对论性收缩效应和 $(n-1)$d 轨道的相对论性膨胀效应自上而下增大，导致 ns 轨道和 $(n-1)$d 轨道自上而下趋于半径一致，能量接近，所以 $(n-1)$d 电子参与共价成键较容易。

p 区 ⅢA 到ⅤA 族同族元素自上而下低氧化数化合物的稳定性增强、高氧化数化合物的稳定性减弱、至重元素的高氧化态难以形成，这种现象称为"惰性电子对效应"。ns 价轨道由上而下，相对论性收缩效应增强，ns^2 电子对的能量降低，惰性增大，不易参与成键。

37. CH_3I 和 CF_3I 两种化合物在碱性溶液中水解产物不同？为什么？

(1) $CH_3I + OH^- \longrightarrow CH_3OH + I^-$

(2) $CF_3I + OH^- \longrightarrow CF_3H + IO^-$

解：根据基团电负性 $\chi(CH_3)(2.30) < \chi(I)(2.66)$ 和 $\chi(CF_3)(3.46) > \chi(I)(2.66)$，由于诱导作用的原因，在 CH_3I 中的碳原子的电负性就小于 CF_3I 中碳原子的电负性。结果使得在两种化合物中 C—I 键的极性有着完全相反的方向：在 CH_3I 中碳原子带正电荷，所以吸引羟基得到 CH_3OH 和 I^-；而在 CF_3I 中碳原子带负电荷，所以吸引 H^+ 得到 CF_3H 和 IO^-。

38. 说明 CCl_4 不与水作用、而 BCl_3 在潮湿空气中水解的原因。

解：CCl_4 无空轨道，无孤电子对，既不能发生亲核水解，又不能发生亲电水解；而 BCl_3 为缺电子化合物，水解前，有一条 Π_4^6 大 π 键，受水分子进攻，大 π 键遭破坏，发生亲核水解。

39. ⅡA 族硫酸盐的分解反应式为 $MSO_4(s) \longrightarrow MO(s) + SO_3(g)$，试估计反应中最不稳定的是哪个？最稳定的是哪个？

解：对含氧酸盐的热稳定性进行热力学分析，即

$$\begin{array}{ccccc} MSO_4(s) & \xrightarrow{\Delta_D H_m^\ominus(MSO_4)} & MO(s) & + & SO_3(g) \\ \downarrow \Delta_{lat}H_m^\ominus(MSO_4) & & \uparrow -\Delta_{lat}H_m^\ominus(MO) & & \uparrow \\ M^{2+}(g) + SO_4^{2-}(g) & \xrightarrow{x} & M^{2+}(g) + O^{2-}(g) & + & SO_3(g) \end{array}$$

$$\Delta_D H_m^\ominus(MSO_4) = \Delta_{lat}H_m^\ominus(MSO_4) - \Delta_{lat}H_m^\ominus(MO) + x$$

式中 $\Delta_D H_m^\ominus$ 为分解焓；x 是指 $SO_4^{2-}(g) \longrightarrow O^{2-}(g) + SO_3(g)$ 的焓变，通常 $x>0$（可根据各物种的 $\Delta_f H_m^\ominus$ 求出），但对于不同金属的硫酸盐而言，x 相同。这样，硫酸盐分解过程的热效应大小只与硫酸盐及氧化物的晶格焓的相对大小有关。

根据晶格焓的经验公式，于是可得

$$\Delta_D H_m^\ominus(MSO_4) = f_1 \frac{1}{r_{M^{2+}} + r_{SO_4^{2-}}} - f_2 \frac{1}{r_{M^{2+}} + r_{O^{2-}}} + x$$

对于 MSO_4，其中 f_1、f_2 及 x 均为常数，且 $f_1 = f_2$。

已知 SO_4^{2-} 的离子半径大于 O^{2-} 的离子半径，所以对半径较大的 SO_4^{2-}，随 M^{2+} 半径增大，$\Delta_{lat}H_m^\ominus(MSO_4)$ 减小较为缓慢。对于半径较小的 O^{2-}，则随 M^{2+} 半径增大，$\Delta_{lat}H_m^\ominus(MO)$ 迅速减小。

所以，对于分解反应的热效应 $\Delta_D H_m^\ominus$，随着阳离子半径的增大，$\Delta_D H_m^\ominus$ 依次变大，即由 $Mg^{2+} \rightarrow Ba^{2+}$，硫酸盐的热稳定性依次增大，分解温度将逐渐升高。

所以，$BeSO_4$ 最不稳定，Ba、Ra 盐最稳定。

也可以根据极化理论进行分析：Be^{2+} 的半径最小，对 O^{2-} 的极化最大，导致 O—C 键不稳定而易于断裂，Ba、Ra 的半径最大，对 O^{2-} 的极化能力小，对 O—C 键影响不大，因而较为稳定而不易断裂。

40. 试述氯的各种价态的含氧酸的存在形式，并说明酸性、热稳定性和氧化性的递变规律及原因。

解：由 HOCl、HOClO、$HOClO_2$ 到 $HOClO_3$，酸性逐渐增加，因为非羟基氧原子逐渐增多；热稳定性（分解放氧）逐渐增加，氧化性减弱，二者都可用相同的原因进行解释：因不同氧化态的中心原子与氧生成的 E—O 键的性质和需要断裂的 E—O 键的数目有关。

E—O 键的强度及它在一个分子中的成键数与中心原子 E 的电子构型、氧化数、原子半径、成键情况以及分子中的 H^+ 对它的反极化作用等因素有关。在 HOCl、HOClO、$HOClO_2$ 到 $HOClO_3$ 的系列酸分子中，随着中心原子氧化数增加，分子中的 Cl—O 键数依次增多，Cl 与氧原子之间形成的 p-d π 键的数量也增多，Cl—O 键的强度增大，键长缩短（见表 2.1.1），中心原子更不易从外界得到电子，所以随着元素的氧化数升高，含氧酸的热稳定性增加、氧化性减弱。此外，$HOClO_3$ 的氧化性弱与 ClO_4^- 有高的对称性也有关系。

表 2.1.1　Cl—O 键的性质

含氧阴离子	键长/nm	键能/$(kJ \cdot mol^{-1})$	分子中的 Cl—O 键数
ClO^-	0.170	209	1
ClO_2^-	0.164	244.5	2
ClO_3^-	0.157	243.7	3
ClO_4^-	0.145	363.5	4

第 2 章　习题解答

1. 下列化合物中,哪些是 Lewis 酸,哪些是 Lewis 碱?

$$BH_4^-,\ PH_3,\ BeCl_2,\ CO_2,\ CO,\ Hg(NO_3)_2,\ SnCl_2$$

解:Lewis 酸:$BeCl_2$,CO_2,CO,$Hg(NO_3)_2$,$SnCl_2$。

Lewis 碱:PH_3,CO,$SnCl_2$。

2. 写出下列物种的共轭酸和共轭碱:

$$NH_3,\ NH_2^-,\ H_2O,\ HI,\ HSO_4^-$$

解:

	共轭酸	共轭碱		共轭酸	共轭碱
NH_3	NH_4^+	NH_2^-	NH_2^-	NH_3	NH^{2-}
H_2O	H_3O^+	OH^-	HI	H_2I^+	I^-
HSO_4^-	H_2SO_4	SO_4^{2-}			

3. 下列各对物质中哪一个酸性较强?并说明理由。

(1) $[Fe(H_2O)_6]^{3+}$和$[Fe(H_2O)_6]^{2+}$

(2) $[Al(H_2O)_6]^{3+}$和$[Ga(H_2O)_6]^{3+}$

(3) $Si(OH)_4$ 和 $Ge(OH)_4$

(4) $HClO_3$ 和 $HClO_4$

(5) H_2CrO_4 和 $HMnO_4$

(6) H_3PO_4 和 H_2SO_4

解:(1) $[Fe(H_2O)_6]^{3+}$和$[Fe(H_2O)_6]^{2+}$

Lewis 酸性:前者,中心离子电荷高、半径小,吸引电子能力大;

质子酸性:前者,中心离子电荷高,对 O 的极化能力大,H^+易解离;

(2) $[Al(H_2O)_6]^{3+}$和$[Ga(H_2O)_6]^{3+}$、(3) $Si(OH)_4$ 和 $Ge(OH)_4$

Lewis 酸性:均为前者,中心离子半径小,d 轨道能量低;

质子酸性:均为前者,中心离子半径小,对 O 的极化能力大,H^+易解离;

(4) $HClO_3$ 和 $HClO_4$、(5) H_2CrO_4 和 $HMnO_4$ 和(6) H_3PO_4 和 H_2SO_4

Lewis 酸性和质子酸性:均为后者,中心原子氧化数高、半径小,非羟基氧原子多。

4. 应用 Pauling 规则:

(1) 判断 H_3PO_4($pK_a^\ominus=2.12$)、H_3PO_3($pK_a^\ominus=1.80$)和 H_3PO_2($pK_a^\ominus=2.0$)的结构;

(2) 粗略估计 H_3PO_4、$H_2PO_4^-$ 和 HPO_4^{2-} 的 $pK_a^\ominus$值。

解:(1) 根据 $pK_a^\ominus$ 值判断,应有相同非羟基氧原子。

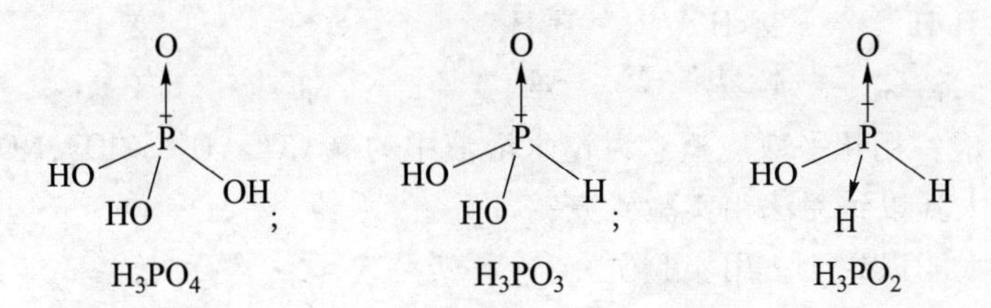

(2) H_3PO_4:一个非羟基氧原子,$pK_a^\ominus$ 值约为 2。根据多元酸分级解离常数之间的关系,$K_{a_1}^\ominus : K_{a_2}^\ominus : K_{a_3}^\ominus \approx 1 : 10^{-5} : 10^{-10}$。所以,$H_2PO_4^-$ 的 $pK_a^\ominus$ 约为 7,HPO_4^{2-} 的 $pK_a^\ominus$ 约为 12。

5. 指出下列反应中的 Lewis 酸和碱,并指出哪些是配位反应,哪些是取代反应,哪些是复分解反应。

(1) $FeCl_3 + Cl^- = [FeCl_4]^-$

(2) $I_2 + I^- = I_3^-$

(3) $KH + H_2O = KOH + H_2$

(4) $[MnF_6]^{2-} + 2SbF_5 = 2[SbF_6]^- + MnF_4$

(5) $Al^{3+}(aq) + 6F^-(aq) = [AlF_6]^{3-}(aq)$

(6) $HS^- + H_2O = S^{2-} + H_3O^+$

(7) $BrF_3 + F^- = [BrF_4]^-$

(8) $(CH_3)_2CO + I_2 = (CH_3)_2CO \cdot I_2$

解:(1) $FeCl_3 + Cl^- = [FeCl_4]^-$
酸　碱(配位)

(2) $I_2 + I^- = I_3^-$
酸　碱(配位)

(3) $KH + H_2O = KOH + H_2$
碱　酸(复分解)

(4) $[MnF_6]^{2-} + 2SbF_5 = 2[SbF_6]^- + MnF_4$
碱　酸　(取代)

(5) $Al^{3+}(aq) + 6F^-(aq) = [AlF_6]^{3-}(aq)$
酸　碱　(配位)

(6) $HS^- + H_2O = S^{2-} + H_3O^+$
酸　碱　(取代)

(7) $BrF_3 + F^- = [BrF_4]^-$
酸　碱(配位)

(8) $(CH_3)_2CO + I_2 = (CH_3)_2CO \cdot I_2$
酸　碱(配位)

6. 根据软硬酸碱原理,判断下列化合物哪些易溶于水。

$$CaI_2, CaF_2, PbCl_2, PbCl_4, CuCN, ZnSO_4$$

解:CaI_2	CaF_2	$PbCl_2$	$PbCl_4$	CuCN	$ZnSO_4$
H S	H H	交 H	H H	S S	交 H
较易	难	较易	难	难	较易

7. 何谓拉平效应？用拉平效应概念讨论水溶液中的碱 CO_3^{2-},O^{2-},ClO_4^-,NO_3^-:

(1) 哪些碱性太强以致无法用实验研究？

(2) 哪些碱性太弱以致无法用实验研究？

(3) 哪些可直接测定其强度？

解:强酸和强碱的强度在水中分别被拉平到 H^+ 和 OH^- 的强度而不能区分的现象叫拉平效应。

(1) 在水中,O^{2-} 的碱性太强以致无法用实验研究;

(2) 在水中,ClO_4^- 和 NO_3^- 的碱性太弱以致无法用实验研究;

(3) 在水中,CO_3^{2-} 可直接测定其强度。

8. 有下列三种溶剂:液氨、醋酸和硫酸。

(1) 写出每种纯溶剂的解离方程式。

(2) 醋酸在液氨和硫酸溶剂中是以何种形式存在？用什么方程式表示？

解:(1) $2NH_3 \rightleftharpoons NH_4^+ + NH_2^-$

$2HAc \rightleftharpoons H_2Ac^+ + Ac^-$

$2H_2SO_4 \rightleftharpoons H_3SO_4^+ + HSO_4^-$

(2) 在液氨中以 Ac^- 形式存在:

$$HAc + NH_3 = NH_4^+ + Ac^-$$

在 H_2SO_4 中以 H_2Ac^+ 形式存在:

$$HAc + H_2SO_4 = HSO_4^- + H_2Ac^+$$

9. 卤化银在液氨和水溶液中的溶解度有何变化规律？为什么？

解:在水中,从 AgF 到 AgI 溶解度逐渐减小,因为 Ag^+ 是软酸,从 F^- 到 I^-,软性增加。

由于 NH_3 的硬度小于 H_2O 的硬度,AgF 在液氨中的溶解度会比在水中的溶解度小,其他 AgX 在液氨中的溶解度增加。随着从 F^- 到 I^-,软性增加,AgX 溶解度逐渐增大。

10. 解释为何碳的电负性小于氧的电负性,而碳负离子碱比醇负离子碱的碱性要强得多。

解:氢与另一元素之间的化学键极性越小、键能越大,则氢离子的解离越困难,酸性就越弱。烷烃中的 C—H 键的解离能都很大,且都是弱极性键,很难解离出氢离子来。相反的过程,丢氢以后的碳负离子具有超强的夺氢能力,则超级碱性很强。但是在含有 O—H 键的化合物中,虽然 O—H 键的解离能更大,但是键的极性也很大,则氢离子的解离会容易得多,酸性明显增加。在所有化学键中,sp^3 杂化的碳原子与氢形成的 C—H 键是同时具备极弱的键极性和高键能两个特性的,因此饱和碳的碳负离子碱就成了几乎最强的碱。

11. 观察表 2.15 的 $pK_a^\ominus$ 数值,对照总结超级碱的碱性变化规律,并讨论碱中心原子上的官能团对碱性的影响。

解:超级碱的碱性强弱的一般规律为:(1) 超级碱性按照 C、N、O 单电荷负离子的次序逐渐减弱,也就是碱性次序为碳负离子>氮负离子>醇负离子。这是因为氢所在的化学键的极性增强。(2) 同一族从上到下单电荷负离子的碱性减弱,这是因为氢所在化学键的键能减弱,负离子的夺氢能力下降。(3) 高周期元素的负离子的碱性不再有意义,因为它们具有太强的还原性,化学反应中不表现碱性性质。

当碱中心原子连接不同的取代官能团时,碱性会发生变化。一般的规律是,考虑与碱中心原子直接相连的原子电负性或取代基团的有效电负性的影响,能够产生诱导效应或共轭效应,还有电子离域效应等。如果这些效应的结果是让碱中心原子的负电荷密度增加,则碱性增强;相反,碱中心原子的负电荷密度减少,则碱性减弱。

第 3 章　习题解答

1. 为什么在大多数情况下固体间的反应都很慢？怎样才能加快反应速率？

解：固相反应是复相反应，反应主要在界面间进行，反应速率由离子的相间扩散所决定，并且固体物质接触面积相对较小，混合不均匀，碰撞概率小，因而大多数情况下反应很慢。

通过充分破碎和研磨，或通过各种化学途径制备粒度细、比表面积大、表面活性高的反应物原料，或提高反应温度等均可加快反应速率。

2. 化学转移反应适合提纯具有什么特点的金属？你能举例说明吗？

解：化学转移反应适合提纯熔点高，在高温下难以挥发的金属。如金属钛的提纯，钛的熔点高达(1933±10) K，沸点是 3560 K，高温下难挥发，但钛和碘在低温下能够形成 TiI_4，在高温下 TiI_4 又容易分解，所以可以采用化学转移反应提纯钛。

3. 低温合成适用哪类物质的合成？常用的制冷浴有哪些？

解：适合用低温合成的化合物主要是一些易挥发的化合物，如 C_3O_2、CNCl、HCN、PH_3、$(CN)_2$、稀有气体化合物等。

常用的制冷浴有冰盐共熔体系、干冰浴和液氮。

4. 高温合成包括哪些类型？

解：高温合成主要包括以下类型：高温下的固相合成反应；高温下的固-气合成反应；高温下的化学转移反应；高温熔炼和合金制备；高温下的相变合成；高温熔盐电解；等离子体激光、聚焦等作用下的超高温合成；高温下的单晶生长和区域熔融提纯等。

5. 彩色三基色稀土荧光粉是如何制备的？分别举例予以说明。

解：彩色电视机的显像屏是由红、蓝、绿(三基色)三种颜色的荧光粉组成的。

红粉 Y_2O_2S:Eu 的制备方法　用稀 HNO_3 溶液或稀 HCl 溶液溶解质量比为 1 : (0.062~0.07)的 Y_2O_3 和 Eu_2O_3 的混合稀土氧化物，用去离子水稀释到 1 mL 含 Y_2O_3 大约 10 mg，再用稀氨水调节 pH 到 2~3，并加热到 80 ℃，慢慢加入过量的草酸溶液，直至沉淀完毕，使沉淀静置几小时后抽滤，水洗至中性。其反应过程如下：

$$Y_2O_3 + Eu_2O_3 + H^+ \longrightarrow Y^{3+} + Eu^{3+} + H_2O$$

$$Y^{3+} + Eu^{3+} + H_2C_2O_4 \longrightarrow (Y, Eu)_2(C_2O_4)_3 \cdot xH_2O$$

将草酸钇铕$(Y, Eu)_2(C_2O_4)_3 \cdot xH_2O$ 于 120 ℃下烘干脱水，再于 800~1000 ℃下灼烧 1 h，便得到制备红粉的原料$(Y, Eu)_2O_3$：

$$(Y, Eu)_2(C_2O_4)_3 \cdot xH_2O \longrightarrow (Y, Eu)_2O_3 + CO_2\uparrow + CO\uparrow + xH_2O\uparrow$$

然后，将质量比为100∶30∶30∶5的$(Y, Eu)_2O_3$∶S∶Na_2CO_3∶K_3PO_4(作助熔剂)混磨均匀，装入石英管中压紧，覆盖适量的硫黄及次料，加盖盖严，于1150~1250 ℃下恒温1~2 h，高温出炉，冷至室温。在365 nm紫外光激发下选粉，用水或浓度为2~4 mol·L^{-1}的HCl溶液浸泡后再用热水洗至中性，抽滤、烘干、过筛，即得白色的Y_2O_2S:Eu红色发光粉。反应为

$$Na_2CO_3 + S \longrightarrow Na_2S + Na_2S_x + CO_2\uparrow$$

$$(Y, Eu)_2O_3 + Na_2S + Na_2S_x \longrightarrow Y_2O_2S:Eu$$

绿粉$(Ce, Tb)MgAl_{11}O_{19}$的制备方法 按一定的比例将Al_2O_3(79%)、$MgCO_3$(5%)、CeO_2(9%)、Tb_4O_7(5%)、H_3BO_3(2%，作助熔剂)混合研磨均匀后，装入石英坩埚，先在1350 ℃下灼烧2 h，取出粉碎磨匀，再装入刚玉坩埚于1400 ℃灼烧1 h，粉碎，过200目筛即为产品。

蓝粉$\{(Ba, Mg, Eu)_3Al_{14}O_{24}\}$的制备方法 按一定比例称取$Ba_2CO_3$、$MgCO_3$、$Mg(OH)_2\cdot 5H_2O$、$Eu_2O_3$、$Al_2O_3$、$H_3BO_3$，混合磨匀，然后装入石英管中，并通入CO，在1300 ℃下灼烧还原1.5 h，出炉冷却后，粉碎，过200目筛，即为产品。高温灼烧是使物料发生高温固相反应生成晶体。还原是使晶体中的Eu(Ⅲ)还原成Eu(Ⅱ)，还原剂是CO。

6. 画出下列萃取剂的结构：

MIBK，TBP，N_{263}，P_{204}，HTTA

解：MIBK(甲基异丁基酮) $(CH_3)_2CH-CH_2-C(=O)-CH_3$

TBP(磷酸三丁酯) $(C_4H_9O)_3P=O$

N_{263}(氯化三烷基甲铵) $[CH_3(CH_2)_{6\sim10}CH_2]_3N^+(CH_3)Cl^-$

P_{204}[二(2-乙基己基)磷酸] $[CH_3(CH_2)_3CH(C_2H_5)CH_2O]_2P(=O)OH$

HTTA(噻吩甲酰基三氟丙酮) $C_4H_3S-C(=O)-CH_2-C(=O)-CF_3$

7. Xe(bp −109 ℃)、AsH_3(bp −62.5 ℃)和As_2H_4(bp 100 ℃)的混合物通过蒸馏分离进入三个串联的冷阱里，在每一个冷阱处，应采用哪种糊状浴或制冷剂？

解：在第一处冷阱采用冰盐共熔体系，可以将As_2H_4冷凝下来；在第二处冷阱采用干冰浴，可以将AsH_3冷凝下来；在第三处冷阱采用液氮，可以将Xe冷凝下来。

8. 获得等离子体较实用的方法有哪些？

解:获得等离子体较实用的方法是放电法,如各种电弧放电、辉光放电、高频电感耦合放电、高频电容耦合放电和诱导放电等。

9. 由氯化钾的电解氧化来制备氯酸钾,通 1 A 电流 2 h,假设电流效率为50%,可以得到多少克氯酸钾?

解:电荷量 $Q = It = 1\ \text{A} \times (3600 \times 2)\ \text{s} = 7200\ \text{C}$

氯化钾到氯酸钾的半反应为 $Cl^- + 3H_2O \xlongequal{} ClO_3^- + 6H^+ + 6e^-$

电解产生 1 mol (122.55 g) $KClO_3$ 需要 6×96500 C 电荷量,因此 7200 C 电荷量应电解得到 $KClO_3$ 的质量为[122.55×7200/(6×96500)]g=1.52 g。

实际得到的 $KClO_3$ 的质量为 1.52 g × 50% = 0.76 g。

10. 说明为什么在汞阴极上还原钠离子是可能的,虽然水还原成氢气是热力学上最有利的过程。应该怎样改变 pH 和温度去影响电流效率?

解:虽然水还原成氢气是热力学上最有利的过程,但如果采用汞为阴极,并且增高电流密度,由于 H_2 在汞上具有很高的过电位,因而能使 Na^+先在汞阴极上放电析出而变成钠汞齐。为了提高电流效率,可以增大溶液 pH(即降低 H^+浓度),适当提高温度。

11. 用含氧酸盐煅烧制取氧化物时,常使用挥发性酸的盐,特别是碳酸盐,为什么?

解:用含氧酸盐煅烧制取氧化物时,常使用挥发性酸的盐,这是因为分解时酸性氧化物容易逸出,这有利于平衡向右移动,分解更完全,产物比较纯。使用碳酸盐是因为它的分解温度更低。

12. 为什么紫外-可见光谱能应用于金属配位化合物的研究?

解:金属离子与配体反应生成配位化合物的颜色一般不同于游离金属离子(水合离子)和配体本身的颜色。配位化合物的形成均可使最大吸收峰显著红移或蓝移,摩尔吸收系数明显提高。利用紫外-可见光谱可以研究配合物的电子跃迁、荷移吸收光谱和配体内电子跃迁,因而能够应用于金属配合物的研究。

13. 有以下反应:

$$Mo(CO)_6 \xrightarrow{\text{环庚三烯}} A + MoC_{10}H_8O_3(B)$$

$$\downarrow Ph_3CBF_4(\text{惰性溶剂中})$$

$$Ph_3CH + MoC_{10}H_7O_3BF_4(C)$$

A 是气体,相对分子质量为 28,B 的红外光谱在 1880~2000 cm^{-1}处有三个吸收带,B 的核磁共振氢谱有四个相等强度的峰,B 为非电解质,C 为电解质,C 的红外光谱图在 1950~2030 cm^{-1}处有三个吸收带,其核磁共振氢谱只有一个峰,试推测 B 和 C 的结构。

解:由反应方程式和已知条件可知,B 的化学式为 $Mo(CO)_3(C_7H_8)$,环庚三烯置换了三个 CO;C 的化学式为$[Mo(CO)_3(C_7H_7)]^+BF_4^-$,环庚三烯中亚甲基上的氢以 H^-形式掉下并与 Ph_3C^+结合。B 和 C 的结构分别如下所示:

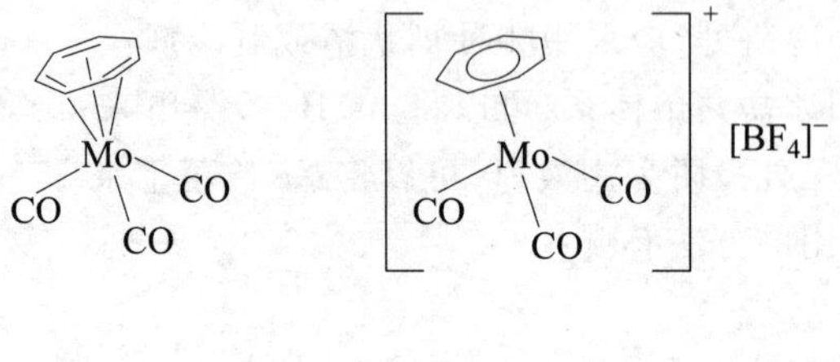

Mo CO CO CO　　[Mo CO CO CO]$^+$ $[BF_4]^-$

14. 下图为 $MnCO_3$ 在 N_2 中的热分析曲线。试分析 TGA 曲线上每一阶段和 DTA 曲线上每个峰对应的热分解过程，写出热分解反应方程式。

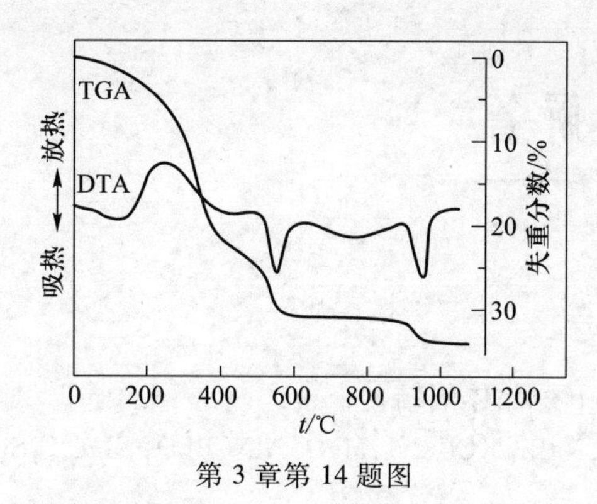

第 3 章第 14 题图

解：第一阶段　0~400 ℃，$MnCO_3 \longrightarrow MnO_2 + CO$

第二阶段　400~550 ℃，$2MnO_2 \longrightarrow Mn_2O_3 + (1/2)O_2$

第三阶段　550~900 ℃，$3Mn_2O_3 \longrightarrow 2Mn_3O_4 + (1/2)O_2$

15. 在高温合成反应中，为了降低烧结温度，提高材料的性能，常采取改善固相反应原料的手段，即前驱体法。试以实例说明常用的几种前驱体方法。

解：常用的前驱体方法包括将反应物充分破碎和研磨，或通过各种化学途径制备成粒度细、比表面积大、表面具有活性的反应物原料，然后通过加压成片，甚至热压成型使反应物颗粒充分均匀接触；或通过化学方法使反应物组分事先共沉淀；或通过化学反应制成化合物前驱体。

其中共沉淀法是获得均匀反应前驱体的常用方法。例如，合成 $ZnFe_2O_4$ 尖晶石时使用的共沉淀法是用锌和铁的草酸盐作为反应物，按 1∶1 的比例溶在水中，将溶液混合，加热蒸发，锌和铁的草酸盐一起产生共沉淀。将沉淀过滤、焙烧，从而得到产物。由于混合的均匀程度很高，反应所需的温度可以降低很多。

溶胶-凝胶法也是一种常用的前驱体方法。该方法是一种能代替共沉淀法制备陶瓷、玻璃和许多固体材料的新方法。如超导氧化物膜 $YBa_2Cu_3O_{7-x}$ 的制备是以化学计量比的相关硝酸盐 $Y(NO_3)_3 \cdot H_2O$、$Ba(NO_3)_2$、$Cu(NO_3)_2 \cdot H_2O$ 作起始原料，将它们以一定的比例溶于乙二醇中生成均匀的混合溶液，然后在一定的温度下（如 130~180 ℃）反应，蒸发出溶剂，生成的凝胶在高温（950 ℃）氧气氛下进行灼烧即可获纯的正交型 $YBa_2Cu_3O_{7-x}$。

第4章 习题解答

1. 根据半径比规则预测下列晶体的结构：

$$LiF, NaBr, KCl, CsI, MgO, AlN, PbO_2, BaCl_2, SiO_2$$

解：

物质	r_+/pm	r_-/pm	r_+/r_-	类型	结构
LiF	60	136	0.441	NaCl 型	阴离子作面心立方密堆，阳离子填充在负离子密堆结构的孔隙中
NaBr	95	195	0.487		
KCl	133	181	0.735		
MgO	65	140	0.464		
CsI	169	216	0.782	CsCl 型	阴离子作简单立方堆积，阳离子处于立方体体心位置
PbO_2	121	140	0.864		
$BaCl_2$	135	181	0.746		
AlN	50	171	0.292	ZnS 型	阴离子呈六方密堆结构
SiO_2	Si^{4+}处于氧阴离子的四面体空隙中，硅氧四面体共顶点连接				

注：(1) 离子半径值为 Pauling 数据；
(2) KCl 的理论构型为 CsCl 型，而实验结果为 NaCl 型。

2. 下列各对离子晶体哪些是同晶型的(晶体结构相同)？并提出理由。

(1) ScF_3 和 LaF_3；　　(2) ScF_3 和 LuF_3；

(3) YCl_3 和 $YbCl_3$；　　(4) LaF_3 和 LaI_3；

(5) $PmCl_3$ 和 $PmBr_3$。

解：(1) ScF_3：$r_+/r_-=81/136=0.596$，NaCl 型；LaF_3：$r_+/r_-=106/136=0.779$，CsCl 型。

(2) ScF_3：NaCl 型；LuF_3：$r_+/r_-=85/136=0.625$，NaCl 型。

(3) YCl_3：$r_+/r_-=93/181=0.514$，NaCl 型；$YbCl_3$：$r_+/r_-=86/181=0.475$，NaCl 型。

(4) LaF_3：$r_+/r_-=0.779$，CsCl 型；LaI_3：$r_+/r_-=106/216=0.491$，NaCl 型。

(5) $PmCl_3$：$r_+/r_-=98/181=0.541$，NaCl 型；$PmBr_3$：$r_+/r_-=98/195=0.503$，NaCl 型。

所以，第(2)、(3)和(5)组同晶型，均具有 NaCl 型结构。

3. 计算阴离子作三角形排布时 r_+/r_- 的极限比值。

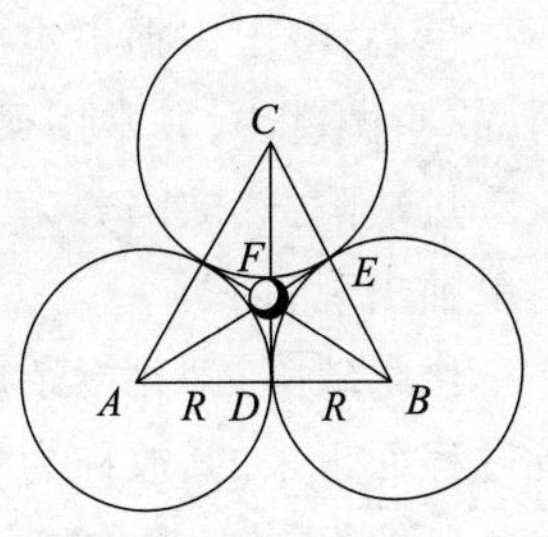

第4章第3题图

解: 阴离子作三角形排布时,3个球在平面互相相切形成空隙,3个球的球心连线为正三角形。

设阳离子和阴离子的半径分别是 r、R。由右图可见,在直角 $\triangle AFD$ 中,$AF = R + r$,$AD = R$,$\angle FAD = 30°$,则

$AD : AF = R : (R+r) = \cos 30° = \sqrt{3}/2$

$r/R = 2/\sqrt{3} - 1 = 0.155$

4. 如果Ge加到GaAs中,Ge均匀地分布在Ga和As之间,那么Ge优先占据哪种位置?当GaAs用Se掺杂时形成p型还是n型半导体?

解: Ge、Ga、As的半径分别为137 pm、141 pm和119 pm,Ge优先占据Ga的位置;施主杂质,形成n型半导体。

Se、Ga、As的半径分别为117 pm、141 pm和119 pm,Se优先占据As的位置;施主杂质,形成n型半导体。

5. 在下列晶体中主要存在何种缺陷?

(1) NaCl中掺入 $MnCl_2$; (2) ZrO_2 中掺入 Y_2O_3;

(3) CaF_2 中掺入 YF_3; (4) WO_3 在还原气氛中加热。

解: (1) NaCl中掺入 $MnCl_2$,形成 Mn^{2+} 替代 Na^+ 杂质缺陷及 Na^+ 空位($Mn_{Na}^{\cdot}+V_{Na}'$);

(2) ZrO_2 中掺入 Y_2O_3,形成 Y^{3+} 替代 Zr^{4+} 的杂质缺陷及 O^{2-} 空位($2Y_{Zr}^{\cdot}+V_O''$);

(3) CaF_2 中掺入 YF_3,形成 Y^{3+} 替代 Ca^{2+} 的杂质缺陷及间隙 F^- 缺陷($Y_{Ca}^{\cdot}+F_i'$);

(4) WO_3 在还原气氛中加热,形成 W^{VI} 的还原价态及 O^{2-} 空位缺陷($2W_W'+V_O''$)。

6. 为什么过渡金属比非过渡金属的氧化物更易形成非整比化合物?

解: (1) 过渡金属半径大,空隙大;(2) 易变价。

7. 写出下列体系的可能的化学式:

(1) $MgCl_2$ 在KCl中的固溶体; (2) Y_2O_3 在 ZrO_2 中的固溶体;

(3) Li_2S 在 TiS_2 中的固溶体; (4) Al_2O_3 在 $MgAl_2O_4$ 中的固溶体。

解: (1) $MgCl_2$ 在KCl中的固溶体:$Mg_xK_{1-2x}Cl$;同时出现$(V_K')_x$;

(2) Y_2O_3 在 ZrO_2 中的固溶体:$Y_{4x/3}Zr_{1-x}O$;同时出现$(V_O'')_x$;

(3) Li_2S 在 TiS_2 中的固溶体:$Li_{2x}Ti_{1-x}S_{2-x}$;同时出现$(V_S'')_x$;

(4) Al_2O_3 在 $MgAl_2O_4$ 中的固溶体:$Mg_{1-3x}Al_{2+2x}O_4$;同时出现$(V_{Mg}'')_x$。

8. 请预料少量下列杂质对AgCl晶体的电导率将会有什么影响(如果有的话):

(1) AgBr; (2) $ZnCl_2$; (3) Ag_2O; (4) KCl;

(5) NaBr; (6) $CaCl_2$; (7) AgCl; (8) Na_2O。

解: (1) 不变;(2) 增大;(3) 增大;(4) 不变;(5) 不变;(6) 增大;(7) 不变;(8) 增大。

9. 简述下列概念:

受主缺陷,施主缺陷,色心,热缺陷,化学缺陷,n型半导体,p型半导体

解: 受主缺陷:类似于金属能带中的空穴,以空穴作为载流子。

施主缺陷:可以提供载流子起导电作用的缺陷。

色心:电子占据了本应由阴离子占据的位置而得到的缺陷,这种缺陷在晶体吸光时起主导作用,故叫做色心,并常用德文名称的首写字母表示为 F 心。

热缺陷:热缺陷分为 Frenkel 缺陷("空位+间隙原子"成对出现)和 Schottky 缺陷("空位"缺陷单独出现)两类。

化学缺陷:即化学杂质缺陷,是指晶体组成以外的原子(离子)进入晶体中,往往是由化学制备过程而带来的,故称为化学缺陷。

n 型半导体:也称施主半导体。如将 As 掺入 Si 的晶体,由于 As 具有五个电子,引起电子的过剩,As 能给出电子,所以这种半导体就是 n 型半导体。

p 型半导体:也称受主半导体。如将 B 掺入 Si 的晶体,由于 B 能接受一个电子,所以这种体系叫受主半导体或叫 p 型半导体。

10. 试设计一个对氟气敏感的含有快离子导体的装置,选择电极料,画出示意图,写出反应原理。

解:示意图如下所示。

F_2(待测)/H^+	CaF_2-YF_3	H^+/F_2(参比)

利用原电池原理,采用快离子导体 CaF_2-YF_3 制成的化学传感器,将化学信息转化为电信号,然后再还原为化学信息,这样就可以测出氟气的分压。待测氟气和参比氟气分压差和电池电压之间关系为

$$E=(RT/2F)\ln(p''_{F_2}/p'_{F_2})$$

11. 能用作激光源的固体一般需要满足哪些条件?

解:能用作激光源的固体一般需要满足以下条件:

(1) 良好的荧光和激光性能;

(2) 优良的光学均匀性;

(3) 良好的物理化学性能;

(4) 容易制得大尺寸,易于加工。

12. 反斯托克斯发光体发射的波长较短于激发光的波长。试说明为什么能量守恒并没有被违反。

解:从发光机理来看,激活过程采用了多级激活机制,激活剂逐个接受敏活剂提供的光子,激发到较高的能级;或者采用合作激活机制,激活剂可以同时接受敏活剂提供的 2 个光子,激发到较高的能级。因而能量守恒并没有违反。

13. 为什么含有未成对电子壳层的原子组成的物质只有一部分具有铁磁性?

解:如果未成对电子平行地排成一列,材料就有净的磁矩,表现为铁磁性;相反,未成对电子反平行排列时,总磁矩为零,材料就呈现反铁磁性;如果自旋电子虽是反平行排列,但两种取向的数量不同,会产生净的磁矩,材料就具有亚铁磁性。

14. 非晶态固体与准晶体有什么区别?非晶态材料在微观结构上有哪些基本特征?

解:物质的构成由其原子排列特点而定。原子呈周期性排列的固体物质叫晶体,原子呈无序排列的固体物质叫非晶态固体,准晶体是一种介于晶体和非晶态固体之间的固体。准晶体具有

与晶体相似的长程有序的原子排列结构；但是准晶体不具备晶体的平移对称性。

一般认为，组成物质的原子、分子的空间排列不呈周期性和平移对称性，晶体的长程有序受到破坏，只有由于原子间的相互关联作用，使其在小于几个原子间距的小区间内（1~1.5 nm），仍然保持形貌和组分的某些有序特征而具有短程有序，这样一类特殊的物质状态统称为非晶态。根据这一定义，非晶态材料在微观结构上具有以下三个基本特征。

（1）只存在小区间内的短程有序，在近邻和次近邻原子间的键合（如配位数、原子间距、键角、键长等）具有一定的规律性，而没有任何长程有序；

（2）它的衍射花样由较宽的晕和弥散的环组成，没有表征结晶态的任何斑点和条纹，用电镜看不到晶粒、晶界、晶格缺陷等形成的衍衬反差；

（3）当温度连续升高时，在某个很窄的温度区间内，会发生明显的结构相变，故非晶态材料是一种亚稳态材料。

第5章 习题解答

1. 氘代试剂广泛用作 NMR 分析用溶剂，试写出由重水制备下列化合物的方程式：

(1) DCl； (2) D_2O_2； (3) $Ca(OD)_2$； (4) SiD_4。

解：(1) DCl

$$D_2O \xrightarrow{\text{电解}} (1/2)O_2 + D_2$$

$$D_2 + Cl_2 \longrightarrow 2DCl$$

(2) D_2O_2

$$2Na + O_2 \longrightarrow Na_2O_2$$

$$Na_2O_2 + 2D_2O \longrightarrow 2NaOD + D_2O_2$$

(3) $Ca(OD)_2$

$$2NaOD + CaCl_2 \longrightarrow Ca(OD)_2 + 2NaCl$$

(4) SiD_4

$$2Li + D_2 \longrightarrow 2LiD$$

$$4LiD + AlCl_3 \xrightarrow{\text{乙醚}} Li[AlD_4] + 3LiCl$$

$$SiCl_4 + Li[AlD_4] \longrightarrow SiD_4 + LiCl + AlCl_3$$

2. 试指出下列物质最可能的几何构型：

(1) $[Mg(CH_3)_2]_2$； (2) $[BeCl_4]^{2-}$；

(3) $Li[Mg(C_6H_5)_3]$； (4) $[Be(OR)_2]\cdot N(CH_3)_3$。

解：(1) $[Mg(CH_3)_2]_2$

```
        Me
      /    \
MeMg        MgMe
      \    /
        Me
```

(2) $[BeCl_4]^{2-}$ 四面体

(3) $Li[Mg(C_6H_5)_3]$ 在 Mg 原子周围三个—C_6H_5 呈三角形排布

(4) $[Be(OR)_2]\cdot N(CH_3)_3$ $[Be(OR)_2]$：在 Be 原子周围两个—OR 基团呈直线形排布。$N(CH_3)_3$：三角锥。

3. 写出下列物质添加到钠-氨溶液中所发生的净反应的方程式：

(1) 甲基锗烷； (2) 碘。

解：(1) 甲基锗烷 $MeGeH_3 + e^-(NH_3) = GeH_4 + \cdot CH_3 + NH_2^-$

(2) 碘 $I_2 + 2e^-(NH_3) = 2I^- + 2NH_3$

4. 你将如何去稳定 Na^-？

解：添加冠醚或穴醚于乙胺或四氢呋喃中，由于下面的平衡向右移动，大大地增加了碱金属的溶解性：$2Na(s) \rightleftharpoons Na^+ + Na^-$。这个溶解作用的净反应实际上是 $2Na(s) + C \rightleftharpoons NaC^+ + Na^-$。

这种"盐"（如 $[NaC]^+Na^-$）的晶体结构是由交替的 NaC^+ 和 Na^- 层以六方堆积排列组成的。

5. 假定"CuF"是你拟合成的"新"化合物，请通过热化学计算其标准生成焓。指出哪些参数可从文献中得到，哪些参数需要通过计算求出。

解：

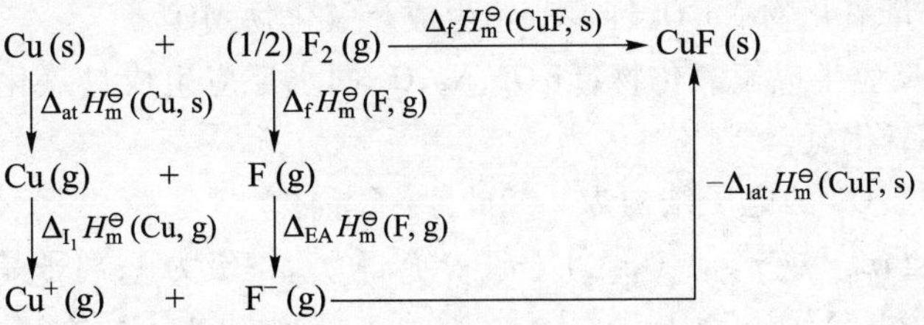

$$\begin{array}{ccccc}
Cu(s) & + & (1/2)F_2(g) & \xrightarrow{\Delta_f H_m^{\ominus}(CuF,s)} & CuF(s) \\
\downarrow \Delta_{at} H_m^{\ominus}(Cu,s) & & \downarrow \Delta_f H_m^{\ominus}(F,g) & & \uparrow \\
Cu(g) & + & F(g) & & -\Delta_{lat} H_m^{\ominus}(CuF,s) \\
\downarrow \Delta_{I_1} H_m^{\ominus}(Cu,g) & & \downarrow \Delta_{EA} H_m^{\ominus}(F,g) & & \uparrow \\
Cu^+(g) & + & F^-(g) & \longrightarrow &
\end{array}$$

$$\Delta_f H_m^{\ominus}(CuF,s) = (\Delta_{at} H_m^{\ominus} + \Delta_{I_1} H_m^{\ominus})_{Cu} + (\Delta_f H_m^{\ominus} + \Delta_{EA} H_m^{\ominus})_F - \Delta_{lat} H_m^{\ominus}(CuF,s)$$

除 $\Delta_{lat} H_m^{\ominus}(CuF,s)$ 需要通过计算求出外，其他参数均可从文献中得到。

6. 有人推测，可制备出化学组成为 Xe^+F^- 的稀有气体化合物。试估算这种假想化合物的晶格能和生成焓，指出制备这种化合物的可能性。

解：

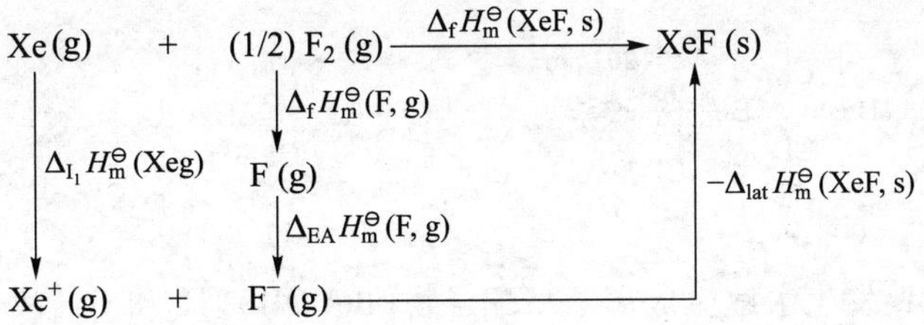

$$\begin{array}{ccccc}
Xe(g) & + & (1/2)F_2(g) & \xrightarrow{\Delta_f H_m^{\ominus}(XeF,s)} & XeF(s) \\
\downarrow & & \downarrow \Delta_f H_m^{\ominus}(F,g) & & \uparrow \\
\Delta_{I_1} H_m^{\ominus}(Xeg) & & F(g) & & -\Delta_{lat} H_m^{\ominus}(XeF,s) \\
\downarrow & & \downarrow \Delta_{EA} H_m^{\ominus}(F,g) & & \uparrow \\
Xe^+(g) & + & F^-(g) & \longrightarrow &
\end{array}$$

$$\Delta_f H_m^{\ominus}(XeF,s) = \Delta_{I_1} H_m^{\ominus}(Xe) + (\Delta_f H_m^{\ominus} + \Delta_{EA} H_m^{\ominus})_F - \Delta_{lat} H_m^{\ominus}(XeF,s)$$

$$\begin{aligned}
\Delta_{lat} H_m^{\ominus}(XeF,s) \approx U_0 &= 1.214 \times 10^5 \times \frac{\nu \times Z_+ \times Z_-}{r_+ + r_-}\left(1 - \frac{34.5}{r_+ + r_-}\right) \text{ kJ} \cdot \text{mol}^{-1} \\
&= \left[1.214 \times 10^5 \times \frac{2 \times 1 \times 1}{180 + 136}\left(1 - \frac{34.5}{180 + 136}\right)\right] \text{ kJ} \cdot \text{mol}^{-1} \\
&= 684 \text{ kJ} \cdot \text{mol}^{-1}
\end{aligned}$$

$$\begin{aligned}
\Delta_f H_m^{\ominus}(XeF,s) &= \Delta_{I_1} H_m^{\ominus}(Xe) + (\Delta_f H_m^{\ominus} + \Delta_{EA} H_m^{\ominus})_F - \Delta_{lat} H_m^{\ominus}(XeF,s) \\
&= (1170 + 79 - 328 - 684) \text{ kJ} \cdot \text{mol}^{-1} \\
&= 237 \text{ kJ} \cdot \text{mol}^{-1}
\end{aligned}$$

而且，本反应是熵减少的反应，$\Delta_f G_m^{\ominus}(XeF,s) > 237 \text{ kJ} \cdot \text{mol}^{-1}$，所以，要制备这种化合物的可能性很小。

7. 假定 LiH 是一个离子化合物，使用适当的能量循环，导出 H 的电子亲和焓的表达式。

解：

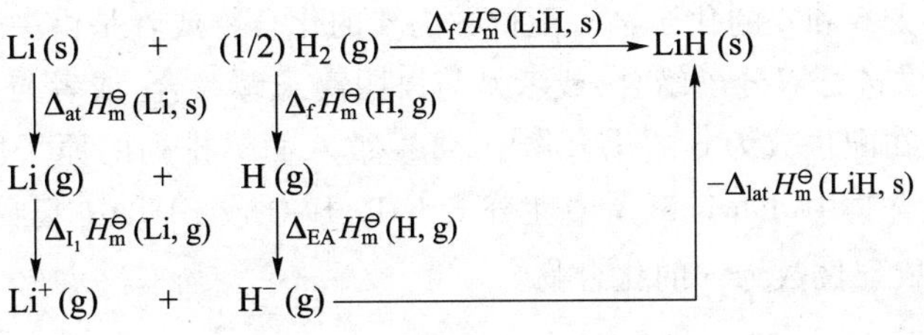

$$\begin{array}{ccccc}
Li(s) & + & (1/2)H_2(g) & \xrightarrow{\Delta_f H_m^{\ominus}(LiH,s)} & LiH(s) \\
\downarrow \Delta_{at} H_m^{\ominus}(Li,s) & & \downarrow \Delta_f H_m^{\ominus}(H,g) & & \uparrow \\
Li(g) & + & H(g) & & -\Delta_{lat} H_m^{\ominus}(LiH,s) \\
\downarrow \Delta_{I_1} H_m^{\ominus}(Li,g) & & \downarrow \Delta_{EA} H_m^{\ominus}(H,g) & & \uparrow \\
Li^+(g) & + & H^-(g) & \longrightarrow &
\end{array}$$

$$\Delta_{EA}H_m^{\ominus}(H) = \Delta_f H_m^{\ominus}(LiH,s) + \Delta_{lat}H_m^{\ominus}(LiH,s) - (\Delta_{at}H_m^{\ominus} + \Delta_{I_1}H_m^{\ominus})_{Li} - \Delta_f H_m^{\ominus}(H,g)$$

8. 当第ⅠA族金属在氧气中燃烧时，生成什么样的产物？这些产物同水如何反应？用分子轨道理论描述由 Na 和 K 生成的氧化物的结构。

解：第ⅠA族金属在氧气中燃烧时，Li 生成普通氧化物 Li_2O 和少量过氧化物 Li_2O_2，Na 生成过氧化物 Na_2O_2 和少量氧化物 Na_2O，钾、铷、铯生成超氧化物 MO_2。

Li_2O、Na_2O 同水反应生成氢氧化物；Li_2O_2、Na_2O_2 同水反应生成过氧化氢；超氧化物 MO_2 同水反应生成氧气和过氧化氢。

普通氧化物含 O^{2-}：O^{2-} 的电子结构为 $2s^22p^6$；离子晶体。

过氧化物含 O_2^{2-}：$(\sigma_{2p_x})^2(\pi_{2p_y})^2(\pi_{2p_z})^2(\pi_{2p_y}^*)^2(\pi_{2p_z}^*)^2$，键级为 1；离子晶体。

超氧化物含 O_2^-：$(\sigma_{2p_x})^2(\pi_{2p_y})^2(\pi_{2p_z})^2(\pi_{2p_y}^*)^2(\pi_{2p_z}^*)^1$，键级为 1.5；离子晶体。

9. $BeCl_2$ 在气态和在固态中的结构是什么样的？为什么 $BeCl_2$ 溶于水时显酸性？

解：在气相中，$BeCl_2$［下图(a)］倾向于 Be^{2+} 以 sp^2 杂化轨道形成 Cl 桥联的双聚体［下图(b)］。温度低至 900 ℃以下时，双聚体会部分地解离为直线形的单体［下图(c)］，Be^{2+} 以 sp 杂化成键。

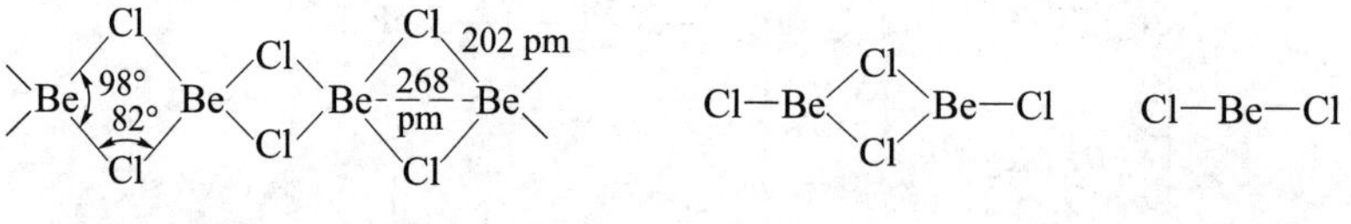

当溶于水时，$BeCl_2$ 发生水解生成离子型配合物$[Be(OH)_4]^{2-}$和 H^+，故显酸性。

10. 试述 BeH_2 和 CaH_2 的差别。

解：尽管 CaH_2 和 BeH_2 都属于离子型氢化物，但在盐型氢化物中，由于 H^- 半径较大，易变形，所以都会产生不同程度的极化作用。使得在盐型氢化物中，金属原子间的距离 $d_{M—M}$ 比金属中的 M 与 M 之间距离还要小。例如，金属钙中 Ca 与 Ca 之间距离为 393 pm，而在 CaH_2 中，$d_{Ca—Ca}$ = 360 pm。对于 BeH_2，由于 Be^{2+} 半径更小，共价性更明显一些，因此 BeH_2 属于多聚体共价键型，其结构为

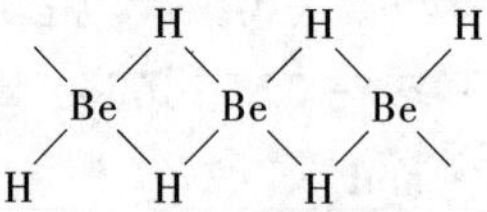

11. Be^{2+} 和 Mg^{2+} 的常见配位数是多少？产生这种差别的原因是什么？

解：Be^{2+} 的配位数可以为 4、3 和 2。配位数为 3 和 2 的化合物常是一些螯合物及桥联配合物，四配位化合物一般都是采取 sp^3 杂化，四面体构型。

Mg^{2+} 形成配位数为 6 和 4 的化合物。配位数为 4 的化合物或者是由中性 MgX_2 化合物与醚、水或氨等中性 Lewis 碱进行双分子缔合，或者是与卤阴离子碱缔合，或者与可形成螯合结构的阴离子生成的化合物。在配位数为 6 的化合物中，Mg^{2+} 被八面体排列的原子所包围，以 sp^3d^2 杂化轨道成键。在这些化合物中，Lewis 碱是中性分子 NH_3、H_2O 或 EDTA。已间接证明，Mg^{2+} 也可以使用 sp^2 杂化轨道形成配位数为 3 的化合物。

产生这种差别的原因是 Be^{2+} 的半径较 Mg^{2+} 小，生成大配位数配合物时位阻较大，除此之外，半径小的 Be^{2+} 与配体的作用强烈，是不可忽视的。

12. 试述你怎么从 Mg 制备格氏试剂？列举你制得的这个格氏试剂在其他制备反应中的三种不同应用。

解：用卤代烷或卤代芳烃与 Mg 在乙醚中反应得到格氏试剂：

$$Mg + RX \xrightarrow{\text{乙醚}} RMgX$$

该格氏试剂在其他制备反应中的三种应用：

$$PX_3 + 3RMgX \longrightarrow PR_3 + 3MgX_2$$

$$RMgX + AlX_3 \longrightarrow RAlX_2、R_2AlX、R_3Al(\text{本方程式未配平})$$

CH_3MgI 可与溶剂分子生成溶剂缔合物 $CH_3MgI \cdot nS$。

13. 为什么 Be 的卤化物和氢化物会聚合？

解：铍的半径小、极化力较大，且其电正性小，所以其化合物共价性明显，当遇到变形性较大的卤离子或氢离子时极化更强烈，故倾向于使用 sp^2 或 sp^3 杂化轨道生成共价键，得到具有无限链状的结构。

14. 什么是金属氢？

解：氢在常温下是一种气体，在低温下可以成为液体，温度降到 −259 ℃时成为固体。如果对固态氢施加几百万个大气压(1 atm = 101.325 kPa)的高压，它就可能成为金属氢。氢在金属状态下，氢分子将分裂成单个氢原子，其电子能够自由运动，使金属氢具有导电性。因此，把氢制成金属氢，关键就是把共价键转变为金属键，将电子从原子的束缚下解放出来。

第 6 章　习题解答

1. 选择题

(1) 1985 年科学家发现了一种新的单质碳笼——富勒烯，其中最丰富的是 C_{60}，根据其结构特点，科学家称之为"足球烯"，它是一种分子晶体，据此推测下列说法不正确的是(　　)。

(a) 在一定条件下，足球烯可以发生加成反应；

(b) 金刚石、石墨、足球烯都是碳的同素异形体；

(c) 石墨、足球烯均可作为生产耐高温的润滑剂材料；

(d) 足球烯在苯中的溶解度比在酒精中的溶解度溶解度大。

解：(c)

(2) 据报道，科研人员最近用计算模拟出类似 C_{60} 的新物质 N_{60}，下列对 N_{60} 的有关叙述不正确的是(　　)。

(a) N_{60} 属于分子晶体；

(b) N_{60} 的稳定性比 N_2 的稳定性差；

(c) 分解 1 mol N_{60} 所消耗的能量比分解 1 mol N_2 消耗的能量多；

(d) N_{60} 的熔点比 N_2 的熔点低。

解：(d)

(3) 溴化碘的分子式为 IBr，它的化学性质活泼，能跟大多数金属反应，也能跟某些非金属单质反应，它跟水反应的方程式为 $IBr + H_2O \longrightarrow HBr + HOI$，下列关于 IBr 的叙述中不正确的是(　　)。

(a) 固态 IBr 是分子晶体；

(b) 把 0.1 mol IBr 加入水中配成 500 mL 溶液，所得溶液中 I^- 和 Br^- 的浓度均为 0.2 mol · L^{-1}；

(c) IBr 与水反应是一个氧化还原反应；

(d) 在某些化学反应中，IBr 可以作为氧化剂。

解：(b)

(4) 仅由硼氢两种元素组成的化合物称硼烷，它的物理性质与碳烷相似，下列说法中正确的是(　　)。

(a) 乙硼烷 B_2H_6、丁硼烷 B_4H_{10} 的密度分别比乙烷、丁烷的密度大(均为气态)；

(b) 乙硼烷的熔点、沸点分别比丁硼烷的熔点、沸点高；

(c) 硼烷容易燃烧；

(d) 与乙烷、丁烷相比，乙硼烷、丁硼烷的热稳定性更高。

解:(c)

2. 制备含 O_2^-、O_2^{2-},甚至 O_2^+ 的化合物是可能的,通常它们是在氧分子进行下列各种反应时生成的:

$$
\begin{array}{ccc}
O_2^- \longleftarrow & O_2 & \longrightarrow O_2^+ \\
 & \downarrow & \\
 & O_2^{2-} &
\end{array}
$$

(1) 明确指出上述反应中哪些相当于氧分子的氧化,哪些相当于氧分子的还原。

(2) 对上述每一种离子,给出含该离子的一种化合物的化学式。

(3) 已知上述型体中有一种是反磁性的,指出是哪一种。

(4) 对应下表,已知上述四种型体中 O—O 原子间距离分别为 112 pm、121 pm、132 pm 和大约149 pm,把这四种数值填在表中合适的空格中。

型体	键级	原子距离/pm	键能/($kJ\cdot mol^{-1}$)
O_2			
O_2^+			
O_2^-			
O_2^{2-}			

(5) 有三种型体的键能约为 200 $kJ\cdot mol^{-1}$、490 $kJ\cdot mol^{-1}$ 和 625 $kJ\cdot mol^{-1}$,另一种因数值不定未给出,把这些数值填在上表中合适的位置;

(6) 确定每一种型体的键级,把结果填入表中。

(7) 提出按你设想有没有可能制备含 F_2^{2-} 的化合物,理由是什么?

解:(1) 氧化:$O_2 \longrightarrow O_2^+$;还原:$O_2 \longrightarrow O_2^-$。

(2) O_2^-:KO_2;O_2^{2-}:Na_2O_2;O_2^+:$O_2[PtF_6]$。

(3) O_2^{2-}。

(4)~(6)答案见下表。

型体	键级	原子距离/pm	键能/($kJ\cdot mol^{-1}$)
O_2	2	121	490
O_2^+	2.5	112	625
O_2^-	1.5	132	
O_2^{2-}	1	149	200

(7) F_2^{2-}:$(\sigma_{2p_x})^2(\pi_{2p_y})^2(\pi_{2p_z})^2(\pi_{2p_y}^*)^2(\pi_{2p_z}^*)^2(\sigma_{2p_x}^*)^2$,键级为 0,可能性不大。

3. 什么叫多卤化物?与 I_3^- 比较,形成 Br_3^-、Cl_3^- 的趋势怎样?

解:金属卤化物与卤素单质或卤素互化物加合所生成的化合物称为多卤化物。多卤化物可以含一种卤素,也可以含多种卤素。多卤化物的形成,可看作卤化物和可极化的卤素分子相互反应的结果，只有当分子的极化能超过卤化物的晶格能，反应才能进行。氟化物的晶格能一般较高，不易形成多卤化物，含氯、含溴、含碘的多卤化物依次增多。因此，与 I_3^- 比较，形成 Br_3^-、Cl_3^- 的趋势逐渐减小。

4. 什么是卤素互化物？写出 ClF_3、BrF_5 和 IF_7 等卤素互化物中心原子杂化轨道类型及分子构型。这些化合物的主要用途是什么？

解：不同卤素原子之间以共价键相结合形成的化合物称为卤素互化物（互卤化物）。可用通式 XX'_n 表示（$n=1$、3、5、7；X 的电负性小于 X′），n 的数值随 $r_X/r_{X'}$ 和中心卤原子 X 的氧化数的增大而增大。

ClF_3 的杂化轨道 sp^3d，T 形结构，BrF_5 和 IF_7 的杂化轨道则分别为 sp^3d^2 和 sp^3d^3，分子构型为四方锥和五角双锥。

利用卤素互化物的化学活泼性比卤素的大（除 F_2 外）、绝大多数不稳定的特点，把它们作为强氧化剂和卤化剂使用，其反应类型与卤素单质相似。

5. 为什么卤素互化物常是反磁性、共价型的，而且比卤素化学活泼性大？

解：根据通式 XX'_n（$n=1$、3、5、7）可以发现，XX'_n 包括了偶数个卤原子，其中不存在单电子，故为反磁性。X 和 X′电负性差别不大，故 X—X′键极性小，故为共价型。

由于 X—X′键中已经产生了电子对的偏离，电子云重叠减小，同卤素单质相比，其中的 X′带有部分负电荷故其化学活泼性比卤素大。

6. ClF_3 是个有效的氟化试剂，大规模生产的 ClF_3 用于制备 UF_6 以及富集 ^{235}U 同位素，试写出相关的反应方程式。

解：$Cl_2 + 3F_2 \longrightarrow 2ClF_3$　　　$UF_4(s) + ClF_3(g) \longrightarrow UF_6(s) + ClF(g)$

7. 比较氧族元素和卤族元素氢化物在酸性、氧化性、热稳定性等方面的递变规律。

解：从氧族元素到卤族元素，其氢化物的酸性增加，还原性减小，热稳定性增加。

8. 比较硫和氯的含氧酸，在酸性、氧化性、热稳定性等方面的递变规律。

解：硫的含氧酸比氯的含氧酸酸性弱、氧化性弱、热稳定性小。

9. (1) 用 Xe 和你选用的其他试剂为起始物设计高氙酸的合成步骤。

(2) 用 VSEPR 理论推断高氙酸根离子可能具有的结构。

解：(1) $Xe + 2F_2 \xlongequal{} XeF_4$

$6XeF_4 + 12H_2O \xlongequal{} 4Xe + 2XeO_3 + 3O_2 + 24HF$

$XeO_3 + O_3 + 2H_2O \xlongequal{} H_4XeO_6 + O_2$

(2) XeO_6^{4-}：$BP = 6, LP = (8 - 2 \times 6 + 4)/2 = 0, VP = BP + LP = 6$，$sp^3d^2$ 杂化，八面体。

10. 1991 年 Langmuir 提出："凡原子数与总电子数相等的物质，则结构相同，物理性质相近。"这称为等电子原理，相应的物质互称为等电子体。$(BN)_n$ 是一种新的无机合成材料，它与某物种互为等电子体。

工业上制造 $(BN)_n$ 的方法之一是用硼砂（$Na_2B_4O_7$）和尿素在 1073～1273 K 时反应，得到 α-$(BN)_n$ 及其他元素的氧化物。α-$(BN)_n$ 可作高温润滑剂、电器材料和耐热的涂层材料等。如在高温高压条件下反应，可制得 β-$(BN)_n$，β-$(BN)_n$ 硬度特高，是作超高温耐热陶瓷材料、磨料、精密刃具的好材质。试问：

（1）它与什么单质互为等电子体？

（2）写出硼砂和尿素的反应方程式。

（3）根据等电子原理画出 α-$(BN)_n$ 和 β-$(BN)_n$ 的构型。

解：（1）石墨。

（2）硼砂（$Na_2B_4O_7$）和尿素在 1073～1273 K 时反应，得到 α-BN 及其他元素的氧化物。

$$n\mathrm{Na_2B_4O_7} + 2n\mathrm{CO(NH_2)_2} \longrightarrow 4(\mathrm{BN})_n + n\mathrm{Na_2O} + 4n\mathrm{H_2O} + 2n\mathrm{CO_2}$$

（3）α-$(BN)_n$ 结构类似于石墨，β-$(BN)_n$ 结构类似于金刚石：

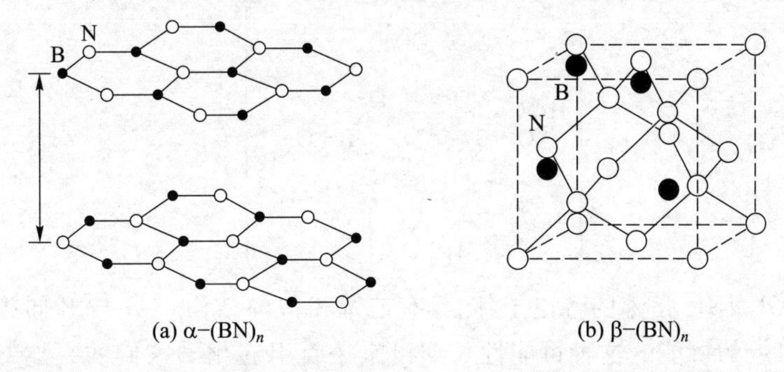

(a) α-$(BN)_n$　　(b) β-$(BN)_n$

11. 硼是第二周期元素，和其他第二周期元素一样，与同族其他周期元素相比具有特殊性。

（1）溴甲酚绿指示剂的 pH 变色范围为 3.8～5.4，由黄色变为蓝色。该指示剂在饱和硼酸溶液中是黄蓝过渡色，写出有关反应方程式。

（2）硼可与氮形成一种类似于苯的化合物，俗称无机苯，是一种无色液体（沸点 55 ℃），具有芳香气味，许多物理性质都与苯相似，但其化学性质较苯要活泼得多，如冷时会缓慢水解，易与 Br_2、HCl 发生加成反应等。

（a）写出其化学式，画出其结构式并标出形式电荷。

（b）写出无机苯与 HCl 加成反应的方程式。

（c）无机苯的三甲基取代物与水会发生水解反应，试写出方程式并以此判断取代物的结构。

（3）画出四硼酸钠（俗称硼砂）$Na_2B_4O_7 \cdot 10H_2O$ 中聚硼阴离子单元 $[H_4B_4O_9]^{2-}$ 的结构示意图，标明负电荷的可能位置。

解：（1）$H_3BO_3 + H_2O \xlongequal{\quad} B(OH)_4^- + H^+$

（2）（a）$H_6B_3N_3$。其结构式如下：

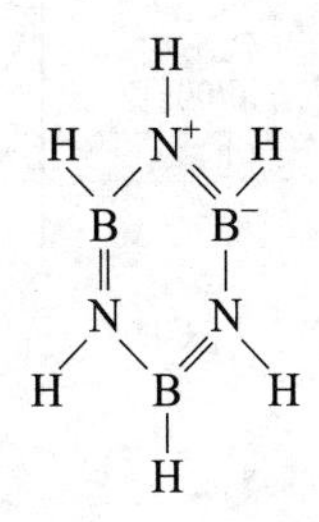

（b）$H_6B_3N_3 + 3HCl \xlongequal{\quad} Cl_3B_3N_3H_9$

（c）$H_3B_3N_3(Me)_3 + 3H_2O \xlongequal{\quad} H_3B_3N_3(OH)_3 + 3CH_4$

$H_3B_3N_3(OH)_3$ 的结构式如下：

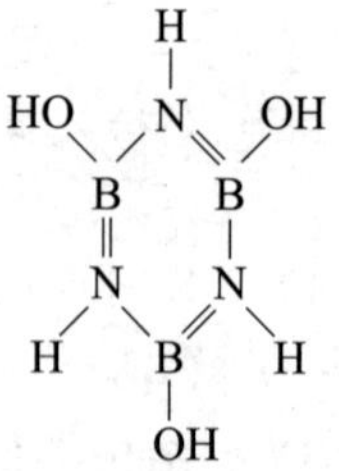

$$
\begin{array}{c}
\text{H}\\
|\\
\text{HO}\quad \text{N} \quad \text{OH}\\
\text{B}\qquad\text{B}\\
\|\qquad|\\
\text{N}\qquad\text{N}\\
\text{H}\quad\ \text{B}\quad\ \text{H}\\
|\\
\text{OH}
\end{array}
$$

（3）

$$\left[\ \text{环状 } B_4O_5(OH)_4 \ \right]^{2-}$$

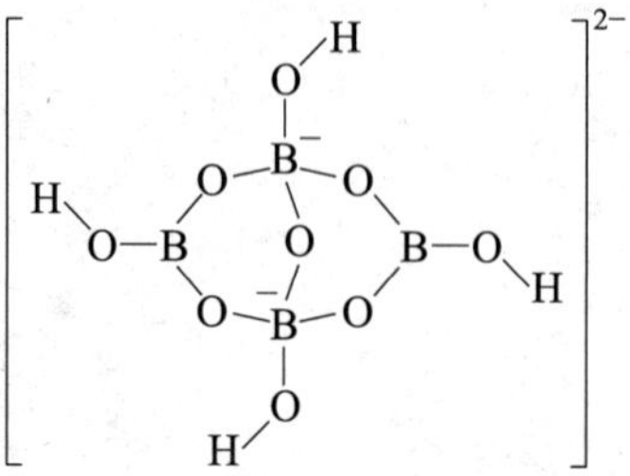

12. 环硼氮烷 $B_3N_3H_6$ 是苯的等电子体，具有与苯相似的结构。Al 与 B 同族，有形成与环硼氮烷类似的环铝氮烷的可能。这种可能性长期以来一直引起化学家们的兴趣，近期报道了用三甲基铝$[Al(CH_3)_3]_2$(A)和 2,6–二异丙基苯胺(B)为原料，通过两步反应，得到一种环铝氮烷的衍生物(D)：

第一步　　$A + 2B \longequal C + 2CH_4$

第二步　　$C \xrightarrow{1700\ ℃} D + CH_4$

请回答下列问题：

（1）分别写出两步反应配平的化学方程式（A、B、C 要用结构简式表示）。

（2）写出 D 的结构式。

解：（1）

第一步　$[Al(CH_3)_3]_2(A) + 2\ \text{(2,6-二异丙基苯基)}-NH_2(B) \longequal [\text{(2,6-二异丙基苯基)}-NHAl(CH_3)_2]_2(C) + 2CH_4$

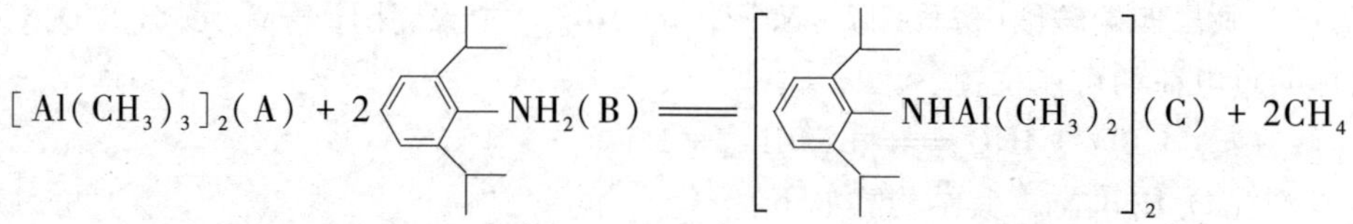

第二步　$3[\text{(2,6-二异丙基苯基)}-NHAl(CH_3)_2]_2(C) \xrightarrow{1700\ ℃} 2[\text{(2,6-二异丙基苯基)}-NAlCH_3]_3(D) + 6CH_4$

（2）

$$\text{Al}_3\text{N}_3\text{ 六元环：每个 Al 连 } CH_3\text{，每个 N 连 2,6-二异丙基苯基}$$

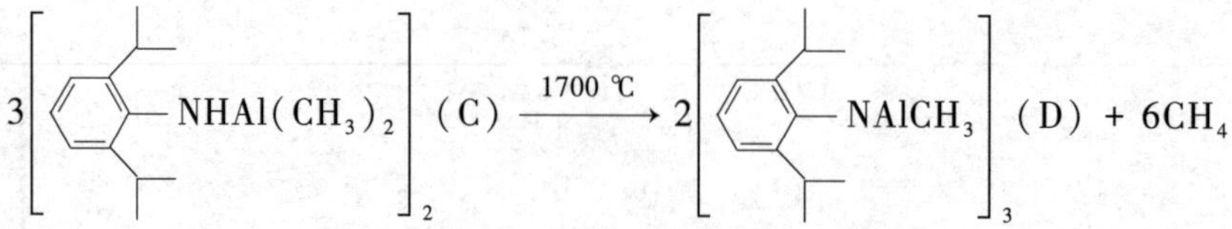

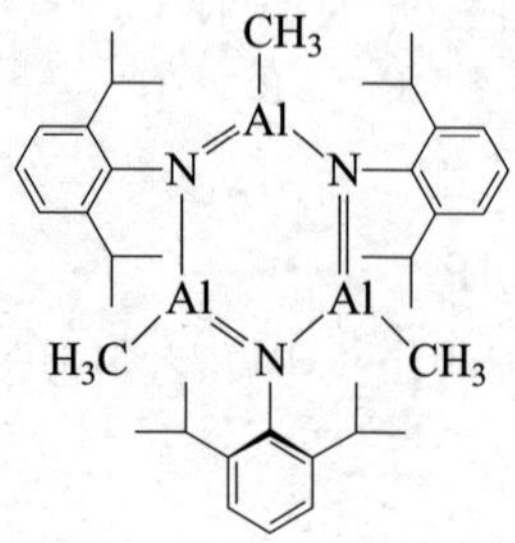

13. 写出用 NH_4Cl 和你选择的其他试剂合成硼氮苯的化学方程式。

解： $NH_4Cl + 3BCl_3 \xrightarrow[413\sim423\ K]{C_6H_5Cl} B_3N_3H_3Cl_3 \xrightarrow{NaBH_4} B_3N_3H_6$

14. 写出由 PCl_5、NH_4Cl 和 $NaOCH_3$ 制备 $[PN(OCH_3)_2]_4$ 的化学方程式。

解： $nPCl_5 + nNH_4Cl \xrightarrow{\text{四氯乙烯}} (PNCl_2)_n + 4nHCl$

$(PNCl_2)_4 + 8NaOCH_3 \longrightarrow [PN(OCH_3)_2]_4 + 8NaCl$

15. 无机高分子物质的基本特征是什么？它们有哪些主要特征？

解：无机高分子物质也称为无机大分子物质，它与一般低分子无机物质相比具有如下特点。

(1) 由多个“结构单元”组成

无机高分子物质的分子都是由一种（或数种）原子（或基因）多次重复连接起来的。这种重复出现并且相互连接起来的原子或基因团叫做“结构单元”。例如：链状硫是一种无机高分子物质，它的分子是由许多个 S 原子靠共价键连成的长链，“—S—”就是其中的结构单元。无机高分子物质的分子式可以写成：$A—[M]_n—B$，其中 M 就是结构单元，A 和 B 是此分子的端基，其组成可以和 M 相同也可以不同。

(2) 相对分子质量大

无机高分子物质中所含结构单元的个数即 $A—[M]_n—B$ 式中的 n，叫聚合度。此值通常很大，所以无机高分子物质的相对分子质量可达到几千或几万以上。

因为聚合度 n 值很大，即使端基的组成与 M 不同，它们在整个分子中所占地位也不重要，所以整个分子的组成可以用$—[M]_n—$、$[M]_n$ 或 $(M)_n$ 表示。

(3) 相对分子质量有“多分散性”

无机高分子物质常由聚合度不同的分子组成，这些分子的 n 值都很大但不一定相等，例如聚磷酸盐就含有 n 等于几十到几千的各种分子。它们又不易按其 n 值分离开来，所以无机高分子物质的相对分子质量只是一个平均值。这种相对分子质量的多样性就是“多分散性”。

(4) 分子链的几何形状复杂

无机高分子物质的分子中有很多个结构单元，它们相互联结的方式当然很难一致，因此同一种物质中也会有几何形式不同的分子链。例如聚磷酸盐就有长链状、支链状、环状等多种形状的分子。

16. 试指出能够生成无机高分子物质的元素在周期表中的位置。在其中，哪些元素可以生成均链，哪些可以生成杂链无机高分子位置？

解：表 2.6.1 列出能生成无机高分子物质的元素在元素周期表中的位置。表中所有的元素都能生成杂链无机高分子物质，有下划线的元素能生成均链无机高分子物质。

表 2.6.1　能生成无机高分子物质的元素在元素周期表中的位置

				H
B	C	N	O	F
Al	Si	P	S	Cl
	Ge	As	Se	
	Sn	Sb	Te	

17. 指出下列化合物分子中的几何构型以及主链中元素间的构型：

$$(\mathrm{PdCl_2})_n,\qquad (\mathrm{SiO_2})_n,\qquad (\mathrm{PNCl_2})_n,\qquad (\mathrm{SN})_n$$

解：$(\mathrm{PdCl_2})_n$　链状，四面体；

$(\mathrm{SiO_2})_n$　三维网状，四面体；

$(\mathrm{PNCl_2})_n$　环状，四面体；

$(\mathrm{SN})_n$　链状，V 形。

18. 利用三中心二电子键理论判断 B_5H_{11} 的结构，指出分子中所包含的化学键的类型和数目。

解：$B_5H_{11}(n=5, m=6)$。

因为 s、t、y、x 只可能是零或正整数，故由 $n=s+t, m=s+x, m/2=y+x$ 可得三组解：

$$\begin{cases} n = 5 = s + t \\ m = 6 = s + x \\ m/2 = 6/2 = 3 = y + x \end{cases}$$

$y=2,\ t=0,\ s=5,\ x=1$；s(氢桥键)t(硼桥键)y(B—B 键)x(额外的切向型B—H 键) = 5021

$y=1,\ t=1,\ s=4,\ x=2$；$styx=4112$

$y=0,\ t=2,\ s=3,\ x=3$；$styx=3203$

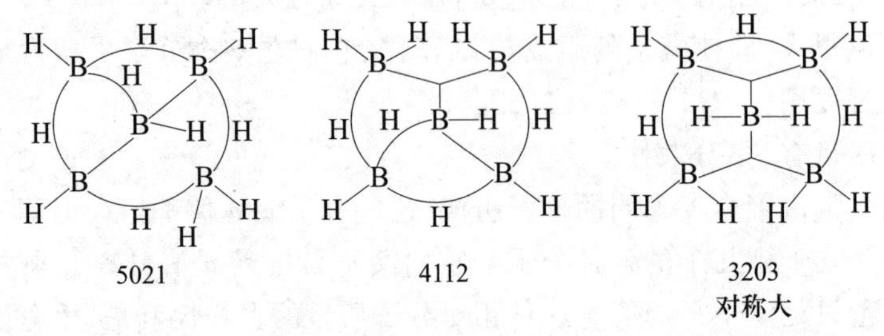

三组解所推测的分子结构，如上所示，其中 $styx=3203$ 与实验符合，即 B_5H_{11} 分子中含有 3 条 $\mathrm{B}\overset{\mathrm{H}}{\frown}\mathrm{B}$ 键，2 条 $\overset{\mathrm{B}}{\underset{\mathrm{B}\quad\mathrm{B}}{\curlywedge}}$ 键和 3 条外向型 B—H 键。

19. 以 $B_{10}C_2H_{12}$ 和你选择的其他试剂为原料写出合成 1,2-$B_{10}C_2H_{10}[Si(CH_3)_3]_2$ 的化学反应式。

解：$1,2\text{-}B_{10}C_2H_{12} + 2HSi(CH_3)_3 \longrightarrow 1,2\text{-}B_{10}C_2H_{10}[Si(CH_3)_3]_2 + 2H_2$

20. 查阅资料并简要说明石墨烯的结构、制备方法、性质或性能，以及其潜在应用。

解：(1) 石墨烯的结构：石墨烯是一种从石墨中剥离出的、由碳原子以 sp^2 杂化轨道组成的六角形似蜂巢晶格的单层碳原子面材料，其结构是碳的二维结构。

(2) 制备方法：石墨烯的合成方法主要有两种：机械方法和化学方法。机械方法包括微机械分离法、取向附生法和加热 SiC 的方法；化学方法是化学分散法。

海姆和他的同事强行将石墨分离成较小的碎片，从碎片中剥离出较薄的石墨薄片，然后用普通的塑料胶带粘住薄片的两侧，撕开胶带，薄片也随之一分为二。不断重复这一过程，就得到了越来越薄的石墨薄片,而其中部分样品仅由一层碳原子构成——这就是石墨烯。

(3) 性质或性能:基于它的化学结构,石墨烯具有许多独特的物理化学性质,如高比表面积、高导电性、机械强度高、易于修饰和大规模生产等。

(4) 可能的潜在应用:石墨烯的应用范围很广,从电子产品到防弹衣、造纸,甚至未来的太空电梯都可以以石墨烯为原料。石墨烯可做“太空电梯”缆线;代替硅生产超级计算机。

第 7 章　习题解答

1. 试用点群符号表示下列配合物中金属和配位原子部分的对称性：

(1) $Mn(CO)_4(NO)$；　(2) $Co(PPh_2Me)_2(NO)Cl_2$；　(3) $Ni(PPh_2Me)_2Br_3$。

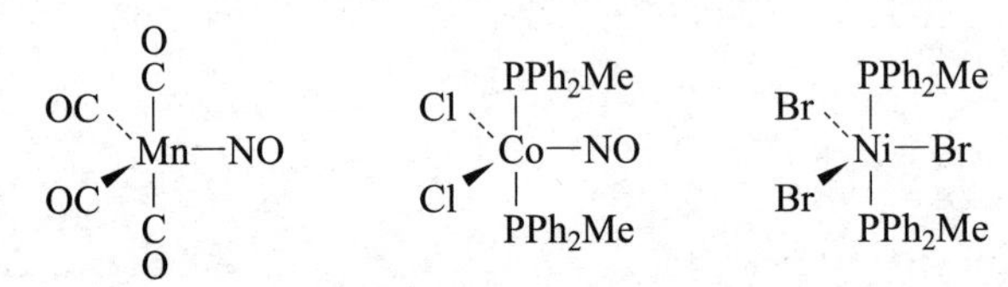

解：(1) C_{2v}；　(2) C_{2v}；　(3) D_{3h}。

2. 试用图形表示下列配合物所有可能的异构体，并指明它们各属哪一类异构体。

(1) $[Co(en)_2(H_2O)Cl]^{2+}$；　(2) $[Co(NH_3)_3(H_2O)ClBr]^{+}$；

(3) $[Rh(en)_2Br_2]^{+}$；　(4) $Pt(en)_2Cl_2Br_2$；

(5) $[Pt(Gly)_3]$；　(6) $[Cr(en)_3][Cr(CN)_6]$。

解：(1) $[Co(en)_2(H_2O)Cl]^{2+}$：属 $M(AA)_2BC$ 类，有两种几何异构体，分别为顺式和反式：

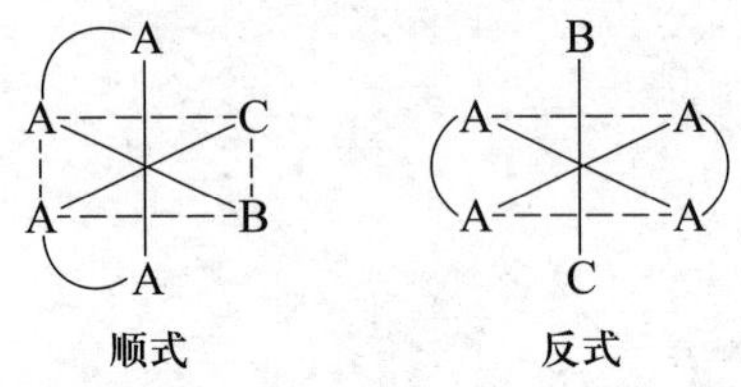

(2) $[Co(NH_3)_3(H_2O)ClBr]^{+}$：属 MA_3BCD 类，有四种几何异构体，一种面式和三种经式：

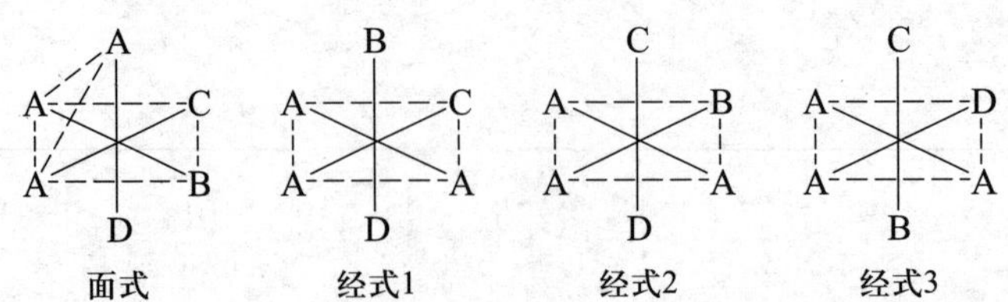

(3) $[Rh(en)_2Br_2]^{+}$：属 $M(AA)_2B_2$ 类，有两种几何异构体，分别为顺式和反式（也是面式和经式）：

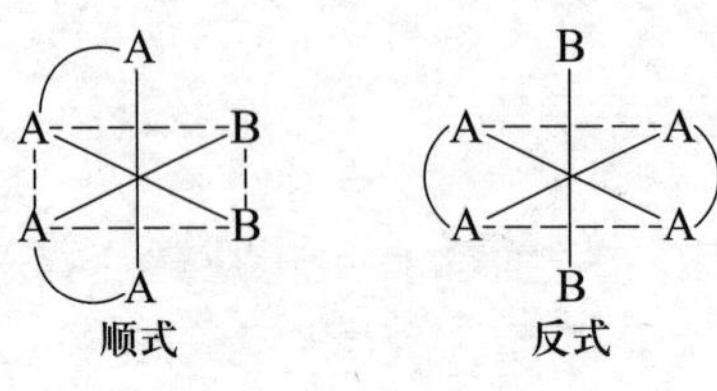

(4) $Pt(en)_2Cl_2Br_2$：属 $M(AA)B_2C_2$ 类，有三种几何异构体，分别为

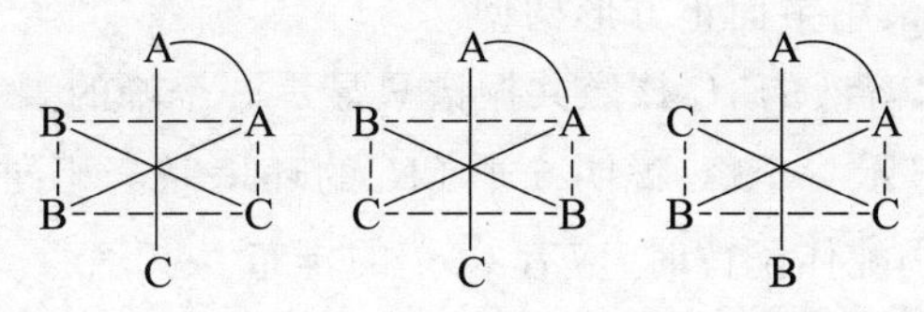

(5) $[Pt(Gly)_3]$：属 $M(AB)_3$ 类，有两种几何异构体，分别为面式和经式：

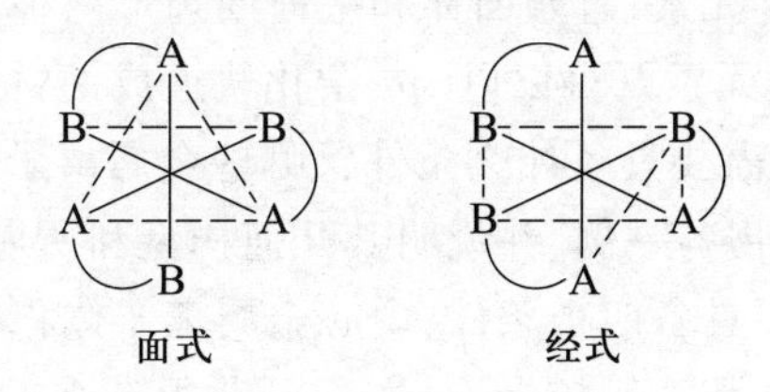
面式　　　　经式

(6) $[Cr(en)_3][Cr(CN)_6]$：属配位异构，有两种异构体：

$[Cr(en)_3][Cr(CN)_6]$　和　$[Cr(en)_2(CN)_2][Cr(en)(CN)_4]$。

3. 配合物 $[Pt(py)(NH_3)(NO_2)ClBrI]$ 共有多少种几何异构体？

解： 15 种几何异构体。

4. 试举出一种非直接测定结构的实验方法区别以下各对同分异构体：

(1) $[Cr(H_2O)_6]Cl_3$ 和 $[Cr(H_2O)_5Cl]Cl_2 \cdot H_2O$。

(2) $[Co(NH_3)_5Br](C_2O_4)$ 和 $[Co(NH_3)_5(C_2O_4)]Br$。

(3) $[Co(NH_3)_5(ONO)]Cl_2$ 和 $[Co(NH_3)_5(NO_2)]Cl_2$。

解： (1) Ag^+ 滴定 Cl^- 含量。

(2) 加 Ca^{2+} 确定有无 CaC_2O_4 沉淀。

(3) 使用红外光谱法，根据 ONO 和 NO_2 的红外特征确定。

5. 解释下列事实：

(1) $[ZnCl_4]^{2-}$ 为四面体构型，而 $[PdCl_4]^{2-}$ 却为平面正方形构型。

(2) Ni(Ⅱ)的四配位化合物既可以有四面体构型也可以有平面正方形构型，但同族的 Pd(Ⅱ)和 Pt(Ⅱ)却没有已知的四面体配合物。

解： (1) 其中 Zn 为第一过渡系元素，Zn^{2+} 为 d^{10} 组态，不管是平面正方形还是四面体其 CFSE 均为 0，当以 sp^3 杂化轨道生成四面体构型配合物时配体之间排斥作用小；而 Pd 为第二过渡系元素（Δ 大），且 Pd^{2+} 为 d^8 组态，易以 dsp^2 杂化生成平面正方形配合物，可获得较多 CFSE，所以 $[PdCl_4]^{2-}$ 为平面正方形。

(2) 四配位化合物既可以以 sp^3 杂化生成四面体构型配合物，也可以以 dsp^2 生成平面正方形构型配合物，作为 d^8 组态的离子，若以 dsp^2 杂化生成平面正方形配合物可获得较多 CFSE。虽然 Ni(Ⅱ)、Pd(Ⅱ)和 Pt(Ⅱ)均为 d^8 组态，但 Ni(Ⅱ)为第一过渡系元素，分裂能绝对值小，且半径较小，当遇半径较大的配体时因空间位阻的关系，Ni(Ⅱ)只能以 sp^3 杂化生成四面体构型配合物；而与半径较小的配体则有可能生成平面正方形构型配合物。Pd(Ⅱ)和 Pt(Ⅱ)分别属第二、三过渡系元素，首先是半径较大，生成平面正方形构型没有空间障碍，其次是分裂能比 Ni(Ⅱ)分

别大 40%～50%和 60%～75%，以 dsp^2 杂化生成平面正方形配合物得到的稳定化能远比四面体构型的稳定化能大得多，故采用平面正方形构型。

6. 根据$[Fe(CN)_6]^{4-}$水溶液的^{13}C核磁共振谱只显示一个峰的事实，讨论它的结构。

解：^{13}C核磁共振谱只显示一个峰，说明 6 个 CN^-的环境完全相同，即$[Fe(CN)_6]^{4-}$为正八面体结构，$Fe^{II}(d^6)$与 CN^-强场配体配位时，应有 $t_{2g}^6e_g^0$ 的排布。

7. 主族元素和过渡元素四配位化合物的几何构型有何异同？为什么？

解：主族元素，四面体；过渡元素，有四面体和平面四边形两种可能结构。原因是主族元素只能以 sp^3 杂化轨道成键，而过渡元素既可以以 sp^3 杂化轨道成键，也可以以 dsp^2 杂化轨道成键。

8. 形成高配位化合物一般需要具备什么条件？哪些金属离子和配体可以满足这些条件？试举出配位数为八、九、十的配合物各一例，并说明其几何构型和所属点群。

解：形成高配位化合物需要具备四个条件：中心金属离子体积较大，而配体要小，以便减小空间位阻；中心金属离子的 d 电子数一般较少，一方面可获得较多的配位场稳定化能，另一方面也能减少 d 电子与配体电子间的相互排斥作用；中心金属离子的氧化数较高；配体电负性大，变形性小。

高配位化合物的中心离子通常是具有 d^0～d^2 电子组态的第二、三过渡系的金属离子，以及镧系和锕系元素的金属离子，而且它们的氧化态一般都大于+3。常见的配体则主要是 F^-、O^{2-}、CN^-、NO_3^-、NCS^-、H_2O 和一些螯合间距较小的双齿配体，如 $C_2O_4^{2-}$ 等。

八配位：$[Mo(CN)_8]^{4-}$，十二面体，C_{2v}；

九配位：$Pr(NCS)_3(H_2O)_6$，单冠四方反棱柱体，C_{4v}；

十配位：$[Th(C_2O_4)_5]^{4-}$，双冠四方反棱柱体，D_{4d}。

9. 何谓立体化学非刚性和流变作用？试举一例说明。

解：分子构型变化或分子内重排的动力学性质称为立体化学非刚性。如果重排后得到化学上和结构上等价的两种或两种以上的构型，则称为流变作用。

如八配位化合物$[Mo(CN)_8]^{4-}$和$[W(CN)_8]^{4-}$的^{13}C NMR 谱证明它们在 113 K 以下是立体化学非刚性的。已经知道，$[Mo(CN)_8]^{4-}$在固体中具有十二面体结构，在此结构中有两类不等价的配体，分别用 A 和 B 表示，见下图：

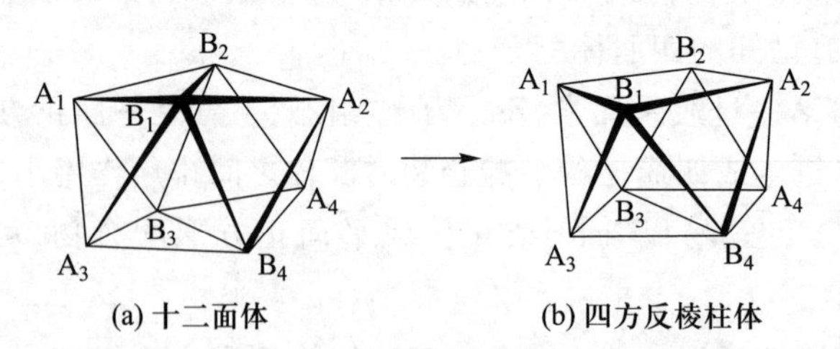

(a) 十二面体　　(b) 四方反棱柱体

在每个 A 的周围有 4 个相邻原子，而每个 B 的周围却有 5 个相邻原子。A 和 B 可以通过如下途径相互交换：即 B_1B_2 和 B_3B_4 伸长，使得 $A_1B_1A_2B_2$ 和 $A_3B_3A_4B_4$ 变成四方形，形成一个四方反棱柱中间体。该四方反棱柱中间体既可以重新变回到原来的十二面体，也可以通过 A_1A_2、A_3A_4 彼此接近，变为与原来十二面体等价的构型，但此时配体 A 和 B 的位置已经相互交换。

10. 阐述晶体场理论要点，指出其成功与不足，配位场理论有何改进？

解：晶体场理论是一种静电理论，它把配合物中中心原子与配体之间的相互作用，看作类似于离子晶体中阴、阳离子间的相互作用。但配体的加入，使得中心原子五重简并的 d 轨道失去了简并性，在一定对称性的配体静电场作用下，五重简并的 d 轨道将分裂为两组或更多的能级组，这种分裂将对配合物的性质产生重要影响。

晶体场理论较好地说明了配合物的立体化学、热力学性质等主要问题，这是它的成功之处，但它不能合理解释配体的光谱化学序列。按照静电理论的观点也不能解释一些金属同电中性的有机配体的配合物的生成事实，这是由于晶体场理论没有考虑金属离子与配体轨道之间的重叠，即不承认共价键的存在。近代实验测定表明，金属离子的轨道和配体的轨道确有重叠发生。

为了对上述实验事实给以更为合理的解释，人们在晶体场理论的基础上，吸收了分子轨道理论的若干成果，既适当考虑中心原子与配体化学键的共价性，又仍然采用晶体场理论的计算方法，发展成为一种改进的晶体场理论，称为配位场理论。

配位场理论认为：

(1) 配体不是无结构的点电荷，而是具有一定的电荷分布。

(2) 成键作用既包括静电作用，也包括共价作用。共价作用的主要结果就是轨道重叠，换句话说就是 d 轨道的离域作用，d 电子运动范围增大，d 电子间的排斥作用减小，这就引出了电子云扩展效应。电子云扩展效应就是对晶体场理论的改进。

11. 何谓分裂能？分裂能的大小有何规律？分裂能与周期数有什么关系？

解：中心离子的 d 轨道的简并能级因配位场的影响而分裂成不同组能级，它们之间的能量差称为分裂能。分裂能的大小与配位场亦即配合物的几何构型的类型、金属离子的电荷和半径、金属离子 d 轨道的主量子数亦即金属离子的周期数以及配体的本性有关。

分裂能与周期数关系的规律如下：在同一副族不同过渡系的金属的对应配合物中，当由第一过渡系到第二过渡系再到第三过渡系，分裂能依次递增 40%~50% 和 20%~25%。这是由于 4d 轨道在空间的伸展较 3d 轨道远，5d 轨道在空间的伸展又比 4d 轨道远，因而受配位场作用越来越大，导致分裂能越来越大。

12. 为什么 T_d 场的分裂能比 O_h 场的分裂能小？如何理解四面体配合物大多数是高自旋的？

解：在正四面体场中，四个配体均匀分布在立方体的四个顶点，金属离子位于立方体的体心。在四面体场的作用下，过渡金属离子的五条 d 轨道分裂为两组：一组包括 d_{xy}、d_{xz}、d_{yz}三条轨道，用 t_2 表示，这三条轨道的极大值分别指向立方体棱边的中点，距配体较近，受到的排斥作用较强，能级升高；另一组包括 d_{z^2}和 $d_{x^2-y^2}$，以 e 表示，这两条轨道的极大值分别指向立方体的面心，距配体较远，受到的排斥作用较弱，能级下降。

在四面体场中，这两组轨道都在一定程度下避开了配体，没有像八面体中 d 轨道与配体迎头相撞的情况，可以预料分裂能 Δ_t 小于 Δ_o。这样小的 Δ_t 值，通常都不能超过成对能值，所以四面体配合物通常都是高自旋的。

13. d^n 电子组态的离子中哪些无高低自旋的可能？哪些有高低自旋之分？确定高低自旋的实验方法是什么？用什么参数可以判断高低自旋？

解：在八面体场中，d^1、d^2、d^3、d^8、d^9、d^{10}电子组态的离子无高低自旋之分，d^4、d^5、d^6、d^7 电子组态的离子既可能有高自旋，也可能有低自旋的排布。在四面体场中，由于分裂能较小，其分裂能通常都不能超过成对能而构成低自旋所要求的分裂能大于成对能的条件，所以，四面体配合物平常只有高自旋排布而无低自旋排布。确定高低自旋的实验方法是磁性测定，根据磁矩的大小可确定离子有多少单电子,从而判断离子是处于高自旋排布还是低自旋排布。

14. 根据 LFT 绘出 d 轨道在 O_h 场和 T_d 场中的能级分裂图,标出分裂后 d 轨道的符号。

解: 在八面体场中,过渡金属离子的五条 d 轨道分裂为两组,能量由高到低的顺序分别为:一组包括 d_{z^2} 和 $d_{x^2-y^2}$(以 e_g 表示),另一组包括 d_{xy}、d_{xz} 和 d_{yz}(用 t_{2g} 表示),分裂能为 Δ_o。按照其能级可绘出能级分裂图(略)。

在四面体场中,五条 d 轨道同样分裂为两组,能量由高到低的顺序分别为:一组包括 d_{xy}、d_{xz} 和 d_{yz}(用 t_2 表示),另一组包括 d_{z^2} 和 $d_{x^2-y^2}$(以 e 表示),分裂能为 Δ_t。能级分裂图略。

15. 什么叫光谱化学序列? 如何理解电子云伸展效应?

解: 将一些常见配体按光谱实验测得的分裂能从小到大次序排列称为光谱化学序列。

按照 β 值(β=配合物中心离子的 B' 值/该金属的自由离子的 B 值)减小趋势将配体排列成的序列称为"电子云扩展序列":

$$F^- > H_2O > CO(NH_2)_2 > NH_3 > C_2O_4^{2-} \approx en > NCS^- > Cl^- \approx CN^- >$$

$$Br^- > (C_2H_5O)_2PS_2^- \approx S^{2-} \approx I^- > (C_2H_5O)_2PSe_2^-$$

这个序列表征了中心离子和配体之间形成共价键的趋势。共价作用的主要结果就是轨道的重叠,换句话说就是 d 轨道的离域作用,d 电子运动范围增大,d 电子间的排斥作用减小,这称为电子云扩展效应。左端离子的 β 值较大,意指 B' 大,即配离子中的中心金属离子的电子排斥作用减少得少,换句话说,就是共价作用不明显;右端的离子,β 值小,意味着 B' 小,电子离域作用大,即电子云扩展效应大,共价作用明显。

16. 指出下列配离子哪些是高自旋的? 哪些是低自旋的? 并说明理由。

(1) $[FeF_6]^{3-}$;　(2) $[CoF_6]^{3-}$;　(3) $[Co(H_2O)_6]^{3+}$;

(4) $[Fe(CN)_6]^{3-}$;　(5) $[Mn(CN)_6]^{4-}$;　(6) $[Cr(CN)_6]^{3-}$;

(7) $[Co(NO_2)_6]^{3-}$;　(8) $[Co(NH_3)_6]^{3+}$。

解: (1) $[FeF_6]^{3-}$,Fe^{3+},d^5,P 大,F^- 又是弱场配体,高自旋。

(2) $[CoF_6]^{3-}$,Co^{3+},d^6,虽然 d^6 组态的 P 小(17800 cm^{-1}),但 F^- 弱场配体,Δ 特别小(13000 cm^{-1}),高自旋。

(3) $[Co(H_2O)_6]^{3+}$,Co^{3+},d^6,P = 17800 cm^{-1},Δ_o = 18600 cm^{-1},低自旋。

(4) $[Fe(CN)_6]^{3-}$,Fe^{3+},d^5,CN^- 强场配体,低自旋。

(5) $[Mn(CN)_6]^{4-}$,Mn^{2+},d^5,CN^- 强场配体,低自旋。

(6) $[Cr(CN)_6]^{3-}$,Cr^{3+},d^3,无高低自旋之分。

(7) $[Co(NO_2)_6]^{3-}$,Co^{3+},d^6,NO_2^- 为强场配体,低自旋。

(8) $[Co(NH_3)_6]^{3+}$,Co^{3+},d^6,NH_3 为场较强的配体,P = 17800 cm^{-1},Δ_o = 23000 cm^{-1},低自旋。

17. LFSE 的意义是什么? 在 ML_6 配合物中,LFSE 随 d 电子数的变化有何特征?

解: 在配体静电场的作用下,中心金属离子的 d 轨道能级发生分裂,其上的电子一部分进入分裂后的低能级轨道,一部分进入高能级轨道。进入低能级轨道使体系能量下降,进入高能级轨道使体系能量上升。根据能量最低原理,体系中的电子优先进入低能级,对于自旋发生了变化的体系,同时还要考虑成对能的变化(电子成对需要消耗能量)。如果下降的能量多于能级上升的能量和电子成对所消耗的能量，则体系的总能量将下降，这样获得的能量称为配位场稳定化能(LFSE)。

在 ML_6 配合物中，LFSE 随 d 电子数的变化有两种特征：

若为弱场高自旋，略去成对能的 LFSE 的曲线呈现 W 形或反双峰形状，三个极大值位于 d^0、d^5 和 d^{10} 处，两个极小值出现在 d^3 和 d^8 处。

在强场低自旋中，略去成对能的曲线呈 V 形，极大值为 d^0、d^{10}，极小值为 d^6。

18. 什么叫 Irving-Williams 规则？

解：实验发现，在由 Mn^{2+} 到 Zn^{2+} 的+2 价金属离子与含 N 配位原子的配体生成的配合物的稳定次序，亦即它们的平衡常数，可观察到下列顺序：

$$\begin{matrix} Mn^{2+} & < Fe^{2+} & < Co^{2+} & < Ni^{2+} & < Cu^{2+} & > Zn^{2+} \\ d^5 & d^6 & d^7 & d^8 & d^9 & d^{10} \end{matrix}$$

这个序列叫做 Irving-Williams 序列。该顺序大致与弱场 LFSE 的变化顺序一致，类似于弱场高自旋 LFSE 的反双峰曲线的后半段，只是谷值不在 d^8 而是 d^9，其原因是 Jahn-Teller 效应引起的。

19. 什么叫 Jahn-Teller 效应？d 轨道哪些构型易发生畸变？哪些不易畸变？为什么？指出下列离子中易发生畸变者(ML_6 为 O_h，ML_4 为 T_d 或 D_{4h})。

(1) $[Cr(H_2O)_6]^{3+}$；　(2) $[Ti(H_2O)_6]^{3+}$；　(3) $[Fe(CN)_6]^{4-}$；

(4) $[CoCl_4]^{2-}$；　(5) $[Pt(CN)_4]^{2-}$；　(6) $[ZnCl_4]^{2-}$；

(7) $[Cu(en)_3]^{2+}$；　(8) $[FeCl_4]^-$；　(9) $[Mn(H_2O)_6]^{2+}$。

解：电子在简并轨道中的不对称占据会导致分子的几何构型发生畸变，从而降低分子的对称性和轨道的简并度，使体系的能量进一步下降的现象称为Jahn-Teller效应。

某中心金属离子，如果其简并轨道为不对称排布则易发生畸变，若为对称排布则不发生畸变。

对于 O_h 场，$t_{2g}^1e_g^0$、$t_{2g}^2e_g^0$、$t_{2g}^4e_g^0$、$t_{2g}^3e_g^1$、$t_{2g}^5e_g^0$、$t_{2g}^4e_g^2$、$t_{2g}^5e_g^2$、$t_{2g}^6e_g^1$、$t_{2g}^6e_g^3$，对于 T_d 场，$e^1t_2^0$、$e^2t_2^1$、$e^2t_2^2$、$e^3t_2^0$、$e^4t_2^1$、$e^4t_2^2$、$e^3t_2^3$、$e^4t_2^4$、$e^4t_2^5$，这些排布都能发生 Jahn-Teller 畸变，其余组态则不发生畸变。所以，对于

(1) $[Cr(H_2O)_6]^{3+}$，Cr^{3+}，d^3，$t_{2g}^3e_g^0$，不畸变；

(2) $[Ti(H_2O)_6]^{3+}$，Ti^{3+}，d^1，$t_{2g}^1e_g^0$，畸变；

(3) $[Fe(CN)_6]^{4-}$，Fe^{2+}，d^6，$t_{2g}^6e_g^0$，不畸变；

(4) $[CoCl_4]^{2-}$，Co^{2+}，d^7，$e^4t_2^3$，不畸变；

(5) $[Pt(CN)_4]^{2-}$，Pt^{2+}，d^8，dsp^2，d 轨道对称排布，不畸变；

(6) $[ZnCl_4]^{2-}$，Zn^{2+}，d^{10}，sp^3，d 轨道对称排布，不畸变；

(7) $[Cu(en)_3]^{2+}$，Cu^{2+}，d^9，$t_{2g}^6e_g^3$，畸变；

(8) $[FeCl_4]^-$，Fe^{3+}，d^5，$e^2t_2^3$，不畸变；

(9) $[Mn(H_2O)_6]^{2+}$，Mn^{2+}，d^5，$t_{2g}^3e_g^2$，不畸变。

20. 试从 Jahn-Teller 效应解释 Cu^{2+} 化合物的构型常常是四条短键、两条长键，即近似为平面正方形四配位的结构。

解:在无其他能量因素影响时,形成两条长键、四条短键比形成两条短键、四条长键的总键能要大。当长键远长于短键时,就可将拉长的八面体近似看作平面正方形四配位的结构。

21. 第一过渡系元素离子 M^{2+} 水合焓和晶格能曲线有何特征?极大值、极小值是哪些元素?为什么?

解:对于第一过渡系金属离子,随原子序数的增加,有效核电荷增大,离子半径减小,键能和球形对称静电场水合能应该平稳地增加(负值增大),而 LFSE 部分应该有 W 形的变化规律,这两部分合起来就得到水合焓的斜 W 形的变化形状。极大值是具有 d^0、d^5、d^{10} 电子组态的 Ca^{2+}、Mn^{2+} 和 Zn^{2+},极小值出现在具有 d^3、d^8 电子组态的 V^{2+} 和 Ni^{2+},水合焓的这种变化规律正是 LFSF 随 d 电子数的变化规律的体现。

LFSF 在晶格能上也有影响,呈双峰形,极大值本应出现在具有 d^3 和 d^8 电子组态的 V^{2+} 和 Ni^{2+} 处,但由于 Jahn-Teller 效应的影响,实际出现在具有 d^4 和 d^9 电子组态的 Cr^{2+} 和 Cu^{2+} 处,而极小值是具有 d^0、d^5、d^{10} 电子组态的 Ca^{2+}、Mn^{2+} 和 Zn^{2+}。

22. 已知第一过渡系 M^{2+} 的离子半径数据如下,写出它们在 O_h 弱场中的 d 电子构型,解释离子半径变化的规律。

离子	Ca^{2+}	Ti^{2+}	V^{2+}	Cr^{2+}	Mn^{2+}	Fe^{2+}	Co^{2+}	Ni^{2+}	Cu^{2+}	Zn^{2+}
$r(M^{2+})$/pm	99	80	73	80	90	85	80	76	80	83

解:以半径对原子序数作图,可见到呈反双峰图形的离子半径的变化规律。对+2 价离子弱场而言,按晶体场理论,Ca^{2+}、Mn^{2+}、Zn^{2+} 有球形对称的电子云分布,三个离子的有效核电荷依次增大,离子半径逐渐减小,它们位于逐渐下降的平滑曲线上。其他离子的半径则位于这条平滑曲线的下面,这是由于它们的 d 电子并非球形分布。

对于 d^3 的 V^{2+},其电子组态为 $t_{2g}^3e_g^0$,由于 t_{2g} 电子主要集中在远离金属-配体键轴的区域,它提供了比球形分布的 d 电子小得多的屏蔽作用,故而半径进一步减小。而对于 d^4 的 Cr^{2+},其电子组态为 $t_{2g}^3e_g^1$。由于新增加的 e_g 电子填入位置位于金属-配体键轴区域,它的屏蔽作用增加,核对配体的作用相应减小,故离子的半径有所增大。

可以应用相同的概念对其他 d 电子组态的离子的半径进行解释。

在 O_h 弱场中,离子的电子组态为

Ca^{2+}	Sc^{2+}	Ti^{2+}	V^{2+}	Cr^{2+}	Mn^{2+}	Fe^{2+}	Co^{2+}	Ni^{2+}	Cu^{2+}	Zn^{2+}
d^0	$t_{2g}^1e_g^0$	$t_{2g}^2e_g^0$	$t_{2g}^3e_g^0$	$t_{2g}^3e_g^1$	$t_{2g}^3e_g^2$	$t_{2g}^4e_g^2$	$t_{2g}^5e_g^2$	$t_{2g}^6e_g^2$	$t_{2g}^6e_g^3$	$t_{2g}^6e_g^4$

23. 配合物的分子轨道理论的基本要点是什么?请绘出 $[Co(NH_3)_6]^{3+}$ 配离子的 MO 能级图,指出配离子生成前后的电子排布,标明分裂能 Δ_o 的位置。

解:配合物的分子轨道理论的基本要点是由中心原子和配体的原子轨道通过线性组合建立起一系列配合物的分子轨道,其分子轨道由成键的、非键的和反键的轨道所组成,能够有效地组成分子轨道的原子轨道,应满足成键三原则:对称性匹配、能量近似和最大重叠。

配离子生成前 Co^{3+} 的电子排布为 $3d^6$,$[Co(NH_3)_6]^{3+}$ 配离子的 MO 能级图,σ 键合的 O_h 配

合物 ML_6 中分子轨道能级图，参考下图，分裂能 Δ_o 的位置从图显见，配离子的电子排布为 $t_{2g}^6e_g^0$。

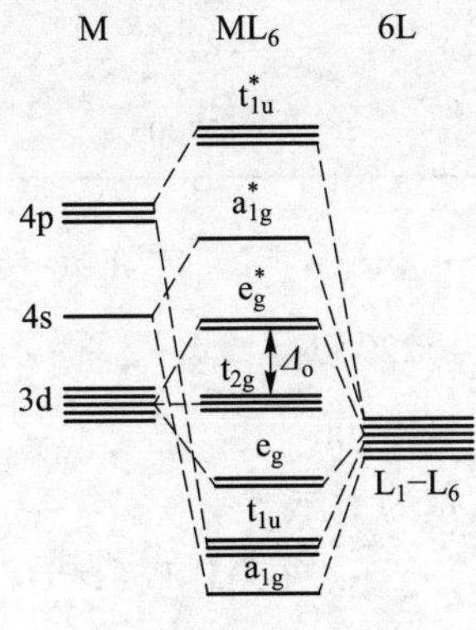

第 7 章第 23 题图

24. 分子轨道理论对光谱化学序列的说明与配位场理论比较有何优点？

解：按 MO 理论，弱的 σ 电子给予体和强的 π 电子给予体相结合产生小的分裂能，而强的 σ 电子给予体和强的 π 电子接受体相结合产生大的分裂能，这样便可以合理地说明光谱化学序列。

卤离子一方面因其电负性较大，所以是弱的 σ 电子给予体，另一方面又因其具有 pπ 孤电子对，有强的 π 给予体的能力，能降低分裂能，所以卤离子位于光谱化学序列的左端；而 NH_3 不具 pπ 孤电子对，不形成 π 键，无 π 相互作用，分裂能不减小，所以位于光谱化学序列的中间；CO 既有强的 σ 电子给予的能力又有强的 π 电子接受的能力，有大的分裂能，因而位于光谱化学序列的右端。

对配位场理论的静电观点不能解释的 H_2O 和 OH^- 的颠倒也得到了解释：水含有两对孤电子对，其中一对参加 σ 配位，一对可参与形成 π 键；相反，OH^- 含三对孤电子对，一对参与形成 σ 键，还剩两对能参与形成 π 键，因而 OH^- 属于强的 π 给予体，分裂能较小，所以排在 H_2O 之前。

25. 试判断下述离子的几何构型。

(1) $[Co(CN)_6]^{3-}$（反磁性的）；　(2) $[NiF_6]^{4-}$（两个成单电子）；

(3) $[CrF_6]^{4-}$（四个成单电子）；　(4) $[AuCl_4]^-$（反磁性的）；

(5) $[FeF_4]^-$（五个成单电子）；　(6) $[NiF_6]^{2-}$（反磁性的）。

解：(1) $[Co(CN)_6]^{3-}$：　Co^{3+}，d^6，反磁性，$t_{2g}^6e_g^0$，正八面体；

(2) $[NiF_6]^{4-}$：　Ni^{2+}，d^8，两个单电子，$t_{2g}^6e_g^2$，正八面体；

(3) $[CrF_6]^{4-}$：　Cr^{2+}，d^4，四个单电子，$t_{2g}^3e_g^1$，变形八面体；

(4) $[AuCl_4]^-$：　Au^{3+}，d^8，反磁性，$d_{xz}^2d_{yz}^2d_{z^2}^2d_{xy}^2d_{x^2-y^2}^0$，平面正方形；

(5) $[FeF_4]^-$：　Fe^{3+}，d^5，五个单电子，$e^2t_2^3$，正四面体；

(6) $[NiF_6]^{2-}$：　Ni^{4+}，d^6，反磁性，$t_{2g}^6e_g^0$，正八面体。

26. 根据 LFT 并用下列配离子性质写出 d 电子的构型并计算磁矩。

配离子	成对能 P/cm^{-1}	Δ_o/cm^{-1}	d电子构型	μ_S/B.M.
$[Co(NH_3)_6]^{3+}$	19100	22900		
$[Fe(H_2O)_6]^{3+}$	30000	13700		

解：

配离子	P/cm^{-1}	Δ_o/cm^{-1}	d电子构型	磁矩/B.M.
$[Co(NH_3)_6]^{3+}$	19100	22900	$t_{2g}^6e_g^0$	$\mu_S=\sqrt{0(0+2)}=0$
$[Fe(H_2O)_6]^{3+}$	30000	13700	$t_{2g}^3e_g^2$	$\mu_S=\sqrt{5(5+2)}=5.92$

27. 下列化合物中哪些有轨道磁矩的贡献？

(1) $[FeCl_4]^{2-}$； (2) $[Cr(NH_3)_6]^{3+}$； (3) $[Fe(H_2O)_6]^{2+}$； (4) $[Fe(CN)_6]^{3-}$。

解：(1) $[FeCl_4]^{2-}$： Fe^{2+}，d^6，$e^3t_2^3$，基态^5E，无；

(2) $[Cr(NH_3)_6]^{3+}$： Cr^{3+}，d^3，$t_{2g}^3e_g^0$，基态$^4A_{2g}$，无；

(3) $[Fe(H_2O)_6]^{2+}$： Fe^{2+}，d^6，$t_{2g}^4e_g^2$，基态$^5T_{2g}$，有；

(4) $[Fe(CN)_6]^{3-}$： Fe^{3+}，d^5，$t_{2g}^5e_g^0$，基态$^2T_{2g}$，有。

28. $[Cu(en)_2(H_2O)_2]^{2+}$具有畸变的八面体结构，在光谱图上 17800 cm^{-1}处出现一个吸收峰，如果考虑自旋-轨道耦合，计算该离子的磁矩。

解：Cu^{2+}的配合物为 d^9 电子组态，其 $E_g \to T_{2g}$跃迁的能量为 Δ_o，则

$$
\begin{aligned}
\mu_{eff} &= \mu_S[1-\alpha\lambda \times 1/(10\ Dq)] \\
&= 1.73(1+2\times 830/17800)\ B.M. \\
&= 1.89\ B.M.
\end{aligned}
$$

其中，$\lambda=\pm\zeta_{nd}/n$，由于 d 电子多于 5 个，取"-"号；查 $\zeta_{nd}=830\ cm^{-1}$，$\lambda=(-830/1)\ cm^{-1}=-830\ cm^{-1}$，因基谱项为 E，$\alpha$ 取 2；$\mu_S=\sqrt{1(1+2)}$ B.M.$=1.73$ B.M.。

29. d^n 电子组态离子的谱项在 O_h 场中如何分裂？

解：(1) 不同 d^n 电子组态离子将产生不同的光谱项：

电子组态	光谱项
d^{10}	^1S
d^1、d^9	^2D
d^2、d^8	^3F、^3P、^1G、^1D、^1S
d^3、d^7	^4F、^4P、^2H、^2G、^2F、2^2D、^2P
d^4、d^6	^5D、^3H、^3G、2^3F、^3D、2^3P、^1I、2^1G、^1F、2^1D、2^1S
d^5	^6S、^4G、^4F、^4D、^4P、^2I、^2H、2^2G、2^2F、3^2D、^2P、^2S

(2) d^n 电子组态各光谱项在八面体场中的分裂如下：

光谱项	O_h
S	A_{1g}
P	T_{1g}
D	E_g、T_{2g}
F	A_{2g}、T_{1g}、T_{2g}
G	A_{2g}、E_g、T_{1g}、T_{2g}
H	E_g、$^2T_{1g}$、T_{2g}
I	A_{1g}、A_{2g}、E_g、T_{1g}、$^2T_{2g}$

30. 正确认识 Orgel 能级图和 T-S 图，以 d^7 组态配离子为例，说明它们的区别。

解：d^7 电子组态离子的 Orgel 能级图见本书图 1.7.4，第 7 章第 30 题图给出了 d^7 电子组态离子的T-S图，通过比较可以正确认识这两种图形：

Orgel 能级图简单方便，但是 Orgel 能级图有它的局限性：

（1）Orgel 能级图不能用于强场配合物，它只适用于弱场、高自旋和自旋多重度相同谱项的情况，而在强场情况下的谱项能量的变化在图上未反映。而 T-S 图既有高自旋的谱项，也有低自旋的谱项；有自旋多重度相同的谱项，也画出了自旋多重度不相同的谱项。

（2）Orgel 能级图缺乏定量准确性，同一电子组态的离子，不同的配体就要用不同的 Orgel 能级图。这是因为它的谱项能量和分裂能都是以绝对单位表示的，不同的中心离子和不同的配体有不同的谱项能量和分裂能。而在 T-S 图上，相同组态的离子可以应用同一张光谱项图，因为 T-S 图是以谱项能同拉卡参数 B' 的比值作纵坐标，以分裂能对拉卡参数 B' 的比值作横坐标而作出的。

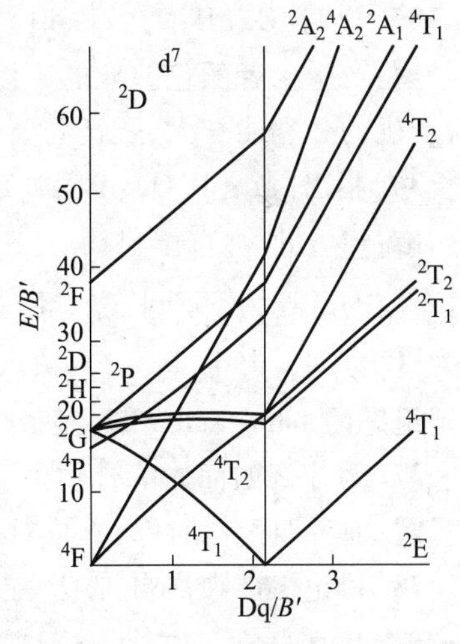

第 7 章第 30 题图

（3）在 Orgel 能级图中，基谱项的能量随分裂能的增加而下降，T-S 图用基谱项作为横坐标并取作能量的零点，其余谱项的能级都是相对于它而画出的。

（4）Orgel 能级图适用于 O_h 弱场和 T_d 场，而上图中 d^7 电子组态离子的 T-S 图只适用于 O_h 场。

31. 谱项之间的电子跃迁需遵守什么样的规律？

解：谱项之间的电子跃迁需遵守自旋选律（$\Delta S=0$）和对称性选律（$\Delta l=1$）两条光谱选律。参见本书第一部分 7.4.2 节配位场光谱中关于光谱选择的介绍。

32. 在用紫外分光光度法测定配离子的吸收光谱时应如何选择溶剂？在配制配离子的溶液时常使用高氯酸而不用盐酸和硫酸，你能说明为什么吗？

解：水和有机分子等的 $n\to\sigma^*$、$n\to\pi^*$ 和 $\pi\to\pi^*$ 的跃迁（参见本书第一部分 7.4.1 节配体内部的电子光谱）在紫外光区经常出现吸收谱带。这些紫外吸收使得这些溶剂会在某些波长范围变得不透明，用这些溶剂去平衡光谱测定池就有了问题，此时应该细心选择溶剂使其在试验的波长段无吸收。

盐酸和硫酸中的 Cl^- 和 SO_4^{2-} 有较强的竞争配位能力。

33. d^1 与 d^9 配离子的谱项和 Orgel 能级图有什么关系？它们的吸收光谱有什么异同？为什么？

解：d^1 与 d^9 电子组态的 Orgel 能级图见本书图 1.7.1，两种组态的相同之处是具有相同的基谱项 D，因为它们的 L 相同；不同之处是其静电行为相反，因为 d^1 可认为是在 d^0 上增加 1 个电子，d^9 可认为是在 d^{10} 状态上出现了一个空穴，因此 d^1 与 d^9 的静电行为相反。

34. 请讨论配离子 $[CoF_6]^{3-}$，$[Fe(H_2O)_6]^{2+}$，$[NiCl_4]^{2-}$ 的吸收光谱。

解：可以通过 Orgel 能级图讨论三种离子的吸收光谱：$[CoF_6]^{3-}$ 和 $[Fe(H_2O)_6]^{2+}$ 有相同的电子组态，d^6，且均为八面体高自旋排布，即 $t_{2g}^4e_g^2$，从本书图 1.7.1 所示的 d^6 电子组态八面体场的 Orgel 能级图可知，其吸收光谱来自 ${}^5T_{2g}\rightarrow{}^5E_g$；$[NiCl_4]^{2-}$，$d^8$，为四面体高自旋排布，从 d^8 电子组态四面体场的 Orgel 能级图可知，其吸收光谱来自 ${}^3T_1(F)\rightarrow{}^3T_2(F)$、${}^3T_1(F)\rightarrow{}^3A_2$ 及 ${}^3T_1(F)\rightarrow{}^3T_1(P)$。

35. 说明 $[Cu(H_2O)_4]^{2+}$ 和 $[Cu(NH_3)_4]^{2+}$ 的颜色差异，并指出产生这些差异的原因。

解：产生二者颜色差异的原因在于 H_2O 和 NH_3 配位场场强的差别，后者属配位场较强的配体，产生的分裂能较大，跃迁需要吸收比前者较短波长的光，而呈现出的光的波长要比前者长。

36. 指出 $[Mn(H_2O)_6]^{2+}$ 和 $[Fe(H_2O)_6]^{2+}$ 的颜色的特征，说明原因。

解：前者 d^5 高自旋，只有一个六重谱项 ${}^6A_{1g}$，无自旋允许的跃迁，所以强度很小，颜色应该很淡，对应的跃迁为 ${}^6A_{1g}$ 到 ${}^4T_{1g}$、${}^4T_{2g}(G)$、${}^4A_{1g}$、${}^4E_g$、${}^4T_{2g}(D)$、${}^4E_g(D)$；后者，d^6 高自旋，${}^5D_g$ 简单地分裂为 ${}^5T_{2g}$ 和 ${}^5E_g$，由于 ${}^5T_{2g}\rightarrow{}^5E_g$ 的跃迁相应于配位场的分裂能，表现为有一个主峰吸收带，由于 d^6 电子组态的 Jahn-Teller 畸变使 ${}^5E_g$ 有一点分裂故将产生一个肩峰。

37. 为什么四面体配合物中的 d-d 跃迁吸收带比相应的八面体配合物吸收强？

解：前者四面体对称，不具对称中心，不受对称性选律所限制。

38. 讨论 Fe^{3+} 在高自旋 O_h 配合物和低自旋 O_h 配合物中的吸收的差别。

解：d^5 高自旋，只有一个六重谱项 ${}^6A_{1g}$，无自旋允许的跃迁，所以强度很小，颜色应该很淡，对应的跃迁为 ${}^6A_{1g}$ 到 ${}^4T_{1g}$、${}^4T_{2g}(G)$、${}^4A_{1g}$、${}^4E_g$、${}^4T_{2g}(D)$、${}^4E_g(D)$；d^5 低自旋，低能态为 ${}^2T_{2g}$，自旋相同的激发态为 ${}^2A_{2g}$、${}^2T_{1g}$、${}^2E_g$、${}^2A_{1g}$，存在自旋允许的跃迁，所以强度较大，颜色应该很浓。

39. 在 $[V(H_2O)_6]^{3+}$ 的吸收光谱中，可观察到两个 d-d 吸收带，分别为 17000 cm^{-1} 和 26000 cm^{-1}，请进行指认。

解：$[V(H_2O)_6]^{3+}$，d^2，应有三个自旋允许的跃迁产生的吸收带，相应于 ${}^3T_{1g}$ 到 ${}^3T_{2g}(F)$（$t_{2g}^2e_g^0\rightarrow t_{2g}^1e_g^1$）、${}^3T_{1g}(P)$（$t_{2g}^1e_g^1\rightarrow t_{2g}^0e_g^2$）、${}^3A_{2g}$（$t_{2g}^2e_g^0\rightarrow t_{2g}^0e_g^2$）的跃迁。但后者涉及双电子跃迁，$t_{2g}^2e_g^0\rightarrow t_{2g}^0e_g^2$，强度非常小，故不能被观察到。

40. 在 $[Ni(H_2O)_6]^{2+}$ 的光谱图上可观察到 9000 cm^{-1}、14000 cm^{-1} 和 25000 cm^{-1} 的吸收带，指出它们对应于何种谱项间的跃迁？计算 Δ_o 和 B' 值。

解：$[Ni(H_2O)_6]^{2+}$，d^8 电子组态，八面体，可使用 d^8 电子组态的 T-S 图。其基态为 ${}^3A_{2g}$，自旋允许的跃迁是

${}^3A_{2g}\rightarrow{}^3T_{2g}(F)$	${}^3A_{2g}\rightarrow{}^3T_{1g}(F)$	${}^3A_{2g}\rightarrow{}^3T_{1g}(P)$
9000 cm^{-1}	14000 cm^{-1}	25000 cm^{-1}

使用 d^8 电子组态八面体的 Orgel 能级图进行计算。

$^3A_{2g}\rightarrow{}^3T_{2g}$, $\nu_1=9000\ cm^{-1}$,相应于 O_h 场中的分裂能,于是得

$$\Delta_o = 10Dq = 9000\ cm^{-1},\quad Dq = 900\ cm^{-1}$$

由 $^3A_{2g}\rightarrow{}^3T_{1g}(F)$, $\nu_2=14000\ cm^{-1}=18Dq-C$,得

$$C = (18\times900-14000)cm^{-1} = 2200\ cm^{-1}$$

由 $^3A_{2g}\rightarrow{}^3T_{1g}(P)$, $\nu_3=12Dq+15B'+C=25000\ cm^{-1}$,代入 Dq 和 C 值得

$$B' = [(25000-12\times900-2200)/15]cm^{-1} = 800\ cm^{-1}$$

41. 在 $CoBr_2$ 的晶体中,Co^{2+} 近似地处于 O_h 场中,其吸收发生在 $5700\ cm^{-1}$、$11800\ cm^{-1}$ 和 $16000\ cm^{-1}$ 处,计算 Co^{2+} 的 Dq 和 B' 值。

解: Co^{2+}, d^7,从八面体 d^7 电子组态的 Orgel 能级图可知,其吸收光谱来自 $^3T_{1g}(F)\rightarrow{}^3T_{2g}(F)$、$^3T_{1g}(F)\rightarrow{}^3A_{2g}(F)$、$^3T_{1g}(F)\rightarrow{}^3T_{1g}(P)$。

由 $^3T_{1g}(F)\rightarrow{}^3T_{2g}(F)$, $\nu_1=5700\ cm^{-1}=C+8Dq$;由 $^3T_{1g}(F)\rightarrow{}^3A_{1g}(P)$, $\nu_2=11800\ cm^{-1}=18Dq+C$。联立 ν_1 和 ν_2 得

$$Dq = 610\ cm^{-1},\quad C = (11800-18\times610)cm^{-1} = 820\ cm^{-1}$$

解得的 Dq 值不太大,说明假设的能级次序应该是正确的。

由 $^3T_{1g}(F)\rightarrow{}^3T_{1g}(P)$, $\nu_3=6Dq+15B'+2C=16000\ cm^{-1}$,则

$$B' = [(16000-6\times610-2\times820)/15]cm^{-1} = 713\ cm^{-1}$$

42. 根据 Jørgensen 的 f, g, h_x, h_M,预测 $[Cr(NH_3)_6]^{3+}$ 的自旋允许的电子吸收光谱出现的位置。

解: Cr^{3+}, d^3 电子组态,八面体场,查得 $h_x=0.20$, $h_M=1.40$, $f=1.25$, $g=17.4\times10^3$, $B=950\ cm^{-1}$。

$1-\beta = h_x\cdot h_M = 0.20\times1.40 = 0.28$,得 $\beta=0.72$

$\Delta_o=10Dq=f\cdot g=1.25\times17.4\times10^3=21750\ cm^{-1}$,得

$Dq=2175\ cm^{-1}$, $B'=\beta\cdot B=684\ cm^{-1}$,

$E/B'=21750/684=31.8$

利用 d^3 电子组态的 T-S 图(见右图),在纵坐标上量出 31.8,由该点作一平行于横坐标的直线与 $^4T_{2g}(F)$ 相交,再由交点作垂直于横坐标的直线,分别交 $^4T_{1g}(F)$ 和 $^4T_{1g}(P)$,各自的纵坐标约为 43 和 68,于是

$^4A_{2g}\rightarrow{}^4T_{2g}(F)$, $\nu_1=21750\ cm^{-1}$

$^4A_{2g}\rightarrow{}^4T_{1g}(F)$, $\nu_2\approx43\times684\ cm^{-1}=29412\ cm^{-1}$

$^4A_{2g}\rightarrow{}^4T_{1g}(P)$, $\nu_3\approx68\times684\ cm^{-1}=46512\ cm^{-1}$

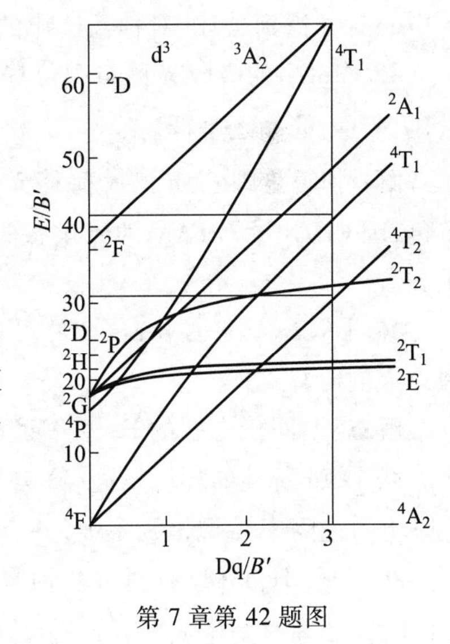

第 7 章第 42 题图

本例不能使用 d^3 电子组态的 Orgel 能级图进行预测,因为弯曲系数不能预计。

43. $[Ni(dmso)_6]^{2+}$(dmso 即二甲亚砜)近似地为八面体配离子,在 $7730\ cm^{-1}$、$12970\ cm^{-1}$ 和 $24040\ cm^{-1}$ 处有吸收峰,计算 Ni^{2+} 的 Dq 和 B' 值。

解:Ni^{2+},d^8 电子组态,八面体,可使用 d^8 电子组态的 T-S 图。其基态为$^3A_{2g}$,自旋允许的跃迁是

$$^3A_{2g} \to {}^3T_{2g}(F) \qquad ^3A_{2g} \to {}^3T_{1g}(F) \qquad ^3A_{2g} \to {}^3T_{1g}(P)$$
$$7730\ \mathrm{cm^{-1}} \qquad 12970\ \mathrm{cm^{-1}} \qquad 24040\ \mathrm{cm^{-1}}$$

使用 d^8 电子组态的 Orgel 能级图的左边部分进行计算。

$^3A_{2g} \to {}^3T_{2g}$,$\nu_1 = 7730\ \mathrm{cm^{-1}}$,相应于 O_h 场中的分裂能,于是

$$\Delta_o = 10Dq = 7730\ \mathrm{cm^{-1}}, \quad Dq = 773\ \mathrm{cm^{-1}}$$

由$^3A_{2g} \to {}^3T_{1g}(F)$,$\nu_2 = 12970\ \mathrm{cm^{-1}} = 18Dq - C$,得

$$C = (18 \times 773 - 12970)\ \mathrm{cm^{-1}} = 944\ \mathrm{cm^{-1}}$$

由$^3A_{2g} \to {}^3T_{1g}(P)$,$\nu_3 = 12Dq + 15B' + C = 24040\ \mathrm{cm^{-1}}$,得

$$B' = [(24040 - 12 \times 773 - 944)/15]\ \mathrm{cm^{-1}} = 921\ \mathrm{cm^{-1}}$$

44. 指出下列跃迁吸收强度较弱者及原因。

(1) 对$[Ni(NH_3)_6]^{2+}$: $^3A_{2g} \to {}^3T_{1g}$和$^3A_{2g} \to {}^1T_{1g}$;

(2) 对$[Co(H_2O)_6]^{2+}$: $^4A_{2g} \to {}^4T_{1g}$和$[CoCl_4]^{2-}$: $^4A_2 \to {}^4T_1$;

(3) 对$[Cr(NH_3)_6]^{3+}$和$[Cr(NH_3)_5Cl]^{2+}$中的$^4A_{2g} \to {}^4T_{1g}$。

解:(1) 后者,原因是自旋禁阻。

(2) 前者,原因是后者为四面体对称,不具对称中心,不受对称性选律所限制。

(3) 前者,原因是受对称性选律所限制。后者用一个 Cl^- 取代了前者中的一个 NH_3,使前者的中心对称遭到破坏,对称性选律的限制削弱。

45. MnO_4^- 的吸收光谱与配位场光谱有何不同? CrO_4^{2-} 有颜色,阐明其原因;预言它的跃迁能量比 MnO_4^- 的高还是低。

解:MnO_4^- 的吸收光谱属荷移光谱,吸收强度高,跃迁能量高,常出现在紫外光区。CrO_4^{2-} 为黄色,因 CrO_4^{2-} 中 Cr(Ⅵ)的氧化态低于 MnO_4^- 中 Mn(Ⅶ)的氧化态,氧化能力稍弱,故跃迁吸收能量高。

46. $[(CN)_5Fe\text{-}CN\text{-}Fe(CN)_5]^{6-}$属哪一类混合价化合物?在光谱性质上有何特征?请给予理论上的解释。

解:属不同价态间的 $Fe^{Ⅱ} \to Fe^{Ⅲ}$ 的荷移光谱,为价离域参数 α 不大但不等于 0 的类型,呈强吸收。两个 Fe 所处的环境不同(高自旋的 Fe^{3+}处于 6 个 N 原子的包围中,低自旋的 Fe^{2+}处于 6 个 C 原子的包围中),但差别不大,并有一个桥连接。

47. $Pt(NH_3)_2Cl_2$ 有两种几何异构体 A 和 B。当 A 用硫脲(tu)处理时,生成$[Pt(tu)_4]^{2+}$;B 用硫脲处理时则生成$[Pt(NH_3)_2(tu)_2]^{2+}$。解释上述实验事实,并写出 A 和 B 的结构式。

解:

(A) Pt(Cl, NH₃ / Cl, NH₃) $\xrightarrow[Cl^- > NH_3]{tu}$ Pt(Cl, NH₃ / Cl, tu) $\xrightarrow[tu > Cl^-]{tu}$ Pt(tu, NH₃ / Cl, tu) $\xrightarrow[Cl^- > NH_3]{tu}$ Pt(tu, tu / Cl, tu) $\xrightarrow[tu > Cl^-]{tu}$ Pt(tu, tu / tu, tu)

$$\begin{matrix} Cl & & NH_3 \\ & Pt & \\ Cl & & NH_3 \end{matrix} \xrightarrow[Cl^- > NH_3]{tu} \begin{matrix} Cl & & NH_3 \\ & Pt & \\ Cl & & tu \end{matrix} \xrightarrow[tu > Cl^-]{tu} \begin{matrix} tu & & NH_3 \\ & Pt & \\ Cl & & tu \end{matrix} \xrightarrow[Cl^- > NH_3]{tu} \begin{matrix} tu & & tu \\ & Pt & \\ Cl & & tu \end{matrix} \xrightarrow[tu > Cl^-]{tu} \begin{matrix} tu & & tu \\ & Pt & \\ tu & & tu \end{matrix}$$

$$\text{(B)}\quad \begin{array}{ccccc} H_3N \quad Cl & & H_3N \quad tu & & H_3N \quad tu \\ Pt & \xrightarrow[Cl^- > NH_3]{tu} & Pt & \xrightarrow[tu > Cl^-]{tu} & Pt \\ Cl \quad NH_3 & & Cl \quad NH_3 & & tu \quad NH_3 \end{array}$$

48. 试以 $K_2[PtCl_4]$ 为主要原料合成下列配合物，并用图表示反应的可能途径：

$$\begin{array}{ccc} Cl \quad Br & Br \quad Cl & Br \quad NH_3 \\ Pt & Pt & Pt \\ py \quad NH_3 & py \quad NH_3 & py \quad Cl \end{array}$$

解：

$$\begin{array}{ccccccc} Cl \quad Cl & & Cl \quad NH_3 & & Br \quad NH_3 & & Br \quad NH_3 \\ Pt & \xrightarrow{NH_3} & Pt & \xrightarrow[Cl^- > NH_3]{Br} & Pt & \xrightarrow[Br^- > NH_3]{py} & Pt \\ Cl \quad Cl & & Cl \quad Cl & & Cl \quad Cl & & Cl \quad py \end{array}$$

$$\begin{array}{ccccccc} Cl \quad Cl & & Cl \quad py & & Cl \quad py & & H_3N \quad py \\ Pt & \xrightarrow{py} & Pt & \xrightarrow[Cl^- > py]{Br^-} & Pt & \xrightarrow[Br^- > py]{NH_3} & Pt \\ Cl \quad Cl & & Cl \quad Cl & & Cl \quad Br & & Cl \quad Br \end{array}$$

$$\begin{array}{ccccccc} Cl \quad Cl & & Cl \quad py & & Cl \quad py & & H_3N \quad Br \\ Pt & \xrightarrow[Cl^- > py]{2py} & Pt & \xrightarrow{NH_3} & Pt & \xrightarrow[Cl^- > NH_3,\ Cl^- > py]{Br} & Pt \\ Cl \quad Cl & & Cl \quad py & & H_3N \quad py & & Cl \quad py \end{array}$$

后者的第二步是例外，本应因 Cl^->py 而发生 NH_3 取代 py。但因 Pt—Cl 键比 Pt—N(py) 键更长从而更活泼，所以发生了 NH_3 取代 Cl^-。

49. 写出下列取代反应的机理：

$$\begin{array}{ccccc} Cl \quad NHEt_2 & & & Cl \quad {}^*NHEt_2 & \\ Pt & + {}^*NHEt_2 & \xrightarrow{\text{甲醇}} & Pt & + NHEt_2 \\ Pr_3P \quad Cl & & & Pr_3P \quad Cl & \end{array}$$

解： 上述反应的反应机理可能包括下面两个过程：

(1) 溶剂化过程：先是溶剂甲醇分子进入配合物，形成五配位的三角双锥过渡态（缔合机理），其后失去 $NHEt_2$，${}^*NHEt_2$ 进入，再取代溶剂甲醇分子。

(2) 双分子取代过程：进入配体 ${}^*NHEt_2$ 先与配合物 $PtCl_2(Pr_3P)(NHEt_2)$ 形成五配位的三角双锥过渡态中间体 $PtCl_2(Pr_3P)(NHEt_2)({}^*NHEt_2)$，再失去 $NHEt_2$ 生成产物，反应按缔合机理进行。

上面两个过程都按缔合机理进行。

50. 实验表明，$Ni(CO)_4$ 在甲苯溶液中与 ${}^{14}CO$ 交换配体的反应速率与 ${}^{14}CO$ 无关，试推测此反应的反应机理。

解： 本反应被溶剂化过程所控制：首先是溶剂分子 S 进入配合物，形成五配位的三角双锥过渡态（缔合机理），这是决定反应速率的步骤，与交换配体 ${}^{14}CO$ 无关，而溶剂分子又是大量的，故 k_S 为一级反应速率常数，其后失去离去配体 X(CO)，进入配体 Y (${}^{14}CO$) 再取代溶剂分子。

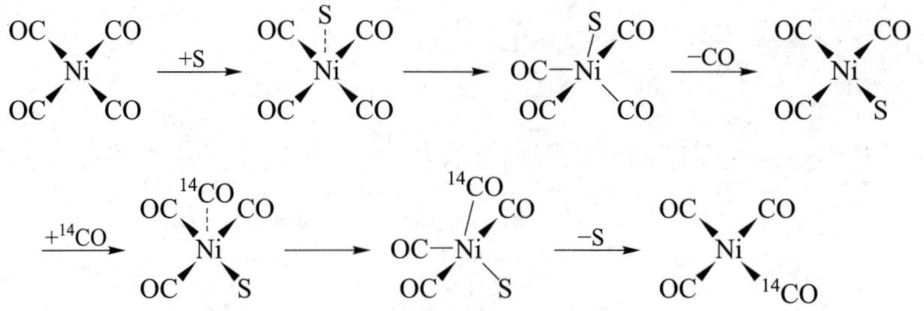

51. 在 323 K 时,实验测得$[Cr(NH_3)_5X]^{2+}$的酸式水解的反应速率常数为

X^-	CN^-	Cl^-	Br^-	I^-
k/s^{-1}	0.11×10^{-4}	1.75×10^{-4}	12.5×10^{-4}	10.2×10^{-4}

试说明这些反应的机理。

解:无论是 D 机理还是 A 机理,形式上酸式水解都表现为一级反应,但是,根据题中数据,水解反应的速率常数随离去配体 X^- 的变化而变化,而且和 Cr—X 键的键强差不多成反比。这表明,反应的活化步骤是 Co—X 键的断裂,因此可以得到结论,酸水解是具有解离的活化模式。所以,本反应是按解离机理或交换解离机理进行的。

52. $[Au(dien)Cl]^{2+}$和放射性氯离子$^*Cl^-$的交换反应非常迅速:

$$[Au(dien)Cl]^{2+} + {}^*Cl^- \longrightarrow [Au(dien){}^*Cl]^{2+} + Cl^-$$

其速率方程为 $v=k_1[Au(dien)Cl^{2+}]+k_2[Au(dien)Cl^{2+}][{}^*Cl^-]$,问此反应属于哪种机理?

解:速率方程中第一项所描述的是溶剂化过程:首先是溶剂分子 S 进入配合物,形成五配位的三角双锥过渡态(缔合机理),这是决定反应速率的步骤,而溶剂分子又是大量的,故 k_S 为一级反应速率常数,其后失去 Cl^-,进入配体$^*Cl^-$再取代溶剂分子;第二项所表示的是直接的双分子取代过程:进入配体$^*Cl^-$先与配合物$[Au(dien)Cl]^{2+}$形成五配位的三角双锥过渡态中间体$[Au(dien)Cl{}^*Cl]^{2+}$,再失去 Cl^-生成产物,反应按缔合机理进行。由于这两步都属缔合机理,所以本反应是按缔合机理进行的。

53. 实验测得下列配合物的水交换反应的活化体积(单位为 $cm^3\cdot mol^{-1}$)为

$[Co(NH_3)_5(H_2O)]^{3+}$, +1.2 (298 K)

$[Cr(NH_3)_5(H_2O)]^{3+}$, −5.8 (298 K)

$[Rh(NH_3)_5(H_2O)]^{3+}$, −4.1 (308 K)

解释这些反应的机理。

解:当 $\Delta V^{\neq}$ 为大的正值时,反应一般具有解离的活化模式;反之,当 $\Delta V^{\neq}$ 为负值时,则反应一般具有缔合模式。所以

$[Co(NH_3)_5(H_2O)]^{3+}$, +1.2 (298 K), 解离模式

$[Cr(NH_3)_5(H_2O)]^{3+}$, −5.8 (298 K), 缔合模式

$[Rh(NH_3)_5(H_2O)]^{3+}$, −4.1 (308 K), 缔合模式

54. 一个常以外球机理反应的氧化剂与$[V(H_2O)_6]^{2+}$的反应比与$[Cr(H_2O)_6]^{2+}$的反应要

慢,为什么?

解:$[V(H_2O)_6]^{2+}$,V^{2+},$d^3(t_{2g}^3e_g^0)$;$[Cr(H_2O)_6]^{2+}$,Cr^{2+},$d^4(t_{2g}^3e_g^1)$。通过比较可见,后者有一个能量比较高的 e_g 电子,较易失去,故以外球机理反应的氧化剂与$[V(H_2O)_6]^{2+}$的反应比与$[Cr(H_2O)_6]^{2+}$的反应要慢。

55. 下列反应按哪种电子转移机理进行?为什么?

(1) $[Co(NH_3)_6]^{3+} + [Cr(H_2O)_6]^{2+} \longrightarrow$

(2) $[Cr(NH_3)_5Cl]^{2+} + [^*Cr(H_2O)_6]^{2+} \longrightarrow$

解:(1) $[Cr^{II}(H_2O)_6]^{2+} + [Co^{III}(NH_3)_6]^{3+} \longrightarrow [Cr^{III}(H_2O)_6]^{3+} + [Co^{II}(NH_3)_6]^{2+}$

(d^4,高自旋) (d^6,低自旋,无桥配体) (d^3) (d^7,高自旋)

取代活性 取代惰性 取代惰性 取代活性

属外球机理。

(2) $[^*Cr^{II}(H_2O)_6]^{2+} + [Cr^{III}(NH_3)_5Cl]^{2+} \xrightarrow{(Cr^{II}\text{失去一个配位水,腾出一个空位})}$

(d^4,高自旋) (d^3)

取代活性 取代惰性,有桥基 Cl^-

$[(H_2O)_5{}^*Cr^{II}ClCr^{III}(NH_3)_5]^{4+} + H_2O$

(前身配合物)

$\downarrow$(电子传递)

$[(H_2O)_5{}^*Cr^{III}ClCr^{II}(NH_3)_5]^{4+}$

$\downarrow +H_2O$

$[(H_2O)_5{}^*Cr^{III}Cl]^{2+} + [Cr^{II}(NH_3)_5(H_2O)]^{2+}$

(d^3) (d^4,高自旋)

取代惰性 取代活性

属内球机理。

第 8 章　习题解答

1. 回答下列问题：

（1）指出下列离子中哪些能发生歧化反应：

$$Ti^{3+}、V^{3+}、Cr^{3+}、Mn^{3+}$$

（2）Cr^{3+} 与 Al^{3+} 有何相似及相异之处？若有一含 Cr^{3+} 及 Al^{3+} 的溶液，你怎么样将它们分离？

（3）为什么氧化 CrO_2^- 只需 H_2O_2 或 Na_2O_2 而氧化 Cr^{3+} 则需强氧化剂？

（4）铁、钴、镍氯化物中只见到 $FeCl_3$ 而不曾见到 $CoCl_3$、$NiCl_3$；铁的卤化物中常见的有 $FeCl_3$ 而不曾见到 FeI_3。为什么？

（5）为什么往 $CuSO_4$ 水溶液中加入 I^- 和 CN^- 时能得到 Cu(Ⅰ)盐的沉淀，但是 Cu_2SO_4 在水溶液中却立即转化为 $CuSO_4$ 和 Cu？

（6）为什么 d 区元素容易形成配合物，而且大多具有一定的颜色？

（7）设计一种从铬铁矿制取红矾钠的工艺流程。

（8）指出第一过渡系与第二、三过渡系元素的主要差别。

（9）为什么锆和铪的化合物的化学性质、物理性质如此相似，但 HfO_2 的相对密度（9.68）却比 ZrO_2 的（5.73）大得多？

（10）画出 $TaCl_5$ 和 NbF_5、NbF_4 和 $TaCl_4$ 的结构。

（11）什么叫同多酸？什么叫杂多酸？简述 $[Mo_7O_{24}]^{6-}$ 的结构。

（12）什么样的元素在低氧化态时特别容易形成原子簇化合物？为什么？

解：（1）Mn^{3+}。

（2）均显两性，前者易生成配合物而后者不易。可加入氨水，前者生成氨的配合物溶液，后者生成 $Al(OH)_3$ 沉淀。

（3）CrO_2^- 的还原性强于 Cr^{3+}。此外，它们的氧化产物都是含氧酸盐，但在由 CrO_2^- 和 Cr^{3+} 变成含氧酸盐的过程中，前者因本身含的 O 多，所以消耗的水（或 OH^-）少于后者，消耗水（或 OH^-）的过程中的能量效应（耗能）对它们的电极电势值，亦即它们的还原性将产生影响。

（4）Co^{3+}、Ni^{3+} 具有强氧化性而 Cl^- 具有还原性，所以 $CoCl_3$、$NiCl_3$ 不能稳定存在；Fe^{3+} 的氧化性稍弱但 I^- 的还原性很强，故 FeI_3 也不能稳定存在。

（5）由于 $E^{\ominus}(Cu^+/Cu) < E^{\ominus}(Cu^{2+}/Cu^+)$，$Cu^+$ 在水溶液中有自发进行歧化反应的倾向，所以 Cu_2SO_4 在水溶液中能立即转化为 $CuSO_4$ 和 Cu。但 $E^{\ominus}(CuI/Cu) > E^{\ominus}(Cu^{2+}/CuI)$ 和 $E^{\ominus}(CuCN/Cu) > E^{\ominus}(Cu^{2+}/CuCN)$，所以 CuI、CuCN 可以稳定存在，不会发生歧化。这是因为 Cu^+ 被 I^-、CN^-

束缚到了沉淀之中，降低了 Cu^+ 的浓度，亦即改变了 Cu^+/Cu 和 Cu^{2+}/Cu^+ 电对的电极电势。

（6）① 过渡元素有能量相近的属同一个能级组的 $(n-1)d$、ns、np 九条价电子轨道。按照价键理论，这些能量相近的轨道可以通过不同形式的杂化，形成成键能力较强的杂化轨道，以接受配体提供的电子对，形成多种形式的配合物。

② 过渡金属离子是形成配合物的很好的中心形成体。这是因为：

i. 过渡金属离子的有效核电荷大；

ii. 电子构型为 9~17 型，这种电子构型的极化能力和变形性都较强，因而过渡金属离子可以和配体产生很强的结合力。

当过渡金属离子的 d 轨道未充满时，易生成内轨型的配合物；如果 d 电子较多，还易与配体生成附加的反馈 π 键，从而增加配合物的稳定性。

这些理由都说明了为什么 d 区元素容易形成配合物。

d 区元素在形成配合物后，其 d 轨道将产生分裂，电子在分裂后的 d 轨道之间跃迁从而产生电子吸收光谱，因此 d 区元素的配合物大多具有一定的颜色。

（7）$4Fe(CrO_2)_2 + 8Na_2CO_3 + 7O_2 \xrightarrow{\text{约 } 1000\ ℃} 8Na_2CrO_4 + 2Fe_2O_3 + 8CO_2$

$$2Na_2CrO_4 + H_2SO_4 \longrightarrow Na_2Cr_2O_7 + Na_2SO_4 + H_2O$$

铬铁矿 → 碱熔（碱，O_2）→ 加水浸取 → 过滤浓缩 → 铬酸钠（硫酸）→ 红矾钠

（8）参见本书第一部分 8.4 节“重过渡元素的化学”中有关概述和 8.4.1 节“重过渡元素与第一过渡系元素性质比较”。

（9）Hf 的相对原子质量比 Zr 大得多，但二者的原子半径却很接近。

（10）

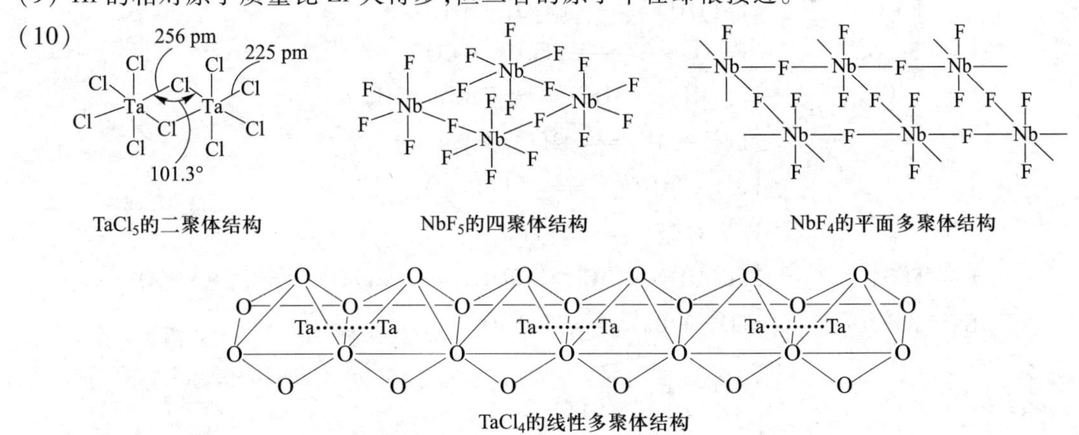

$TaCl_5$的二聚体结构　　NbF_5的四聚体结构　　NbF_4的平面多聚体结构

$TaCl_4$的线性多聚体结构

（11）只含一种中心原子的多酸叫同多酸，含两种或多种不同的中心原子的多酸叫杂多酸。由六个 MoO_6 八面体单元构成的一个大的 $[Mo_6O_{19}]^{2-}$ 正八面体（称为超八面体）的结构，由两个超八面体通过共用两个小 MoO_6 八面体而联结起来，就成为 $Mo_{10}O_{28}$ 结构。再由 $Mo_{10}O_{28}$ 结构移去三个八面体，就可得到 $[Mo_7O_{24}]^{6-}$ 结构。

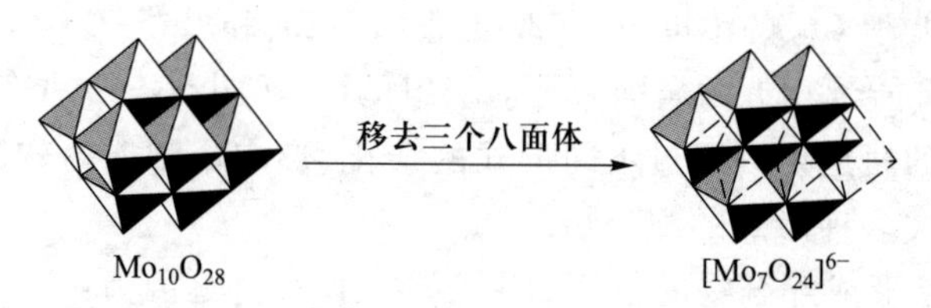

(12) 任何一簇过渡元素的第二、三系列比第一系列的元素的低氧化态特别容易形成原子簇化合物。

其原因是 d 轨道的大小问题。因为原子簇化合物的形成亦即 M—M 键的形成主要依靠 d 轨道的重叠,当金属处于高氧化态时,d 轨道收缩,不利于 d 轨道的互相重叠;相反,当金属呈现低氧化态时,其价层轨道得以扩张,有利于金属之间价层轨道的充分重叠,与此同时,金属芯体之间的排斥作用又不致过大。因此M—M 键常出现在金属原子处于低氧化态的化合物中。之所以第二、三系列比第一系列的元素容易形成原子簇化合物是由于 4d 和 5d 在空间的伸展范围大于 3d 轨道因而易于重叠。

2. 有一金属 M 溶于稀 HCl 生成 MCl_2,其磁矩为 5.0 B.M.;在无氧条件下操作,MCl_2 遇 NaOH 溶液产生白色沉淀 A;A 接触空气就逐渐变绿,最后变为棕色沉淀 B;灼烧时,B 变为红棕色粉末 C;C 经不彻底还原,生成黑色的磁性物质 D;B 溶于稀 HCl 生成溶液 E;E 能使 KI 溶液氧化出 I_2,但若在加入 KI 之前,先加入 NaF 或$(NH_4)_2C_2O_4$,则无 I_2 析出;若向 B 的浓 NaOH 悬浮液中通入 Cl_2,可得紫红色溶液 F;加入 $BaCl_2$ 时就析出红棕色固体 G;G 是一种很强的氧化剂。试确认 M 及 A~G 所代表的物质,写出所发生的化学反应,画出一张这些物质之间的转化图。

解: A: $Fe(OH)_2$ $FeCl_2+2NaOH \Longrightarrow Fe(OH)_2+2NaCl$

B: $Fe(OH)_3$ $2Fe(OH)_2+(1/2)O_2+H_2O \Longrightarrow 2Fe(OH)_3$

C: Fe_2O_3 $2Fe(OH)_3 \longrightarrow Fe_2O_3+3H_2O$

D: Fe_3O_4 $3Fe_2O_3+C \longrightarrow 2Fe_3O_4+CO$

E: $FeCl_3$ $Fe(OH)_3+3HCl \Longrightarrow FeCl_3+3H_2O$

$2Fe^{3+}+2I^- \Longrightarrow 2Fe^{2+}+I_2$

$Fe^{3+}+3C_2O_4^{2-} \Longrightarrow [Fe(C_2O_4)_3]^{3-}$

$Fe^{3+}+6F^- \Longrightarrow [FeF_6]^{3-}$

F: FeO_4^{2-} $2Fe(OH)_3+3Cl_2+10OH^- \Longrightarrow 2FeO_4^{2-}+6Cl^-+8H_2O$

G: $BaFeO_4$ $FeO_4^{2-}+Ba^{2+} \Longrightarrow BaFeO_4$

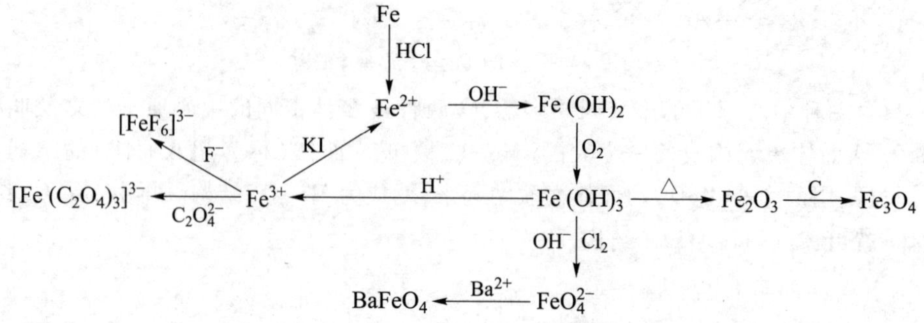

3. 以软锰矿为原料制备：

（1）K_2MnO_4；（2）$KMnO_4$；（3）MnO_2；（4）Mn。

解：（1）K_2MnO_4　$2MnO_2 \cdot xH_2O + 4KOH + O_2 \xrightarrow{熔融} 2K_2MnO_4 + (x+2)H_2O$

（2）$KMnO_4$　$2K_2MnO_4 + Cl_2 \stackrel{\triangle}{=\!=} 2KMnO_4 + 2KCl$

（3）MnO_2　$MnO_2 \cdot xH_2O \longrightarrow MnO_2 + xH_2O$

（4）Mn　$MnO_2 + 2CO \longrightarrow Mn + 2CO_2$

4. 由配合物的晶体场理论说明 Co^{2+} 水合盐的颜色变化。

$$\underset{粉红}{CoCl_2 \cdot 6H_2O} \xrightarrow{323\ K} \underset{粉红}{CoCl_2 \cdot 4H_2O} \xrightarrow{331\ K} \underset{紫红}{CoCl_2 \cdot 2H_2O} \xrightarrow{413\ K} \underset{蓝}{CoCl_2}$$

$$\underset{八面体构型}{[Co(H_2O)_6]^{2+}(粉红)} \underset{H_2O}{\overset{Cl^-}{\rightleftharpoons}} \underset{四面体构型}{[CoCl_4]^{2-}(蓝)}$$

解：参见本书第一部分 8.3.3 节第一过渡系元素的化学中关于 Co^{2+} 配合物的颜色的叙述。

5. 完成并配平下列反应方程式：

（1）$MnO_4^{2-} + H^+ \longrightarrow$　（2）$MnO_4^- + H_2O_2 + H^+ \longrightarrow$

（3）$NiSO_4 + NH_3(aq) \longrightarrow$　（4）$Mn^{2+} + NaBiO_3 + H^+ \longrightarrow$

（5）$TiO^{2+} + Zn + H^+ \longrightarrow$　（6）$V_2O_5 + H^+ \longrightarrow$

（7）$VO^{2+} + MnO_4^- + H_2O \longrightarrow$　（8）$Cr(OH)_3 + OH^- + ClO^- \longrightarrow$

解：（1）$3MnO_4^{2-} + 4H^+ \longrightarrow 2MnO_4^- + MnO_2 + 2H_2O$

（2）$2MnO_4^- + 5H_2O_2 + 6H^+ \longrightarrow 2Mn^{2+} + 5O_2 + 8H_2O$

（3）$NiSO_4 + 6NH_3(aq) \longrightarrow [Ni(NH_3)_6]^{2+} + SO_4^{2-}$

（4）$2Mn^{2+} + 5NaBiO_3 + 14H^+ \longrightarrow 2MnO_4^- + 5Na^+ + 5Bi^{3+} + 7H_2O$

（5）$2TiO^{2+} + Zn + 4H^+ \longrightarrow 2Ti^{3+} + Zn^{2+} + 2H_2O$

（6）$V_2O_5 + 2H^+ \longrightarrow 2VO_2^+ + H_2O$

（7）$5VO^{2+} + MnO_4^- + H_2O \longrightarrow 5VO_2^+ + Mn^{2+} + 2H^+$

（8）$2Cr(OH)_3 + 4OH^- + 3ClO^- \longrightarrow 2CrO_4^{2-} + 5H_2O + 3Cl^-$

6. 选择最合适的方法实现下列反应：

（1）溶解金属钽；　（2）从含有铝的水溶液中沉淀出锆；

（3）制备氯化铼；　（4）溶解 WO_3。

解：（1）溶解金属钽

$$2Ta + (5/2)O_2 \xrightarrow{\triangle} Ta_2O_5$$

$$Ta_2O_5 + 10HF(aq) \longrightarrow 2TaF_5 + 5H_2O$$

$$TaF_5 + 2KF \longrightarrow K_2[TaF_7]$$

（2）从含有铝的水溶液中沉淀出锆　加入冷浓盐酸：

$$Zr^{4+} + 4Cl^- \xrightarrow{冷浓盐酸} ZrCl_4$$

(3) 制备氯化铼 直接氯化,然后在 20~50 ℃下真空重复升华提纯。

(4) 溶解 WO_3

$$WO_3 + 2NaOH \longrightarrow Na_2WO_4 + H_2O$$

7. 二氧化钛在现代社会里有广泛的用途,它的产量是一个国家国民经济发展程度的标志。我国至今产量不足,尚需进口二氧化钛,硫酸法生产二氧化钛的简化流程图如下:

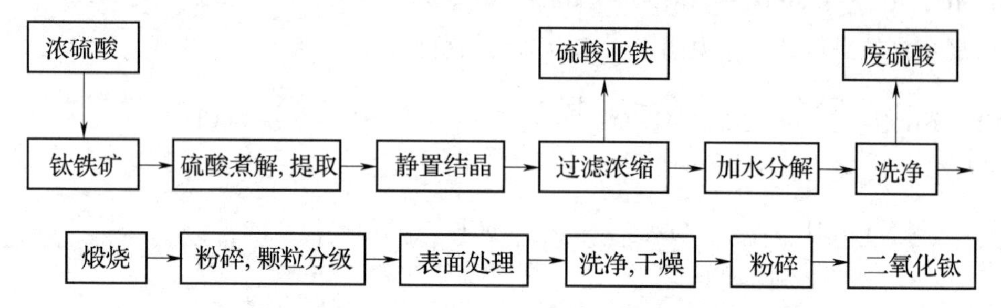

(1) 指出在上面框图的何处发生了化学反应,并写出配平的化学方程式。

(2) 直接排放硫酸法生产二氧化钛排出的废液对环境有哪些不利的影响?

(3) 提出一种处理上述流程的废水的方法。

(4) 氯化法生产二氧化钛是以金红石(TiO_2)为原料,氯气可以回收循环使用。你能写出有关的化学方程式吗?请对比硫酸法和氯化法的优缺点。

解:(1) 浓硫酸与钛铁矿:

硫酸煮解 $FeTiO_3 + 2H_2SO_4 \longrightarrow TiOSO_4 + FeSO_4 + 2H_2O$

加水分解 $TiOSO_4 + 3H_2O \longrightarrow Ti(OH)_4 + H_2SO_4$

煅烧 $Ti(OH)_4 \xrightarrow{\triangle} TiO_2 + 2H_2O$

(2) ① 废液呈强酸性,会使排入废水的水体的 pH 明显降低。

② 废液中的硫酸亚铁能够在水体里变成氢氧化亚铁,并迅速被水中的空气氧化成氢氧化铁,大大降低水中的溶存氧。

③ 废液里肯定会有溶于硫酸溶液时的重金属离子,如锰、锌、铬、铜等,这些离子对水生生物是有毒的。

(3) ① 加碱中和。

② 降低温度,使硫酸亚铁析出,可得副产物绿矾。

③ 加沉淀剂使废液中的重金属离子沉淀。

(4) $TiO_2 + 2Cl_2 + C \xlongequal{\quad} TlCl_4 + CO_2$

$TlCl_4 + O_2 \xlongequal{\quad} TiO_2 + 2Cl_2$

硫酸法	氯化法
工艺简单,技术要求较低	工艺复杂、设备、技术要求高
使用低品位钛铁矿	使用高品位的金红石

续表

硫酸法	氯化法
只能间歇式生产	能够连续生产
排出大量废料	只有很少废料
废硫酸难以再循环	氯气能够循环使用

8. 某白色固体 A 经加热分解生成深红色固体 B、NH_3 和 H_2O，B 与 HCl 溶液反应产生蓝色溶液 C 并放出黄绿色气体 D。若酸化 A 的溶液则呈现黄色溶液 E，给 E 加入锌粉后，溶液颜色逐渐变为蓝色(C)，变为绿色(F)，最后变为紫色(G)。于 G 溶液中加入 $KMnO_4$ 溶液后，溶液颜色又依次变为绿色(F)，变为蓝色(C)，最终又变为黄色(E)。试问 A~G 各为何物?

解：A：NH_4VO_3；　B：V_2O_5；　C：VO^{2+}；　D：Cl_2；　E：VO_2^+；　F：V^{3+}；　G：V^{2+}。

9. 钼是我国丰产元素，探明储量居世界之首。辉钼矿(MoS_2)是最重要的钼矿，它在 130 ℃、202.650 kPa 氧压下跟苛性碱溶液反应时，钼便以 MoO_4^{2-} 型体进入溶液。

(1) 在上述反应中硫也氧化而进入溶液，试写出上述反应的反应方程式。

(2) 在密闭容器里用硝酸来分解辉钼矿，氧化过程的条件为 150~250 ℃，(1.115~1.824)×10^3 kPa 氧压，反应结果钼以钼酸形态沉淀，而硝酸的实际消耗量很低(相当于催化剂的作用)，为什么？通过化学方程式(配平)来解释。

解：(1) $2MoS_2 + 7O_2 \longrightarrow 2MoO_3 + 4SO_2$

$MoO_3 + 2NaOH \longrightarrow Na_2MoO_4 + H_2O$

$SO_2 + 2NaOH \longrightarrow Na_2SO_3 + H_2O$

(2) $2MoS_2 + 4HNO_3 + 6O_2 \longrightarrow 2H_2MoO_4 + 4NO_2 + 4SO_2$

$3NO_2 + H_2O \longrightarrow 2HNO_3 + NO$

$2NO + O_2 \longrightarrow 2NO_2$

10. 照相时若曝光不足，则已显影和定影的黑白底片图像淡薄，需对其进行"加厚"，若曝光过度，则需对图像进行"减薄"。

(1) 一种加厚的方法是把底片放入由硝酸铅、赤血盐溶于水配成的溶液中，取出、洗净，再用 Na_2S 溶液处理，写出底片图像加厚的反应方程式。

(2) 一种减薄的方法是按一定比例混合硫代硫酸钠和赤血盐溶液，把欲减薄的底片用水充分润湿浸入，适当减薄后，取出冲洗干净，写出底片图像减薄的反应方程式。

(3) 如底片经过"加厚"处理后，图像仍不够明显，能否再次用上述方法继续加厚？又经减薄后的底片，能否再次用上述方法减薄？

解：(1) 加厚：

$$4Ag + 4K_3[Fe(CN)_6] = Ag_4[Fe(CN)_6] + 3K_4[Fe(CN)_6]$$

$$K_4[Fe(CN)_6] + 2Pb(NO_3)_2 = Pb_2[Fe(CN)_6] + 4KNO_3$$

用 Na_2S 处理：

$$Ag_4[Fe(CN)_6] + 2Na_2S = 2Ag_2S\downarrow + Na_4[Fe(CN)_6]$$

$$Pb_2[Fe(CN)_6] + 2Na_2S = 2PbS\downarrow + Na_4[Fe(CN)_6]$$

发生以上反应，4 mol Ag 变为 2 mol Ag_2S，同时增加了 2 mol PbS 的黑度。

（2）减薄：

$$4Ag + 4K_3[Fe(CN)_6] \longrightarrow Ag_4[Fe(CN)_6] + 3K_4[Fe(CN)_6]$$

$$Ag_4[Fe(CN)_6] + 8Na_2S_2O_3 \longrightarrow 4Na_3[Ag(S_2O_3)_2] + Na_4[Fe(CN)_6]$$

（3）不可能再次加厚，因 $K_3[Fe(CN)_6]$ 不能氧化 Ag_2S 和 PbS。但能再次减薄，因 $K_3[Fe(CN)_6]$ 能氧化 Ag，$Na_2S_2O_3$ 能溶解 $Ag_4[Fe(CN)_6]$。

11. 化合物 A 是能溶于水的白色固体，将 A 加热时生成白色固体 B 和气体 C，C 能使 KI_3 稀溶液褪色，生成溶液 D，用 $BaCl_2$ 溶液处理 D 时，生成白色沉淀 E，沉淀 E 不溶于硫酸，固体 B 溶于热盐酸中，生成溶液 F，F 与过量的 NaOH 或氨水溶液作用不生成沉淀，但若与 NH_4HS 溶液反应时，生成白色沉淀 G，在空气中灼烧 G 变成 B 和 C，用盐酸酸化 A 时生成 F 和 C。试判断各字母所代表的物质。

解：A：$ZnSO_3$； B：ZnO； C：SO_2； D：K_2SO_4； E：$BaSO_4$； F：$ZnCl_2$； G：ZnS

12. 在回收废定影液时，可使银沉淀为 Ag_2S，接着将硫化物转化为金属银，反应为

$$2Ag_2S + 8CN^- + O_2 + 2H_2O \longrightarrow 4[Ag(CN)_2]^- + 2S + 4OH^-$$

$$2[Ag(CN)_2]^- + Zn \longrightarrow 2Ag + [Zn(CN)_4]^{2-}$$

已知：$K_{sp}^{\ominus}(Ag_2S) = 6.69\times10^{-50}$；$K_{稳}^{\ominus}([Ag(CN)_2]^-) = 1.3\times10^{21}$；$E^{\ominus}(S/S^{2-}) = -0.48$ V；$E^{\ominus}(O_2/OH^-) = 0.40$ V，试计算第一个反应的平衡常数（第二个反应可认为实际上进行完全）。

解：由 $K_{sp}^{\ominus}(Ag_2S) = 6.69\times10^{-50}$，有

$$Ag_2S \longrightarrow 2Ag^+ + S^{2-} \quad ①$$

$$\lg K_{①}^{\ominus} = -49.17$$

由 $K_{稳}^{\ominus}([Ag(CN)_2]^-) = 1.3\times10^{21}$，有

$$Ag^+ + 2CN^- \longrightarrow [Ag(CN)_2]^- \quad ②$$

$$\lg K_{②}^{\ominus} = 21.11$$

由 $E^{\ominus}(S/S^{2-}) = -0.48$ V，有

$$S + 2e^- \longrightarrow S^{2-} \quad ③$$

$$\lg K_{③}^{\ominus} = 2E^{\ominus}(S/S^{2-})/(0.0592\ V) = -16.22$$

由 $E^{\ominus}(O_2/OH^-) = 0.40$ V，有

$$O_2 + 4e^- + 2H_2O \longrightarrow 4OH^- \quad ④$$

$$\lg K_{④}^{\ominus} = 4E^{\ominus}(O_2/OH^-)/(0.0592\ V) = 27.03$$

根据多重平衡规则，2① + 4② − 2③ + ④ = 第一个反应，则

$$2\lg K_{①}^{\ominus} + 4\lg K_{②}^{\ominus} - 2\lg K_{③}^{\ominus} + \lg K_{④}^{\ominus} = \lg K_{第一个反应}^{\ominus}$$

$$K_{第一个反应}^{\ominus} = 4.07 \times 10^{45}$$

13. 向 $[Cu(NH_3)_4]SO_4$ 水溶液通入 SO_2 至呈微酸性，有白色沉淀 A 生成，元素分析表明 A 含 Cu、N、S、H、O 五种元素且物质的量比为 $n(Cu):n(N):n(S) = 1:1:1$；激光 Raman 光谱和红外光谱显示 A 的晶体里有一种呈三角锥形的阴离子，一种正四面体形的阳离子，磁性实验指出 A 呈抗磁性。

（1）写出 A 的化学式。

(2) 写出生成 A 的配平的反应方程式。

(3) 将 A 和足量的 10 $mol \cdot L^{-1} H_2SO_4$ 溶液混合并微热，生成沉淀 B、气体 C 和溶液 D，B 是本反应所期望的主要产品，尽管它是常见的物质，但由于本法制得的 B 呈超细粉末态，故有十分重要的用途。写出制造 B 的配平的反应方程式。

(4) 按(3)操作得到的 B 的最大理论产率有多大？

解：(1) $Cu(NH_4)SO_3$。

(2) $2[Cu(NH_3)_4]SO_4 + H_2O + 3H_2SO_3 = 2Cu(NH_4)SO_3 + 3(NH_4)_2SO_4$。

(3) $2Cu(NH_4)SO_3(A) + 2H_2SO_4 = CuSO_4(D) + (NH_4)_2SO_4 + Cu(B) + 2SO_2(C) + 2H_2O$。

(4) 50%。

14. 已知 $E^{\ominus}(O_2/H_2O) = 1.229\ V$；$E^{\ominus}(Au^+/Au) = 1.69\ V$；$\beta_2([Au(CN)_2]^-) = 10^{38.3}$；$K_a(HCN) = 10^{-9.4}$，说明在 $[CN^-] = 1\ mol \cdot L^{-1}$ 的氰化物水溶液中 O_2(令 $p_{O_2} = 100\ kPa$)对 Au 的溶解情况。

解：(1) 由于 CN^- 水解，所以溶液的 pH 计算如下：

$$CN^- + H_2O = HCN + OH^- \quad K^{\ominus} = K_w^{\ominus}/K_a^{\ominus} = 10^{-14}/10^{-9.4} = 10^{-4.6}$$

再由于 $[CN^-] \times K^{\ominus} = 1 \times 10^{-4.6} > 20K_w^{\ominus}$，且 $[CN^-]/10^{-4.6} > 500$，因而可采用最简式计算 $[OH^-]$：

$$[OH^-]/(mol \cdot L^{-1}) = \{K_w^{\ominus}/(K_a^{\ominus}[CN^-])\}^{1/2} = 5.01 \times 10^{-3}$$

$$pH = 11.7$$

(2) 根据溶液的 pH 算出 $E(O_2/H_2O)$：

已知　$O_2 + 4e^- + 4H^+ = 2H_2O$，　$E^{\ominus}(O_2/H_2O) = 1.229\ V$，则

$$\begin{aligned} E(O_2/H_2O) &= E^{\ominus}(O_2/H_2O) + (0.0592\ V/4) \times \lg[H^+]^4 \\ &= 1.229\ V - 0.0592\ V\ pH \\ &= 1.229\ V - 0.0592\ V \times 11.7 \\ &= 0.536\ V \end{aligned}$$

(3) 由于 Au^+ 生成了 $[Au(CN)_2]^-$，$E(Au^+/Au)$ 将发生变化。

已知　$E^{\ominus}(Au^+/Au) = 1.69\ V$　　$Au^+ + e^- = Au$　　①

$$\lg K_{①}^{\ominus} = E_{①}^{\ominus}/(0.0592\ V)$$

$\beta_2([Au(CN)_2]^-) = 10^{38.3}$　$Au^+ + 2CN^- = [Au(CN)_2]^-$　　②

$$\lg K_{②}^{\ominus} = 38.3$$

$[Au(CN)_2^-] + e^- = Au + 2CN^-$　　$E_{③}^{\ominus}$　　③

$$\lg K_{③}^{\ominus} = E_{③}^{\ominus}/(0.0592\ V)$$

根据多重平衡规则，① - ② = ③，$K_{①}^{\ominus}/K_{②}^{\ominus} = K_{③}^{\ominus}$，$\lg K_{①}^{\ominus} - \lg K_{②}^{\ominus} = \lg K_{③}^{\ominus}$

$E_{①}^{\ominus}/(0.0592\ V) - 38.3 = E_{③}^{\ominus}/(0.0592V) = -9.75$

$$\begin{aligned} E_{③}^{\ominus} &= E^{\ominus}([Au(CN)_2]^-/Au) \\ &= -0.577\ V \end{aligned}$$

原来 $E^{\ominus}(O_2/H_2O) = 1.229\ V < E^{\ominus}(Au^+/Au) = 1.69\ V$，加入 CN^-，CN^- 水解，使得溶液 pH 增加，降低了 O_2/H_2O 电对的电极电势，又由于 CN^- 与 Au^+ 配位，也降低了 Au^+/Au 电对的电极电势，但前者降低得慢(由 1.229 V 下降到 0.536 V)，后者降低得快(由 1.69 V 下降到 -0.577 V)，从而使

得 $E(O_2/H_2O) = 0.536\ V > E^{\ominus}([Au(CN)_2]^-/Au) = -0.577\ V$,因而 Au 得以溶解:

$$4Au + 8CN^- + O_2 + 2H_2O \xlongequal{} 4[Au(CN)_2]^- + 4OH^-$$

$$\begin{aligned}\Delta_r G_m &= -nFE \\ &= -4 \times 96.485\ kJ \cdot V^{-1} \cdot mol^{-1} \times [0.536\ V - (-0.577\ V)] \\ &= -429.55\ kJ \cdot mol^{-1}\end{aligned}$$

反应的趋势很大。

15. 长期以来,人们使用氰化物湿法提金,反应利用了 O_2 的氧化性和 CN^- 的配合性的共同作用。然而,由于 CN^- 有剧毒,此工艺必须改变。受氰化物提金的启发,人们发展了用 O_3 和 HCl 提金的方法,尽管 Cl^- 的配位能力不如 CN^-,但 O_3 的氧化能力却比 O_2 强,互补的结果使得反应能自发进行。请写出用 O_3 和 HCl 提金的化学反应方程式,并计算在标准态时反应的 $\Delta_r G_m^{\ominus}$ 和 $E^{\ominus}$。

已知 $O_3 + 2H^+ + 2e^- \xlongequal{} O_2 + H_2O$, $E^{\ominus} = 2.07\ V$; $\beta_4([AuCl_4]^-) = 1 \times 10^{26}$。

解:

$$O_3 + 2H^+ + 2e^- \xlongequal{} O_2 + H_2O \qquad ①$$

$$E_{①}^{\ominus} = 2.07\ V, \quad \lg K_{①}^{\ominus} = 2E_{①}^{\ominus}/(0.0592\ V)$$

$$Au^{3+} + 4Cl^- \xlongequal{} [AuCl_4]^- \qquad ②$$

$$\beta_4([AuCl_4]^-) = 1 \times 10^{26}, \quad \lg K_{②}^{\ominus} = 26$$

$$Au^{3+} + 3e^- \xlongequal{} Au \qquad ③$$

$$E_{③}^{\ominus} = 1.50\ V, \quad \lg K_{③}^{\ominus} = 3E_{③}^{\ominus}/(0.0592\ V)$$

根据多重平衡规则,3①+2②-2③=④,即

$$3O_3 + 2Au + 6H^+ + 8Cl^- \xlongequal{} 3O_2 + 2[AuCl_4]^- + 3H_2O \qquad ④$$

$$3\lg K_{①}^{\ominus} + 2\lg K_{②}^{\ominus} - 2\lg K_{③}^{\ominus} = \lg K_{④}^{\ominus}, \quad K_{④}^{\ominus} = 5.89 \times 10^{109}$$

$$\Delta_r G_m^{\ominus}(④) = -626\ kJ \cdot mol^{-1}$$

$$\begin{aligned}E^{\ominus} &= -\Delta_r G_m^{\ominus}(④)/(6 \times 96.485\ kJ \cdot V^{-1} \cdot mol^{-1}) \\ &= 626\ kJ \cdot mol^{-1}/(6 \times 96.485\ kJ \cdot V^{-1} \cdot mol^{-1}) \\ &= 1.08\ V\end{aligned}$$

16. 将 $FeCl_3$ 溶液和 KI 溶液混合,溶液出现棕红色,在上述溶液中加入 $(NH_4)_2C_2O_4$,棕红色褪去,溶液呈黄色,请通过计算说明上述过程发生的原因。

已知 $K_{稳}^{\ominus}([Fe(C_2O_4)_3]^{3-}) = 10^{20.10}$, $K_{稳}^{\ominus}([Fe(C_2O_4)_3]^{4-}) = 10^{5.22}$。

解: 见本书阅读材料"配合物电对的电极电势"。

17. 配位场的强弱可以强烈地影响元素的某种价态物种的氧化还原性。例如:

$$E^{\ominus}([Fe(H_2O)_6]^{3+}/[Fe(H_2O)_6]^{2+}) = 0.771\ V$$

$$E^{\ominus}([Fe(phen)_3]^{3+}/[Fe(phen)_3]^{2+}) = 1.12\ V$$

$$E^{\ominus}([Co(H_2O)_6]^{3+}/[Co(H_2O)_6]^{2+}) = 1.84\ V$$

$$E^{\ominus}([Co(CN)_6]^{3-}/[Co(CN)_6]^{4-}) = -0.81\ V$$

随着场强的增加,前者电极电势增加,后者电极电势减少,试就此现象作出解释。

解: 参见本书阅读材料"配合物电对的电极电势"。

第9章 习题解答

1. 计算下列化合物的价电子数,指出哪些符合有效原子序数规则。

(1) $V(CO)_6$;

(2) $W(CO)_6$;

(3) $Ru(CO)_4H$;

(4) $Ir(CO)(PPh_3)_2Cl$;

(5) $Ni(\eta^5-C_5H_5)(NO)$;

(6) $[Pt(\eta^2-C_2H_4)Cl_3]^-$。

解:(1) V:5;6CO:12。共 17。不符合。

(2) W:6;6CO:12。共 18。符合。

(3) Ru^+:7;4CO:8;H^-:2。共 17。不符合。

(4) Ir^+:8;CO:2;$2PPh_3$:4;Cl^-:2。共 16。符合。

(5) Ni^+:9;$C_5H_5^-$:6;NO:3。共 18。符合。

(6) Pt^{2+}:8;$3Cl^-$:6;C_2H_4:2。共 16。符合。

2. 下列原子簇化合物中哪些具有 M═M 双键?为什么?

(1) $Fe_3(CO)_{12}$;　　(2) $H_2[Os_3(CO)_{10}]$;

(3) $H_4[Re_4(CO)_{12}]$;　　(4) $[Re_4(CO)_{16}]^{2-}$。

解:(1) $Fe_3(CO)_{12}$　$3\times8(Fe)+12\times2(CO)=48$,$(3\times18-48)/2=3$,三个键连接三个 Fe 原子,三个 Fe 原子按三角形排布,故应该无 M═M 键。

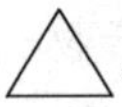

(2) $H_2[Os_3(CO)_{10}]$　$3\times8(Os)+10\times2(CO)+2$(负电荷)$=46$,$(3\times18-46)/2=4$,四个键连接三个 Os 原子,三个 Os 原子按三角形排布,故应该有一个 M═M 键。

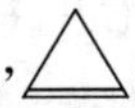

(3) $H_4[Re_4(CO)_{12}]$　$4\times7(Re)+12\times2(CO)+4$(负电荷)$=56$,$(4\times18-56)/2=8$,八个键连接四个 Re 原子,四个 Re 原子按四面体排布,故应该有两个 M═M 键。

(4) $[Re_4(CO)_{16}]^{2-}$　$4\times7(Re)+16\times2(CO)+2$(负电荷)$=62$,$(4\times18-62)/2=5$,五个键连接四个 Re 原子,四个 Re 原子按蝶形排布,故应该无 M═M 键。

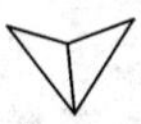

3. $[HFe_4(CO)_{13}]^-$和 $H_3Os_4(CO)_{12}I$ 具有怎样的结构?画图说明。

解：

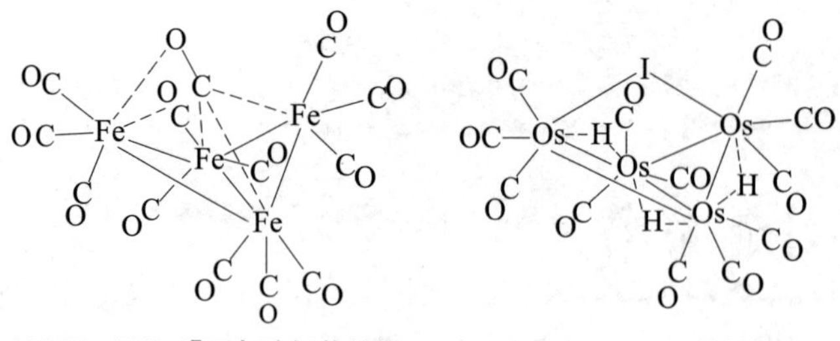

(a) $[HFe_4(CO)_{13}]^-$(H未画出)的结构　(b) $H_3Os_4(CO)_{12}I$的结构

二者均具有蝶形的结构。在这种结构中两个三角形共用一条 M—M 边形成一个二面角，公用边上的两个 M 叫做蝶绞原子，另外两个叫做翼梢原子。$[HFe_4(CO)_{13}]^-$中的 5 个 Fe—Fe 键均相等。该四核簇中有 12 个端基配体 CO，而第 13 个 CO 的配位方式较特殊，它的 C 原子与 3 个 Fe 原子形成 μ_3-面桥配位，而 C 原子和 O 原子又同时和第 4 个 Fe 原子以 μ_2-桥配位，故它为一个四电子给体。对于 $H_3Os_4(CO)_{12}I$，可以将其看作三电子配体 I 原子取代了 $H_3Os_4(CO)_{13}$中的一个 CO，I 原子与两个翼梢 Os 原子形成 σ 键。

4. 金属羰基化合物中，CO 和金属原子的配位方式有几种？各是什么？举例说明。

解：在金属羰基化合物中，CO 分子通常有如下图所示的五种配位方式，即端基配位、边桥基配位、半桥基配位、面桥基配位和侧基配位。

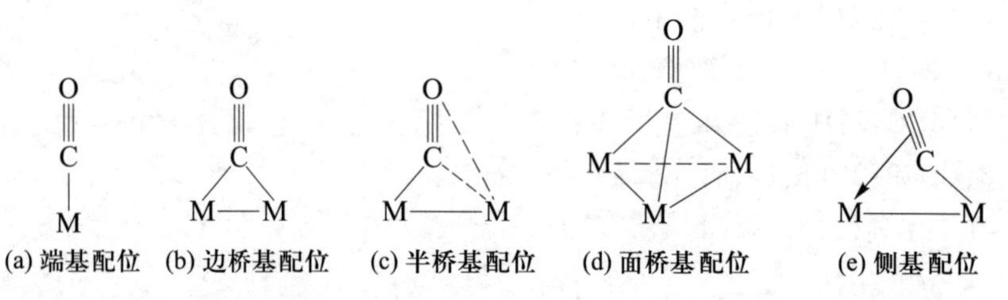

(a) 端基配位　(b) 边桥基配位　(c) 半桥基配位　(d) 面桥基配位　(e) 侧基配位

$(C_5H_5)Mo(CO)_3(C_2H_5)$中的 CO 为端基配位。

cis-$(\eta^5\text{-}C_5H_5)_2Fe_2(\mu_2\text{-}CO)_2(CO)_2$ 含有两个对称的边桥基 μ_2-CO，μ_2-CO同 Fe 形成的两个 C—Fe 键大致相等。

$C_4(CH_3)_2(OH)_2Fe_2(CO)_6$ 的两个铁原子所处的化学环境不同，有一个半桥基 CO 配体。

$(\eta^5\text{-}C_5H_5)_3Ni_3(\mu_3\text{-}CO)_2$ 是一个含 μ_3-CO 的金属羰基化合物，在该分子中，三个 Ni 原子构成一个等边三角形，两个面桥基 CO 分别位于 Ni_3 平面的上方和下方。

侧基配位的一个典型的例子是 $Mn_2(CO)_5(Ph_2PCH_2PPh_2)_2$，在侧基配位中 CO 是四电子给予体，它给每个 Mn 原子都提供两个电子。其中，一个 Mn 原子得到的是 3σ 电子，而另一个 Mn 原子得到的是 1π 电子。

5. 简述$[Re_2Cl_8]^{2-}$的成键过程，说明它的构象，为什么它是重叠型的？

解：参见本书第一部分 9.7.1 节有关金属-金属键对$[Re_2Cl_8]^{2-}$中的金属键的叙述。

6. 回答下列问题：

(1) 为什么羰基化合物中过渡元素可以是零价的（如 $Fe(CO)_5$）或者是负价的（如$[Co(CO)_4]^-$）？

(2) 为什么金属 Mn、Tc、Re、Co、Rh、Ir 易形成多核羰基化合物？

(3) 为什么 CO、RNC 和 PF_3 能形成类似的有机金属配合物?

解:(1) 羰基配体为 π 酸配体,可接受来自中心金属的 d 电子形成反馈 π 键,σ-π 协同成键的结果使化合物能稳定存在。首先,当金属为零价或负价时,有多余的 d 电子可以反馈出;其次,当金属为零价或负价时,价轨道较为扩展,有利于轨道重叠。相反,当金属为高价时,或没有多余 d 电子馈出,或价轨道收缩,不利于重叠。

(2) ① 多核羰基化合物中必定存在金属键,这些元素都是单电子,其单核羰基化合物亦为单电子,故易相互聚合形成金属键。

② 如果金属价轨道中 d 电子太多,电子间的相互排斥妨碍金属键的生成,如果金属价轨道中 d 电子太少,金属无多余 d 电子反馈给属于 π 酸配体的 CO 生成反馈 π 键,而这些元素的 d 电子数分别为 5 个和 7 个,不太多,也不太少,正好适合反馈 π 键的生成。

(3) 它们均属于 π 酸配体和以相同的 σ+π 的协同成键方式成键,因此能形成类似的有机金属配合物。

7. CO 是一种很不活泼的化合物,为什么它能同过渡金属原子形成很强的配位键? CO 配位时配位原子是 C 还是 O? 为什么?

解:因 CO 是一个 π 酸配体,σ+π 的协同成键方式使得配位键很强。CO 是以 C 作为配位原子的,这是因为 O 的电负性很大,其孤电子对的能量低。

8. 解释下列事实:

(1) $V(CO)_6$ 容易还原为$[V(CO)_6]^-$,但 $V_2(CO)_{12}$还不如 $V(CO)_6$ 稳定。

(2) 通常 Ni 不易被氧化为 Ni^{3+},但 $Ni(\eta^5-C_5H_5)_2$ 中的 Ni^{2+} 却容易被氧化为 Ni^{3+}[假定 $Ni(\eta^5-C_5H_5)_2$的分子轨道类似于二茂铁]。

(3) WCp_2H_2 和 $ReCp_2H$ 具有倾斜夹心型结构。

解:(1) $V(CO)_6$ 有 $(5+12)e^-=17e^-$,故易得到电子形成满足 EAN 规则的$[V(CO)_6]^-$。$V_2(CO)_{12}$虽然满足 EAN 规则,但两个 V 间有一个金属键,V 的配位数为 7,与配位数为 6 的 $V(CO)_6$相比,空间过分拥挤,空间位阻作用使其稳定性减小。

(2) $Ni(\eta^5-C_5H_5)_2$ 有 20 个电子,在反键分子轨道中有两个单电子,如果因被氧化而失去电子,可以减小反键中的电子数,增加键级,从而增加分子的稳定性。

(3) W 的两个 H^-配位离子及 Re 的 1 个 H^-配位离子使其两个 Cp 不再平行。

9. 研究双氮配合物有什么意义?

解:研究双氮配合物对于实现温和条件下化学模拟生物固氮有着非常重大的意义。

10. 如何制备二茂铁和 Zeise 盐? 比较二者成键方式的异同点。

解:二茂铁的制备方法较多,例如:

(1) 碱金属盐法

用环戊二烯钠和无水金属卤化物或羰基化合物在 THF 中反应:

$$FeX_2 + 2NaC_5H_5 \xrightarrow{THF} (\eta^5-C_5H_5)_2Fe + 2NaX$$

(2) 铵盐法

工业上用铁粉和乙铵盐熔融,产生无水 $FeCl_2$,然后在碱性试剂有机碱(Et_2NH)存在下与环戊二烯作用制备金属茂：

$$Fe + 2Et_2NH \cdot HCl \longrightarrow FeCl_2 + H_2 + 2Et_2NH$$

$$FeCl_2 + 2C_5H_6 + 2Et_2NH \longrightarrow (\eta^5 - C_5H_5)_2Fe + 2Et_2NH_2Cl$$

其中有机胺 Et_2NH 能移去环戊二烯上的氢和除去反应中生成的 HCl,使反应在较低温度下进行。本法原料为铁粉,价格便宜,且铵盐能循环使用。

(3) 格氏试剂法

用格氏试剂 C_5H_5MgBr 与 $FeCl_3$ 作用制备二茂铁。其中,Fe^{3+} 被格氏试剂还原为 Fe^{2+},再与 C_5H_5MgBr 反应生成了 $(\eta^5-C_5H_5)_2Fe$：

$$FeCl_2 + 2C_5H_5MgBr \xrightarrow{\text{乙醚-苯}} (\eta^5 - C_5H_5)_2Fe + MgBr_2 + MgCl_2$$

(4) 高温直接反应法

用环戊二烯和铁在高温下反应可制得二茂铁：

$$2C_5H_6 + Fe \xrightarrow[N_2]{573\ K} (\eta^5 - C_5H_5)_2Fe + H_2$$

(5) 羰合物反应法

Fe 的羰合物与环戊二烯发生配体置换反应可生成二茂铁：

$$Fe(CO)_5 + 2C_5H_6 \xrightarrow{573\ K} (\eta^5 - C_5H_5)_2Fe + 5CO + H_2$$

$(\eta^5-C_5H_5)_2Fe$ 的结构和成键情况参见本书第一部分 9.6.1 节茂夹心型化合物中关于茂夹心型配合物的化学键的叙述。

1827 年,Zeise 将 $PtCl_4$ 和 $PtCl_2$ 的乙醇溶液进行加热回流,然后蒸出乙醇溶剂,用 KCl 和 HCl 水溶液处理残渣而得到 Zeise 盐。现代的合成方法是在 Sn(Ⅱ)存在下,将乙烯通入 $K_2[PtCl_4]$的水溶液来制取。Sn(Ⅱ)能从$[PtCl_4]^{2-}$的内界移去 Cl^-：

$$K_2[PtCl_4] + C_2H_4 \xrightarrow{SnCl_2} K[Pt(\eta^2 - C_2H_4)Cl_3] + KCl$$

Zeise 盐的结构和成键情况参见本书第一部分 9.5.1 节链烯烃配合物的结构的叙述。

可见,二茂铁和 Zeise 盐的相同的地方都是配体均使用 π 电子成键。但二茂铁的配体属于环多烯配体而 Zeise 盐的配体属于单烯 π 配体。

11. 写出下面反应的产物：

(1) $Cr(CO)_6$ + 丁二烯 $\longrightarrow$

(2) $Mo(CO)_6 + CH_3CN \longrightarrow$

(3) $Co(CO)_3(NO) + PPh_3 \longrightarrow$

(4) $CpCo(CO)_2$ + 双烯 $\longrightarrow$

(5) $(\eta^5-C_5H_5)Fe(CO)_2Cl + NaC_5H_5 \longrightarrow$

解：(1) $Cr(CO)_6 + C_4H_6$(丁二烯)$\longrightarrow Cr(CO)_4(C_4H_6) + 2CO$

(2) $Mo(CO)_6 + CH_3CN \longrightarrow Mo(CO)_5(NCCH_3) + CO$

(3) $Co(CO)_3(NO) + PPh_3 \longrightarrow Co(CO)_2(NO)(PPh_3) + CO$

(4) $CpCo(CO)_2$ + DE(双烯) $\longrightarrow$ $CpCo(DE)$ + 2CO

(5) $(\eta^5\text{-}C_5H_5)Fe(CO)_2Cl + NaC_5H_5 \longrightarrow (\eta^5\text{-}C_5H_5)_2Fe + NaCl + 2CO$

12. 试写出:

(1) 乙烯在有机铝-钛存在下聚合的催化机理。

(2) $Ru_3(CO)_{12}$催化水煤气交换反应的机理。

解:(1) 参见本书第一部分 9.8 节有关应用有机金属化合物和簇化合物的一些催化反应的内容。

(2) $Ru_3(CO)_{12}$催化水煤气变换的反应为

$$CO + H_2O \xrightarrow{Ru_3(CO)_{12}} H_2 + CO_2$$

反应中,三核钌的原子簇化合物与碱作用生成的原子簇阴离子$[Ru_3(CO)_{11}H]^-$是反应中的催化活性体,它和 CO 及 H_2O 反应,生成 $Ru_3(CO)_{12}$及 H_2,其反应机理及催化循环过程示于下:

$$Ru_3(CO)_{12} + OH^- \longrightarrow [Ru_3(CO)_{11}H]^- + CO_2$$

$$[Ru_3(CO)_{11}H]^- + CO \longrightarrow [Ru_3(CO)_{12}H]^-$$

$$[Ru_3(CO)_{12}H]^- + H_2O \longrightarrow Ru_3(CO)_{12} + H_2 + OH^-$$

$Ru_3(CO)_{12}$催化水煤气交换的循环过程和反应的机理

13. 试说明第二、三系列过渡金属元素比第一系列过渡金属元素更容易形成原子簇化合物的原因。

解:造成这种现象的原因是 d 轨道的大小问题,由于 3d 轨道在空间的伸展范围小于 4d 轨道和 5d 轨道,因而只有第二、三系列的过渡元素才更易形成原子簇化物。

14. 解释什么是协同成键作用。

解:CO 中 C 原子上的孤对电子 5σ 填入金属离子的空轨道形成 σ 配键,为了不使中心金属原子上累积过多负电荷,中心金属原子可以将自己的 d 电子反馈到 CO 分子反键 π^* 轨道上形成反馈 π 键。这种成键作用叫协同成键作用,生成的键称为σ-π配键。

这种 σ 配键和反馈 π 键的形成是协同进行的。这种协同作用十分重要,因为金属的电子反馈进入 CO 的 π^* 轨道,从整体来看,必然使 CO 的电子云密度增大,从而增加了 CO 的 Lewis 碱度,即给电子能力,给电子能力加强,结果又使 σ 键加强;另一方面,CO 把电子流向金属生成 σ 键,则使 CO 的电子云密度减小,CO 的 Lewis 酸性增加,从而加大了 CO 接受反馈 π 电子的能力,换句话说,σ 键的形成加强了 π 键。

15. 举例说明 π 酸配体与 π 配体的成键特征和 π 酸配合物与 π 配合物的异同;下列配体,哪

些是 π 酸配体？哪些是 π 配体？

CO、$C_5H_5^-$、N_2、CN^-、PR_3、AsR_3、C_6H_6、C_2H_4、C_4H_6（丁二烯）、py、bipy、phen

解：π 酸配体给出 σ 电子，接受反馈 π 电子，π 酸配体配合物采用涉及双中心的 σ+π 的协同成键方式。而 π 配体是以 π 电子去进行 σ 配位，接受反馈 π 电子，π 配体配合物采用涉及三中心的 σ+π 的协同成键方式。

π 酸配体：CO、N_2、CN^-、PR_3、AsR_3、py（N）、bipy（N N）、phen（N N）；

π 配体：$C_5H_5^-$、C_6H_6、C_2H_4、C_4H_6。

第 10 章 习题解答

1. 简要回答问题：

（1）什么叫稀土元素？什么叫镧系元素？

（2）什么是镧系收缩？镧系收缩的原因是什么？简述镧系收缩造成的影响。

（3）为什么 Eu、Yb 原子半径比相邻元素原子半径大？而 Ce 原子半径又小？这又如何影响它们金属的物理性质？

（4）镧系元素原子的基态电子构型（气态）有哪几种类型？+3 价镧系离子的电子构型有何特点？哪些元素可呈现相对稳定的非正常价态（+2 和+4）？其电子构型有何特点？

（5）镧系离子的电子光谱同 d 区过渡金属离子相比有何不同？为什么？

（6）镧系化合物的化学键特点是什么？参加成键的轨道是哪些？

解：（1）参见本书第一部分 10.1 节有关内容。

（2）关于镧系收缩的定义和原因参见本书第一部分 10.1.2 节“原子半径和离子半径”有关内容。

由于镧系收缩的影响，使第二、三过渡系的 Zr 与 Hf、Nb 与 Ta、Mo 与 W 三对元素的半径相近，化学性质相似，分离困难。

（3）产生 Eu、Yb 原子半径比相邻元素原子半径大，而 Ce 原子半径又小的原因有

① Eu、Yb 元素参与形成金属键的电子数为 2，Ce 为 3.1，其余为 3.0；

② Eu、Yb 具碱土性；

③ Eu、Yb 分别具有 f^7 半满和 f^{14} 全满结构，其能量低、稳定、屏蔽大，核对外面的 6s 电子吸引力较弱。

原子半径的变化将影响原子的体积、密度、热膨胀系数，以及金属的熔点、沸点等。

（4）镧系元素原子基态电子构型（气态）有两种：$4f^{n-1}5d^16s^2$ 和 $4f^n6s^2$，其中 La、Ce、Gd、Lu 的属 $4f^{n-1}5d^16s^2$，而其余元素的皆为 $4f^n6s^2$。

+3 价镧系离子的基态电子构型为 $[Xe]4f^n$（$n=0\sim14$）。Eu、Yb 及 Sm 等可显+2 氧化态，Ce、Tb 及 Pr 等可显+4 氧化态。+2 价和+4 价镧系离子的基态电子构型分别为 $[Xe]4f^{n+1}$（其中，Gd^{3+} 为 $[Xe]4f^75d^1$ 和 Lu^{3+} 为 $[Xe]4f^{14}5d^1$）和 $[Xe]4f^{n-1}$。

（5）除 La^{3+}、Lu^{3+} 的 4f 电子层是全空（$4f^0$）和全满（$4f^{14}$）之外，其余 Ln^{3+} 4f 轨道上的电子数由 1 到 14，这些电子可以在 7 条 4f 简并轨道上任意排布，这样就会产生各种光谱项和能级。4f 电子在不同能级间跃迁可以吸收或发射从紫外光区经可见光区直至红外光区的各种波长的电磁辐射。通常对于具有未充满的 4f 电子壳层的原子或离子，可以观察到的光谱线大约有 30000 条，

而具有未充满 d 电子壳层的过渡金属元素的谱线约有 7000 条。

在理论上，f→f 跃迁产生的谱线强度不大。但是某些 f→f 跃迁的吸收带的强度，随镧系离子周围环境的变化而明显增大(这种跃迁称为超灵敏跃迁)。这可能是由配体的碱性、溶剂的极性、配合物的对称性及配位数等多种因素的影响，亦即离子周围环境的变化，再加上镧系离子本身的性质等诸因素的综合作用所引起的。

镧系离子的吸收谱带范围较广且镧系离子光谱谱带狭窄，表明电子跃迁时并不显示激发分子振动，狭窄的谱带意味着电子受激发时分子势能面几乎没有变化，这与 f 电子与配体只存在弱相互作用相一致。镧系离子光谱还有一个特征是化合物的吸收光谱和自由离子的吸收光谱基本一样，都是线光谱，这是由于 4f 轨道外面的 $5s^2$、$5p^6$ 电子层的屏蔽作用，使 4f 轨道受化合物中其他元素或基团的势场(晶体场或配位场)影响较小的缘故，而 d 区过渡元素化合物的光谱，由于受势场影响，吸收光谱由气态自由离子的线状光谱变为化合物和溶液中的带状光谱。

(6) 镧系元素化合物主要表现为离子型键，靠静电作用结合到一起。参与成键的轨道主要是 6s、6p 和 5d，由于其 4f 轨道被 5s 和 5p 外层轨道所屏蔽，因而一般不易参与成键(有人认为，在少数情况下，4f 轨道也参与成键)。

2. 试总结本章所介绍的镧系元素在性质上变化的规律性，并讨论其原因。

解：参见本书第一部分 10.3 节“镧系元素性质递变的规律性”中的单向变化、Gd 断效应、峰谷效应(双峰效应)、奇偶变化、周期性变化、三分组效应、四分组效应、双-双效应和斜 W 效应等内容。

3. 结合实际情况讨论镧系元素的应用。

解：镧系元素主要用作炼钢的除氧剂和除硫剂，以改善钢铁的结构和可塑性；也用于制造完全无色或显示各种色彩的高级玻璃，例如在玻璃中加入 Ce(Ⅳ)化合物不仅可以使其脱色，而且可防止紫外光和红外光的透过；加入氧化镧的玻璃，由于折射率增加的同时色散率减少，因而具有优良的光学性能，可以用来改进摄影机镜头的质量，扩大视场角，提高鉴别本领。

用镧系元素制得的 Nd-Fe-B 和 Sm-Co 磁性材料的磁性极强。

镧系元素有特异的电子结构和线状发光性质，可产生高效率的激光，如掺有钕的玻璃就是一种很好的激光材料。

镧系金属的化合物在石油、化工生产中广泛用作催化剂，如混合镧系(稀土)的氯化物等是石油裂化、有机合成的良好催化剂。

镧系金属的氧化物是难溶的粉末，不溶于水，细而硬，是光学玻璃的最好磨料。钕、钐、铕等氧化物是优良的荧光粉材料，色彩鲜艳，稳定性好。

4. 稀土分离有哪些方法？简述如何用选择性氧化还原法分离铈和铕。

解：稀土分离的方法包括化学分离法、离子交换法和溶剂萃取法。化学分离法又可细分为分级结晶法、分级沉淀法和氧化还原法。

选择性氧化还原法分离 Ce 和 Eu 是将 Ce 氧化分离、将 Eu 还原分离。

Ce 的氧化分离是把含有 Ce^{3+} 的混合稀土氢氧化物悬浮于水中，通入 Cl_2 作为氧化剂，使+3 价铈氧化为+4 价铈。

$$2Ce(OH)_3 + Cl_2 + 2OH^- = 2Ce(OH)_4 + 2Cl^-$$

由于 $Ce(OH)_4$ 的碱性很弱，在 $pH<3$ 时即能存在于沉淀中。其余+3 价稀土氢氧化物在 $pH>6$ 时才能存在，与 Cl_2 发生如下反应：

$$2Ln(OH)_3 + 3Cl_2 = LnCl_3 + Ln(ClO)_3 + 3H_2O$$

生成的盐溶于水而进入溶液，这样就可分离出 Ce。

用锌粉首先将 Eu(Ⅲ)还原：

$$2EuCl_3 + Zn = 2EuCl_2 + ZnCl_2$$

再用氨水沉淀未被还原的其他 RE(Ⅲ)，而 Eu(Ⅱ)不形成沉淀，仍留在溶液中，从而可将 Eu 分离并提取。

5. 镧系配合物有什么特点？列举几个实例加以说明。

解：根据镧系离子、过渡离子和碱土离子的配合物的性质比较可见，镧系配合物与过渡配合物差别比较大，与碱土配合物更加接近。

（1）镧系元素的配位性能

镧系元素离子的外层电子具有稀有气体型的原子结构，与碱土离子相同，它的 4f 电子被 $5s^2$ 和 $5p^6$ 外层电子所屏蔽，一般不易参与成键，而且 f 轨道的配位场稳定化能很小，所以镧系配合物主要表现为离子型键，靠静电作用结合到一起，但对那些强螯合剂（如 EDTA）中的氨基氮原子、酸性膦型萃取剂中磷酰基上的氧原子配位时，配位场作用强，引起 4f 轨道电子离域，使配合物表现出部分共价键的性质。但与同价过渡离子相比，镧系离子半径较大，离子势较小，极化能力小，碱度较大，所以对配位基团的静电引力较小，配位键的强度较弱。同碱土离子相比，镧系离子具有较高的正电荷，因而它们的配位能力又比 Ca^{2+}、Ba^{2+} 的稍大。

（2）配位原子

具有稀有气体构型的镧系离子是属于硬酸的离子，一般和硬碱如 O^{2-}、F^- 等配合较稳定。因此，在水溶液中水分子的竞争能力强，使得一些配位能力较弱的原子不能取代镧系水合离子中的水分子。一些镧系离子的 N 和 S 的配合物，只能在非水溶剂或无溶剂条件下制备。

配位元素的电负性越大，配位能力就越强，因而氟、氧原子有较强的配位能力，氮原子次之，硫（硒、碲）、磷原子的配位能力较弱，单齿配体的配位能力有如下顺序：

$$F > OH^- > H_2O > NO_3^- > Cl^-$$

（3）配位数

镧系离子在形成配位键时，键的方向性不强，空间因素对配位数起着主要作用，在配体与金属离子相对大小许可的条件下，配位数可在 3～12 范围内变动，但最常见的配位数是 8 和 9。一般随镧系离子半径的减小，配位数有降低的倾向，如半径较小的 Yb^{3+} 形成七配位配合物 $Yb(acac)_3(H_2O)$，而半径较大的 La^{3+} 则形成十一配位配合物 $La(acac)_3(H_2O)_5$。配体的体积和电荷对配位数也有影响。配体体积增大会使配位数变小；配体电荷增大时，金属的配位数有降低的倾向。

下面列出配位数为 6、7、8、9 的镧系元素配合物实例及其几何构型：

配位数	实例	几何构型
6	$[Er(NCS)_6]^{3-}$	八面体
7	$Ho(dpm)_3(H_2O)$	单冠八面体
	$Yb(acac)_3(H_2O)$	单冠三棱柱体
	$[NdF_7]^{4-}$	五角双锥体
8	$Eu(dpm)_3(py)_2$	四方反棱柱体
	$RE(HOCH_2COO)_3(H_2O)_2$	十二面体
9	$[Nd(H_2O)_9]^{3+}$	三冠三棱柱体

(4) 反应活性

由于镧系离子与配位基团的作用力小,所以配位基团的活动性较大,交换反应速率快,以至有的配合物虽然可以制备得到固体,但在溶液中却是不存在的(镧系离子与配体的反应快,易发生配体取代反应)。相反,有的配合物仅能在溶液中检测到它们的存在,却无法使它们从溶液中析出。

6. 完成并配平下列反应方程式:

(1) $Ce^{3+} + S_2O_8^{2-} \longrightarrow$

(2) $CeO_2 + HCl$(浓) $\longrightarrow$

(3) $Eu^{3+} + Zn \longrightarrow$

(4) $Ce(OH)_3 + O_2 \longrightarrow$

(5) $Yb^{3+} + Na(-Hg) \longrightarrow$

(6) $Ce(NO_3)_3 \xrightarrow{\triangle}$

(7) $Tb_2(C_2O_4)_3 \xrightarrow{\triangle}$

(8) $LnCl_3 \cdot 6H_2O \xrightarrow{\triangle}$

解:(1) $2Ce^{3+} + S_2O_8^{2-} \longrightarrow 2Ce^{4+} + 2SO_4^{2-}$

(2) $2CeO_2 + 8HCl \longrightarrow 2CeCl_3 + Cl_2 + 4H_2O$

(3) $2Eu^{3+} + Zn \longrightarrow 2Eu^{2+} + Zn^{2+}$

(4) $4Ce(OH)_3 + O_2 + 2H_2O \longrightarrow 4Ce(OH)_4$

(5) $Yb^{3+} + Na(-Hg) \longrightarrow Yb^{2+} + Na^+ + Hg$

(6) $Ce(NO_3)_3 \xrightarrow{\triangle} CeONO_3 + 2NO_2 + (1/2)O_2$

(7) $Tb_2(C_2O_4)_3 \xrightarrow{\triangle} Tb_2O_3 + 3CO + 3CO_2$

(8) $LnCl_3 \cdot 6H_2O \xrightarrow{\triangle} LnOCl + 2HCl + 5H_2O$

7. 例举制备无水 $LnCl_3$ 的两种方法,能否用 Ln_2O_3 溶于盐酸,再经加热脱水制得无水 $LnCl_3$?

解:(1) 在 6.7×10^3 Pa 的 HCl 气氛中,于 400 ℃下将水合氯化物加热 36 h 可得无水 $LnCl_3$ 产物。

(2) 将 Ln_2O_3 与过量 NH_4Cl 加热脱水,将 Ln_2O_3 和炭粉在通 Cl_2 条件下加热,在 CCl_4 或光气($COCl_2$)的热蒸气下加热 Ln_2O_3 等方法也可得到无水氯化物。

$$Ln_2O_3 + 6NH_4Cl \xrightarrow{\triangle} 2LnCl_3 + 3H_2O + 6NH_3$$

$$Ln_2O_3 + 3Cl_2 + 3C \xrightarrow{\triangle} 2LnCl_3 + 3CO$$

$$Ln_2O_3 + 3CCl_4 \xrightarrow{\triangle} 2LnCl_3 + 3COCl_2$$

$$Ln_2O_3 + 3COCl_2 \xrightarrow{\triangle} 2LnCl_3 + 3CO_2$$

8. 简述镧系离子磁性变化的规律性。计算 Sm^{3+} 的磁矩。

解:从镧系离子磁性对原子序数所作的图中可以看出一个呈现双峰形状的变化规律,之所以呈双峰形状是因为镧系离子的总角动量随原子序数呈周期性变化。除 Sm^{3+} 和 Eu^{3+} 外,其他离子的计算值和实验值都很一致,Sm^{3+} 和 Eu^{3+} 的不一致被认为是因为包含了较低激发态的贡献。

Sm^{3+},$4f^5$,$n = 5, L = 5, S = 5/2, J = L - S = 5/2$,则

$$\begin{aligned} g &= 1 + \frac{J(J+1) + S(S+1) - L(L+1)}{2J(J+1)} \\ &= 1 + \frac{(5/2)(5/2+1) + (5/2)(5/2+1) - 5(5+1)}{2 \times (5/2)(5/2+1)} \\ &= 2/7 \end{aligned}$$

$$\begin{aligned} \mu &= g\sqrt{J(J+1)}\ \text{B.M.} \\ &= \frac{2}{7} \times \sqrt{2.5(2.5+1)}\ \text{B.M.} \\ &= 0.85\ \text{B.M.} \end{aligned}$$

9. 总结锕系元素与镧系元素的相似性与差异性。

解:(1) 电子组态和氧化态

参见本书第一部分 10.6.1 节“锕系的电子组态和氧化数”有关内容。

(2) 镧系收缩和锕系收缩

锕系元素有类似于镧系收缩的锕系收缩现象,但同镧系元素相比,锕系元素的收缩程度要小一些。

(3) 离子的颜色

锕系元素离子的颜色也被认为是 f-f 跃迁所产生的吸收光谱。锕系与镧系相似,即 f 轨道全空、半满或与此接近的离子均为无色。除 f-f 跃迁外,还有电荷迁移所产生的吸收光谱。

锕系元素的离子在水溶液中的电子光谱可分为两种情况:

① Pu^{3+} 及 Pu^{3+} 以前的较轻的锕系离子的光谱在一定程度上类似于 d 区过渡元素离子的光谱,即吸收带较宽,类似于带状光谱。

② Am^{3+} 及 Am^{3+} 以后的较重的锕系离子的光谱类似于镧系离子的光谱,即吸收带很窄,类似于线状光谱。

对这种差异的解释参见本书第一部分 10.6.3 节“离子颜色和电子光谱”有关内容。

(4) 磁性

参见本书第一部分 10.6.4 节“磁性”有关内容。

（5）氧化还原性

与镧系元素的金属类似，锕系元素的金属都是强还原剂。

（6）形成配合物的倾向

参见本书第一部分 10.6.6 节“形成配合物的能力”有关内容。

（7）放射性

镧系元素中只有镤是放射性元素，而锕系所有元素都有放射性。这是由于锕系元素的原子核所含质子数很多，斥力很大，因而使得原子核变得不稳定。

10. 哪些锕系元素是自然界中存在的？哪些是人工合成的？如何从沥青铀矿提取铀？如何从独居石提取钍？

解：除了 Th 和 U 在自然界中存在矿物外，其余锕系元素都是铀自然衰变产生的次生元素和人工合成的元素。

从沥青铀矿提取铀和从独居石提取钍的方法参见本书 10.7 节“锕系元素的存在与制备”。

11. 指出铀的：

（1）最稳定的氧化态；

（2）适合作核燃料的同位素；

（3）常见的 U(Ⅵ)的卤化物；

（4）实验室中最常见的铀盐；

（5）环辛四烯基化合物。

解：（1）+6；

（2）^{235}U；

（3）UF_6；

（4）$UO_2(NO_3)_2$；

（5）$U(C_8H_8)_2$，用以下方法制备：

$$C_8H_8(COT) + 2K \xrightarrow{THF} 2K^+ + C_8H_8^{2-}(COT^{2-})$$

$$UCl_4 + 2K_2COT \longrightarrow U(COT)_2 + 4KCl$$

结构分析表明，在 $U(COT)_2$ 分子中，COT 环为平面结构，U^{4+} 对称地夹在两个 COT 环之间，如下图所示。U^{4+} 与 COT 之间的键是 U^{4+} 的有 e_{2u} 对称性的 $5f_{xyz}$ 或 $5f_{z(x^2-y^2)}$ 的空轨道与 COT^{2-} 的有 e_{2u} 对称性的大 π 轨道相互重叠的结果。

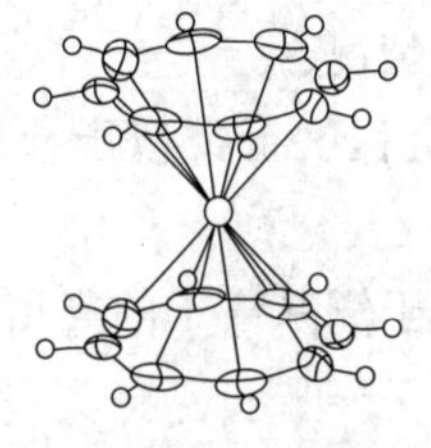

$U(COT)_2$ 的结构

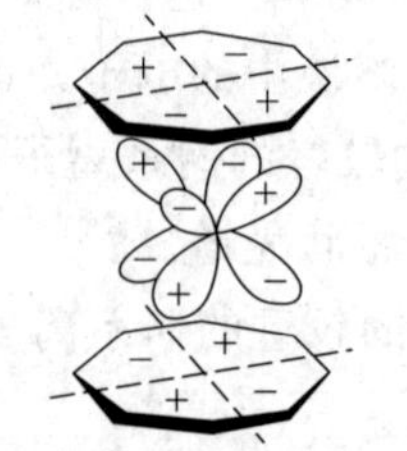

$U(COT)_2$ 分子轨道重叠示意

12. 写出下列化合物的制备方法：

（1）ThO_2；（2）UO_2；（3）UF_6；（4）$UO_2(NO_3)_2 \cdot 6H_2O$。

解:(1) ThO_2 用浓碱液处理独居石,将得到的镧系和钍的氢氧化物溶于酸后,用磷酸三丁酯进行萃取分离,从溶液中析出 ThO_2。或在 500 K 下使 Th 与 O_2 作用均可制得 ThO_2。

(2) UO_2 沥青矿中铀的主要成分为 U_3O_8,用浓碱液处理沥青矿后用沉淀法、溶剂萃取法或离子交换法可得到硝酸铀酰 $UO_2(NO_3)_2(H_2O)_4$,再用 CO 还原可得到 UO_2。

(3) UF_6 UO_2 溶于 HF(aq)形成 UF_4,UF_4 与 F_2 作用可得 UF_6。

(4) $UO_2(NO_3)_2 \cdot 6H_2O$ 用浓碱液处理沥青矿,然后用沉淀法、溶剂萃取法或离子交换法可得到硝酸铀酰。

13. 试解释下列现象:

(1) 锕系元素形成配合物的倾向比镧系大。

(2) 锕系离子实测磁矩比计算值低。

(3) 镧系中有 Sm^{2+} 和 Eu^{2+} 存在,但锕系中无 Pu^{2+} 和 Am^{2+}。

(4) 从 Ac 到 Am 有 AnO_2^{2+} 和 AnO_2^{+} 含氧阳离子但 Am 后重元素却不存在。

解:(1) 参见本书第一部分 10.6.6 节"形成配合物的能力"有关内容。锕系元素的 5f 轨道在空间伸展的范围超过了 6s 和 6p 轨道,一般认为可以参与共价成键,这与镧系元素不同,在镧系元素中,4f 轨道因受 5s、5p 的屏蔽而不参与形成共价键,与配体主要是靠静电引力结合。所以锕系元素形成配合物的能力远大于镧系元素,与 X^-、NO_3^-、SO_4^{2-}、PO_4^{3-}、$C_2O_4^{2-}$ 等都能形成配合物。

(2) 锕系元素顺磁性的实验值比计算值低,这可能是 5f 电子受配体一定程度的影响所造成的,因为配位场在一定的程度上可以消灭或削弱轨道对磁矩的贡献。

(3) Sm^{2+},$4f^6$;Eu^{2+},$4f^7$;Pu^{2+},$5f^6$;Am^{2+},$5f^7$。

尽管从形式上看,镧系的 Sm^{2+} 和 Eu^{2+} 和锕系的 Pu^{2+} 和 Am^{2+} 差不多,都具有 f^6、f^7 电子组态,但总体上说,锕系前一部分元素从 5f→6d 的激发能较小,5f 电子容易参与成键,因而元素可以表现出高氧化态,所以它们的低氧化态是不稳定的,从而不存在。

(4) 锕系前面一部分元素(Th→Bk)容易出现大于+3 的高氧化态。这是因为锕系前一部分元素从 5f→6d 的激发能较小,5f 电子容易参与成键,因而元素可以表现出高氧化态。后一部分元素从 5f→6d 的激发能较大,5f 电子参与成键变得越来越困难,所以氧化态又逐渐降低,且+3 氧化态逐渐趋于稳定。而高氧化态离子极化能力强,倾向于与 O^{2-} 结合成含氧阳离子,而低氧化态离子极化能力弱,以独立离子形式存在。

第 11 章　习题解答

1. 将赖氨酸、谷氨酰胺、天冬氨酸和丙氨酸的混合物进行阳离子交换,用连续降低 pH 的溶液进行洗脱,试预测各氨基酸的洗脱顺序。

解:洗脱顺序为赖氨酸—丙氨酸—谷氨酰胺—天冬氨酸。

原因:它们的等电点依次为 9.74、6.00、5.65、2.77。氨基酸在等电点时,溶解度最小,因而用连续降低 pH 的溶液进行洗脱,可依次析出。

2. 一般将酶与底物之间的关系比喻为锁和钥匙之间的关系,借以说明酶催化作用的高度选择性。试对这种比喻进行评说。

解:最早提出的酶的催化机理认为酶与底物之间的关系如同锁和钥匙之间的关系一样。酶分子像一把锁,而底物像一把钥匙。当酶和底物的空间构象正好能相互完全弥合时,才能像钥匙将锁打开一样,产生相互作用。这种比喻一方面说明了酶催化的专一性,另一方面也说明了酶与其作用的底物之间的复杂空间关系。这种比喻颇为形象,至今还有在使用的。然而,这种比喻将一个复杂问题简单化了。事实上,酶的活性中心在起始时可能并不完全适合于底物分子的构象,但酶可以被底物的诱导而发生变化,形成一种对底物结合部位完全互补的空间构象。

3. 生命元素指的是什么?根据体内功能的不同,可将生命元素分成哪几类?生命必需元素应该满足哪些条件?

解:元素周期表中有 90 多种稳定元素,它们以各种形态、方式存在于地壳之中,与生物界有着十分密切的关系。基于目前人们的认识水平和科学的发展水平,人们只发现约 30 种元素与生物界的生存和发展关系密切,并将这些元素称为生命元素。

根据体内功能的不同,可将生命元素分为必需元素、有益元素及有害元素。

生命必需元素应该符合下述几个条件:存在于生物体的所有健康组织中;在每个物种中有一个相对恒定的浓度范围;从体内过多排出这种元素会引起生理反常,但再补充后生理功能又恢复。

4. 有的微量元素既是人体必需的,又是对人体有害的。你如何理解这种看来是矛盾的现象?

解:许多元素在适当浓度范围内对生物体是有益的,但当越过某一临界浓度时就有害了,它们完全遵循从“量变”到“质变”的事物发展规律。法国科学家在研究了锰元素对植物生长的影响后,提出了“最适营养浓度定律”,其内容如下:植物缺少某种必需元素时就不能成活,当该元素含量适当时,植物就能茁壮成长,但过量时又会影响植物的生长。这一定律对人体也是适用的。

5. 试述一氧化碳和氰化物中毒的原因。

解:由于血液中的血红蛋白的结构中心是 Fe^{2+},6 个配位原子按八面体排布,其中卟啉环中的 4 个氮原子沿赤道方向配位,而另一个分子的血红蛋白质肽链中的一个组氨酸氮原子和一个配位水分子中的氧原子则从轴向位置配位。该配位 H_2O 容易与 O_2 发生可逆的交换反应。血液中的血红蛋白在肺部摄取 O_2,并将 H_2O 替代下来,当血液流动时,结合了 O_2 的血红蛋白被输送到身体的各个部位,在需氧的地方释放出 O_2,又将 H_2O 交换上去,从而起到输送氧气的作用。CN^-、CO 等其他配位基团也可交换到 H_2O 的位置上去,由于 CN^-、CO 的配位能力较 O_2 强,不易为 O_2 所替代,这就是一氧化碳和氰化物中毒的原因。

6. 金属元素的生物学作用可概括为哪几个方面?

解:金属元素在生命过程中发挥着重要的作用,但就作用类型来讲,主要可概括如下:对体内生理生化过程的触发和控制作用;对蛋白质等生物大分子的结构调整,改变其反应性能的作用;作为 Lewis 酸接纳电子对,对体内生化反应发挥催化作用;参与体内电子传递过程,促进体内有氧代谢过程的完成等。

7. 试阐述重金属元素的毒性作用机制。

解:重金属的中毒作用主要表现在阻碍正常代谢机能,这种阻碍作用可分为两种类型:

一种是在正常发挥机能的系统中,由于其他金属元素的侵入而发生了转换反应,从而使正常机能遭到破坏。如许多金属酶的金属离子往往可被与其性质相似的金属离子置换,从而影响自身功能的发挥。

另一种作用类型是由重金属离子与酶或其他生物分子的活性基团结合而引起的。如生物分子或酶分子中往往含有巯基、氨基、羧基和羟基等基团,这些基团与重金属离子可以生成牢固的共价键,从而使生物分子或酶的立体结构变形、丧失活性。重金属离子也可与体内生物分子中的磷酸根结合,如汞离子与细胞膜上的磷酸根配位而改变了膜的通透性,影响了细胞的正常功能而出现中毒症状。重金属离子与核酸也易于形成配合物,使遗传信息的传送被封闭,从而引起某些遗传病。

8. 历史上有多位科学家因对维生素 B_{12} 的研究而获得诺贝尔奖。试查阅资料说明。

解:略。

第 12 章　习题解答

1. 解释下列名词术语：

核素　同位素　衰变　放射性　K 电子俘获　衰变速率　半衰期　平均寿命

放射性衰变定律　衰变系　质量数　质量亏损　结合能　平均结合能　质能相当定律

幻数　超重元素　裂变　核聚变　超重岛

解：核素　具有一定数目的质子和一定数目的中子的一种原子。

同位素　具有相同质子数和不同中子数的核素互称同位素。

衰变　原子核自发地发生核结构的改变。

放射性　从原子核自发放射出射线的性质。

K 电子俘获　人工富质子核可以从核外 K 层俘获一个轨道电子，将核中的一个质子转化为一个中子和一个中微子。

衰变速率　放射性核素衰变的快慢程度。

半衰期　放射性样品衰变掉一半所用的时间。

平均寿命　样品中放射性原子的平均存活时间。

放射性衰变定律　放射性衰变速率 R（或放射性物质的放射活性 A）正比于放射核的数量 N，即 $A = R = -\mathrm{d}N/\mathrm{d}t = \lambda N$。

衰变系　把大多数原子序数大于 81 的天然放射性核素根据它们的质量不同划分的四个放射系列。

质量数　质子数与中子数之和。

质量亏损　一个稳定核的质量小于组成它的各组元粒子的质量之和，其间的差额叫做质量亏损。

结合能　原子核分解为其组成的质子和中子所需要的能量。

平均结合能　每个原子核的结合能除以核子数。

质能相当定律　一定的质量必定与确定的能量相当。

幻数　稳定的核素所含的质子、中子或电子的个数呈现的特殊的神奇数字。

超重元素　原子序数大于 109 的元素。

裂变　原子核分裂为两个质量相近的核裂块，同时还可能放出中子的过程。

核聚变　轻原子核在相遇时聚合为较重的原子核并放出巨大能量的过程。

超重岛　由超重元素占据的“稳定岛”。

2. 区分下列概念：

(1) α粒子与He原子； (2) 结合能与平均结合能； (3) α射线与β射线。

解：(1) α粒子指的是带2个单位正电荷的氦核；而He原子则显电中性。

(2) 结合能是根据质能相当定律算出的由自由核子结合成原子时放出的能量；而平均结合能是结合能除以核子数得到的数值。

(3) α射线指的是带2个单位正电荷的氦核流，而β射线是带1个单位负电荷的电子流。

3. 描述α、β和γ射线的特征。

解：α射线指的是带正电荷的氦核流，粒子的质量大约为氢原子质量的四倍，速度约为光速的1/15，其电离作用强，穿透本领小。

β射线指的是带负电荷的电子流，粒子的质量等于电子的质量，速度几乎与光速接近，其电离作用弱，故穿透本领稍高，约为α射线的100倍。

γ射线是原子核由激发态回到低能态时发射出的一种射线，它是一种波长极短的电磁波（高能光子），不为电场、磁场所偏转，显示电中性，比X射线的穿透力还强，因而有硬射线之称，可透过200 mm厚的铁板或88 mm厚的铅板，没有质量，其光谱类似于元素的原子光谱。

4. 计算下列顺序中各元素的质量数，原子序数及所属的周期族：

$$^{226}_{88}\mathrm{Ra} \xrightarrow{\alpha} \mathrm{X} \xrightarrow{\alpha} \mathrm{Y} \xrightarrow{\alpha} \mathrm{Z} \xrightarrow{\beta} \mathrm{T}$$

解：$^{226}_{88}\mathrm{Ra}$（第七周期，ⅡA族）→X（$^{222}_{86}\mathrm{Rn}$，第六周期，0族）→Y（$^{218}_{84}\mathrm{Po}$，第六周期，ⅥA族）→Z（$^{214}_{82}\mathrm{Pb}$，第六周期，ⅣA族）→T（$^{214}_{83}\mathrm{Bi}$，第六周期，ⅤA族）。

5. 已知$t_{1/2}(\mathrm{Fr})=4.8$ min，求1 g Fr在经过24 min、30 min后还剩多少？

解：由$t=[-2.303\ \lg(N/N_0)]/\lambda$，$\lambda=[2.303\ \lg(N_0/N)]/t$，$t_{1/2}=0.693/\lambda$，$\lambda=0.693/t_{1/2}$，于是可以得到$[2.303\ \lg(N_0/N)]/t=0.693/t_{1/2}$，化简得到$t=3.32t_{1/2}\lg(N_0/N)$，由于

$$N_0/N = m_{原来}/m_{后来}$$

所以
$$t = 3.32t_{1/2}\ \lg(m_{原来}/m_{后来})$$

即
$$24 = 3.32 \times 4.8\ \lg(1/m_{后来})$$
$$30 = 3.32 \times 4.8\ \lg(1/m_{后来})$$

求解可得24 min后还剩0.031 g，30 min后还剩0.013 g。

6. 由于β辐射，1 g $^{99}\mathrm{Mo}$在200 h之后只剩0.125 g。求$^{99}\mathrm{Mo}$的半衰期及平均寿命。若仅剩0.1000 g需多少时间？

解：由于$t=3.32t_{1/2}\lg(m_{原来}/m_{后来})$，所以半衰期为$t_{1/2}=t/[3.32\lg(m_{原来}/m_{后来})]$，即

$$t_{1/2} = \{200/[3.32 \times \lg(1/0.125)]\}\ \mathrm{h} = 66.7\ \mathrm{h}$$
$$t_{平均} = t_{1/2}/0.693 = (66.7/0.693)\ \mathrm{h} = 96.2\ \mathrm{h}$$

仅剩0.1000 g所需的时间为

$$\begin{aligned} t &= 3.32t_{1/2}\lg(m_{原来}/m_{后来}) = [3.32 \times 66.7 \times \lg(1/0.1000)]\ \mathrm{h} \\ &= 221.44\ \mathrm{h} \end{aligned}$$

7. 有一放射性核素的试样，在星期一上午9:00时记录每分钟计数为1000，而星期四上午9:00时记录每分钟计数为125，求此核素的半衰期。

解:由于 N_0/N 等于计数$_{原来}$/计数$_{后来}$,根据公式 $t=3.32\ t_{1/2}\lg(N_0/N)$ 得

$$24\ \mathrm{h}\times 3 = 3.32\ t_{1/2}\lg(1000/125)$$

解得

$$t_{1/2} = 24\ \mathrm{h}$$

8. 某洞穴中找到一块木炭,每分钟每克给出 ^{14}C 8.6 计数,已知新鲜木材的计数为 15.3,计算木炭的年代。

解:根据公式 $t=3.32\ t_{1/2}\lg(N_0/N)$ 得

$$t = [3.32\times 5720\ \lg(15.3/8.6)]\ \mathrm{a}$$

解得

$$t = 4751\ \mathrm{a}$$

9. 据测定,埃及木乃伊毛发的放射衰变速率为 7.0 $\mathrm{min^{-1}\cdot g^{-1}}$,已知$t_{1/2}(^{14}C)=5720$ a,新碳样品的衰变速率为 14 $\mathrm{min^{-1}\cdot g^{-1}}$,求木乃伊的年代。

解:由于 N_0/N 等于 $R_{原来}/R_{后来}$,根据公式 $t=3.32\ t_{1/2}\lg(N_0/N)$ 得

$$t = [3.32\times 5720\times \lg(14/7.0)]\ \mathrm{a}$$

解得

$$t = 5720\ \mathrm{a}$$

10. 分析表明某铀矿样品含有 ^{206}Pb 0.28 g、^{238}U 1.7 g,若 ^{206}Pb 全由 ^{238}U 衰变而得,计算矿的年代。已知 $t_{1/2}(^{238}U)=4.5\times10^9$ a。

解:原来 ^{238}U 的质量为

$$[1.7 + 0.28\times(238/206)]\ \mathrm{g} = 2.023\ \mathrm{g}$$

由于 N_0/N 等于 $m_{原来}/m_{后来}$,根据公式 $t=3.32\ t_{1/2}\lg(N_0/N)$ 得

$$t = [3.32\times 4.5\times 10^9\ \lg(2.023/1.7)]\ \mathrm{a}$$

解得

$$t = 1.13\times 10^9\ \mathrm{a}$$

11. ^{60}Co 广泛用于癌症治疗,其 $t_{1/2}=5.26$ a,计算此核素的衰变常数。某医院有 20 mg ^{60}Co,问 10 a 后还剩余多少?

解:$\lambda=0.693/t_{1/2}=(0.693/5.26)\ \mathrm{a^{-1}}=0.1317\ \mathrm{a^{-1}}$

由于 N_0/N 等于 $m_{原来}/m_{后来}$,根据公式 $t=3.32\ t_{1/2}\lg(N_0/N)$ 得

$$10 = 3.32\times 5.26\times \lg(20\ \mathrm{mg}/m_{后来})$$

解得

$$m_{后来} = 5.35\ \mathrm{mg}$$

12. 实验室测定放射性 ^{24}Na 样品在不同时间的衰变速率下,应用所得的实验数据确定 ^{24}Na 的 $t_{1/2}$ 并计算衰变常数。

^{24}Na 衰变时间/h	0	2	5	10	20	30
^{24}Na 衰变速率/(计数 · $\mathrm{s^{-1}}$)	670	610	530	421	267	168

解:由于 N_0/N 等于 $R_{原来}/R_{后来}$,根据公式 $t=-[2.303\ \lg(N/N_0)]/\lambda$ 得

$$t = -[2.303\ \lg(R_{后来}/R_{原来})]/\lambda$$

任意取一组数据，如 30 h = $-[2.303\times\lg(168/670)]/\lambda$，解得 $\lambda=0.04611\ \mathrm{h^{-1}}$。则

$$t_{1/2}=0.693/\lambda=(0.693/0.04611)\ \mathrm{h}=15.03\ \mathrm{h}$$

13. 求氢弹反应 ${}_1^2\mathrm{H}+{}_1^3\mathrm{H}\longrightarrow{}_2^4\mathrm{He}+{}_0^1\mathrm{n}$ 所放出的能量。

解：$\Delta m=(2.0140+3.01605-4.0026-1.00867)\ \mathrm{u}=0.01878\ \mathrm{u}$

$$\Delta E=17.50\ \mathrm{MeV}$$

14. 已知 ${}_{26}^{56}\mathrm{Fe}$ 原子的质量为 55.9375 u，求 ${}_{26}^{56}\mathrm{Fe}$ 的质量亏损、结合能、平均结合能。

解：　$(1.00728\times26+1.00867\times30+0.00054858\times26-55.9375)\ \mathrm{u}=0.52614308\ \mathrm{u}$

结合能　　$B=(0.52614308\times931.5)\ \mathrm{MeV}=490.10\ \mathrm{MeV}$

平均结合能　　$B=(490.10/56)\ \mathrm{MeV}=8.752\ \mathrm{MeV}$

15. 要使 1 mol ${}^{31}\mathrm{P}$ 原子变为质子、中子和电子，其所需能量由质子、中子和电子合成 ${}_2^4\mathrm{He}$ 来提供，求应合成多少摩尔 ${}_2^4\mathrm{He}$ 才能提供足够的能量？已知质量：${}_2^4\mathrm{He}$ 4.002604 u，${}^{31}\mathrm{P}$ 30.97376 u。

解：　$1.00728\times15+1.00867\times16+0.00054858\times15-30.97376$

$=n(1.00728\times2+1.00867\times2+0.00054858\times2-4.00264)$

解得　　$n=9.30\ \mathrm{mol}$

16. 已知 $2\mathrm{H_2}+\mathrm{O_2}\longrightarrow2\mathrm{H_2O}$，$\Delta_r H_m^\ominus=-571.66\ \mathrm{kJ\cdot mol^{-1}}$，求生成水时质量的变化。

解：生成 1 mol $\mathrm{H_2O}$ 放出的能量为 285.83 kJ，根据 $E=mc^2$，有

$$m=E/c^2=285.83\ \mathrm{kJ}/(2.9979\times10^8\ \mathrm{m\cdot s^{-1}})^2$$
$$=285830\ \mathrm{kg\cdot m^2\cdot s^2}/(2.9979\times10^8\ \mathrm{m\cdot s^{-1}})^2$$
$$=3.18\times10^{-9}\ \mathrm{g}$$

因此，氢气和氧气反应生成 1 mol $\mathrm{H_2O}$ 时，前后物质的质量亏损是很小的。

17. 计算教材中图 12.1 四个放射性衰变系中各物种的 N/P 比。

解：写出四个放射性衰变系中各物种，计算各物种的中子数 N、质子数 P 和 N/P 值。如 ${}^{232}\mathrm{Th}$，其 $P=90$，$N=232-90=142$，$N/P=142/90=1.58$。

18. 写出并平衡下列衰变的核反应方程式：

$${}^{103}\mathrm{Rh}\xrightarrow{\alpha};\quad {}^{115}\mathrm{Cd}\xrightarrow{\beta};\quad {}^{75}\mathrm{Br}\xrightarrow{\beta^+};\quad {}^{62}\mathrm{Zn}\xrightarrow{\text{K 电子俘获}}$$

解：

$${}^{103}\mathrm{Rh}\longrightarrow{}^{4}\mathrm{He}+{}^{99}\mathrm{Tc};$$
$${}^{115}\mathrm{Cd}\longrightarrow{}_{-1}^{0}\beta+{}^{115}\mathrm{In};$$
$${}^{75}\mathrm{Br}\longrightarrow{}_{+1}^{0}\beta+{}^{75}\mathrm{Se};$$
$${}^{62}\mathrm{Zn}+{}_{-1}^{0}\mathrm{e(K)}\longrightarrow{}^{62}\mathrm{Cu}$$

19. 写出并平衡下列核反应方程式：

(1) ${}^{23}\mathrm{Na}(n,\gamma)$____；

(2) ${}^{35}\mathrm{Cl}(n,\alpha)$____；

(3) ${}^{23}\mathrm{Na}(d,p)^*$____；

(4) ${}^{24}\mathrm{Mg}(d,\alpha)$____；

(5) ${}^{141}\mathrm{Pr}(\alpha,n)$____；

(6) $^{238}U(d,2n)$____;

(7) $^{237}Np(\alpha,5n)$____;

(8) $^{2}H(\gamma,n)$____;

(9) $^{16}O(\gamma,2p+3n)$____;

(10) $^{39}K(n,2n)$____;

(11) $^{241}Am(\alpha,2n)$____;

(12) $^{141}Ba(p,n)$____。

* d 为氘核($^{2}_{1}H$),p 为质子($^{1}_{1}p$)。

解:(1) $^{23}Na + {}^{1}n \longrightarrow {}^{24}Na + \gamma$

(2) $^{35}Cl + {}^{1}n \longrightarrow {}^{32}P + {}^{4}He$

(3) $^{23}Na + {}^{2}H \longrightarrow {}^{1}_{1}p + {}^{24}Na$

(4) $^{24}Mg + {}^{2}H \longrightarrow {}^{4}He + {}^{22}Na$

(5) $^{141}Pr + {}^{4}He \longrightarrow {}^{1}n + {}^{144}Pm$

(6) $^{238}U + {}^{2}H \longrightarrow 2{}^{1}n + {}^{238}Np$

(7) $^{237}Np + {}^{4}He \longrightarrow 5{}^{1}n + {}^{236}Am$

(8) $^{2}H + \gamma \longrightarrow {}^{1}n + {}^{1}H$

(9) $^{16}O + \gamma \longrightarrow 2{}^{1}_{1}p + 3{}^{1}n + {}^{11}C$

(10) $^{39}K + {}^{1}n \longrightarrow 2{}^{1}n + {}^{38}K$

(11) $^{241}Am + {}^{4}He \longrightarrow 2{}^{1}n + {}^{243}Bk$

(12) $^{141}Ba + {}^{1}_{1}p \longrightarrow {}^{1}n + {}^{141}La$

20. 写出并平衡下列核反应方程式:

(1) $^{35}Cl(n,$____$)^{34}S$;

(2) $^{96}Mo(\alpha,$____$)^{100}Tc$;

(3) $^{56}Fe(d,2n)$____;

(4) $^{62}Cu($____,____$)^{65}Zn$;

(5) $^{227}Ac \longrightarrow {}^{4}He +$ ____;

(6) $^{210}Po \longrightarrow {}^{0}_{-1}e +$ ____;

(7) $^{23}Na($____$,n)^{23}Mg$;

(8) ____$(p,\gamma)^{28}Si$;

(9) $^{238}U(\alpha,n)$____;

(10) $^{40}K \longrightarrow$ ____ $+ {}^{0}_{-1}e$;

(11) $^{6}Li + {}^{1}H \longrightarrow {}^{4}He +$ ____;

(12) ____ $\longrightarrow {}^{4}He + {}^{230}Th$;

(13) $^{12}C($____$,\gamma)^{13}N$;

(14) $^{224}Ra \longrightarrow$ ____ $+ {}^{220}Rn$。

解:(1) $^{35}Cl + {}^{1}n \longrightarrow {}^{34}S + {}^{2}H$

(2) $^{96}Mo + {}^{4}He \longrightarrow {}^{100}Tc + \beta^{+}$

(3) $^{56}Fe + ^{2}H \longrightarrow 2^{1}n + ^{56}Co$

(4) $^{62}Cu + ^{4}He \longrightarrow ^{65}Zn + ^{1}_{1}p$

(5) $^{227}Ac \longrightarrow ^{4}He + ^{223}Fr$

(6) $^{210}Po \longrightarrow ^{0}_{-1}e + ^{210}At$

(7) $^{23}Na + ^{1}_{1}p \longrightarrow ^{1}n + ^{23}Mg$

(8) $^{27}Al + ^{1}_{1}p \longrightarrow ^{28}Si + \gamma$

(9) $^{238}U + ^{4}He \longrightarrow ^{1}n + ^{241}Pu$

(10) $^{40}K \longrightarrow ^{40}Ca + ^{0}_{-1}e$

(11) $^{6}Li + ^{1}H \longrightarrow ^{4}He + ^{3}He$

(12) $^{234}U \longrightarrow ^{4}He + ^{230}Th$

(13) $^{12}C + ^{1}_{1}p \longrightarrow \gamma + ^{13}N$

(14) $^{224}Ra \longrightarrow ^{4}He + ^{220}Rn$

21. 下列核素,哪些的质子数为幻数?哪些的中子数为幻数或双幻数?

$$^{56}Fe, ^{16}O, ^{40}Ca, ^{206}Pb, ^{131}Xe, ^{120}Sn, ^{39}K, ^{14}C$$

解:质子数为幻数的核素有^{16}O、^{40}Ca、^{120}Sn、^{206}Pb;中子数为幻数的核素有^{16}O、^{40}Ca、^{39}K、^{14}C;中子数为双幻数的核素有^{16}O、^{40}Ca。

22. 试对核弹和氢弹加以比较。在第二次世界大战期间使用的核弹,每颗可放出约 1.0×10^{11} kJ 的热量,试计算当时每颗核弹中^{235}U的质量。

解:核弹利用的是原子核裂变时,释放的巨大能量;而氢弹利用的是轻原子核在相遇时聚合为较重的原子核时释放的巨大能量,由于聚变反应必须在高温条件下才能进行,因此,氢弹实际上是用^{235}U裂变产生 10^{8} ℃以上的高温引发氢的同位素聚变的热核反应。已知由 1 g ^{235}U全部裂变能放出 8.5×10^{10} J 的能量,那么,1.0×10^{11} kJ(即 10×10^{10} kJ)的热量需要^{235}U的质量为 1.2 kg。

23. 试比较核裂变和核聚变,作为核能源请加以评价。

解:核裂变是利用原子核裂变,释放巨大的能量;而核聚变是利用轻原子核在相遇时聚合为较重的原子核时释放巨大的能量。核反应的热能用热交换器产生高压水蒸气,推动汽轮机带动发电机用以发电,这样发电成本低。核燃料容易运输和储备,比燃煤干净。但核电也有负面的影响,如难以控制,有安全隐患。

24. 你怎么估计一个特定核素的稳定性?你认为周期系有极限吗?为什么?

解:一般来说,从 N/P、偶奇类型核和幻数常能正确地预测出放射性及稳定性,但有时也有偏差,必须计算伴随核反应的能量变化,才能正确地预测一个特定核素的稳定性。化学元素周期表的正向发展可能是有限的,因为随着原子序数的增加,原子和电子间的排斥力增大,核的稳定性越来越小,半衰期越来越短,如$^{265}_{108}Hs$的 $t_{1/2}=2$ ms,$^{269}_{110}Ds$的 $t_{1/2}=0.17$ μs,这样短命的粒子必然给合成和测试工作带来很大的困难。例如,合成 109 号元素实验中,核弹粒子轰击核耙粒子一周之久的 10^{14}接触中,只有一次成功,才检测到一个原子核,这种原子核对人类现实生活已无用处了。

25. 比较化学反应与核反应的异同。

解:化学反应与核反应有根本的不同:

第一,化学反应涉及核外电子的变化,但核反应的结果是原子核发生了变化。

第二，化学反应不产生新的元素，但在核反应中，一种元素嬗变为另外的元素。

第三，化学反应中各同位素的反应是相似的，而核反应中各同位素的反应不同。

第四，化学反应与化学键有关，核反应与化学键无关。

第五，化学反应吸收和放出的能量一般为 $10 \sim 10^3$ kJ · mol^{-1}，而核反应的能量变化在 $10^8 \sim 10^9$ kJ · mol^{-1}。

第六，在化学反应中，存在质量守恒定律，通常不考虑从反应物到生成物的质量能量转化。

最后，化学反应一般受物理的和化学的条件所影响，而核反应则不因外界条件的变化而改变。例如，一般的温度、压力的变化以及反应物的化学状态（单质或化合物）都不能影响核反应的进行。

第三部分

阅读材料

Ⅰ 群论在无机化学中的应用

Ⅱ 质子酸酸度的拓扑指数法确定及其酸、碱软硬标度的建立

Ⅲ 配合物电对的电极电势

Ⅳ 第一过渡系金属配合物的d-d跃迁光谱

V　超分子化学